Weihnachten 2000

Frohe Weihnachten

wünscht Dir

Stefan

WÄLDER
DER WELT

Das Werk «**Wälder der Welt**» hätte ohne den großen Einsatz und den wissenschaftlichen Sachverstand seiner zahlreichen Autoren nicht entstehen können. Wir ergreifen die Gelegenheit, ihnen hier zu danken, daß sie ihr Wissen mit so großem Einsatz und Eifer weitervermittelt haben. Der Wald mit seiner Vielfalt und seinem Reichtum – sie haben uns das Erfassen dieser komplexen Welt möglich gemacht.

Paul Arnould
Professor der Ecole Normale Supérieure von Fontenay Saint-Cloud
Fachbereich Biogeographie/Ökologie

Serge Bahuchet
Forschungsbeauftragter am CNRS, Bereich Sprachen und Zivilisationen mit mündlicher Überlieferung

Marcel Barbero
Professor an der Universität Marseille, Fachbereich Botanik und Ökologie des Mittelmeerraums

Patrick Blanc
Professor für Tropenbiologie an der Universität Jussieu/Paris

François Blasco
Forschungsleiter am CNRS und Leiter des Instituts für internationale Vegetationskartographie

Louis Bourgenot
Chefingenieur des Génie Rural des Eaux et Forêts

André Brosset
Forschungsleiter am CNRS und am Museum für Naturgeschichte
Fachbereich Tropenökologie

Serge Bruna-Rosso
Schriftsteller

Pierre Charles-Dominique
Forschungsleiter am CNRS und am Museum für Naturgeschichte
Fachbereich Ökologie

Henri Daburon
Chefingenieur des Génie Rural des Eaux et Forêts

Claude Edelin
Forschungsbeauftragter am CNRS
Fachbereich Tropische Biologie

Didier Fleuret
Student der Geographie an der Universität Sorbonne in Paris

Francis Hallé
Professor an der Universität Montpellier
Verantwortlicher für das Projekt „Wipfelfloß“

Dominique Juhé-Beaulaton
Forscher am Centre de Recherches Africaines

Jean-Claude Koeniguer
Professor an der Universität Jussieu/Paris
Fachbereich Paläobotanik

Roger Loisel
Professor an der Universität Marseille
Fachbereich Botanik und Ökologie des Mittelmeerraums

Christophe Lorgnier du Mesnil
Chefingenieur am Landwirtschaftsministerium

Dominique Martin-Ferrari
Beauftrage für Öffentlichkeitsarbeit des WWF-Frankreich

Cathy Mespouledes
Journalistin

Georges Michaloud
Ingenieur am CNRS
Mitarbeiter der Universität Montpellier
Fachbereich Tropenbotanik

Georges-André Morin
Chefingenieur des Génie Rural des Eaux et Forêts

Henri Puig
Direktor und Professor an der Universität Jussieu/Paris
Fachbereich Tropenbotanik

Pierre Quézel
Emeritierter Professor an der Universität Marseille
Fachbereich Botanik und Ökologie des Mittelmeerraums

Chantal de Rosamel
Journalistin

Bernard Roussel
Zweiter Leiter am Muséum National d'Histoire Naturelle (Naturgeschichte)
Fachbereich Ethnobiologie

Valérie Trichon
Doktorandin an der Universität Montpellier

Nicole Viloteau
Photographin und Schriftstellerin, Amphibienexpertin. Die «Schlangenfrau» Frankreichs.

WÄLDER DER WELT

Unter der Leitung von Antoine Lorgnier

Übersetzung aus dem Französischen:
Christiane Filius-Jehne, Monika Mayr, Ina Reising, Gisela Sturm
Maria Wolf

◁ An der Grenze zum Dauerfrost übernimmt der boreale Nadelwaldgürtel die Vorposten des Lebens. In diesen Gegenden, wo die Temperatur im Winter auf unter – 50 Grad absinkt und im Sommer der Boden praktisch nicht auftaut (Dauerfrost), zeigen sich die gleichförmigen Landschaften während des indianischen Sommers in den prächtigsten Farben.

Die mit Rauhreif bedeckten Bäume der Wälder gemäßigter Zonen (Eichen, Zitterpappeln, Buchen) erwarten die ersten Strahlen der Frühlingssonne, damit ihr Lebenskreislauf neu beginnen kann. In einigen Tagen werden sie Knospen und Blüten treiben, um den Fortbestand ihrer Art zu sichern. ▷

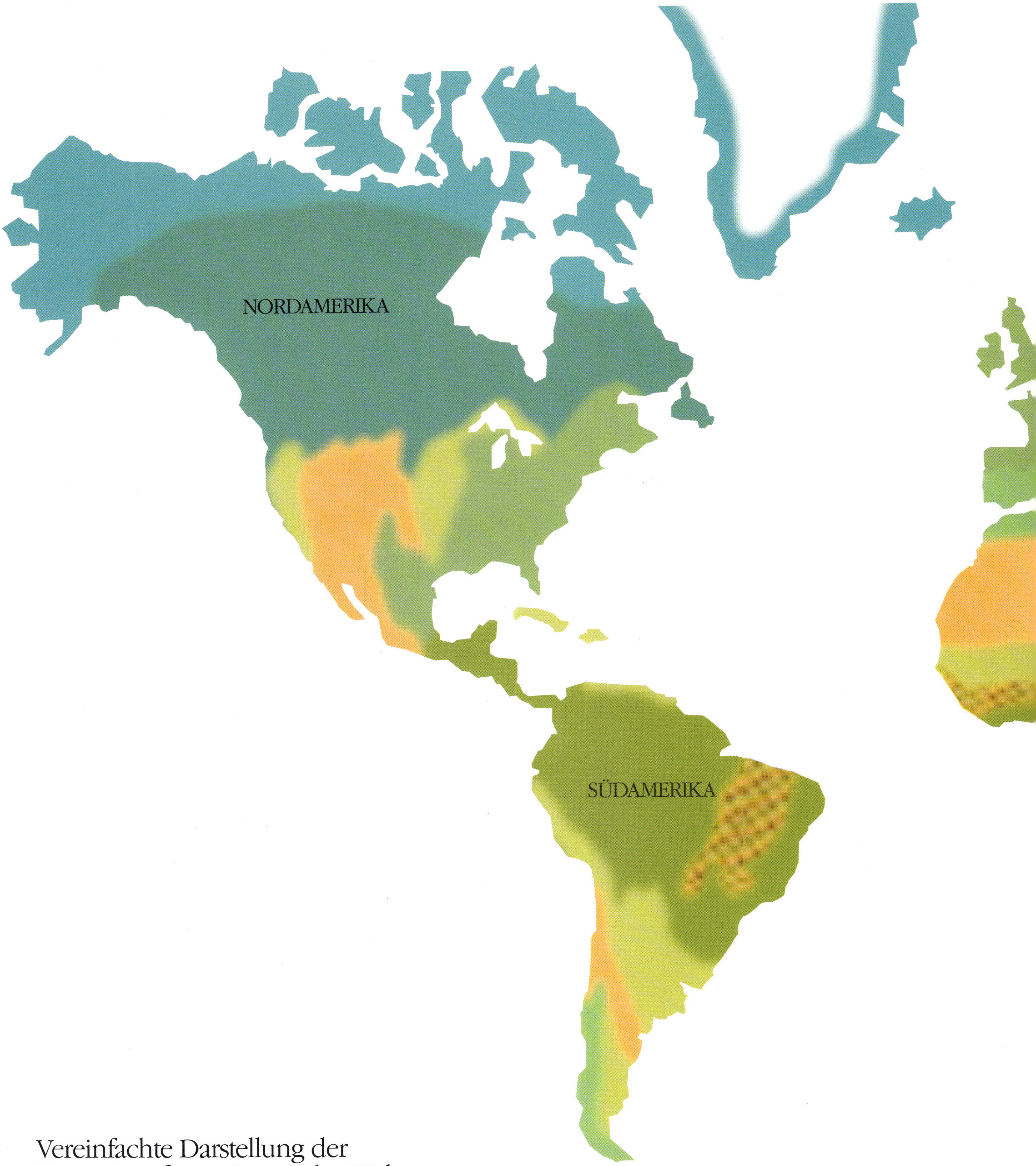

Vereinfachte Darstellung der
Vegetationsformationen der Welt

Quelle: Institut de la carte internationale de la végétation
F. Blasco und M. Aizpuru (1990)

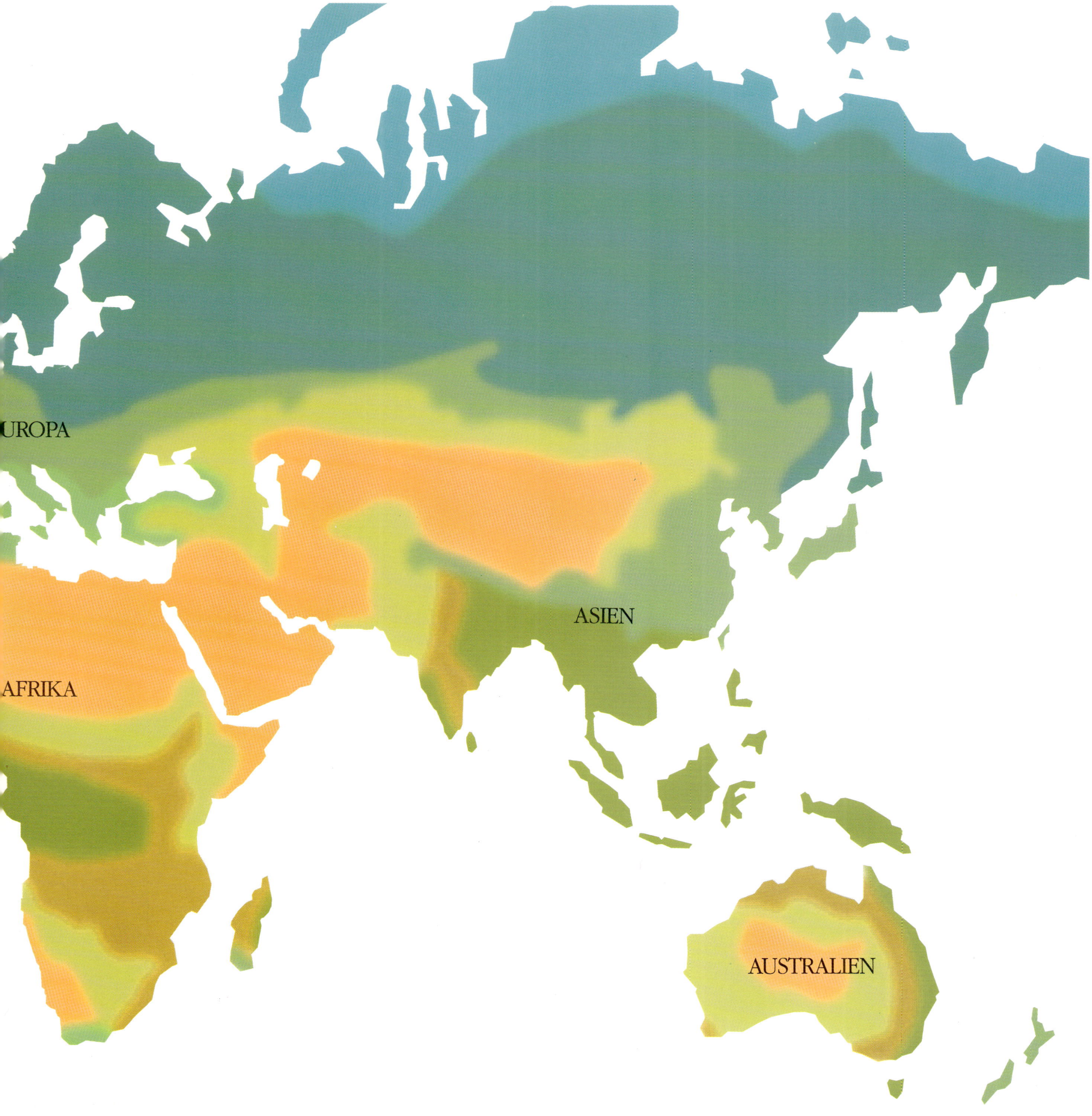

- Tundra mit Permafrost
- Boreale Wälder und Wälder mit vorherrschenden Koniferen
- Laubwälder und Nadel-Laub-Mischwälder der gemäßigten Breiten
- Mediterrane Wälder
- Immergrüne Regenwälder und regengrüne Wälder der Tropen
- Laubabwerfende tropische Wälder, Trockenwälder, Galeriewälder, offene Wälder, Baumsavanne
- Vorherrschend krautige Formationen, Savannen, Busch-Steppe
- Aride Regionen und Wüste

DIE WÄLDER STANDORT – ENTWICKLUNG – GEFAHREN

DIE WÄLDER DER ERDE

EINE KOMPLEXE BEZIEHUNG

Vorwort

Hätten Sie mir als Fünfjährigem etwas über den Wald erzählt, dann wären in mir Gedanken wach geworden an Elfen, Irrwische und andere kleine Kobolde, die um Baumstämme spuken und uns verzaubern, wenn in Vollmondnächten Traum und Wunder zusammenfließen. Einige Jahre später wäre mir das Wort «Natur» bereits über die Lippen gekommen; denn mehr als anderen ist mir als Bergbewohner aus dem Jura der Wald seit frühester Jugend ans Herz gewachsen.

In den darauffolgenden Jahren habe ich jenen Raum kennengelernt, den man für unendlich hielt: unsere Erde. Und lange haben wir so gelebt, als ob die Vorräte dieser Erde unerschöpflich wären, als ob sich aller Müll in nichts auflösen und verschwinden könnte.

Ich bin kein Ökologe, kein Biologe, kein Wirtschaftswissenschaftler. Ich studierte Technik (an der Ecole Centrale von Lyon) und Geisteswissenschaften (Schwerpunkt Ethnologie). Von daher bin ich nicht besonders geeignet, für Menschheit und Umwelt in den Kampf zu ziehen. Ebenso hätte ich mich für behinderte Kinder oder politische Gefangene in aller Welt einsetzen können. Aber ich habe mich eben dafür entschieden, die Umwelt zu verteidigen. In diesem Sinn bin ich Umweltschützer, «Conservationist», wie die Engländer sagen würden.

In jedem Augenblick kann die Erde untergehen, durch ein Versehen, durch Nachlässigkeit, durch Gleichgültigkeit. Wiederholt war das Verderben nahe und das menschliche Dasein in Gefahr. Unwiederbringliches wurde zerstört, und es wird wieder geschehen. Zwar haben die Menschen eine Ahnung, wie verletzlich die Welt ist. Aber sie sehen nicht ein, daß *jeder* Verantwortung trägt, damit aus dieser Ahnung echtes und dauerhaftes Bewußtsein wird. Die Erde gehört jedem einzelnen, aber es muß unser gemeinsames Anliegen sein, sie zu erhalten. Wer auf die Zukunft setzt, darf sich dieser Herausforderung nicht entziehen. Weder Unvermögen noch Bequemlichkeit entschuldigen das mangelnde Engagement der Menschen.

Alles steht in Wechselbeziehung mit der Biosphäre. Der Biosphäre gehören der Mensch, der Elefant, der Wal, die Möwe der Antarktis und der Regenwurm ebenso an wie Luft, Erde und Wasser, die Elemente, in denen sie leben, ohne die sie nicht überleben können. Umweltschutz ist Auseinandersetzung mit allen Problemen, die die Biosphäre betreffen und mit ihr zusammenhängen. Da wären zu nennen die Erhaltung der jungen Seehunde oder der Großkatzen, zu nennen wäre der Hunger auf der Welt, Städteplanung, Kernenergie, Völkermord an den Amazonas-Indianern,

Verödung der Sahel-Zone, Zerstörung der Wälder für die Papierherstellung, Rettung der Elefanten. Diese Aufzählung ließe sich seitenweise fortsetzen.

Wir wissen, daß unter Umständen der Regenwald mit Ausnahme des Waldes im Zaire-Becken, einigen Teilbereichen des westlichen Amazonasgebietes in Brasilien, Guyanas (Südamerika) und Neu-Guineas am Ende dieses Jahrhunderts nicht mehr da sein wird. Wir wissen, daß die tragischen Überschwemmungen in der Gangesebene in Bangladesh unmittelbare Folgen der Abholzungen der Wälder sind. Überall in der Welt wurden Wälder ausgebeutet und ausgeplündert zugunsten wirtschaftlicher und finanzieller Interessen, stets zu Lasten unserer Erde. Den Wald zerstören, heißt das Leben auf der Erde zerstören. Die Formenvielfalt der Pflanzen und Tiere unseres Planeten schwindet um 10–20 %, wenn weiterhin ein derartiger Raubbau an den Wäldern betrieben wird. Diese Entwicklung umzukehren, setzt vor allem den politischen Willen voraus. Nur der zehnte Teil des Naturwaldes, der verschwindet, wird zur Zeit durch Neupflanzungen ersetzt. Es ist dringend erforderlich, sofort tätig zu werden und aufzuforsten.

Wir riskieren den Untergang aller Länder, wenn wir auf Kosten der Umwelt so weitermachen, denn Umwelt und Fortschritt sind nicht zu trennen. Sie gehören auf Gedeih und Verderb zusammen. Der Fortschritt wird unmöglich, wenn die Ressourcen schwinden. Die Umwelt ist schutzlos, wenn sie sich ungezügeltem Wirtschaftswachstum gegenübersieht. Konflikte bedrohen die ökonomische Entwicklung. Dabei wird bei weithin anarchischen Verhältnissen die Handlungsunfähigkeit der Regierenden deutlich. Bei allen Entscheidungen sind Ökonomie und Ökologie zu berücksichtigen. Nur so kann die Umwelt auf Dauer bewahrt werden.

Ökonomie bedeutet nicht einfach Reichtum. Ökologie bedeutet nicht einfach Naturschutz. Die Situation der Menschheit läßt sich nur verbessern, wenn beides stimmt: Ökonomie und Ökologie.

Zum Schluß ein ganz persönliches Wort.

Ich möchte gern ein Baum sein. Meine Füße würden in der Erde wurzeln, meine Stirn würde zu den Sternen ragen. Ein Baum lebt viel länger als ein Mensch. Und ich möchte noch lange weiterleben.

Ich möchte gern ein Mammutbaum sein. Der Mammutbaum ist das älteste Lebewesen auf Erden. Es gibt Mammutbäume, die 4000 Jahre und älter sind.

Paul-Emile Victor
April 1992

Straßen zur forstwirtschaftlichen Nutzung, die das Vordringen in die Gebirgsmassive erleichtern, bringen auch erste Häuser und Bauern ohne Landbesitz mit sich. Brandrodung und Ackerbau auf der abgebrannten Waldfläche sind dann die Regel. ▷

Das 20. Jahrhundert Requiem für den Tropenwald

Francis Hallé

Dieses Buch befaßt sich mit allen Wäldern der Erde. Warum es mit einem Requiem für den Tropenwald beginnt, muß ich dem Leser erklären.

Ich verkenne keineswegs die Bedeutung unserer europäischen Wälder. Ihr Zauber ist einmalig. Ihr symbolischer Wert und ihre kulturelle Bedeutung nehmen immer noch zu. Diese Wälder sind aber auch in relativ guter Verfassung. Selbst saurer Regen, Ulmensterben, die Massenvermehrung gewisser Krankheitserreger und die Waldbrände am Mittelmeer geben eigentlich keinen Anlaß zur Besorgnis. Obwohl z. T. krank oder geschädigt, sind sie nicht in ihrem Bestand bedroht. Sie werden von kompetenten Forstleuten gepflegt und sind weitgehend sicher vor jeder Gefährdung. Man plündert sie heute nicht mehr auf der Suche nach Brennholz oder Holz für Köhlereien. Die Verwendung tropischer Importhölzer als Nutz- und Bauholz entlastet unsere «Wälder». Wälder in Anführungszeichen, denn es handelt sich dabei nicht mehr um echte Wälder, sondern oftmals um Kunstforste. Immerhin, unsere «Wälder» in Europa und auch anderswo in den gemäßigten Zonen sind in Ordnung.

Dagegen werden sich die tropischen Wälder in weniger als zehn Jahren, am Ende des zwanzigsten Jahrhunderts, überall in der Welt in einem hoffnungslosen Zustand befinden. Und damit möchte ich mich in dieser Einführung befassen. Ich teile mit anderen Kennern der Tropen die betrübliche Überzeugung, daß uns in etwa zehn Jahren kein Primärwald mehr erhalten sein wird. Er wird vernichtet oder in einen Sekundärwald umgewandelt sein. Um die Bedeutung dieses Verlustes zu begreifen, muß man sich den Unterschied zwischen Primär- und Sekundärwald klar vor Augen führen. Es gibt Unterschiede aus ästhetischer, ökonomischer und biologischer Sicht.

Aus ästhetischer Sicht: Der Sekundärwald ist von niedrigem Wuchs, artenarm und oft wirklich schwer begehbar. Wie gewaltig dagegen der Primärwald ist, wie gut zu durchwandern und unübertroffen in seiner biologischen Vielfalt, zeigt dieses Buch.

Aus ökonomischer Sicht: Der Sekundärwald ist ein Primärwald, der seiner kostbaren Hölzer und seiner nützlichen Pflanzen (Heilpflanzen, Zierpflanzen und Stammeltern der Nutzpflanzen) beraubt wurde. Nichts davon überlebt die Umwandlung eines Primärwaldes in einen Sekundärwald.

Aus biologischer Sicht: Bei der Umwandlung in einen Sekundärwald geht der Großteil der ursprünglichen Flora und Fauna verloren, dafür gedeihen vermehrt minderwertige Hölzer und Schadinsekten. Ich will es nicht so negativ ausdrücken. Vielleicht ist ein Vergleich besser. Der Sekundärwald verhält sich zum Primärwald wie lauwarmes Coca-Cola im Plastikbecher zu kostbarem kühlen Champagner in einem hohen Kristallglas. Nicht zu unterscheiden zwischen Primär- und Sekundärwald würde bedeuten, sich und andere über die tatsächliche Situation des Tropenwaldes zu täuschen.

Nach Ansicht von Optimisten werden in jeder Minute 200 000 Quadratmeter Primärwald vernichtet, d. h. entweder er verschwindet ganz oder er wird in Sekundärwald verwandelt. Pessimisten wie E. Saouma, FAO-Generaldirektor, nennen die Zahl 400 000. Wie dem auch sei, wir erleben die letzten Jahre des Primärwaldes in den Tropen. Drei Ursachen gibt es dafür: Verwendung des Holzes als Brennmaterial, Abholzung für andere Zwecke, in erster Linie für die Landwirtschaft, und endlich die Verwendung des Holzes aus dem Süden als Nutz- und Bauholz in den Ländern des Nordens.

Schon seit einigen Jahren, nämlich seit der Ölkrise im Jahr 1973, liegt die Hauptursache für den Rückgang der Tropenwälder vor allem darin, daß die Dorfbewohner und Bauern Feuerholz sammeln. Sie sind nicht mehr in der Lage, Brennstoff auf Erdölbasis für den täglichen Bedarf zu kaufen. So sammeln die Frauen Holz. Es gehört ebenso wie das Kochen zu ihren häuslichen Pflichten. Mit 1,5 kg Holz je Person und Tag nimmt die Versorgung der Städte mit Brennmaterial inzwischen national spürbare Dimensionen an. Mehr als 90 % des Energiehaushaltes bestreitet man in der Sahel-Zone mit Brennholz. Eine erschreckende Zahl für jeden, der weiß, wie es dort mit Holzvorräten bestellt ist.

Die Anlage von Ackerland geht unterschiedlich vor sich, unauffällig in der traditionellen Weise, aber auch in eindeutig spekulativer Absicht mit der Pflanzung von Monokulturen (Kautschuk, Ananas, Bananen, Eukalyptus, Kiefer). Dazu kommt die nicht unbeträchtliche Zahl anderer, für die Entwicklung durchaus nutzbringender Aktivitäten wie Städtebau, Bau von Flugplätzen, Straßen, Überlandleitungen, die Ausbeutung von Erdölfeldern, der Aufschluß von Tagebaugebieten, die Anlage von Talsperren. Sie alle tragen zum Rückgang der Wälder bei. Denn leider wird der Wald bei der Planung dieser Projekte nie als Ressource berücksichtigt.

In diesem Zusammenhang spielen die großen Holzeinschlagsunternehmen eine besondere Rolle. Sie behaupten leichthin, nur wenige Kubikmeter Holz pro Hektar Wald zu entnehmen. Für das Verschwinden des Waldes sei folglich die einheimische Bevölkerung verantwortlich. Da der tropische Bauer sich nicht verteidigen kann, ist er der ideale Sündenbock. Der Wald wird weiterhin abgeholzt. Er wird lichter und wertloser. Das Holz verschwindet ins Ausland.

Es ist wichtig, in aller Öffentlichkeit anzuprangern, wie multinationale Holzeinschlagsunternehmen mit den örtlichen Regierungen zusammenarbeiten, die allzuschnell bereit sind, Lizenzen zu vergeben. Diese Zusammenarbeit wird mit undemokratischen Mitteln durchgeführt und allein vom Profit bestimmt, vom Profit für die Holzindustrie und die Regierenden, zum Schaden der Bevölkerung. Bei Vertragsabschluß berücksichtigt man weder das Wohlergehen der einheimischen Bevölkerung, noch die Zukunft der nationalen Holzvorräte, noch die Folgen der Ausbeutung für die restliche Welt. Der Gewinn verschwindet oft in dubiosen Kanälen oder auf einem Nummernkonto in der Schweiz. Die vom Waldschwund betroffene Bevölkerung profitiert weder in Form von Arbeitsplätzen noch durch finanzielle Unterstützung vom Holzeinschlag. Es muß ganz deutlich gesagt werden, damit es allen Lesern klar ist: die kommerzielle Ausbeutung der tropischen Primärwälder (Amazonasgebiet, Guyana, Zaire, Gabun, Kamerun, Madagaskar, Sumatra, Kalimantan, Irian Jaya, Indien und selbst einige Pazifikinseln) ist ein einträgliches, aber zerstörerisches und gefährliches Geschäft.

- Dieses Geschäft ist einträglich, erfordert geringen Aufwand und ist außerordentlich rentabel. Gemessen am Gewinn kann man die Investitionen vernachlässigen. Der Stamm eines einzigen Baumes, der weder gepflanzt noch gepflegt werden mußte, bringt beim Verkauf an einen Kunden aus den reichen Ländern 65 000 bis 100 000 Mark ein.

- Dieses Geschäft wirkt sich unserer Umwelt gegenüber absolut zerstörerisch aus. Nach der Nutzung durch Holzeinschlagsunternehmen wurde bisher noch aus jedem Wald ein Sekundärwald. Und kein Wald entwickelte sich jemals wieder zum Primärwald nach einer selektiven Entnahme, die sich am Gewinn orientiert.

- Dieses Geschäft gefährdet unser aller Zukunft weit mehr als beispielsweise die Ausrottung der Wale oder der Berggorillas. Denn die Wälder binden die Hälfte des organischen Kohlendioxids der Biosphäre. Die Zerstörung der Wälder hätte unausweichlich die Freisetzung dieses Kohlendioxids in die Atmosphäre zur Folge.

Die Forstleute, die im Regierungsauftrag den Einschlag des tropischen Holzes kontrollieren sollen, verstehen es nicht, die Erhaltung des Waldes zu sichern. Ihre Einsatzbereitschaft steht außer Frage. Meiner Meinung nach liegt die Problematik tiefer.

Die Ausbildung der Förster ist reformbedürftig. Der Fortschritt der modernen Biologie hat in die Forstschulen keinen Eingang gefunden. Unsere Forstleute fühlen sich für die Produktion des Holzes zuständig und vernachlässigen über dessen Nutzung die ökologischen Aspekte. Dem Traditionalismus verhaftet, leben sie in einem Elfenbeinturm, zu dem nur Mathematiker, Statistiker, Informatiker, Ökonomen und andere Technokraten Zugang haben. Aber die aktuellen Aufgaben, die der Tropenwald stellt, sind im wesentlichen Aufgaben auf den Gebieten Ökologie, Biologie, Genetik und Soziologie. Während der Ausbildung der Förster wird weder das Verständnis für den Tropenwald noch seine Bedeutung für die Existenz des Menschen vermittelt.

Versetzen wir uns in die Lage eines jungen Forstingenieurs, der nach einigen Studienjahren die Forstschule eines tropischen Landes in Afrika, Amerika oder Asien verläßt.

Er bekommt eine Stellung im Busch. Dort macht er erstmals Bekanntschaft mit einem Primärwald. Von seinen Lehrern hat er nie etwas über ihn erfahren. Diese erste Begegnung ist ihm unangenehm. Zunächst hat er Angst vor dem Wald (Schlangen, Insekten, Krankheiten, usw.). Dann kennt er die Namen der Bäume nicht, die um ihn herumstehen. Sein Akademikerstolz wird hart geprüft, wenn er feststellt, daß die einfachen Bauern in

Für viele Völker des Waldes ist der Baum Vorfahr des Menschen. Warum auch nicht, wo doch der Baum beim Umschneiden blutet.

Das Abholzen tropischer Wälder ist eine beachtliche Einkommensquelle für die Entwicklungsländer. Planlos durchgeführt aber führt es binnen kurzem zur Bodenverarmung.

der Gegend sehr viel mehr über diesen Wald wissen und sich in ihm wohlfühlen. Er sieht sich gezwungen, sie nach den Namen der Hölzer zu fragen, die sie gut kennen, während sie ihm unbekannt sind. Unseren jungen Ingenieur erfaßt Widerwillen gegen diesen Wald, den er nicht kennt, der ihn ängstigt, der ihm Schande macht, den er in sein Schulwissen nicht einordnen kann. Wenn ihm dann noch bewußt wird, daß ein Primärwald nicht genug Nutzholz abwirft, steht sein Entschluß fest: er muß ihn abholzen und durch Monokulturen ihm bekannter, schnell wachsender Baumarten wie Kiefern oder Eukalyptus ersetzen. Jetzt ist er in seinem Element, er kann sein Schulwissen anwenden.

Noch schlimmer wird die Situation für einen jungen Ingenieur, dem eine vermögende Familie oder ein Stipendium das Forststudium in einem nördlichen Industriestaat ermöglichen. Man vermittelt ihm dort Betriebsmechanisierung, Verklonung, Gentechnik, hochtechnisierte Monokultur. Ob er nach seiner Rückkehr in die Tropen begreift, daß dies alles nichts nützt, schlimmer noch, daß dies möglicherweise seinem Land schadet?

Seit dreißig Jahren galt die Sorge der staatlichen Forstleute in den Tropen in erster Linie den Holzarten, die die Bedürfnisse der einheimischen Bevölkerung überhaupt nicht befriedigen: Kiefern, Teak, *Gmelina*, *Eukalyptus*, *Anthocephalus*, *Paulownia*. Für die zahllosen autochthonen Arten, die die Einheimischen kennen und nutzen, haben sich die staatlichen Forstbehörden nie wirklich interessiert. Diese Arten passen nicht in das Schema der klassischen Forstwirtschaft der gemäßigten Zonen. Der richtige Waldbau für die Tropen muß erst noch gefunden werden. Er verlangt Einfühlungsvermögen und Einfallsreichtum. Aber unsere Förster sind keine Erfinder. Sie begnügen sich damit, Methoden anzuwenden, die ihnen bekannt sind. Bei Mißerfolg weisen sie andern die Schuld zu.

Man muß auch sehen, daß den Forstleuten in den Tropen oft das Rüstzeug fehlt, um eine Verantwortung zu übernehmen, deren Umfang nicht abzuschätzen ist. Trotzdem haben sie versagt. Ohne das Gewissen der Öffentlichkeit wachzurütteln, lassen sie zu, daß der Wald in den Tropen zurückgeht. Ihre schriftlichen Äußerungen bestätigen das: sie bevorzugen es, die Problematik herunterzuspielen und die öffentliche Meinung einzuschläfern. Zum Glück wird die breite Öffentlichkeit seit zwanzig Jahren durch Wissenschaftler und Medien zunehmend sensibilisiert.

Dieses Buch zeigt die Gefahren, die der Mensch als sein einziger Feind über den Tropenwald und damit über den Planet Erde bringt. Es wird vor allem zeigen, wie die unersetzliche Pracht vor unseren Augen stirbt.

1992: Noch kann man den Primärwald der Tropen sehen, wenn man genau hinschaut. Unsere Nachfahren können das sicherlich nicht mehr. Also, schauen wir genau hin!

Die Wälder: Standort – Entwicklung – Gefahren

Der tropische Regenwald erscheint den Vorbeifahrenden oft als undurchdringbare Mauer.

Was ist ein Wald? Versuch einer Definition

Paul Arnould

Was ist ein Wald? Auf diese scheinbar einfache Frage gibt es keine klare Antwort. Die Komplexität des Milieus, seiner Formen und Gestalten, die Vielzahl seiner Wechselwirkungen mit Mensch, Klima und Relief tragen dazu bei, daß der Wald nicht aufhört sich weiterzuentwickeln und immer wieder ein anderes Erscheinungsbild bietet.

Die Etymologie des französischen Wortes für Wald «forêt» (das deutsche Wort «Forst» hat inzwischen nur noch die Bedeutung Nutzwald) kommt aus dem lateinischen Wort «foris» und bedeutet «draußen». Der Wald stellt alle Flächen dar, die mit Bäumen bedeckt sind und die sich außerhalb von Feldern und Städten befinden, also einen feindlichen, geheimnisvollen, abschreckenden, sogar barbarischen Ort. «Silva» (daraus geht das französische Wort «sauvage», zu deutsch «wild», hervor) ist das Gebiet außerhalb der nutzbaren und zivilisierten Welt des «ager» (aus dem lateinischen, zu deutsch «Acker, Feld»). Übrigens berichtet Cäsar in seinen Schriften vom Schrecken der Legionäre angesichts des undurchdringlichen und endlosen Bollwerks des gallischen Waldes. So bestimmt man bewaldetes Gebiet einfach durch die Unterscheidung der Gesamtfläche eines Gebietes von seinem kultivierten, von Menschen bewohnten Teil.

Heutzutage sind die Definitionen der Lexika kaum genauer, geschweige denn anschaulicher. Sie sind oft nur sehr knapp formuliert, aber immerhin bewerten sie den Wald positiv. Hierzu einige Beispiele:

LE ROBERT – Dictionnaire alphabétique et analogique de la langue francaise, 1973, Band 3, S. 78

Wald, französisch «forêt»: «von «Forest» im 12. Jahrhundert: außerhalb der Einfriedung. Weites, von Bäumen besiedeltes Gebiet; die Gesamtheit dieser Bäume.»

GRAND DICTIONNAIRE ENCYCLOPEDIQUE LAROUSSE G. D. E. L., 1983, Band 4, S. 4393

Wald: «Altfranzösisch forest, aus dem Vulgärlatein (lateinisch silva) forestis (forêt): außerhalb der Einfriedung. Großes weitläufiges mit Bäumen bedecktes Gebiet; Bestand großer Bäume, die diese Fläche bedecken.»

ENCYCLOPEDIA UNIVERSALIS, 1980, Band 7, S. 159

Wald: «Der Wald ist eine Vegetationsformation, in der die Bäume die wichtigsten Faktoren sind und die die vorgegebenen biologischen Bedingungen des Bodens maßgeblich verändern können.

Er wird als dicht oder geschlossen bezeichnet, wenn die Bäume (oder richtiger die Projektion der Baumkronen auf der Bodenoberfläche) ineinandergreifen oder mehr als $^2/_3$ der Oberfläche bedecken; als hell und offen, wenn die Bäume $^2/_3$ bis $^1/_4$ der Oberfläche bedecken. Laut Definition sind andere Formationen keine Wälder.»

DUDEN 1985, Band 10, S. 740

Wald: «größeres Stück Gelände, das dicht mit Bäumen bewachsen ist. Sinnverwandt: Forst, Gehölz, Hain, Schonung, Tann, Waldung.»

WAHRIG, Deutsches Wörterbuch 1988, S. 4097

Wald: «größere Fläche mit dichtem Baumwuchs.»

MEYERS GROSSES TASCHENLEXIKON 1983, Band 23, S. 304

Wald: «natürliche Lebensgemeinschaft und Ökosystem von dicht stehenden Bäumen mit spezieller Tier- und Pflanzenwelt sowie mit besonderen Klima- und Bodenbedingungen.»

Dieser kleine Einblick veranschaulicht das Fehlen einer genauen Definition. Bei allen Auseinandersetzungen über das Thema Wald liefern sich die Teilnehmer wahre Schlachten mit Zahlen und Definitionen, um festlegen zu können, was ein Wald eigentlich ist und wie seine tatsächliche Oberfläche geschätzt werden muß. 1985 machten zwei Amerikaner, Allen und Barnes, eine Bestandsaufnahme anhand der verschiedenen Schätzungen der weltweiten Waldfläche, die zwischen 1960 und 1980 von amerikanischen, sowjetischen und deutschen Forschern und der FAO durchgeführt worden waren. Die Spannbreite der Angaben bewegt sich zwischen 2 393 Milliarden und 6 050 Milliarden Hektar! Nach der zugrundegelegten Definition schwankt z. B. in Frankreich die Waldfläche zwischen 13 und 15 Millionen Hektar. Und auch in Marokko variieren die Angaben zur Waldfläche laut Mohamed Ali Mekouar, Professor der juristischen Fakultät von Casablanca, zwischen 8 Millionen Hektar bewaldetem Gebiet, was 11 % der Gesamtfläche des Landes entspräche, und 3,275 Millionen Hektar, das wären 4.5 % der Gesamtfläche. Nach Schätzungen von Dr. jur. Anne Petitpierre bedeckt der Wald zwischen 27 % und 32 % der Schweiz.

Wie kommt es zu diesen Abweichungen, die nicht nur jede realistische Einschätzung des tatsächlichen Waldbestandes, sondern auch aller damit verbundener Probleme unmöglich machen? Schließlich geht es um die Erfassung der Rodungen und Desertifikationen in den Ländern der Dritten Welt, des auf den sauren Regen zurückgeführten Waldsterbens in den Industrieländern und nicht zuletzt der Waldbrände.

Von allen zitierten Definitionen ist nur die der Encyclopedia Universalis einigermaßen brauchbar. Sie kombiniert ökologische und physiognomische Definitionen und präzisiert die Begriffe Baum, Oberfläche der Vegetationsformation, Deckungsgrad (Projektion der Baumkronen auf den Boden) und Milieuverhältnisse.

Mit diesen vier Faktoren wird der Begriff Wald sinnvoll eingegrenzt. Andererseits beginnen damit auch neue Schwierigkeiten.

Der Baum

Hinter dem zunächst einfachen Begriff Baum verbergen sich viele Definitionen, abhängig davon, ob er von einem Forstwirt, einem Biologen, einem Geographen oder einem Wirtschaftswissenschaftler stammt.

Den Förster interessiert der morphologische und physiognomische Aspekt: Ein Baum ist eine Pflanze mit ausgeprägtem Stamm und einer Höhe von über 10 Metern im ausgewachsenen Zustand. Ist er kleiner, dann handelt es sich um einen Busch. Fehlt der ausgeprägte Stamm, spricht man von einem Strauch. Ein weiteres Kriterium hängt mit seiner anatomischen Besonderheit zusammen: der Baum ist ein Holzgewächs. Er bildet verschiedene Stützgewebe, die Lignin enthalten, den Stoff, den wir als Holz bezeichnen.

Für den Botaniker gilt beinahe dieselbe Definition. Für ihn sind Bäume ligninproduzierende Pflanzen. Während alle Pflanzen ihr Wachstum allein über die Photosynthese sicherstellen, ist bei den lignifizierenden Bäumen noch eine zweite Art von Wachstum möglich. Der Baum ist mit einer besonderen Zellschicht ausgestattet, dem Kambium, einer Art zylindrischer Mantel, der zwischen Rinde und Splintholz liegt. Dieser Kambiumring bildet Holz und Kork, die Bestandteile des Stütz- und Aufbaugewebes. Der Baum unterscheidet sich von den anderen Pflanzen außerdem durch eine ausgeprägte Zentralachse, den Stamm, der die Verzweigungen oberhalb des Erdbodens trägt: die Äste. Es gibt jedoch unter den aufrecht wachsenden ligninführenden Pflanzen einige, die den Bäumen zugerechnet werden, ohne daß sie alle deren Merkmale besitzen. Das ist zum Beispiel der Fall bei Baumfarnen, Bambus und Palmen.

Den Historikern und Geographen ermöglicht die Einbeziehung räumlicher und zeitlicher Gegebenheiten, die Bäume gegenüber den Kräutern abzugrenzen. Die Krautpflanze weist sich als ein «zeitorientierter» Organismus aus; sie ist kurzlebig, aber sie reproduziert sich schnell. Der Baum hingegen ist ein «raumorientiertes» Individuum, das sehr lange lebt (Eiche und Mammutbaum leben mehrere tausend Jahre), sich oft nur zögernd fortpflanzt (nur selten jährlich) und einen beträchtlichen Raum an Luft und Boden beansprucht.

Für die Ökonomen ist der Baum ein Individuum mit kumulativem Wachstum. Sein Aufbau besteht von der Markröhre bis zur Rinde aus ummantelten Kegeln, auf die immer neue Schichten folgen wie bei einer gigantischen russischen Puppe.

Diese Übereinstimmung der Kriterien sollte uns eigentlich die Aufgabe erleichtern, den Baum und damit den Wald zu charakterisieren. Aber wir müssen uns noch mit einer äußerst schwierigen Frage befassen: Ab welcher Mindesthöhe ist ein ligninführendes Gewächs ein Baum?

Für die europäischen Förster in den Wäldern gemäßigter Regionen stellt sich diese Frage kaum; jedes Holzgewächs über 10 Meter wird als ein Baum angesehen. Aber was geschieht, wenn man an die Waldränder kommt, an die Säume oder Grenzen, an die Kontaktbereiche, die die Ökologen als Ökotone bezeichnen? Da variieren nämlich die Toleranzgrenzen. Je nach Autor wird die Meßlatte auf 9, 8, 7, 6, 5, 4, sogar auf 3 Meter gelegt.

Das Problem der Mindestgröße eines Baumes und folglich auch des Baumbestandes, den man als Wald einstufen kann, stellt sich ebenfalls für folgende Bereiche: Kältegrenzen der polaren Breiten (Kontaktbereich des Waldes und der borealen Tundra), hohe Gebirgslagen (Erreichen der Waldgrenze), die Trockenheitsgrenzen des Mittelmeerraumes (Kontaktbereich der Wälder und der Degradierungsformen: Macchie, Garigue, Matorral) und die Grenzen zu Gebieten mit hoher Feuchtigkeit (Mangroven, Au, Weidengebüsche und andere Uferformationen). In diesen Bereichen mit äußerst heiklen und ungünstigen Klimabedingungen, den sogenannten Kampfzonen, nehmen die Bäume pathologische Formen an. Sie sind von zwergenhaftem, verkümmertem, verkrüppeltem und unsymmetrischem Wuchs. Sie werden zu natürlichen Bonsais und sind dennoch Bäume.

Je nachdem, ob man das Maß bei 10 Metern oder 3 Metern (eine Höhe, die von den krautigen Pflanzen praktisch nie erreicht wird) anlegt, ergibt sich weltweit ein Unterschied von Dutzenden, ja sogar Hunderten von Millionen Hektar an Bodenfläche, je nachdem ob man Wälder mitzählt oder nicht, die als Nieder-, Zwerg- und Krüppelwälder eingestuft werden, oder die sogenannte Sekundär-, Degradations-, Übergangs- und Randformationen darstellen.

Der Wald

Über dem Baum soll der Wald nicht vergessen werden. Die Kenntnis des Flächenmaßes ist hier wichtig. Ein Wald setzt eine gewisse Konzentration von Bäumen voraus. Nur, ab welcher Mindestgröße kann man von ei-

Übersicht der Waldflächen aller Kontinente, 1980
(in Millionen Hektar)

Kontinente	Erdbodenoberfläche insgesamt	Waldfläche	% der Gesamtfläche
Afrika	2.965	709	23,9
Nordamerika	1.911	690	36,8
Mittelamerika	282	72	26,0
Südamerika	1.700	871	50,0
Asien	2.677	492	18,4
Europa (mit der GUS)	2.700	877	32,5
Ozeanien	843	91	10,8
Welt	13.078	3.605	27,6

Quelle: 10. Forstlicher Weltkongreß

Die Schätzungen für die achtziger Jahre bis 1990 wurden während der Rio-Konferenz veröffentlicht, als dieses Buch schon in Druck war.

Der Wald braucht für seine Entwicklung besondere klimatische und geologische Bedingungen. In der finnischen Tundra, deren Boden nährstoffarm und deren Klima rauh ist, wachsen nur Moose und Flechten. Die wenigen Bäume sehen aus wie natürliche «Bonsai».

Als Baum wird jedes holzartige Gewächs einer bestimmten Höhe, das Äste hat, definiert. Von dieser Grundformel ausgehend, entwickelt jede Baumart den ihr eigenen Habitus, der sie von anderen unterscheidet.

nem Wald sprechen? Ab einem Ar, einem Hektar oder zehn Hektar? Wichtiger noch als ein genaues Flächenmaß ist eine charakteristische Tier- und Pflanzenwelt für den Wald. Auch muß er bestimmte klimatische und edaphische Bedingungen erfüllen, um die Bezeichnung «Wald» zu verdienen. Später wird davon noch die Rede sein.

Das Kronendach

Unter diesem Begriff versteht man die Summe der Baumkronen. Wenn die Kronen ineinander greifen und das Sonnenlicht daran hindern, auf den Boden vorzudringen, bezeichnet man den Wald als geschlossen oder dicht. Lassen aber die Kronen genügend Zwischenraum, so daß die Lichtdurchlässigkeit sehr groß ist, spricht man von einem lichten Wald. Die hier verwendete Größe wird als Kronenschlußgrad oder Deckungsgrad bezeichnet. Allerdings läßt dieser Begriff, der die Fläche berücksichtigt, verschiedene Interpretationsmöglichkeiten zu. Die Bezeichnung der Wälder als licht, dicht, geschlossen, durchlässig, offen usw. veranschaulicht in gravierender Weise die Ungenauigkeit, die der einfachen Definition des Deckungsgrades anhaftet. Die von der Encyclopedia Universalis angegebenen Zahlen werden nicht allgemein anerkannt. Der minimale Deckungsgrad, den ein Wald aufweisen muß, liegt bald bei 85%, bald bei 20%, ja sogar bei 10% oder 5%.

Veränderung des Milieus

Ein gesunder Wald schafft sich seine eigenen Lebens- und Entwicklungsbedingungen. Er schützt sich gegen den Wind durch einen dichten Schirm und abgestufte Vegetationsformationen an seinen Rändern (Sträucher, Brombeer-, Haselsträucher). Auf diese Weise geschützt, herrscht im Waldesinnern ein ausgeglicheneres Klima im Vergleich zur Umgebung: wärmere Winter, kühlere Sommer und gleichbleibende Feuchtigkeit. Der Boden reichert durch die pflanzlichen Abfälle Humus an und ist gegen Erosion geschützt. Diese für den Wald typische Selbstregulierung bzw. dieses Mikroklima bietet den jungen Bäumen und Samen die optimalen Wachstums- und Entwicklungsbedingungen.

Das französische Nationale Forstverzeichnis bietet zweifellos die brauchbarste Definition, die allerdings auch recht komplex ist. Danach versteht man unter bewaldeten Produktionsflächen sinngemäß folgendes: «Vegetationsformationen, die sich aus Baum- oder Strauchbeständen zusammensetzen, die forstlichen Grundsätzen genügen und folgende Bedingungen erfüllen:

- sie müssen aus forstlich erfassungswürdigen Stämmen zusammengesetzt sein (Durchmesser in 1,30 m Höhe ≧7,5 cm) und ihr Deckungsgrad (Projektion der Krone auf den Boden) muß mindestens 10% der Bodenoberfläche betragen.
- die Pflanzendichte pro Hektar muß mindestens 500 junge, noch nicht erfassungswürdige Stämme aufweisen (Setzlinge, Ableger, Sämlinge). Diese müssen kräftig, gut ausgebildet und auf der Fläche gut verteilt sein.
- sie müssen eine Fläche von mindestens 5 Ar und eine mittlere Kronengröße von mindestens 15 Metern aufweisen.
- sie dürfen weder Schutzfunktion haben noch aus dekorativen Gründen angepflanzt worden sein.»

Ganz klar feststellen läßt sich hier, daß das Bemühen um eine allgemein anerkannte Definition noch in den Anfängen steht. Die Vereinten Nationen, die FAO und die EG haben 1986 eine Studie über die Waldressourcen der nördlichen Hemisphäre veröffentlicht; im Anhang I gibt es allein ein fünfseitiges Verzeichnis der wichtigsten Definitionsbegriffe zum Thema Wald!

Die allerneueste Definition und Bewertung des Waldes, die immerhin allgemein anerkannt wurde, ist auf dem 10. Forstlichen Weltkongreß, der im September 1991 in Paris stattgefunden hat, festgehalten worden: Ein Wald ist «jede Vegetationsformation, ob natürlich oder künstlich, bewirtschaftet oder nicht, deren Bäume mit ihren Kronen mindestens 10 bis 20% der Bodenoberfläche bedecken.» Dies ist eine sehr großzügige Definition, die auch die jungen Pflanzungen einbezieht, die noch nicht das Baumstadium erreicht haben. Nach dieser Definition liegt die gesamte Waldfläche der Erde bei 3.6 Milliarden Hektar, was 27,6% der gesamten Erdbodenoberfläche entspricht.

*Das Blatt für sich genommen ist schon das reinste Labor.
Jede der Zellen, aus denen es sich zusammensetzt, hat die Photo-
synthese zur Aufgabe.*

Wie funktioniert ein Baum?

Antoine Lorgnier

Innerhalb der Natur rangieren Komplexität und Dynamik des Baumorganismus zweifellos an erster Stelle. Seine Kraft, seine Größe und sein Überleben hängen allein vom Holz ab, dem Stoff, aus dem er sich zusammensetzt und den er auch selbst herstellt. Dieser komplizierte Prozeß macht aus dem Baum eine wahre Fabrik, in der die Blätter, die Wurzeln, die Rinde und das Holz eine genau festgelegte Rolle spielen und feste Aufgaben erfüllen.

Der Baum besteht aus zwei Teilen. Der eine, sichtbare Teil besteht aus dem Stamm und der Baumkrone, der Gesamtheit der Äste, Zweige und Blätter. Der andere, unsichtbare Teil wird gebildet aus den Haupt- und Nebenwurzeln und den Wurzelhaaren (einige große Tropenbäume, z. B. der Kapokbaum, bilden eine Ausnahme).

Das Blatt

Die Blätter der Holzgewächse setzen sich aus Blattstiel und Blattspreite, dem eigentlichen Blatt, zusammen. Der Blattstiel hält die Blattspreite und verschafft ihr Bewegungsfreiheit. Jede Baumart besitzt ihre spezifische Blattform, mit deren Hilfe man sie erkennen kann. Grundsätzlich haben jedoch alle Blätter die gleichen Funktionen: Atmung und Photosynthese.

Auf der Blattspreite erkennt man die Blattnervatur, das Nervengeflecht, das die Säfte zirkulieren läßt und den Nahrungsaustausch gewährleistet. Der Schnitt durch ein Blatt läßt ein schwammartiges Assimilationsgewebe erkennen, das Parenchym. Es enthält eine unendliche Zahl von Zellorganellen, die Chloroplasten. Sie sichern mit Hilfe des Chlorophylls die Photosynthese. Die Stomata, winzige Spaltöffnungen an der Blattoberfläche, erleichtern den Gasaustausch zwischen den Zellen und der Luft. Sie sind für die Transpiration des Baumes verantwortlich. Die Blattgröße variiert in Abhängigkeit vom Wasserbedarf des Baumes und damit von klimatischen Gegebenheiten. So entwickeln beispielsweise Bäume der Halbwüsten nur sehr kleine Blätter, um die Verdunstung auf ein Minimum zu reduzieren (Akazie, Baobab).

Bei den Blattformen unterscheidet man zwischen einfachen Blättern, bei denen die Blattspreite ungeteilt ist, und den zusammengesetzten Blättern, die jeweils aus mehreren Fiedern bestehen. Hier nun einige Beispiele von Blattformen einfacher Blätter: linear oder lanzettlich (Weide, Eßkastanie); oval (Eiche); rundlich herzförmig oder schief herzförmig (Linde). Die zusammengesetzten Blätter nennt man dreifach gefiedert bei drei Fiedern an einem Blattstiel (*Cytisus*, Ginster), fingerförmig gefiedert bei fünf Fiedern an einem Stiel (Roßkastanie), unpaarig gefiedert bei ungerader Zahl der Fiedern einschließlich der Endfieder (Esche, Nußbaum) oder paarig gefiedert, wenn die Aufteilung der Fiedern eine gerade Zahl ergibt (Robinie).

Die Nadel

In gewisser Weise sind die Nadeln die Blätter der Nadelhölzer. Ihre langgezogene Form mit rautenförmigem, halbrundem oder elliptischem Profil ermöglicht eine weitgehende Reduzierung der Evaporation. Diese funktionelle Anpassung ist durch den Lebensraum der Nadelhölzer gegeben. Sie leben meist in nördlichen oder alpinen Regionen, wo der Winter hart und der Sommer kurz ist (Ausnahme z. B. Wacholder). Sie behalten im Winter fast alle ihre Nadeln, um den kurzen Sommer möglichst gut nutzen können und keine Zeit für die Entwicklung neuer Blätter zu verlieren. Die Struktur der Nadeln ermöglicht den Nadelhölzern, Schnee und Frost zu überstehen. Sie sind viel fester als Laubblätter und mit einer undurchlässigen Schicht überzogen. Sie können ihre Spaltöffnungen vollständig schließen und auf diese Weise sicherstellen, daß nur minimale Respiration stattfindet. Allerdings leben die Nadeln nicht ewig. Von allen Nadelhölzern erneuert nur die Lärche ihre Nadeln jedes Jahr. Alle anderen Arten erneuern sie nach und nach, und darum bleiben die Nadelhölzer immer grün.

Die Photosynthese

Der Baum ist eine Art Nabelschnur mit zweifachem Kreislauf, der Himmel und Erde verbindet. Vom Himmel nimmt er dank des Chlorophylls in seinen Blättern Sonnenenergie auf und kann atmen. Aus der Erde zieht er über die Wurzeln Wasser und Nährsalze. Der auf diesem Weg erzeugte Pflanzensaft wird dann durch die Transpiration des Baumes in die Blätter geleitet, wo er mit CO_2 angereichert wird. Durch den Vorgang der Photosynthese, einer ausgeklügelten Kombination aus Sonnenlicht und Chlorophyll, werden diese Elemente in pflanzliche Moleküle umgewandelt. Die beiden wichtigsten, Lignin und Zellulose, sorgen für Kräftigung und Wachstum des Baumes, sie sind die Grundbestandteile des Holzes. Ein weiteres Wunder der Natur: Der für das Leben so notwendige Sauerstoff wird als Abfallprodukt dieser Transformation ausgeschieden. So sichert die Sonne das wesentliche Element zur Ernährung des Baumes: sie ermöglicht die Photosynthese und hält über die Evaporation den inneren Kreislauf des Baumes in Gang.

Die Wurzel

Umfang und Bedeutung des unterirdischen Teils des Baumes, des Wurzelgeflechts, bestehend aus den Wurzeln und deren äußersten Verzweigungen, den Wurzelhaaren, sind ebenso groß wie die des oberirdischen Teils, der das Erscheinungsbild des Baumes prägt. So wie die Krone des Baumes eine Art Regenschirm darstellt und den Regen nach außen ableitet (z. B. Fichte), genauso breiten sich die Wurzeln aus, um die Feuchtigkeit wieder aufzunehmen. Wenn das Laubwerk jedoch den Regen am Stamm entlang ableitet, sind die Wurzeln um den Stamm konzentriert (z. B. Eiche, Buche). Der Baum atmet und ernährt sich über seine Wurzeln. Sie versorgen ihn mit Wasser, manchmal aus sehr weiten Entfernungen (aus bis zu 20 Meter Entfernung bei der Pappel) oder aus sehr tiefen Bodenschichten (40 Meter bei der Kermeseiche). Das Wasser im Boden wird durch Epidermiszellen und Wurzelhaare, die an den Wurzelspitzen liegen, gepumpt. Epidermis und Wurzelhaare lösen außerdem Mineralsalze aus dem darunterliegenden Gestein und speichern sie. Der Wasser- und Nährsalzkreislauf (Pflanzensaft) wird über die Transpiration der Blätter sichergestellt. Der Prozeß der Auflösung der Mineralsalze wird durch verschiedene chemische Substanzen betrieben, wie die Kohlensäure, aber auch durch die Symbiose zwischen Wurzeln und Pilzen oder Wurzeln und Bakterien. Bei der Symbiose Wurzel – Pilz (Mykorrhiza) werden die Wurzeln von Pilzfasern (Myzel) umsponnen oder durchdrungen. Der Pilz spielt hier eine Vermittlerrolle. Er kann ohne Wurzeln und Chlorophyll keine Photosynthese durchführen. Also tauscht er Stickstoff, Phosphor und andere Mineralsalze, die er im Boden und an der Bodenoberfläche gewonnen hat, gegen Kohlehydrate und Zucker. Beides sind Produkte der Photosynthese des Baumes und notwendige Bausteine für seinen Wachstumsprozeß. Übrigens sind einige Mykorrhizen bei Pilzsammlern sehr beliebt: Steinpilz (Buche oder Fichte), Röhrling (Espe), Trüffel (Eiche).

Abgesehen von der Ernährungsfunktion, verankern die Wurzeln den Baum im Boden, wodurch er dem Wind widerstehen kann. Natürlich halten sie gleichzeitig auch die Erde oder die Dünen. Sie übernehmen damit eine wichtige Aufgabe beim Erosionsschutz. Tiefe und kaum verzweigte Wurzeln nennt man Pfahlwurzeln (Pinie, Eiche, Nußbaum). Bei einer horizontalen und konzentrischen Ausbreitung der Wurzeln um den Baum spricht man von Wurzelteller oder Flachwurzel (Fichte). Viele tropische Baumarten bilden Luftwurzeln aus, die manchmal sogar den Stamm ersetzen.

Auch was die Fortpflanzung betrifft, spielen die Wurzeln eine Rolle. Einige Bäume (Pappel, Espe) können sich auf vegetativem Weg vermehren, und zwar durch Ausläufer oder Stolonen, neue Sprosse, die schon am Wurzelansatz vorhanden sind.

Die Rinde

Die Rinde ist der äußere Schutz des Baumes. Stamm und Äste sind mit ihr bedeckt, und sie schützt gegen kleinere Brände, mechanische Verletzungen und plötzliche Temperaturschwankungen. Die Rinde selbst besteht aus zwei Teilen. Der innere, lebendige Teil, das *Phellogen*, ist zuständig für Wachstum und Wundheilung. Die äußere, tote Schicht, die *Borke* oder eigentliche Rinde, hat ein sehr unterschiedliches Aussehen. Manchmal kann man Lentizellen wahrnehmen. Diese ovalen Auswüchse sind Atemöffnungen, die den Gasaustausch zwischen Baum und Umgebung ermöglichen. Genau wie die Blätter ist auch die Rinde ein nützliches Unterscheidungsmerkmal der verschiedenen Baumarten. Die Rinde wird jedes Jahr dicker. Die äußeren und alten Schichten lösen sich ab (Platane, Ahorn, Eukalyptus) oder bleiben erhalten, werden aber rissig (Eiche).

Das Holz

Über die starren Strukturen des Holzes wird Nahrung und Wasser in das Innere des Baumes geleitet und gespeichert. Damit wird der ständige Austausch zwischen Wurzeln und Baumkrone gewährleistet. Alle Nährsubstanzen (Zucker, Stärke, Vitamine, Enzyme), die durch die Photosynthese in den Blättern gebildet werden, gelangen über die gleichen Leitungsbahnen in die Äste, den Stamm und die Wurzeln, wie das zur Photosynthese notwendige Wasser von den Wurzeln in die Blätter. Dieser stetige, für den Baum lebensnotwendige Austausch erfolgt im wesentlichen in der Peripherie des Stammes. Das Stamminnere oder Kernholz ist zu dicht, um einen schnellen Durchgang zu ermöglichen. Dank des Kambiums findet im Frühjahr eine beschleunigte Holzbildung und damit ein beschleunigtes Wachstum des Baumes statt. Das Kambium ist ein feiner Zellmantel, der Stamm, Äste und Wurzeln umhüllt. Zum Innern des Baumes hin bildet das Kambium neue Holzzellen, nach außen bildet es Bast, ein Wachstumsgewebe zwischen Rinde und Stamm.

Betrachtet man die Holzzellen unter dem Mikroskop, dann sieht man ihre dicken Innenwände, die dem Baum die nötige Widerstandskraft und Stabilität für sein Wachstum verleihen. Diese Festigkeit ist das Ergebnis einer Mischung aus Zellulosefasern und Lignin. Die Zellulosefasern sind lang, geschmeidig und von hoher Zugfestigkeit, die des Lignins stark verzweigt und druckresistent.

Bei den Koniferen sorgen dieselben Zellen *(Tracheiden)* sowohl für die Festigkeit als auch für die Leitung. Bei den Laubhölzern hingegen haben sich die Zellen *(Tracheen)* spezialisiert. Die röhrenförmigen Wasserleitungszellen (Gefäße oder Poren) verbinden die Wurzeln mit den Blättern. Sie ermöglichen eine viel höhere Transportgeschwindigkeit (25 m pro Stunde) als die Zellen der Koniferen (10 m pro Stunde). Die Vielfältigkeit der Baumarten hängt entscheidend mit dem Zellenaufbau, deren zusätzlichen Extraktstoffen (Harz, Stärke, Gerbstoff), dem Klima und der Bodenbeschaffenheit zusammen. Es gibt Weich- und Hartholzarten. Als Harthölzer werden in der Botanik die Laubbäume (*Angiospermen*) bezeichnet und als Weichhölzer die Koniferen (*Gymnospermen*). In Wirklichkeit sind die «Harthölzer» nicht alle auch tatsächlich hart. Pappel, Balsa, Linde oder Espe sind eher Weichhölzer, während die Kanadische Tanne oder die Gelbkiefer wegen ihres harten Holzes im Möbelbau sehr beliebt sind.

Der Jahrring

Jedes Jahr läßt das neue Holz den Baum wachsen und kräftigt Äste und Wurzeln. Der Stammdurchmesser wird vergrößert (Dickenwachstum), die Stabilität gefestigt und das Astwerk weiter ausgebreitet. Manche Bäume scheinen überhaupt ewig weiterzuwachsen. Der australische Eukalyptus erreicht eine Höhe von mehr als 100 Metern. Es gibt amerikanische Mammutbäume, die so alt wie Methusalem sind. Die Bristleconekiefer erreicht mühelos ein Alter von 6000 Jahren. Man kann das Wachstum an den Jahrringen des Baumstammes ablesen. Jeder Ring entspricht einem Jahr mit den Reaktionen des Baumes auf die jahreszeitlichen Unterschiede. Die Breite gibt Aufschluß darüber, ob das Wachstum des Baumes ungestört verlief oder durch klimatische Ursachen (Trokkenheit, Einschlag, Feuer) beeinträchtigt wurde. Dieser

Ob Laub- oder Nadelbaum, Bäume brauchen Wasser zum Atmen. Das über die Wurzeln eingesogene, in die Wipfel gepumpte Wasser ermöglicht ihr Leben. Im Sommer verbraucht eine ausgewachsene Buche bis zu 250 Liter Wasser täglich.

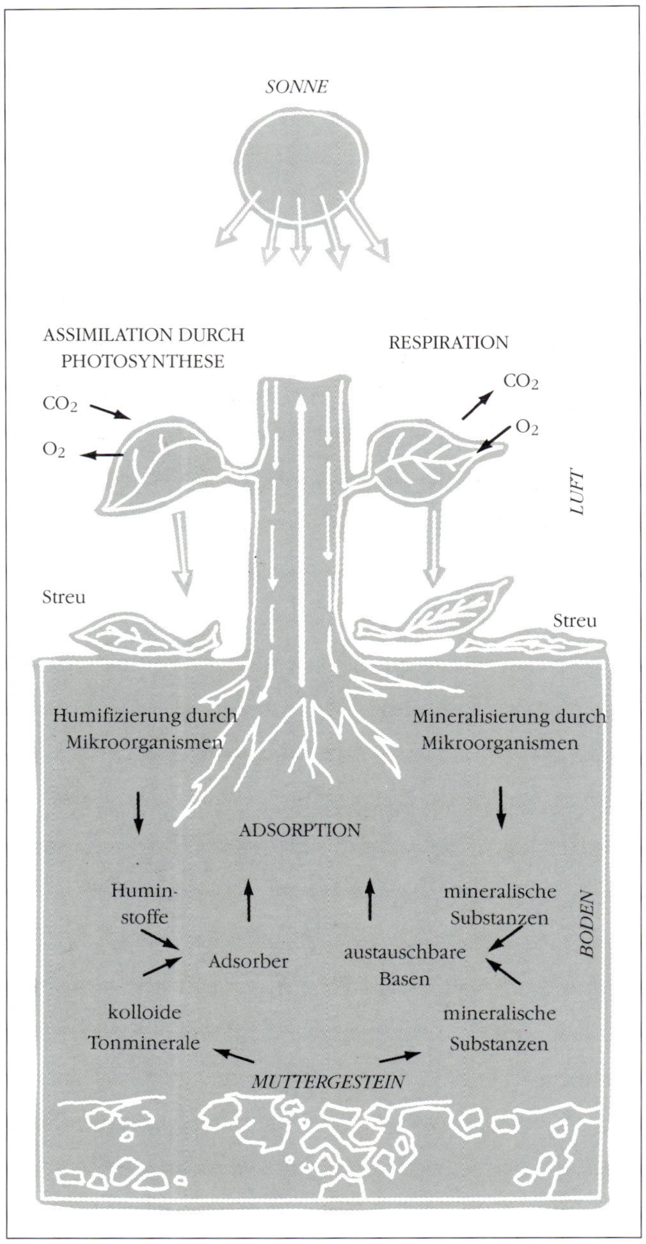

Bereich ist Gegenstand der Jahrringchronologie, der Wissenschaft der klimatischen Veränderungen. Der helle Teil des Jahresringes ist das Frühholz. Es ist weich und porös und weist auf einen größeren Wasserbedarf des Baumes im Frühjahr hin, wenn sein Wachstum in vollem Gange ist. Die weiten Zellen des Frühholzes erlauben einen schnellen Transport der Nährelemente in das Innere des Baumes. Das Spätholz ist dunkler, dichter und schwerer. Es bildet sich im Sommer, wenn der Baum sich festigt. Daher sind die Spätholzzellen auch kleiner und haben dickere Innenwände. Die Zellen, die den Bast bilden, regen ebenfalls das Wachstum an, indem sie für die zügige Verteilung des Pflanzensafts in alle Teile des Baumes sorgen. Junge Sprößlinge können übrigens schon dadurch gefährdet werden, daß sich ein Tier (Wildschwein, Reh) an ihrem Stamm reibt. Wenn Rinde und Bast beschädigt werden, steht das Wachstum des Baumes auf dem Spiel. Hier sei auch noch erwähnt, daß der Ahornsirup in Kanada im Frühjahr gewonnen wird, wenn der Saftfluß auf dem Höhepunkt ist. Bei den Tropenbäumen sind die Jahrringe übrigens kaum ausgeprägt, weil die Bäume ununterbrochen und gleichmäßig wachsen.

Farbenspiele auf einer Platanenrinde. Jede Baumsorte weist eine andere Rinde auf, lamellenartig, schuppig, glatt oder blättrig, die das Erkennen erleichtert. Doch hat die Rinde auch die Funktion eines Schutzschildes. Sie schützt den Baum vor extremen Temperaturen, vor Insekten und vor äußeren Stoßeinwirkungen, die das Holz beschädigen und das Wachstum gefährden könnten.

Die Fortpflanzung

Der Baum reproduziert sich durch geschlechtliche Fortpflanzung: eine männliche Zelle, der Pollen, und eine weibliche Zelle, die Samenanlage, bringen einen Samen hervor. Diese Vereinigung findet in der Blüte statt; aus einem zunächst einfachen Blatt ist im Laufe der Evolution ein spezifisches Fortpflanzungsorgan geworden.

Die Blüte besteht aus dem Kelch, der Blütenkrone, den Staubgefäßen und dem Stempel. Die Staubgefäße bilden das männliche Sexualorgan (der Pollen entwickelt sich hier im Staubbeutel) und der Stempel birgt das weibliche Organ, das Karpell. Bei den *Angiospermen* besteht der Stempel aus dem Fruchtknoten, dem Griffel und der Narbe. Letztere hält die Pollenkörner zurück, wenn der Fruchtknoten noch nicht reif ist. Bei den *Gymnospermen* (Koniferen) sind Karpell und Stempel zweierlei, und daher erscheinen die Samenanlagen direkt auf der Oberfläche des Stempels.

Unter dem Mikroskop betrachtet, gleicht die innere Struktur des Holzes einem porösen Gebilde, das aus Tausenden von holzigen Leitgefäßen zusammengesetzt ist. Für die Festigkeit des Holzes sorgen Zellulose und Lignin.

Nun zu weiteren Unterschieden: Es gibt zweigeschlechtliche Blüten, das heißt, sie enthalten Staubgefäße und Stempel (Kirschbaum) oder eingeschlechtliche Blüten, die nur männliche oder nur weibliche Organe ausbilden (Koniferen, Birke, Eiche). Man nennt einen Baum einhäusig *(monözisch),* wenn er gleichzeitig männliche und weibliche Blüten trägt (Fichte, Birke), und zweihäusig *(diözisch)*, wenn er entweder nur männliche oder nur weibliche Blüten entwickelt (Weide, Pappel, Wacholder). Eine Variante sind die *polygamen* Bäume; sie tragen zwittrige und eingeschlechtliche Blüten.

Im Frühjahr bringen die erwachsenen Bäume (bei einer Buche im Alter von 50 Jahren) die unterschiedlichsten Blütenstände hervor. Man unterscheidet Kätzchen (Birke, Haselstrauch), Trauben und Rispen (Roßkastanie), Dolden und Doldentrauben (Apfelbaum). Während der Befruchtung geben die Staubbeutel den Pollen frei, der sich über den Wind *(Anemogamie)* oder Insekten *(Entomogamie)* verbreitet. Die Baumarten, die vom Wind bestäubt werden, müssen viel mehr Pollen produzieren, weil die Befruchtung unsicher ist. Die Insekten dagegen ermöglichen eine gezielte Befruchtung. Die Bienen zum Beispiel bringen den Pollen beim Honigsammeln von Blüte zu Blüte direkt auf die Narbe der weiblichen Blüte. Bei einigen Baumarten wird die Selbstbefruchtung, und damit Inzucht, dadurch verhindert, daß ihre weiblichen und männlichen Blüten zu unterschiedlichen Zeiten ausblühen.

Je nach Art der Verbreitung wenden die Samen verschiedene Strategien an. Samen, die sich den Wind zu Nutze machen, bilden Flughaare (Pappel), Flügel (Ahorn) oder Luftsäcke (Erle) aus. Die durch Tiere übertragenen Samen haben appetitanregende Eigenschaften: fleischige, farbige Früchte (Sanddorn, Apfel, Kirsche) oder bauchige, wohlschmeckende Samenkörner (Eichel, Roßkastanie, Eßkastanie, Nuß, Buchecker). Die tropische Kokospalme verbreitet ihre Nachkommenschaft mit dem Meer und seinen Strömungen. In allen Fällen ist die Samenproduktion von beeindruckendem Umfang. Ein Hektar Birken kann mehrere Hundert Millionen Samen produzieren, auf der gleichen Fläche kommen Buchen auf «bescheidene» 5 Millionen!

Die Konkurrenz unter den Bäumen

Hinter der scheinbaren Ruhe des Waldes verbirgt sich eine Welt, die durch den ständigen Konkurrenzkampf der Bäume geprägt ist. Jeder Baum und jede Art muß sich den Platz an der Sonne erkämpfen, um Überleben und Wachstum zu sichern. Jeder muß seinen Nachbarn übertrumpfen und der Stärkere sein.

Der Kampf beginnt schon mit der Keimung; die zarten Wurzeln des Keimlings müssen sich in den Boden graben, um die zum Wachstum unentbehrlichen Stoffe, Wasser und Mineralsalze, aufnehmen zu können. Oft ist der Platz aber schon von den Wurzeln eines anderen Baumes und von denen der Kräuter und Blumen des Unterholzes besetzt. Wenn das Bäumchen heranwächst, beginnt der Kampf um das Sonnenlicht, die einzige Energiequelle der Photosynthese. Falls die großen Bäume ein zu dichtes Kronendach bilden, haben die jungen Triebe kaum eine Chance zu gedeihen, es sei denn, einer der großen stürzt um. Dieser neue Lichtschacht löst einen wahren Krieg aus, bei dem die schneller wachsenden Arten eindeutig im Vorteil sind. Die Schattbaumarten *(sciophil)*, wie zum Beispiel Tanne, Eibe und Buche, können jahrelang im Unterholz wachsen ohne einzugehen, während die Lichtpflanzen oder *heliophi-*

len Pflanzen (Eiche, Lärche, Ulme, Esche) unter gleichen Bedingungen höchstens zwei bis drei Jahre im Unterwuchs überleben können. Sind die Individuen ausgewachsen, setzt sich die Konkurrenz in den Höhen fort, denn von der Mächtigkeit und Ausdehnung ihres Laubwerks hängt wiederum das Wachstum ihres Stammes und Fruchtansatzes ab. Je näher die Krone dem Sonnenlicht ist, desto größer wird die entsprechende Samen- und Früchteproduktion sein.

Das Holz bildet sich ständig neu, und das nur mit Hilfe der Sonnenenergie, Wasser und Kohlendioxid. Holz verursacht weder toxische Rückstände noch Umweltverschmutzung, im Gegenteil! Das tote Holz wird von Bakterien und Pilzen abgebaut und zu Humus umgewandelt. Als wertvolle Erde kommt dieser wiederum der Entwicklung und Erneuerung des Waldes zugute.

Die Bäume haben sich mit dem Holz eine eigene, autarke Sphäre geschaffen, die sich immer wieder selbst erneuert. Man darf allerdings über dem Baum nicht den Wald vergessen. Der Wald ist eine komplexe Gesellschaft von Tieren und Pflanzen, die sich bald als Verbündete, bald als Feinde und unerbittliche Konkurrenten gegenüberstehen. Der Wald ist ein empfindliches Ökosystem, das der Mensch schon zu oft durcheinander gebracht hat.

Schnitt durch einen Eichenstamm

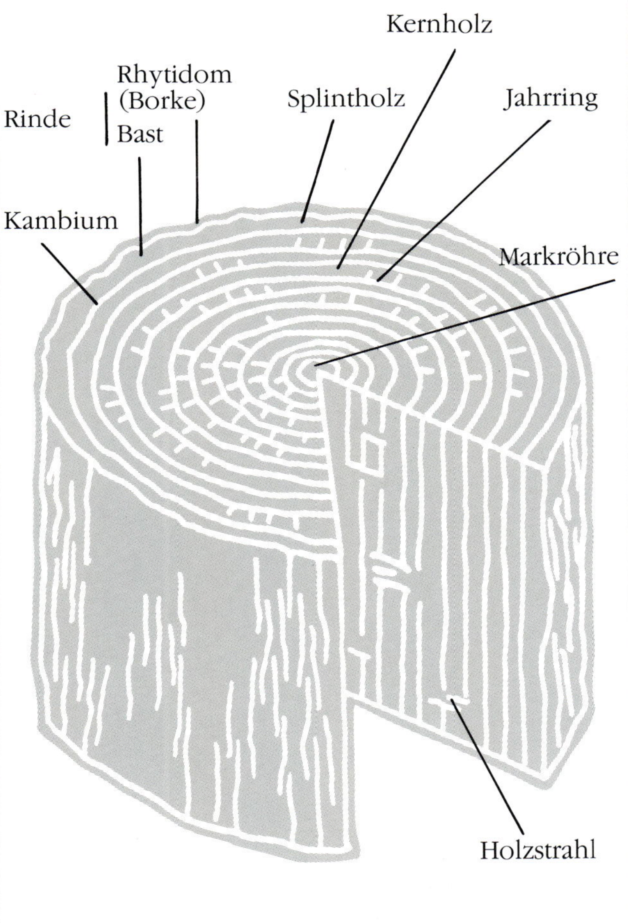

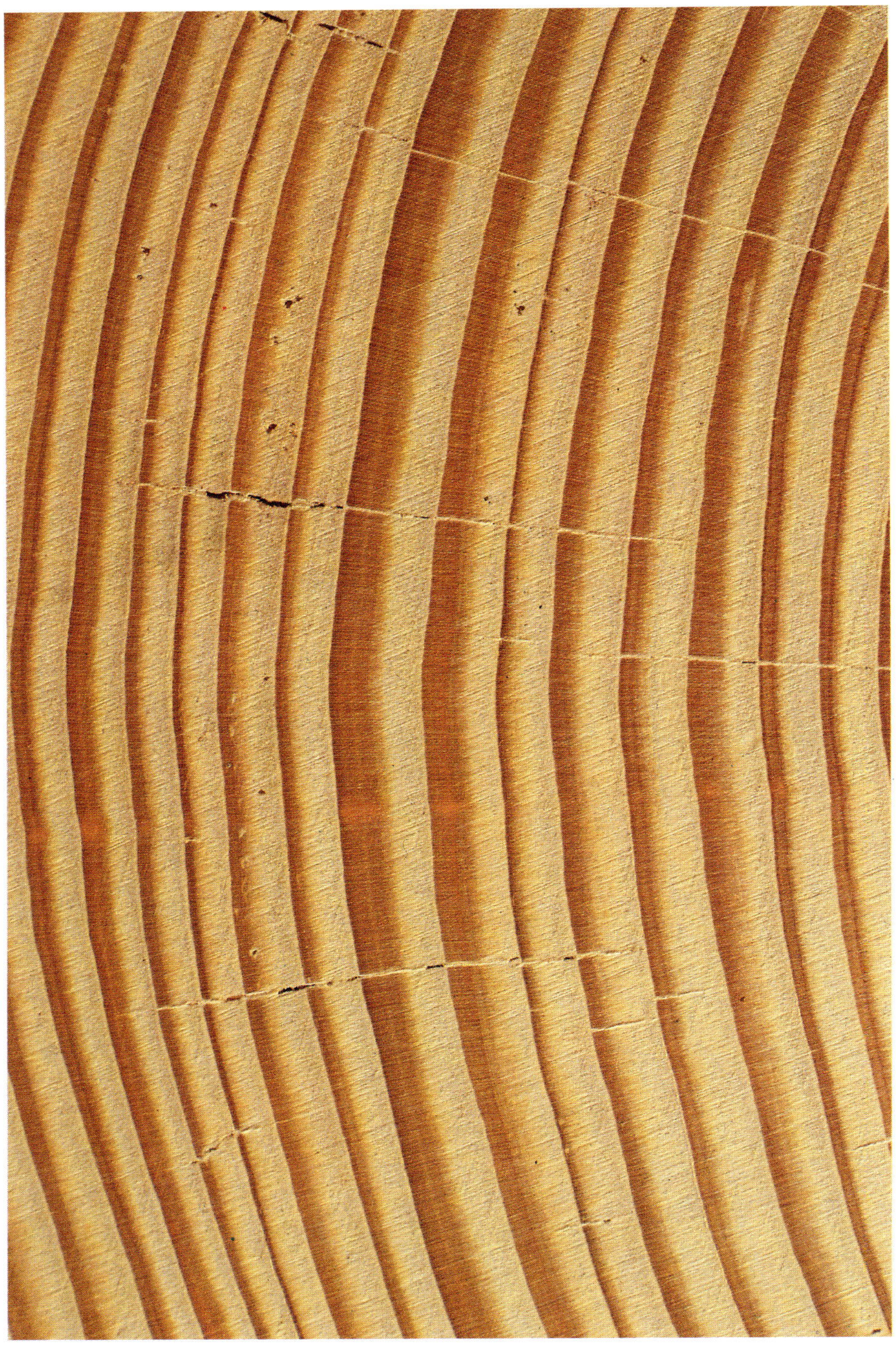

Die Jahrringe geben Auskunft über das Alter eines Baumes und erzählen von seiner mitunter bewegten Vergangenheit. Die hellen Ringe, auch Frühholz genannt, sind weich. Die engeren und dunklen Ringe mit dichterer Holzstruktur bilden sich im Sommer.

Im Frühjahr zeigen die Pflanzen verschiedene Methoden der Fortpflanzung. Tanne, Weide und Farn nützen Wind und Tiere zur Verbreitung von Früchten, Blütenstaub oder Sporen. In der Regel erscheinen die Blüten vor den Blättern, damit diese die Ausbreitung des Pollenstaubes nicht behindern.

Claude Edelin

Die Architektur der Bäume

Die Bäume zählen zu den kompliziertesten Organismen der Welt. Ihre Organisation, ihre Größe und ihre langsame Entwicklung sind für die Biologie eine wahre Herausforderung. Die vorhandenen Untersuchungsmethoden eignen sich nicht besonders für Strukturen dieses Ausmaßes. Obwohl man sich schon seit mehreren Jahrhunderten mit diesem Thema befaßt, beginnt man eigentlich erst seit etwa zwanzig Jahren, ihre Baupläne und deren Umgestaltung kennenzulernen.

Architektonisches Modell und architektonische Einheit

Ausgangsbasis dieser Entdeckungen war die Beobachtung tropischer Pflanzen. Wenn man sich im Regenwald aufhält, ist man beeindruckt von der Vielfalt pflanzlicher Formen, die dort anzutreffen sind. In den Bäumen scheinen sich alle Formen zu manifestieren, die die Phantasie hervorbringen kann. Aber der Schein trügt: die Botaniker haben beobachtet, daß es trotz dieser Vielfalt nur etwa zwanzig verschiedene Grundtypen gibt. Das gilt für alle bisher bekannten Baumarten in den Tropen und in den gemäßigten Zonen. Diese Grundformen wurden als «*architektonische Modelle*» bezeichnet.

Die einfachsten Modelle sind die nicht verzweigten Bäume: sie besitzen einen einzigen Stamm mit oft sehr großem Durchmesser, aber keine Äste. Das ist bei sehr vielen Palmen der Fall. Sie kompensieren das Fehlen der Verzweigung mit der Bildung riesiger Blätter, von denen einige die größten im Pflanzenreich überhaupt sind.

Diese Pflanzen sind nur ein kleiner Teil der Baumarten. Die meisten Bäume sind verzweigt. Ihre Architektur hängt von verschiedenen Faktoren ab: Struktur, Wachstumsrichtung und Art der Verzweigung von Stamm und Ästen. Die Architektur einer Tanne ist zum Beispiel charakterisiert durch einen vertikalen Stamm und die Anordnung horizontaler Äste in Stockwerken. Eine Pinie hat zwar die gleiche Verzweigung, jedoch verlaufen alle ihre Achsen, Stamm und Äste, vertikal. Der Kaffeestrauch wiederum besitzt einen vertikalen Stamm und horizontale Äste wie die Tanne, aber die Äste sind über den ganzen Stamm verteilt und nicht in Stockwerken angeordnet. Das sind jetzt nur einige Beispiele, die aber schon verdeutlichen, daß das architektonische Modell eines Baumes aus der Kombination sehr einfacher Eigenschaften resultiert. Diese sind genau definiert und genetisch festgelegt.

Bei jedem Baum, unabhängig vom Architekturtyp, besitzt der Stamm ganz besondere Funktionen und Eigenschaften. Nehmen wir zum Beispiel eine Araukarien, ein wegen seines ebenmäßigen Wuchses sehr beliebter Nadelbaum im Gartenbau. Dieser Baum hat einen vertikalen, dicken Stamm. Er trägt in Stockwerken angeordnete, regelmäßig ausgerichtete Äste, die nach einigen Jahren spontan abgestoßen werden. Jeder Ast hat Kurztriebe über seine gesamte Länge. Diese sind reich belaubt und tragen die Fortpflanzungsorgane. Die drei Kategorien Stamm, Äste und Zweige bilden für sich allein das Grundgerüst der Pflanze. Dieses Grundgerüst bezeichnen wir als «*architektonische Einheit*». Innerhalb dieser architektonischen Einheit des Baumes haben alle Organe einen speziellen Ort, der mit ihrer Funktion zusammenhängt. In unserem Beispiel ist der Stamm das Primärorgan: es erlaubt der Pflanze, den ihr zustehenden Raum in der Vertikalen auszufüllen. Die Äste sind die Sekundärorgane, sie dringen in den seitlichen, um den Baum befindlichen Raum vor. Die Tertiärorgane sind die Zweige: sie ermöglichen dem Organismus die Nutzung der Umwelt, insbesondere die Aufnahme von Sonnenenergie.

Obwohl die Baustruktur des Baumes je nach Art variiert, zeigt er immer eine hierarchisch gegliederte Organisation, die aus einer geringen Zahl von Organkategorien gebildet ist. Bei den Laubhölzern unterscheidet man durchschnittlich eine bis fünf Kategorien, bei den Nadelhölzern drei bis sieben. Die Zahl der Kategorien hängt nicht von der Größe des Pflanzenorganismus ab, sondern von seiner Komplexität.

Die Reiteration

Wenn ein Baum in seinen ersten Wachstumsjahren seine architektonische Einheit gebildet hat, kann er sich sein ganzes Leben weiterentwickeln. Bei geringer genetischer Veranlagung zur Verzweigung behält er eine schmale Silhouette und bietet immer ein schlankes Erscheinungsbild. Diese architektonische Schlichtheit trifft man oft bei den Pionierbaumarten des tropischen Feuchtwaldes an, zum Beispiel bei *Cecropia* (Ameisenbaum) in Südamerika oder *Anthocephalus* in Südostasien. Das sind Organismen, deren stereotype Architektur eher an sehr große Kräuter als an Bäume im eigentlichen Sinn erinnert.

In den meisten Fällen jedoch beschränken sich die Holzgewächse nicht auf die Herausbildung einer architektonischen Einheit. Wenn sie ein bestimmtes Entwicklungsstadium erreicht haben, sind sie in der Lage, von selbst ihre eigene Architektur zu vervielfältigen. Das heißt, sie können durch Verzweigung auf ihrem Organismus eine oder mehrere andere architektonische Einheiten ausbilden.

Dieser Prozeß wird als *«Reiteration»* bezeichnet. Sie ist wesentlich im Leben der Holzgewächse, denn sie ist insbesondere verantwortlich für die Ausbildung der Baumkronen bei ausgewachsenen Bäumen. Man weiß natürlich, daß bei den Laubhölzern das ausgewachsene Individuum aus dem Stamm und den auf ihm aufbauenden Leittrieben besteht, die als Ganzes die Krone bilden. Nun haben Beobachtungen gezeigt, daß diese Leittriebe nichts mit den gewöhnlichen Ästen zu tun haben. Sie sind tatsächlich die Stämme der verschiedenen architektonischen Einheiten, die der Organismus im Laufe seiner Entwicklung ausgebildet hat.

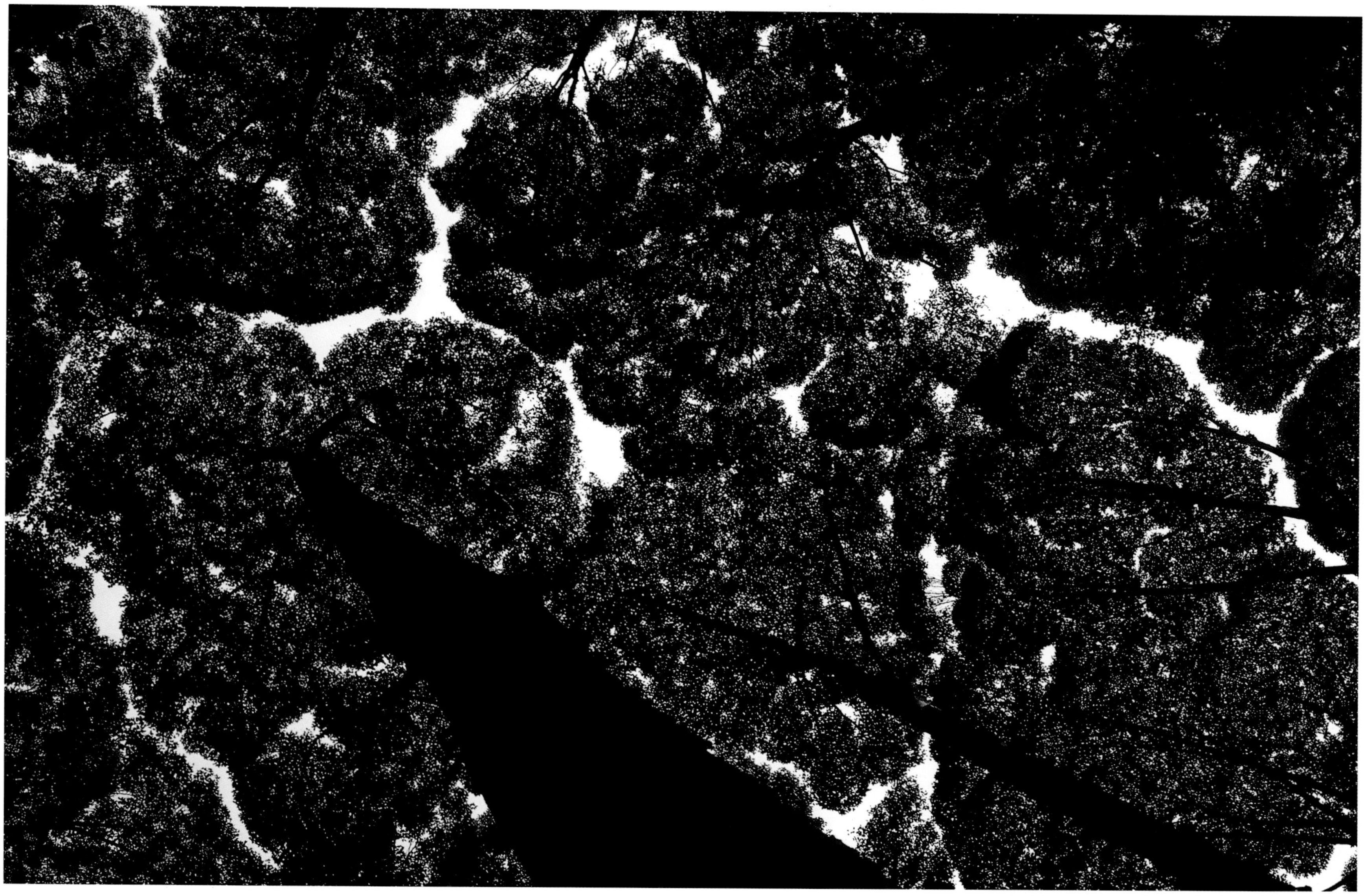

Das Kronendach, das aus dem Geflecht der Baumwipfel gebildet wird, formt im allgemeinen ein dichtes Gewölbe aus, das das Licht vom Boden abschirmt. Seltsamerweise berühren im Kepongwald in Malaysia die – sogenannten ängstlichen – Bäume einander nicht, sondern halten einen Abstand von etwa einem Meter ein.

Die Reiteration ist ein verbreitetes Phänomen bei den Holzgewächsen, das sich je nach Art sehr unterschiedlich ausdrückt. Meistens findet sie seitlich auf dem Hauptstamm statt. In diesem Fall entstehen die Leitäste direkt aus dem Stamm. Es kommt auch vor, speziell bei den (nicht gestutzten!) Platanen, den Pappeln oder den Walnußbäumen, daß die Reiteration am oberen Rand des Stammes stattfindet, indem der Baum umfangreiche, abschließende Astgabelungen austreibt, deren Gesamtheit die Krone bildet. Bei einigen tropischen Arten, wie vielen Bäumen der Familien der *Myristicaceae* (z.B. Muskatnußbaum) oder der *Bombacaceae* (z.B. Kapokbaum), setzt die Reiteration an den Astspitzen ein. Dies geschieht auf fast symmetrische Weise, so daß die Baumkrone nach und nach das Aussehen eines Kleiderständers annimmt. In allen genannten Beispielen findet die Reiteration in einer Lebensphase statt, in der der Baum an Gesamtvolumen beträchtlich zunimmt. Wenn er im Wald steht, kann er dann seine Baumnachbarn überragen und ihr Wachstum beeinträchtigen, indem er das einfallende Licht auffängt und den anderen vorenthält, während er selbst ein Maximum an Zuwachs leistet.

Eine solche Strategie der Reiteration beobachtet man auch bei den Koniferen, besonders bei den meisten Kiefernarten und bei der Gattung *Agathis* (*Araucariaceae*, z.B. Kauri-Fichte). Dennoch sind Nadelhölzer oft weniger zu einer vollständigen Reiteration ihrer architektonischen Einheit befähigt; das heißt, sie vervielfältigen sich selten insgesamt. Meistens begnügen sie sich mit der Bildung zusätzlicher Zweige auf der oberen Seite der Äste. Diese neuen Zweige werden die Primärzweige ersetzen, wenn diese absterben. Dieses Phänomen ist zwar unauffällig, weil sich das Erscheinungsbild des Baumes nicht verändert, aber für die Entwicklung des Baumes von grundlegender Bedeutung. Es ist ein Mittel, auf einem sehr einfachen Gerüst (Stamm und Primäräste) ein Maximum an Assimilationsoberfläche auszubilden, das energetisch gesehen äußerst effizient ist. Außerdem bietet es die Möglichkeit, eine beeindruckende Zahl von Fortpflanzungsorganen bei sparsamstem Energieaufwand auszubilden. Diese Art der Reiteration beobachtet man bei fast allen bekannten Koniferen, die bei Fichten, Eiben und Zypressen mit einer besonderen Regelmäßigkeit auftritt.

Wie wir an diesen Beispielen gesehen haben, ist die Reiteration der grundlegende Wachstumsprozeß, auf dem die Ausbildung der Krone des ausgewachsenen Baumes beruht. Er setzt aber auch in seiner gesamten Altersphase immer wieder ein. Auch wenn die Baumkrone ausgebaut ist, setzt sich der Reiterationsprozeß fort. An den Spitzen der Leittriebe, und zwar auf ihrer Oberseite, sieht man winzige aufrechte Bäumchen entstehen. Später bilden sich Jahr für Jahr immer größere Bäume immer näher am Stamm. Die bislang ständig wachsende Baumkrone stirbt an ihrer Peripherie nach und nach ab, während in ihrem inneren Teil winzige junge Miniaturbäume entstehen. Dieses Phänomen wird in der französischen Forstwirtschaft als «*descente de cime*», d.h. «*Absenken der Krone*» bezeichnet. Das kann sich bis ins Extrem entwickeln: Bei einigen Arten verlagert sich die Reiteration den ganzen Baumstamm entlang bis an seinen Fuß. Die untersten Triebe haben die Fähigkeit, Wurzeln zu schlagen und dadurch unabhängig zu werden. Damit gründen sie eine neue Baumgeneration mit vegetativen Mitteln (Absenkerbildung). Ein solches Phänomen ist bei der vegetativen Vermehrung der Edelkastanie zu beobachten.

Die Reiteration im biologischen Sinn ist ein Prozeß, bei dem sich das Individuum Baum in eine regelrechte Kolonie verwandelt. Denn zunächst ist der junge Organismus eine einheitliche Struktur, und erst im ausgewachsenen oder seneszenten Stadium besteht er aus zahlreichen architektonischen Einheiten. Diese stellen eine zusammenhängende Gesamtheit dar und weisen gleichzeitig eine relative Selbständigkeit auf, was ihr Funktionieren betrifft. Die Kohäsion rührt von der Tatsache her, daß alle kleinen Bäume, die die Krone bilden, voneinander abstammen und miteinander verbunden bleiben. Um den Pflanzensaft aus den Wurzeln zu bekommen, sind sie abhängig von der zwangsläufigen Leitung durch den Stamm. Dennoch gibt es auch hier einige Arten, bei denen sich völlig eigenständige Wurzeln in der Baumkrone bilden, und zwar an der Basis der Leitäste oder der wichtigsten Einheiten der Reiteration. Die ausgebildeten Wurzeln sind im allgemeinen nur von geringer Größe. Aber sie halten in ihrem Netz zahlreiche mikroskopische Partikel fest, die der Wind heranweht. Diese bilden bei fortschreitender Akkumulation Humus, der zur unmittelbaren Ernährung des Leittriebes dient. Es gibt Arten, bei denen dieses Phänomen noch stärker ausgeprägt ist, beispielsweise bei dem *Banyan*, einer Feigenbaumart im tropischen Asien: dort nämlich schaffen es alle in der Krone gebildeten Wurzeln, auf den Boden zu gelangen und sich dort zu verwurzeln, so daß alle kleinen Bäume, die die Krone bilden, völlig eigenständig sind.

Der durch die Reiteration bedingte eigenständige Charakter führt zu Verhaltensweisen, die fremd anmuten können. In den feuchten Tropen, wo die Klimabedingungen günstiger sind als in den gemäßigten Zonen, lassen sich oft Bäume beobachten, bei denen verschiedene Teile der Krone ein asynchrones Verhalten zeigen: ein Hauptast trägt Blüten, ein anderer verliert gerade seine Blätter, während ein dritter in vollem Wachstum steht. Das zeigt, daß jede architektonische Einheit der Krone in der Lage ist, ihrem eigenen Funktionsrhythmus zu folgen. Dieser *Erratismus*, so hat man dieses Phänomen bezeichnet, bietet einen gewissen Vorteil für im Wald lebende Arten; er mildert den Einfluß eventueller klimatischer Zufälle, die ihm zu einem bestimmten Zeitpunkt im Jahr schaden könnten. Allerdings kann sich der Erratismus unter landwirtschaftlichen Gesichtspunkten auch störend auswirken. So führt dieses Phänomen beim Mangobaum zu einer Verteilung der Ernte über einen langen Zeitraum und zu einer mangelhaften Möglichkeit der Ernteprognose.

Der Umwelteinfluß auf die Form des Baumes

Die architektonische Einheit eines Baumes und dessen Formen der Reiteration sind für jede Baumart genetisch festgelegt. Dennoch können Umweltbedingungen die allgemeine Form des Baumes verändern. Starke Sonneneinstrahlung beispielsweise beschleunigt die Entwicklung des Baumes, der schnell altert. Eine schwache oder gemäßigte Sonneneinstrahlung bewirkt den gegenteiligen Effekt.

Die Förster machen sich dieses Phänomen zunutze, indem sie dichte und lichtarme Pflanzungen anlegen: der Baum hat dann viel Zeit, um sich zu entwickeln. Er hat bereits einen langen Stamm, bevor er den Reiterationsprozeß einleitet und seine Hauptäste ausbildet. Wenn hingegen ein Baum in vollem Licht wächst, dann setzt die Reiteration viel früher ein, und der Baum ist viel gedrungener. Die Umwelt übt also einen quantitativen Einfluß auf den Baum aus. Sie kann aber seine Architektur nicht grundsätzlich verändern.

Die Forschungen über die Architektur der Bäume stehen erst am Anfang. Vieles bleibt noch zu entdecken, aber schon jetzt können wir mit Hilfe dieser Arbeiten die Struktur und die Art der Entwicklung dieser Organismen besser verstehen. Diese Entdeckungen führen zu einer besseren Kenntnis der Holzgewächse und ihrer Produktion. Außerdem geben sie jedem das notwendige Rüstzeug in die Hand, um einen Baum richtig zu betrachten. Vielleicht wird so mancher nicht mehr nur ein Gewirr von Ästen sehen, sondern ein hochorganisiertes Lebewesen wahrnehmen.

Der Aufbau des Baumes überläßt nichts dem Zufall. Lichtbedarf drängt den Baum himmelwärts, er entwickelt und gliedert Äste und Laubwerk je nach Umgebung, damit sein Überleben und seine Fortpflanzung bestmöglich sichergestellt sind.

Henri Puig

Die Baumstrukturen

Hier möchten wir einige biologische Charakteristika hervorheben, die typisch für tropische Bäume sind: oberirdische Bewurzelung, Stelzwurzeln, Brettwurzeln und Atemwurzeln. Zuvor werden wir die Epiphyten und Lianen näher beschreiben und damit auf zwei weitere Elemente eingehen, die sich Bäumen angliedern und im tropischen Feuchtwald häufig vorzufinden sind.

Die Epiphyten

Epiphyten sind Pflanzen, die auf den oberirdischen Organen anderer Pflanzen leben: auf Stämmen, Zweigen und Blättern. Ihre Haftorgane dringen jedoch nicht in deren Gewebe ein. Deshalb gibt es keinen Austausch zwischen der epiphytischen Pflanze und ihrem Wirt. Die Wasserversorgung der Epiphyten geschieht entweder durch den Regen oder durch Rinnsale, die sich durch Kondensation von atmosphärischem Wasserdampf auf der Unterlage gebildet haben. Die Nährsubstanzen werden aus den geringen Humusmengen aufgenommen, die auf der Wirtspflanze abgelagert werden.

Die verbreitetsten und auffälligsten Epiphyten sind die Orchideen, die Bromeliaceen, die Philodendren und die Farne. Besonders bemerkenswert ist die Würgerfeige: der junge Sproß treibt zunächst Wurzeln in Richtung Boden, die anfangs mehr oder weniger lianenförmig sind. Dann verwachsen sie um den Stamm des Wirtsbaumes ähnlich einem Panzer, so daß schließlich der Baum erstickt. Diese für die Würgerfeigen typischen Luftwurzeln kommen auch bei anderen Epiphyten und manchmal sogar bei Bäumen vor. Sie bilden «Vorhänge» im wahrsten Sinn des Wortes.

Die Lianen

Die Lianen beeindrucken durch ihre Fülle und ihre Ausmaße. Sie sind Holzpflanzen, die in der Erde verwurzelt sind und deren lange Internodien sich zu richtigen gewundenen Stämmen ausbilden. Diese können eine Länge von mehreren dutzend Metern erreichen. Hier haben die Bäume Stützfunktion, die den Lianen ermöglicht, ihr Blattwerk und ihre Blüten auf eine für ihre Entwicklung günstige Höhe zu heben. Die meisten Lianen sind frei beweglich und hängen wie riesige Taue aus dem Kronendach herab, andere haften eng am Stamm.

Die Luftwurzeln

Bei der Luftverwurzelung entsteht manchmal eine Pfahlwurzel, die hauptsächlich die Funktion der Verankerung übernimmt. Die Atemwurzeln hingegen sind immer an der Oberfläche, denn in den tropischen Böden ist nur der A-Horizont (oberste Bodenschicht) relativ humusreich, während die unteren Horizonte oft *anaerob* (sauerstoffarm) sind. Bei der Ölpalme zum Beispiel wachsen Tausende von Adventivwurzeln vom unterirdischen Teil des Stammes an die Oberfläche. Im Fall der Okoumé, heliophilen Arten mit schnellem Wachstum, verschwindet die Pfahlwurzel bald wieder, während die kriechenden Nebenwurzeln sich in den oberen zwanzig Zentimetern des Bodens entwickeln. Typisch für Okoumé sind auch Querverbindungen (*Anastomosen*) zwischen den Wurzeln der unter- und oberirdischen Baumteile, die manchmal an der Oberfläche sichtbar sind. In Guyana ist so 80 % der Wurzelbiomasse in den oberen 20 Zentimetern des Bodens enthalten.

Luftwurzeln sind typisch für Überschwemmungswälder (z. B. im Amazonasbereich und Kongogebiet), Sumpfwälder, die in etwa unseren Erlenbrüchen gleichen (z. B. indonesische Inseln) und die Mangrove.

Die Bromeliaceen wachsen auf Bäumen, um ans Licht zu gelangen. Da sie ihre Wurzeln nicht in die Erde graben können, fangen sie Regenwasser auf und ernähren sich von zersetzten Pflanzenresten, die zwischen ihre Blätter fallen.

Die Epiphyten, ein typisches Kennzeichen der Bäume des Regenwaldes, leben nicht von ihrer Wirtspflanze. Ihre eigenen Wurzeln und Blätter schöpfen aus der Umgebung die zum Wachstum notwendige Feuchtigkeit, Bodenpartikel und Pflanzenreste. Etwa 15 500 Epiphytenarten wurden allein in den Wäldern Lateinamerikas gezählt.

Entgegen allem Anschein ist der Boden der tropischen Wälder nährstoffarm und oft erosionsgefährdet. Die Wurzeln der Bäume entwickeln deshalb großen Einfallsreichtum, um Nährstoffe aufzunehmen (Photo oben) oder den Baum im Boden zu verankern (Photo unten).

Die Stelzwurzeln

Die Stelzwurzeln sind Luftwurzeln, die aus der Basis des Stammes heraustreten und sich entwickeln, bevor sie in den Boden eindringen. Das sieht dann etwa so aus, als ob die Basis unserer Bäume in den gemäßigten Zonen freigelegt worden wäre.

Die zahlreichsten Vertreter von Stelzwurzelpflanzen im Bereich der tropischen Wälder leben in den Mangro-

Alle Mittel sind recht, um Licht zu erhaschen. Ranken, Hafthaare, Luftwurzeln werden eingesetzt. Diese Würgefeige wird schließlich durch ihre mächtige Entwicklung den Wirtsbaum ersticken.

ven. Auch sumpfige und waldige Niederungen haben oft ein reiches Vorkommen von Stelzwurzelbäumen. Außerdem sind sie in einigen Sekundärformationen stark vertreten, zum Beispiel im tropischen Amerika, wo die Ameisenbäume (*Cecropia*) dominieren.

Diese Strukturen sind nicht kennzeichnend für bestimmte Standortbedingungen und haben folglich nicht dieselbe ökologische Bedeutung. Übrigens kann man sich die Frage stellen, ob sie überhaupt eine haben! Mittlerweile gilt jedoch als gesichert, daß sie dem Baum einen besseren Halt geben. Ihr Vorkommen in unterschiedlichen systematischen Gruppen ist eine bemerkenswerte Eigenschaft der tropischen Floren.

Die Brettwurzeln

Diese Wurzelart zeichnet sich durch flügelartige Seitenstützen an der Basis des Stammes aus. Das Auftreten und die Form der Brettwurzeln sind spezifische Ausprägungen einiger Bäume, oft bei sehr großgewachsenen Arten. Um sich vorstellen zu können, um was es sich hier überhaupt handelt, sollte man sich die Beschreibung der Stelzwurzeln noch einmal ins Gedächtnis rufen: es sind praktisch Stelzwurzeln, die aber mit dem Stamm verwachsen sind. In Guyana haben große Bäume wie *Ocotea* (Grünholz), *Peltogyne* (Amaranth) oder *Ceiba* (Kapokbaum) oft beeindruckende Brettwurzeln.

Diese Strukturen sind nicht typisch für bestimmte systematische Klassen und lassen Konvergenzen erkennen, die wahrscheinlich durch das feuchte Tropenklima bedingt sind. Die Brettwurzeln entwickeln sich tatsächlich vorzugsweise in tropischen Regenwäldern der heißen, niederschlagsreichen Klimabereiche. Bäume mit Brettwurzeln kommen sowohl in Niederungen als auch an Hängen oder Kuppen vor, auf tonhaltigem und sandigem Boden. Die Ausbildung von Brettwurzeln kann verschiedene Gründe haben: Speziell für den Baum nützliche Ausbildungen sind solche, die mechanische oder Ernährungsfunktionen betreffen (im letzteren Fall handelt es sich um besondere Stränge, die die Wurzeln verlängern).

Die Atemwurzeln

Nach Schnell (1987) sind die Luftwurzeln oder *Pneumatophore* Verzweigungen des Wurzelapparats, die vom Boden abheben und sich mehr oder weniger in der freien Luft entwickeln.

Bei den Dikotyledonen sind diese Pneumatophore mit Lentizellen ausgestattet, die den Gasaustausch ermöglichen. Sie entwickeln sich vor allem auf sauerstoffarmen Böden, z.B. in den Zonen von Mangrove, Igapó (zeitweise überschwemmter Bereich) und Varzea (immer überschwemmte Zone). Diese Gehölzformationen sind typisch für geschützte Meeresküsten mit Schlickablagerungen im tropischen und subtropischen Bereich (In einem anderen Teil des Buches werden die Besonderheiten dieser Vegetation gesondert behandelt). Die Wurzeln der meisten dort vorkommenden Baumarten ragen dabei über die Boden-, beziehungsweise Wasseroberfläche hinaus.

Man unterscheidet im wesentlichen zwei Kategorien von Luftwurzeln:

- die vertikalen Luftwurzeln: Wurzeln mit negativem Geotropismus, die oberhalb des Bodens aufrecht in die Luft stehen;
- die bogenförmigen Luftwurzeln mit unbegrenztem Wachstum. Der Bogen entsteht durch die Weiterentwicklung einer Wurzel mit negativem Geotropismus. Die Wurzel macht einen Bogen und wächst zum Boden zurück.

Diese Stelzwurzeln ermöglichen den Bäumen das Wachstum auf dem schlammigen Boden der Sümpfe von Nariva in Trinidad. Die Wurzeln gehen vom Stamm strahlenartig in alle Richtungen auseinander und gewährleisten so vollkommene Standfestigkeit.

Die Tiere haben sich dem Wald angepaßt. Die australische Kragenechse, die geradewegs aus der Urzeit kommt, verwendet Tricks, um den Gegner zu erschrecken. Die Natur ist erbarmungslos: da heißt es fressen oder gefressen werden.

Das Ökosystem Wald

Georges-André Morin

Der Begriff Ökosystem ist erst einige Jahrzehnte alt und damit wesentlich aktueller als der Begriff Naturhaushalt. Das Wort kommt vom griechischen «oikos» (dt.: Haus) und hat denselben Stamm wie Öko-nomie und Öko-logie.

Das Ökosystem wird definiert als natürlicher Lebensraum, der in seiner globalen Bedeutung und Dynamik erfaßt wird. Innerhalb dieses Lebensraums können wir die vorhandene Lebensgemeinschaft (nicht zwangsläufig «natürlich» oder von der Zivilisation unberührt) als Ganzes untersuchen.

Der Begriff Ökosystem

Das Ökosystem besteht aus dem Miteinander der in ihm vorhandenen Bestandteile. Alle vorkommenden Elemente werden in ihrer Eigendynamik, ihren gegenseitigen Beziehungen und Abhängigkeiten erfaßt. Die wichtigsten Kriterien dieser Einheit sind die Artenvielfalt der Population, ihr genetischer Reichtum und die Lebensvielfalt. Das Ökosystem wird aus der Gesamtheit der Tier- und Pflanzenarten gebildet, die in einem vorgegebenen Lebensraum vorhanden sind. Dabei hängt die Größe des Ökosystems von der Art des Lebensraumes ab. Die Mikrobenflora des Bodens gehört ebenso dazu wie die Bäume (falls es welche gibt) oder die hochentwickelten Tiere. In seinem Werk «The Origin of Species» meint Darwin (1859) sinngemäß, daß *«Pflanzenarten und Tierarten unter dem phylogenetischen Gesichtspunkt durch ein enges Netz vielfältiger Beziehungen untereinander verbunden sind, auch wenn sie noch so weit voneinander entfernt sind.»*

Wir werden später noch auf die grundsätzliche Frage zurückkommen: Ist der Mensch Teil des Ökosystems oder nicht?

Überall auf der Erde, wo es mindestens vier frostfreie Monate und einen Jahresniederschlag über 500 mm gibt, entsteht eine Lebensgemeinschaft von Tieren und Pflanzen, deren Zusammensetzung je nach Klima, Bodenbeschaffenheit und Feuchtigkeit variiert. Innerhalb der großen Klimazonen finden wir weiter differenzierte Bedingungen vor (zum Beispiel das Relief, das je nach Lage und Sonneneinstrahlung verschiedene Standorte schafft), die zur Bildung zahlreicher Mikroklimate führen. Am Beispiel Frankreich läßt sich dieses Phänomen gut veranschaulichen. Es ist ein Land, das verschiedensten klimatischen Einflüssen ausgesetzt ist, die von atlantischen über mediterrane bis zu den kontinentalen Klimaten des Ostens reichen. Nun wird das Ganze noch durch verschiedene Reliefs und Bodenarten differenziert, so daß das Zusammenwirken all dieser Komponenten eine sehr große Bandbreite von Ökosystemen zur Folge hat. Dagegen sind die großen nördlichen Wälder von einer relativ großen Homogenität geprägt.

Innerhalb eines bestehenden Ökosystems sind die Vegetationsformationen im engeren Sinn auf vier hierarchische Ebenen verteilt: zuerst kommen die Moose und Flechten, dann die Krautschicht, gefolgt von Büschen und Sträuchern und schließlich die Bäume. An der Besiedlung unberührter Naturräume (zum Beispiel einer Vulkaninsel) läßt sich das Auftauchen dieser vier Straten sehr gut beobachten. Beginnend beim nackten Urgestein führt die Entwicklung zu einer Formation, die zumindest nach menschlichem Maßstab relativ stabil ist, dem Klimaxstadium.

Im allgemeinen beeinflußt die Organisation des pflanzlichen Ökosystems die der Tierwelt. Daher sind in den lichten und gut durchlüfteten Wäldern der gemäßigten Zonen die Tierarten (Insekten, Vögel, Säugetiere) gleichmäßig auf die unteren Vegetationsschichten verteilt. Hingegen findet man in den dichten tropischen Wäldern, wo weniger als 1% des Sonnenlichts auf den Boden gelangt, die meisten Tiere in den höheren Schichten (Kronenschicht). Hier handelt es sich im wesentlichen um Insekten, Primaten und Vögel. Die terrestrische Fauna (große Säugetiere) ist oft nur schwach vertreten.

Das Ökosystem im Wald wird durch die Etablierung eines internen Mikroklimas begünstigt. Wie wir schon in dem vorausgehenden Kapitel gesehen haben, schafft sich der Wald selbst seine Lebens- und Entwicklungsbedingungen. Er schützt sich durch ein dichtes Gewölbe nach oben und abgestufte Vegetationsformationen an seinen Rändern gegen den Wind. Das Waldesinnere zeichnet sich im Vergleich zum Freiland durch mildere Winter, kühlere Sommer und konstante Feuchtigkeit aus.

Das Ergebnis der Evolution von Ökosystemen muß nicht immer der Wald sein. Viele Ökosysteme haben keine Baumschicht. Das ist offensichtlich unter extremen Klimabedingungen der Fall (Tundra) und selbst in gemäßigten Zonen möglich.

Die Dynamik der Ökosysteme

Die Wälder sind der Schauplatz intensivster biologischer Aktivität. Sie haben sowohl eine hierarchisch aufgebaute Pflanzengesellschaft in mehreren Schichten, als auch Tierpopulationen und Mikroorganismen, die untereinander durch das komplexe Nahrungsketten verbunden sind. Wesentliches Merkmal dieses speziellen Ökosystems ist die Zusammensetzung der Bäume aus organischen Substanzen (Zellulose, Blatt, Rinde, Protein, Holz), die aus Wasser, Kohlendioxid und Mineralstoffen aufgebaut sind.

Die Gesamtheit dieser Stoffe ist die sogenannte Biomasse. Ihr Aufbau wird durch die Bindung der Sonnenenergie in der Photosynthese gewährleistet. Durch die Umwandlung der Sonnenenergie in pflanzliche Kohlenhydrate, können letztere, zumindest teilweise, als Nahrung für parasitäre Pflanzen (Mistel) und tierische Konsumenten dienen. Die krautigen Pflanzen oder auch die Blätter und Früchte der Bäume sind die Grundnahrung der Pflanzenfresser *(Herbivoren)*. Diese gliedern sich in Wiederkäuer (z. B. *Cervidae*, Familie der Hirsche), Insekten, Weichtiere *(Mollusken)* und Vögel. Diese Tiere können auch an Pflanzen parasitieren (Blattlaus), oder zu ihrem Zersetzungsprozeß beitragen (Termiten). Die holz- oder pflanzenfressenden Insekten werden von Vögeln, Reptilien oder kleinen Säugetieren gefressen, die dann wiederum die Nahrung der großen Fleischfresser (Tiger,

Ozelot, Luchs, Wildkatze, Fuchs, Raubvögel) sind. Manche Arten greifen auf verschiedenen Stufen ein.

Wer ist Jäger, wer ist Opfer? Diese Frage kann man sich bei der Untersuchung der verschiedenen Stufen der Nahrungsketten stellen. Durch das Fressen von Glied A bildet Glied B seine eigene Biomasse, die wiederum dem übergeordneten C als Nahrung zum Aufbau eigener Biomasse dient.

Im Ökosystem des Waldes geht nichts verloren. Jeder Beteiligte ist gleichzeitig Räuber und Beute. Der Gartenschläfer, ein großer Freund von Beeren, wird wahrscheinlich im Schnabel einer Eule enden, und die australischen grünen Ameisen, die eine Sumpffliege vertilgen, werden eines Tages einer Eidechse oder einem Vogel zum Opfer fallen.

Über den Zersetzungsprozeß wird der Humus mit organischen Stoffen angereichert und die physikalischen und chemischen Eigenschaften der obersten Bodenschicht verändert. Auch die Fauna beteiligt sich aktiv an diesem Vorgang und zwar über die Verdauung pflanzlicher oder tierischer Nahrung. Die dabei angereicherten Mineralstoffe gelangen über den Kot in den Boden. Am Ende eines Tierlebens kehren die Stoffe durch die Verwesung des Kadavers in das ursprüngliche Milieu zurück. Beim Tod von Pflanzen und Tieren bleiben leblose, organische Substanzen übrig, die aber immer noch energiereich sind. Sie werden die Beute von Mikroorganismen, Bakterien, *Nekrophagen*, *Saprophagen* und Pilzen. Alle diese Destruenten schließen den Kreislauf, indem sie die auf den Boden gefallenen organischen Substanzen entweder in einfache mineralische Stoffe (Ammoniak, Kohlenstoff) oder in Humus umwandeln. Die Mineralelemente werden von Pflanzen wieder aufgenommen und mit Sonnenenergie zu neuer Biomasse verarbeitet. Der Humus speichert besonders Phosphor und Stickstoff und stellt somit ein Nährstoffreservoir im Boden dar, das die Fruchtbarkeit der Erde vergrößert. Das also ist das Zusammenspiel aller Elemente eines Standorte, die ein Ökosystem bilden.

Der Ablauf eines Ökosystem (um es auf einen kleinen Nenner zu bringen) vollzieht sich also in einer fortschreitenden Konzentrierung der Mineralien. Ausgehend von der Bodenoberfläche gelangen sie in tiefere Schichten des Bodens. Der Boden selbst verändert sich durch das Eindringen von Pflanzenwurzeln. Im Wald sind die Bäume dank ihrer Wurzeln in der Lage, Mineralstoffe aus für andere Pflanzen unerreichbaren Tiefen zu schöpfen

Der Waldboden enthält viele Destruenten, die organische Stoffe (Holz, Laub) in Mineralstoffe umwandeln. Außer Insekten (Würmer, Milben, Ameisen, Tausendfüßler) und Pilzen beschleunigen auch Moose den Abbau von Baumstümpfen und Pflanzenresten.

und sie oberirdisch in Form von Blättern, Holz oder Rinde einzulagern. Am Ende dieses Prozesses, der die Mineralstoffe durch die Pflanzen- und Tierorganismen geführt hat (Tiere können übrigens bei der Ausbreitung von Samen eine Rolle in der pflanzlichen Fortpflanzung spielen), werden sie dem Boden wieder zurückgegeben. Sie lagern sich in der obersten Bodenschicht ab (Blattfall, Kadaver, Exkremente) und sind über die Zersetzung auch anderen Pflanzen zugänglich. Auf diese Weise bietet der ständig neu angereicherte Boden optimale Bedingungen für die Keimung und das Wachstum neuer Pflanzengenerationen.

Das Ökosystem sorgt selbst für Organisation und Selbstregulierung. Jedes Glied wird in seinem Wachstum durch mehrere Faktoren begrenzt (Konkurrenzarten, verschiedene Fraßfeinde). Dadurch bleibt das ganze System im Gleichgewicht. Es genügt im allgemeinen schon das Fehlen eines Gliedes in der Kette, daß das Ganze aus den Fugen gerät. Die Ausrottung des Wolfes in Europa hat zu einer Überhandnahme der großen Pflanzenfresser geführt, und diese Entwicklung hat in den Wäldern großen Schaden angerichtet. Die Beziehungen innerhalb des Ökosystems beschränken sich nicht nur auf einfache Nahrungsketten. Einige Pflanzenarten sind in der Lage, sich gegen die Ansiedlung anderer Arten in unmittelbarer Nachbarschaft zur Wehr zu setzen, indem sie toxische Stoffe absondern (Nußbaum). Ebenso können sie sich dem Appetit der Pflanzenfresser oder einiger Arten entziehen, weil toxische Stoffe ihres Organismus (Tannin, usw.) sie ungenießbar machen. Es gibt andererseits auch positive Beziehungen unter den Pflanzen, und zwar alle Arten der Symbiose und der Mykorrhizabildung.

Der Mensch greift entscheidend in dieses komplizierte Beziehungsgefüge ein, sei es in die Tierwelt als Jäger oder Züchter, oder in die Pflanzenwelt, um Früchte oder Samen zu sammeln oder Futter und Holz zu gewinnen.

Die Produktivität des Ökosystems Wald

Der Wald nimmt einen außergewöhnlichen Platz unter den Ökosystemen ein, da er beständigen Einfluß auf sein Milieu nimmt. Er begnügt sich nicht allein mit der Produktion der Biomasse, sondern reichert sie in Form von Holz auch noch an: das ist seine eigentliche Produktivität. Die folgenden Zahlen sollen verdeutlichen, wie unterschiedlich die Produktionskraft der verschiedenen Waldtypen ist.

- Im tropischen Regenwald beträgt die jährliche Produktion von Biomasse pro Hektar gewöhnlich 30 Tonnen.
- Im Laubwald der gemäßigten Zone liegt sie in der Größenordnung von 14 Tonnen.
- Im borealen Nadelwald (Taiga) beläuft sie sich auf ganze 7 Tonnen.

Die Beständigkeit des Ökosystems basiert auf der Akkumulation von Biomasse. Nehmen wir das oben zitierte Beispiel eines Laubwaldes in gemäßigten Breiten (ein

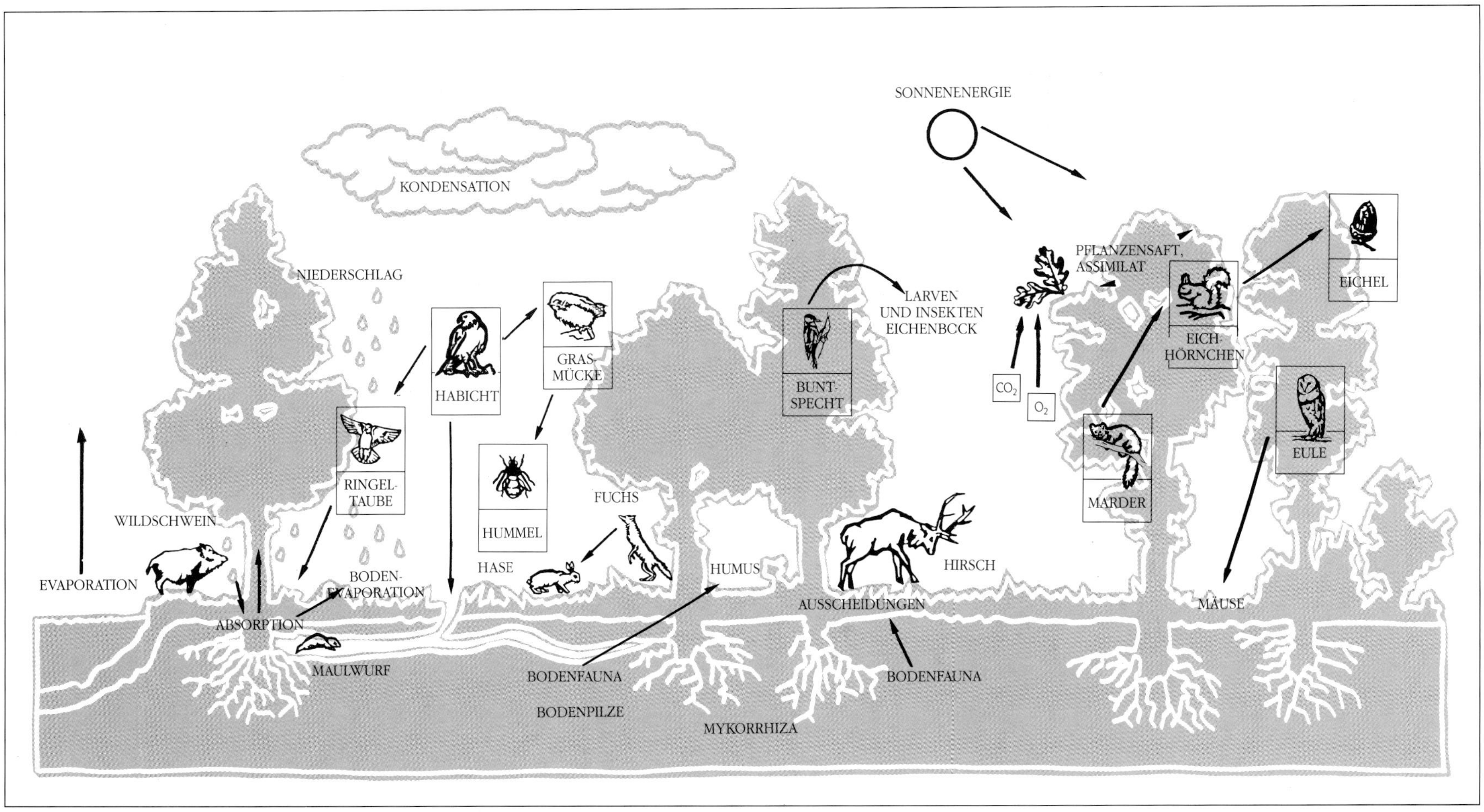

mehrere hundert Jahre alter Buchenhochwald). Im Normalfall produziert er mehr als 500 Tonnen Biomasse pro Hektar. Diese besteht im wesentlichen aus Holz und Rinde. Der Anteil grüner Biomasse, die direkt von den Tieren als Nahrung verwertet werden kann, beträgt nur 10 bis 15% (Blätter, Knospen, Fruchtstände). Das erklärt auch die relativ geringe Tierdichte in den Wäldern im Vergleich zu bestimmten offenen Regionen wie der afrikanischen Savanne.

Der Energiegewinn der Nahrungsketten ist äußerst gering. Die Photosynthese nutzt weniger als 1% der Sonneneinstrahlung. Bei den nachfolgenden Stufen der Nahrungskette kann jedes folgende Glied nur knapp 10% der Energie nutzen, die seinem Vorgänger zur Verfügung standen. Die Biomasse nimmt in den aufeinanderfolgenden Stadien immer schneller ab. Die Nahrungsketten sind im allgemeinen kurz (zwischen vier und sechs Gliedern), auch wenn sie durch vielschichtige Überschneidungen und Kreuzungen innerhalb einer Stufe eine sehr komplexe Struktur aufweisen.

Die Ökosysteme funktionieren in Kreisläufen. Das heißt aber nicht, daß eine ständige Erneuerung auf einem gleichbleibenden Niveau erfolgt. Im Kohlenstoffkreislauf setzt die holzige Biomasse einen sehr großen Teil des in lebenden Organismen gebundenen Kohlenstoffes um. Der Mensch kann durch die Forstwirtschaft und die Benutzung von Holzprodukten die Kohlenstofffixierung erhöhen und durch die damit verbundenen Holzentnahmen, die den Zuwachs bei den verbliebenen Bäumen fördern, die Produktivität eines Waldes steigern.

Der natürliche Rahmen der Ökosysteme

Das Ökosystem entwickelt sich innerhalb eines natürlichen, komplexen Rahmens (Klima, Boden), der schon vorgegeben ist. Es ist eine Lebensgemeinschaft, in deren Innern sich die Stoffe ständig erneuern. Sie kann entweder angereichert werden oder verarmen, je nachdem, ob sie Stoffeinträge erhält oder Stoffe in die Umgebung abgibt. Es liegt in der Natur des Ökosystems, daß es in Wechselbeziehung zu seiner äußeren Umgebung steht. Es entnimmt ihr Mineralien und erhält von dort Energie. In dieser Hinsicht ist es ein offenes System, das den Grundgesetzen der Physik, speziell der Thermodynamik, und der Chemie unterworfen ist.

Das Klima und der Boden sind die beiden entscheidenden Faktoren, die die Dynamik aller Bestandteile des Ökosystems begrenzen, indem sie die Austauschbeziehungen mit der Umgebung festsetzen. Sie selbst sind auch entwicklungsfähig, allerdings innerhalb einer viel größeren Zeitspanne.

Der Faktor Klima ist unmittelbar ersichtlich. Er ist uns allen sofort ein Begriff. Denken wir nur an vertraute Bilder der großen Klimazonen: üppige Tropenwälder, gemäßigte Wälder, sibirische Taiga, usw. Das Klima greift auf zwei Arten ein:

- einerseits Sonneneinstrahlung und Temperatur, beziehungsweise Energieeintrag,
- andererseits Niederschlag, also Wassereintrag in Form von Regen, Schnee, Nebel, Tau, usw.

Die Dauer der Sonneneinstrahlung bedingt die Aktivität der Pflanzen über die Photosynthese. Extreme Temperaturen sind genauso bedeutsam, weil sie sehr reale

Das Waldökosystem umfaßt die Gesamtheit aller Lebewesen, die im Wald leben. Diese werden in fünf große Gruppen unterteilt.
Zu den Produzenten gehören Bäume und Pflanzen, die in der Photosynthese lebende Materie bilden.
Die Konsumenten erster Ordnung sind die reinen Pflanzenfresser.
Die Konsumenten zweiter Ordnung ernähren sich von Tieren.
Die Konsumenten dritter Ordnung (z. B. Greifvögel) fressen die Tiere erster und zweiter Ordnung.
Zur letzten Gruppe gehören die Destruenten (Bakterien, Pilze). Sie schließen den Kreis im Ökosystem. So wird die organische Substanz wieder mineralisiert und kann von neuem in den Lebenskreislauf eintreten.

Diese jungen Meisen, die ungeduldig die Rückkehr der Eltern erwarten, sind, ohne es zu wissen, wichtige Steuerorgane für die Insekten- und Raupenpopulationen. Diese kleine Familie kann davon etwa 95 kg pro Jahr verschlingen.

Begrenzungsfaktoren sind. So können in einem sehr harten Winter Baumarten, die sich bisher normal entwickelt haben, im Verlauf ihres Vegetationszyklus absterben. Ein aktuelles Beispiel liefern uns die Winter 1985 und 1987, in deren Verlauf in Südwestfrankreich Eukalyptuspflanzungen völlig eingegangen sind. In diesem speziellen Fall handelte es sich um Klone, die während des Winters 1956 selektiert worden waren. In den gleichen Wintern (1985 und 1987) haben auch die Strandkiefern der Landes (Gascogne) Frostempfindlichkeit gezeigt, obwohl dieser Wald seit einem Jahrhundert als besonders produktiv galt. Diese Schäden haben deutlich gezeigt, daß sich hier das Problem der Herkunft der verwendeten Samen und Pflanzen stellt. Nach den großen Bränden der vierziger Jahre hatte man den Wald neu aufforsten müssen. Schon im Winter 1879 war die Strandkiefer im Norden der Loire praktisch ausgestorben, während man Bestände dieser Art, wenn auch von unterschiedlicher Qualität, in Gegenden Nordschottlands und in Irland finden kann, wo der maritime Einfluß des Golfstroms vor allzu großer Kälte schützt.

Der Niederschlag ist der zweite wichtige Klimafaktor. Er vervollständigt die obigen Ausführungen. Der Begriff Wasser wird hier im weitesten Sinne des Wortes verstanden: Regen- und Schneefälle, aber auch Luftfeuchtigkeit und Nebel, zum Beispiel in den tropischen Bergwäldern. Die Kombination aus Trockenheit und hoher Temperatur wirkt sich einschränkend auf die Anpassungsfähigkeit der Flora aus. Auch der Wind ist ein beachtenswerter Faktor. Einerseits verstärkt er bereits vorhandene Klimaumstände, indem er den Kälteeffekt erhöht oder im heißen Klima die Evapotranspiration der Pflanzen vergrößert. Andererseits kann man auch physische Einwirkungen beobachten: In Hochlagen oder an Meeresküsten kommt seine Stärke und Ausdauer durch die Deformation der Bäume oder gar durch das Verschwinden der Baumschicht zum Ausdruck.

Die Böden und ihre Eigenschaften werden unmittelbar durch das Muttergestein beeinflußt. Es bedingt den Anteil an Mineralien und die Durchwurzelbarkeit für die eindringenden Wurzelsysteme der höheren Pflanzen, die Form der Zersetzung und Entwicklung des Urgesteins, das seinerseits dem Einfluß klimatischer Gegebenheiten unterliegt. In den Mittelmeerregionen bietet die Gegenüberstellung der Macchie auf Silikatboden und der Garigue auf Kalkboden eine einfache und wohlbekannte Veranschaulichung der Bedeutung des Gesteins für die Bildung und die Ertragsfähigkeit der Böden. Allgemein kann festgestellt werden, daß je nach Untergrund unterschiedlich reiche und vielfältige Floren entstehen.

Die Entwicklung der Böden wird selbstverständlich stark von den klimatischen Bedingungen beeinflußt, speziell von Temperatur und Niederschlag. Wie immer sind die komplizierten chemischen Reaktionen, die in der Natur ablaufen und die sich auch an der Veränderung des Bodens zeigen, viel intensiver bei höheren Temperaturen und hoher Feuchtigkeit. Zu den chemischen Effekten des Klimas kommen noch mechanische Verlagerungs- oder Auswaschungseffekte des Wassers hinzu.

Wenn Klima und Boden den Rahmen für die Abläufe innerhalb des Ökosystems bilden, dürfen andererseits die Wechselwirkungen des Ökosystems mit seiner Umgebung nicht vernachlässigt werden. Das Vorhandensein der Baumschicht eines Waldes kann folgende Effekte haben:

- Herabsetzen der Windgeschwindigkeit,
- Regulation des Niederschlags,
- Mäßigung extremer Temperaturen,
- Ausbildung eines gemäßigten Waldinnenklimas,
- Abschwächung von Niederschlagsspitzen.

Diese Effekte wirken indirekt auf die Bodenentwicklung zurück. Daher kann im Fall eines tropischen Feuchtgebietes das plötzliche Verschwinden der Waldbedeckung eine sehr schnelle Degradierung des Bodens zur Folge haben, deren Auswirkungen nur schwer rückgängig gemacht werden können.

Rufen wir uns an dieser Stelle die Klimaentwicklungen der Urzeit in Erinnerung. Die Vereisungen des Quartärs haben gravierende Veränderungen der Flora herbeigeführt. Die geographische Verbreitung der wichtigsten Baumarten hat sich nach Süden verlagert. Darum können wir heute noch in der Mittelmeerregion innerhalb außergewöhnlicher Mikroklimate nördliche Ökosysteme finden, Relikte aus dieser Zeit. Der Buchenwald von Sainte-Baume, nördlich von Marseille, ist in diesem Zusammenhang ein ganz besonders Beispiel.

Die Blätter enthalten ein Konzentrat aus Mineralstoffen, die tief in der Erde von den Wurzeln aufgenommen werden. Wenn sie im Herbst zu Boden fallen, zersetzen sie sich und geben damit einen Teil dieser Stoffe an den Boden zurück.

Henri Puig

Die Verjüngung des Waldes

Diese junge Eiche ist fast ein Jahr alt. Die beiden Keimblätter der Eichel sichern ihr die Nahrungsgrundlage bis sie ihre eigenen Wurzeln entwickelt hat.

Seit etwa fünfzehn Jahren werden die Forschungen über die Verjüngung des tropischen Waldes intensiviert. Der Primärwald, so nennt man den vom Menschen völlig oder weitgehend unberührten Wald, erscheint nicht mehr als unveränderliche Einheit, sondern als *Phytozönose* (Pflanzengemeinschaft), die ständig Regenerationsprozesse durchläuft. Diese treten unter natürlichen Bedingungen hauptsächlich durch das Zusammenbrechen alter Bäume, Windwürfe oder auch durch Störungen auf, die letztendlich durch menschliches Einwirken verursacht wurden.

Das Verständnis der Abläufe natürlicher Regeneration erfolgt über die Kenntnisse des pflanzlichen Potentials in dem Moment, da Löcher in der zusammenhängenden Walddecke entstehen. Die Dynamik des Waldes und die regulierenden Mechanismen hängen von dem Grad der Störungen ab.

Die pflanzlichen Potentiale

Eine Auflichtung ist Schauplatz eines intensiven Wettbewerbs unter den Pflanzen. Die frühere Präsenz oder das frühzeitige Auftreten einer Pflanzenart in einem offenen Raum wird ihre Ansiedlung und Entwicklung prinzipiell erleichtern. Die pflanzlichen Einheiten, die entsprechende Potentiale sind, kann man in drei Gruppen einteilen.

Schößling und Keimling: das vegetative Potential

Dieses Potential besteht aus der Summe der Individuen, die die Störung überlebt haben: Keimlinge, Bäume und Büsche, die bei dem Baumsturz mehr oder weniger verletzt wurden. Sein Vegetationsaufbau ist eng an den Aufbau der Initialflora gebunden. Dieses Potential reagiert empfindlich auf ökologische Veränderungen, die Keime, Schößlinge und Bäume am Rand der Schneise zum Wachstum anregen. In den ersten Monaten übernehmen sie eine Schutzfunktion für die eher schattenliebenden Arten, die sonst im prallen Sonnenlicht unter Verbrennungen der Blattorgane leiden würden.

Die Samenbank des Bodens: das edaphische Diasporenpotential

Es handelt sich hier um die Gesamtheit aller in der Erde angesammelten Samen. Die keimenden Samen gehören normalerweise zu den Pionierarten (zum Beispiel der Gattungen *Cecropia*, *Musanga*, *Macaranga*, *Trema*, *Vismia*, *Solanaum* usw.), deren Keimfähigkeit sehr lange erhalten bleibt und die im Boden auf günstige Bedingungen zum Auskeimen warten, speziell auf die Verschiebung des chromatischen Gleichgewichts im Bereich des hell- und dunkelroten Lichtes. Das Keimen dieser Samen ist außerdem an die täglichen Temperaturschwankungen geknüpft, die extremer sind als die im Unterholz auftretenden Schwankungen. Einige dicke Samen von Waldarten, die bei schlechten Lichtverhältnissen keimen und die sich vor dem Windbruch eingestellt haben, können sich dennoch entwickeln. In Guyana bestätigen neueste Arbeiten die Omnipräsenz dieses Vorrats im Primärwald: In regelmäßigen Abständen entnommene Bodenproben vom bis zu 6 km entfernten Rand einer jungen Sekundärpflanzung – wichtige Quelle von Pionierpflanzensamen – weisen einen Vorrat auf, der quantitativ und qualitativ den Proben entspricht, die nur 500 Meter vom Waldrand entfernt liegen. Die Anzahl der lebensfähigen Samen, die in den ersten zwei Zentimetern des Primärwaldbodens enthalten sind, schätzt man auf einige Hundert pro m^2.

Eintrag nach Öffnung des Kronendachs: das advektive Samenpotential

Das advektive Samenpotential enthält die gleichen Arten wie das edaphische Diasporenpotential. Die Effizienz dieses Eintrags setzt voraus, daß er gleich nach dem Auftreten der Störung stattfindet. Seine Zusammensetzung hängt von der floristischen Zusammensetzung der Region und von der Phänologie der betroffenen Arten ab (die Phänologie korrespondiert zum Beispiel mit der Art der Blätter-, Blüten- und Fruchtbildung, Folgen der inne-

Die Noddiseeschwalbe beim Bau ihres Nestes oder das rote Eichhörnchen beim Sammeln seiner Wintervorräte verbreiten Samen und haben somit Anteil an der Verbreitung der Pflanzen.

ren und/oder äußerlichen Rhythmen). Die auf die Verbreitung einwirkenden Mechanismen können auf der *Zoochorie* (Verbreitung über Tiere) oder auf der *Anemochorie* (Verbreitung über Wind) beruhen. So werden die neuen Waldlichtungen von den früchtefressenden Fledermäusen während ihrer Erforschungsflüge aufgesucht. Im Verlauf dieser Flüge werden hauptsächlich die Samen der Pionierpflanzen verbreitet. Andere Samenarten werden von Vögeln ausgebreitet, die Mischkost bevorzugen. Die lichtliebenden Kräuter, die sehr schnell in den großen Schneisen auftauchen, sind im allgemeinen auf diese Verbreitungsart zurückzuführen.

Welches Gewicht die verschiedenen Verbreitungsarten haben, hängt von den ökologischen Bedingungen ab, die auf der gestörten Fläche vorliegen. Auch das Ausmaß der Störung ist relevant. Das Gleichgewicht, das sich einstellt, bestimmt einige Aspekte der Regeneration und der Wiederherstellung der Pflanzendecke.

Das ökologische Verhalten

Die in den Regenerierungsprozeß eingreifenden Faktoren können in drei Gruppen eingeteilt werden, deren Abgrenzungen manchmal willkürlich sind, da Langzeitwirkungen biologischer Eigenschaften sehr schwer zu unterscheiden sind. Solche Eigenschaften sind Geschwindigkeit der Keimung und des Wachstums, Lichtbedürfnis, Langlebigkeit, Schnelligkeit des Reproduktionszyklus, Wassergehalt des Samens, Keimlingstyp, Fruchtbildungstyp, Blütenbiologie, Verbreitungsart der Diaspore, usw.

Die Pionierarten

Der Begriff Pionier läßt sich auf Arten anwenden, die in der Lage sind, als erste an der Wiederherstellung einer Pflanzendecke teilzunehmen. Dafür muß eine Pflanze zwei Eigenschaften besitzen: Keimfähigkeit unter starker Lichteinwirkung und ein rasches Wachstum, das ihr schnell Vorteile gegenüber ihren Nachbarn verschafft (sehr wenig Arten besitzen diese Fähigkeit im Vergleich zur Gesamtzahl der in den Wäldern lebenden Arten). Diese Pionierarten werden im engeren Sinn charakterisiert durch ihre Lichtkeimung und ihren gesteigerten Licht- und Wärmebedarf, der ein schnelles Wachstum gewährleistet. Ihre Lebensdauer ist kurz, nur selten länger als 20 Jahre. Ihre früh einsetzende, lang andauernde und ausgeprägte geschlechtliche Fortpflanzung läuft auf die Erzeugung kleiner Samen in fleischigen Früchten hinaus. Diese sind für die Zoochorie geeignet und haben die Fähigkeit, im Boden auf günstige Keimbedingungen zu warten. Die Physiognomie dieser Bäume und Büsche kann sich schematisch auf wenig verzweigte Stämme mit steilem Astansatz und großen Blättern reduzieren; die (spezifische) Holzdichte ist gering. Der Ameisenbaum (*Cecropia*) gehört zu solchen Arten ebenso wie die krautigen Ruderalpflanzen.

Die Nomaden

Diese Arten keimen zwar im Licht, aber sie zeigen ein etwas langsameres Wachstum als die Pioniere. Es sind heliophile Pflanzen, die z. T. in Abhängigkeit von der umgebenden Vegetation und dem Ausmaß der Störung mit den Pionieren im engeren Sinn konkurrieren oder diese ersetzen können und somit die Pflanzendecke wiederherstellen. Zu ihnen gehören Bäume der Gattungen *Carapa, Dicoryna* und *Virola.*

Während die Nomadenpflanzen dieselben Bedürfnisse wie die Pioniere bei der Keimung haben, unterscheiden sie sich von diesen durch eine längere Lebensdauer, eine verzögerte und saisonbedingte Fruchtbildung, im allgemeinen größere und manchmal anemochore (über den Wind verbreitete) Samen, ein anfangs schnelleres und später eventuell verlangsamtes Wachstum, eine differenziertere Verästelung mit sehr vielen, horizontalen Ästen, kleinere Blätter und schließlich ein dichteres Holz. Neben diesen sehr allgemeinen Charakteristika kann man eine Anzahl von Variationen beobachten: der Wuchs zum Beispiel kann dem eines Pioniers genau entsprechen. Die Samengröße kann zwischen einigen Millimetern und einigen Zentimetern variieren. Sie werden normalerweise durch Tiere verbreitet, in manchen Fällen auch durch den Wind. Schließlich gibt es noch die *barochoren* Pflanzen (Verbreitung über Schwerkraft): wegen ihres Gewichtes können ihre Samen nur in geringer Entfernung verbreitet werden. Diese Arten werden mit Hilfe des Windbruchs verbreitet und weiträumig verteilt. Normalerweise sind sie weit voneinander getrennt. Das erklärt das Bestimmungswort Nomaden.

Die strukturierenden Überhälter

Diese Arten haben normalerweise eine lange Lebensdauer und geben dem Wald sein gegliedertes Aussehen in allen Struktureinheiten, vom Boden bis zum Kronendach. Ihr dichtes und hartes Holz wird in der Schreinerei sehr geschätzt. Die Mehrzahl der Edelhölzer (zum Beispiel das Ebenholz) gehört zu diesen Arten. Das bei den ausgewachsenen Individuen ausgeprägte Astwerk trägt Blätter von bescheidener Größe. Die Fruchtbildung findet zyklisch und nur bei den älteren Exemplaren statt. Die relativ großen Samen sind von einer normalerweise begrenzten Haltbarkeit. Die Größe der Samen und die Verbreitungsarten (oft barochor) lassen keine langen Transportstrecken zu. Die Keimung findet meistens am Fuße oder in der unmittelbaren Nachbarschaft des Samenbaumes statt, im Schutz der vorhandenen Bäume. Die Entwicklung der Keimlinge ist nur möglich, wenn ihre Licht- und Temperaturansprüche durch Veränderung ihrer Umgebung befriedigt werden.

Die Verbreitungsprozesse

Die Verbreitung auf große Distanz ist ein wesentliches Element in der Regeneration des tropischen Waldes. Deshalb ist die floristische Vielfalt groß und die Artendichte gering.

Eine Art braucht wirkungsvolle Strategien, damit sie sich ausbreiten und günstige Bedingungen für ihre Regeneration vorfinden kann. Die Früchte der *Cecropia* beispielsweise werden sehr wirkungsvoll durch die Fledermäuse verteilt. In den neotropischen Wäldern ist das

Vorhandensein einer reichen und vielfältigen Fauna wesentlich. Die Tiere verbreiten die Diaspore vor allem in den Windbrüchen, den bevorzugten Durchgangs- und Ruheplätzen der Säugetiere und Vögel, und gleichzeitig den günstigsten Plätze für die Regeneration. Andere Waldarten haben anemochore (über den Wind verbreitete) Samen oder Früchte. Autochore Arten entwickeln besondere Verbreitungsmechanismen. Die Früchte einiger barochorer Arten, von ihrem Gewicht nach unten gezogen, fallen an den Fuß des Samenbaumes und können sich durch Zoochorie verbreiten, sobald die Tiere, speziell Nagetiere, diese Samen in Schlupfwinkel eingraben, wo sie vergessen werden können. Dann können die Samen keimen.

Der Windwurf

Dieser Begriff bezeichnet zweierlei und zwar den auf den Boden gestürzten Baum und die ihn begleitende Störung. Das Ausmaß des Windwurfs variiert je nach Art der Störung, ob es sich um einen einzigen Baum oder um den Sturz mehrerer Bäume handelt, und ob sie gleichzeitig oder nacheinander geworfen sind.

Die quantitative Erfassung dieses Phänomens ist sehr schwierig, da der Windwurf die Freisetzung einer Biomasse bedeutet, die nur schwer zu bestimmen ist. Zur Quantifizierung werden daher im allgemeinen Flächenschätzungen vorgenommen. In den tropischen Wäldern liegen die betroffenen Flächen bei 1% der gesamten Waldfläche. Das trifft besonders in Guyana zu. Allerdings scheinen die Winde nicht immer die Hauptursache der Würfe zu sein, die während der Regenperioden häufiger vorkommen.

Auf den Lichtungen, vor allem den größeren, sind nicht alle Stellen ökologisch gleichwertig. Man kann innerhalb des Windwurfs mehrere Zonen unterscheiden. Das Verhalten der die Regeneration sichernden Arten ist in diesen Einheiten sehr unterschiedlich. Dort, wo die Baumkrone hingefallen ist, sind die Keimlinge und Büsche zerstört und werden durch die Anhäufung von Astwerk und organischen Resten, die übrigens jede Regeneration verhindern, erstickt. Weder die Samen des Bodenreservoirs noch die von außen eingetragenen Diasporen können auskeimen, die einen, weil sie zu tief vergraben sind, die anderen, weil sie zu weit vom Boden entfernt und einer zu starken Austrocknung ausgesetzt sind.

Hingegen kommen im proximalen Bereich (er entspricht der Projektionsfläche der ehemaligen Baumkrone auf den Boden) vor allem die Arten mit vegetativem Potential in den Lichtgenuß, der mit der Öffnung verbunden ist. Damit vergrößern sie noch den bereits erworbenen Vorsprung. Die an den Rändern des Windwurfs und manchmal auch im Mittelbereich angesiedelten Arten können ebenfalls von diesen neuen Standortbedingungen profitieren.

Mikroklimatische Standortbedingungen innerhalb des Windwurfs

Die Öffnung des Kronendaches wird von einer Veränderung der mikroklimatischen Bedingungen begleitet. Von der gesamten Einstrahlung dringt vor einer Auflichtung 1 bis 3–5%, nach einem Windwurf mittlerer Größe (300 m^2) 5–13% und 25% oder mehr nach großen Windwürfen (1000 m^2) ein.

Diese Veränderungen gehen mit einer Erhöhung der täglichen Temperaturschwankungen einher, die zwischen 2 bis 8 Grad im Zentrum mittlerer Windwürfe beträgt. Das zeigt sich am Verdorren von Arten, die nicht in der Lage sind, diese Bedingungen zu ertragen, während das Wachstum anderer Arten dadurch mehr oder weniger begünstigt wird. Die Evaporation und die relative Feuchtigkeit entsprechen in etwa den Waldverhältnissen. In großen Lichtungen kann die Evaporation 250 mm/Jahr erreichen, die relative Feuchtigkeit 60%.

Vor allem in den großen Windwürfen gibt es einen Gradienten der mikroklimatischen Parameter von der Peripherie in Richtung Zentrum, der die soeben erwähnte Zonierung des floristischen Potentials überlagert. Daher ist das floristische Potential, das aus Bäumen, Unterholzarten, aber auch aus vorher eingedrungenen Pionierarten bestehen kann, in den kleinen Windwürfen und am Waldrand sehr wichtig. Die Samenbank des Bodens gewinnt erst im Zentrum großer Windbrüche und vor allem in ganz entwaldeten Zonen an Bedeutung.

Alle aufgeführten Mechanismen gestatten den allmählichen Übergang vom gestörten zu einem wiederhergestellten Wald, und das in einer zeitlichen Größenordnung von 25 bis 30 Jahren. Aber dieser neue Wald erreicht die gleichwertige Biomasse, wie man sie im tropischen Urwald vorfindet, erst wieder nach Hunderten von Jahren. Infolgedessen wird noch mehr Zeit verstreichen, bis die floristischen Bedingungen wiederhergestellt sind: 500 Jahre und mehr.

Raum- und Lichtgewinn sind die vordringlichen Anliegen der Pflanzen. In diesem Tannenwald werden die starken Individuen schonungslos die anderen verdrängen, indem sie ihnen das Sonnenlicht, das für die Photosynthese unverzichtbar ist, wegnehmen.

Evaporation. Diese Verhältnisse treten im allgemeinen in Breiten auf, in denen subtropische Hochdruckgebiete vorherrschen, die den Durchzug von Störungsfronten verhindern. Folglich ist die Wasserbilanz relativ ungünstig, und die Vegetation muß sich den hohen Temperaturen und der dadurch entstehenden Trockenheit anpassen. Um gegen den Wassermangel zu kämpfen, reduzieren die Bäume der tropischen Trockenwälder ihre Blattoberfläche teilweise so weit, daß aus den Blättern Dornen werden. Manche gehen noch einen Schritt weiter: sie verlieren ihre Blätter zu Beginn der Trockenperiode, was den wüstenartigen Anblick der Landschaft verstärkt. Andere Arten, Kakteen, Baobabs und die australischen Flaschenbäume, legen Wasservorräte in ihren Stämmen an.

Ähnliche Anpassungen trifft man im mediterranen Wald an, der ebenfalls mit einem defizitären Wasserhaushalt konfrontiert ist. Mit Hilfe verschiedener Systeme wie Verholzung, Kleinblättrigkeit und *Aphyllie* (Blattlosigkeit) schränken einige xerophile Arten ihre Transpiration und damit auch ihren Wasserbedarf ein. Andere Arten, zum Beispiel die Kermeseiche, haben sich ein ausgeprägtes Wurzelsystem zugelegt, das ihnen ermöglicht, sehr tief (manchmal bis zu 45 m) in die feuchten Klüfte des Gesteins einzudringen. Das bringt zwar eine jährliche Wachstumsverringerung mit sich, wird aber durch eine längere Lebensdauer ausgeglichen. Der Olivenbaum zum Beispiel kann bis zu tausend Jahren alt werden. Das Klima verbunden mit der geographischen Breite ermöglicht die Ansiedlung der einen oder anderen Art in Übereinstimmung mit ihren Toleranzgrenzen. In gewisser Weise bestimmt es auch die verschiedenen pflanzlichen Formen der Adaptation.

Das Relief

Trotz der klimatischen Vorgaben kann eine defizitäre Wasserbilanz örtlich durch das Relief verbessert werden, wenn es markant genug ist, um ein Hindernis für die atmosphärische Zirkulation zu bilden und damit die Niederschlagsneigung zu erhöhen.

Daher kann die Verschiedenheit der Waldtypen im Mittelmeergebiet durch das Nebeneinander hoher Gebirgsmassive (das nordafrikanische Atlasgebirge, die Pyrenäen, die Südalpen, der Appenin), Küstenebenen und Tiefland erklärt werden. Anderswo sind in der Vergangenheit zahlreiche Waldgebiete durch die Auffaltung von Gebirgsketten (Himalaya) oder durch geomorphologische Veränderungen wie die Bildung des Rift Valley in Ostafrika verändert worden.

In der gemäßigten Zone nehmen die von Westen kommenden Luftmassen über dem Ozean Feuchtigkeit auf und erwärmen sich dann in Berührung mit den Kontinenten. Dann steigen sie in der Atmosphäre auf, und sobald sie ihren Taupunkt erreicht haben, geben sie ihre Feuchtigkeit in Form von Niederschlägen ab. Die auf diese Weise entstehende Zone mit hohen Niederschlägen, die weltweit an den Küsten beobachtet wird, ist natürlich günstig für Arten, die eine mittlere Luftfeuchte, eine größere Wassermenge und milde Temperaturen benötigen. Diese besonderen Bedingungen kennzeichnen das ozeanische Klima, das man an den Westseiten der Kontinente gemäßigter Breiten vorfindet. Ein repräsentatives Beispiel dafür aus Frankreich sind etwa die normannischen Wälder, die fast reine Buchenwälder sind.

Der soeben beschriebene thermodynamische Mechanismus wiederholt sich, wenn die Luftmassen auf eine Gebirgskette treffen. Durch das Relief behindert, müssen die Luftmassen steigen. Während des Aufstiegs dehnen sich die Luftmassen aus, kühlen ab und geben ihre Feuchtigkeit (Schnee, Regen) auf der dem Wind zugewandten Hangseite ab. Hat die Luft das Hindernis überwunden, nachdem sie sich eines Teils ihres Wasserdampfs entledigt hat, dann erwärmt sie sich beim Wiederabstieg wesentlich schneller. Wenn die Luftströmung das Tal erreicht, ist sie ein trockener Wind geworden, und die Vegetation erhält nur wenig Niederschläge. Der so entstandene Föhneffekt kann jedoch durch die Hanglage ausgeglichen werden. An Schatthängen ist der Sonneneinfall gering, die Verdunstung eingeschränkt und

Eine zu feuchte Umgebung ist nicht immer günstig für die Entwicklung eines Waldes. Bei längerer Überschwemmung werden die Wurzelsysteme beeinträchtigt und ersticken. Dann überleben, wie hier in den Pangalanen in Madagaskar, nur die hygrophilen Arten, wie die Ravenala.

Diese einsame Akazie in der Sahara wird nicht mehr höher wachsen. Alles weitere Wachstum würde eine übermäßige Wasserverschwendung angesichts der verfügbaren Reserven bedeuten.

Der Wald bietet unverzichtbaren Schutz gegen die Auswaschung des Bodens durch Regen. Laub und Äste bremsen das Niederprasseln von Wassertropfen ab, Wurzeln verhindern den Wasserablauf, indem sie 95 % der Niederschläge in ihrem Geflecht zurückhalten.

die Feuchtigkeit höher. Bei diesen besonderen, durch das Relief verursachten Niederschlägen muß auf die durchschnittliche Abkühlung von 0,5°C pro Höhenmeter hingewiesen werden, die mit dem abnehmenden Luftdruck bei zunehmender Höhe zusammenhängt. Dieses Phänomen zeigt sich an der unterschiedlichen Höhenzonierung der Vegetation je nach Sonn- oder Schatthang (siehe Kapitel über Gebirgswälder).

Der Einfluß des Waldes auf seine Umgebung

Der erste Teil dieser Darstellung war den wichtigsten physiologischen Mechanismen des Baumes gewidmet, der sich nur dann vorteilhaft entwickeln kann, wenn sein Milieu es ihm ermöglicht. Wir wissen jetzt, daß der Baum sich durch seine bloße Existenz seine Umgebung einrichtet. Jetzt ist es interessant, seinen Einfluß auf diese Umgebung und die möglichen Konsequenzen seiner Veränderung oder seines Verschwindens kennenzulernen.

Die Einflußnahme des Waldes auf seine Umgebung geschieht durch die Transpiration des Baumes, durch die Abgabe verschiedener gasförmiger Verbindungen und fester Partikel, durch Absorption von Sonnenenergie und durch Änderung der Windströmungen (die bremsende Kraft eines Waldes auf den Wind kann sich in einer Höhe bemerkbar machen, die das zwanzigfache der eigentlichen Baumhöhe beträgt). Dennoch hängt die Intensität dieses Prozesses von der Physiologie der Arten (Absorptions- und Umwandlungspotential), der Blattoberfläche, der Phänologie des Kronendachs (laubabwerfend oder immergrün) und seiner architektonischen Struktur ab.

Das Klima

Seit einigen Jahren versuchen eine Reihe von Forschern, die Wirkung des Waldes auf das Klima wissenschaftlich zu untersuchen. Die aktuellen Fragen über die Abnahme der Ozonschicht und den Treibhauseffekt lassen diese Untersuchungen noch dringlicher erscheinen, denn schließlich galten die Wälder schon immer als die Lunge unseres Planeten. Anfangs glaubte man daher, daß es damit getan wäre, künstlich ein Waldgebiet anzulegen, um der Atmosphäre wieder Wasser zuzuführen und damit ein feuchteres Klima zu erhalten. Selbst in der Ukraine und in Algerien hat man derartige Versuche in Betracht gezogen. Allerdings ist man sehr schnell auf Hindernisse gestoßen, und zwar hinsichtlich der notwendigen Flächen, der technischen Arbeitsmittel und des finanziellen Aufwands.

Studien, die im Wald von Haye, in der Nähe von Nancy, und im Wald von Fontainebleau durchgeführt wurden, haben gezeigt, daß die Rückführung von Wasser in die Atmosphäre über dem Wald die gewittrigen Systeme gespeist hat, die über diese Landschaften hinweggezogen sind. Man spricht daher vom Oaseneffekt. Dagegen wurden bei den Folgen der umfassenden und rücksichtslosen Abholzung der Kreidelandschaft der Champagne keine signifikanten Temperatur- und Niederschlagsveränderungen beobachtet. Andererseits sind die tropischen Regionen, die etwa 40% der Erdoberfläche einnehmen, zu 58% Prozent am gesamten Wasserkreislauf beteiligt; von den 58% wird der Wasserhaushalt allerdings zu 49% aus den Ozeanen und nur zu 9% aus den Landflächen gespeist. Wenn man nun weiß, daß die Wälder nur ein Drittel der tropischen Landflächen einnehmen, und selbst wenn man von einer im Vergleich zu den gemäßigten Wäldern doppelt so hohen Transpirationsrate ausgehen kann, beträgt die Beteiligung der Wälder am globalen Wasserkreislauf gerade 5%. Daher sind die Folgen von Abholzung viel eher im regionalen und lokalen (Erdrutsch, Überschwemmung, Erosion), und weniger im globalen Wasserhaushalt zu spüren. Die einzigen direkten Einflüsse in diesem Bereich machen sich in den Mikroklimata und den Mesoklimata (Sonn-, Schatthang) bemerkbar, nicht aber in den Makroklimata.

Was aber die Zusammensetzung der Atmosphäre betrifft (vor allem CO_2), scheint der Wald sich daran mehr zu beteiligen als am Wasserkreislauf. Der Baum atmet genau umgekehrt wie die menschlichen Lunge. Er absorbiert oder bindet das Kohlendioxid und gibt den Sauerstoff an die Atmosphäre ab. Die Bindung des Kohlendioxid erfolgt über die Photosynthese und äußert sich im Aufbau von Holzgewebe (Holz, Wurzeln, Rinde). Ein Hektar Eichenwald kann daher jährlich 22 Tonnen Kohlenstoff binden und etwa 16 Tonnen Sauerstoff abgeben. Der erwachsene Wald gleicht also seinen Kohlenstoff-Sauerstoffhaushalt aus, solange der Mensch nicht eingreift. Inzwischen bestätigen die Forscher allerdings, daß der Mechanismus der Kohlenstoffbindung aus der Luft, an dem die gesamte Vegetation beteiligt ist, heute überlagert wird durch die zunehmende Verbrennung von Erdölprodukten (Petroleum, Benzin), den Waldbränden und einer gewaltigen und unkontrollierten Abholzung.

Nach den Studien von Baumgartner (1978) bedeckten die tropischen Regenwälder in den achtziger Jahren eine Oberfläche von fast einer Milliarde Hektar. Beim heutigen Abholzungstempo (zwischen 15 und 20 Millionen Hektar pro Jahr) werden alle leicht zugänglichen tropischen Wälder bis zum Ende des Jahrhunderts verschwunden sein. Gleichzeitig wird etwa 300 Gt (Gigatonnen) Trockenmaterial verbrannt worden sein, mit einem Kohlendioxidausstoß von 550 Gt in die Atmosphäre. Von diesen 550 Gt CO_2 werden 20% von der Vegetation und 40% von den Ozeanen absorbiert werden. 40% jedoch werden in der Atmosphäre bleiben und den schon vorhandenen Kohlendioxidgehalt noch vergrößern. Die Folgen möglicher Klimaveränderungen (Erwärmung, Erhöhung des Niederschlags) sind noch schwer absehbar; das trifft speziell für die Reaktionen der Wälder und der Waldökosysteme auf diese Veränderungen zu. Die Pflanzen können entweder «positiv» reagieren, indem sie ihre Fähigkeit zur Photosynthese vergrößern, oder überhaupt nicht. Letzteres würde das Ungleichgewicht verschärfen, während ersteres die Gefahr birgt, daß die Bäume in ihrem Bau instabiler werden, da das Dickenwachstum nicht mehr mit dem Höhenwachstum Schritt hält, und so größere Sturm- und Schneebruchschäden zu erwarten wären.

Der Boden
Die Pflanzen tragen zur Befestigung des Untergrundes bei, auf dem sie sich entwickeln. Der Bodenkundler Ehrart spricht von der *Biostasie* und bezeichnet damit den völligen Stillstand der topographischen Entwicklung unter einer Walddecke. Dem wird der Begriff *Rhexistasie* gegenübergestellt: der nackte Boden bleibt ohne jegliche pflanzliche Schutzschicht und ist der Erosion durch Regen und Wassertropfen ausgesetzt (Phänomen der *Meteorisation*).

Der Zustand der Biostasie wird leicht verständlich, wenn man die Wurzelstruktur des Baumes betrachtet. Dank der intensiven Durchwurzelung hält der Baum die Bodenpartikel fest und gibt dem Boden somit einen gewissen Zusammenhalt. Dieses Prinzip wird zur Befestigung der Dünen, zum Schutz der Küste und ganz allgemein an durch Erosion gefährdeten Stellen angewendet. Andererseits dient der Wald als Schutzdecke gegen atmosphärische Einwirkungen. Der tropische Wald verhindert über die Vielfalt seiner Vegetationsschichten, daß die Wassertropfen in voller Wucht auf den Boden prasseln und damit einen Boden ruinieren, der durch intensive Auswaschung empfindlich geworden ist. Das Phänomen der Erosion durch Tropfenaufprall («Planschwirkung»), das eine schnelle Wassersättigung des Bodens und einen beträchtlichen Oberflächenabfluß zur Folge hat, wird auf diese Weise vermieden.

Nun ist die Biostasie in Wirklichkeit alles andere als ein passiver Zustand. Der Wald ist ein Schutzschild, der die langsamen Prozesse begünstigt. Zuerst wird der Boden vom Regenwasser ausgewaschen, indem es die Bodensalze löst (Hydrolyse und Lösungsverwitterung). Die Wurzeln ihrerseits kompensieren diesen Entzug durch die Mobilisierung von Basen und Nährstoffen aus der Verwitterung des Muttergesteins. In den gemäßigten Zonen führen diese Mechanismen zur Bildung einer mesotrophen Braunerde. Das ist ein mäßig ausgewaschener Boden, der sich zu dem saureren Podsol weiterentwickeln kann. Diese Podsolböden sind bezeichnend für die borealen Wälder, wo die Zersetzung der Koniferennadeln den Säuregrad des Waldbodens noch erhöht. Außerdem bewirkt der Wurzeldruck, daß sich das Gestein zersetzt. Die Größe der Gesteinsklüfte ist unerheblich, da die Wurzeln immer eindringen können, und mit zunehmendem Wachstum setzen sie dem Zusammenhalt des Gesteins eine größere Kraft entgegen. Die daraus entstehende Zerkleinerung ermöglicht einen zweiten Typ von Verwitterung in Form von Gesteinsbrocken. In einer Übergangszone zwischen dem Boden und dem Ausgangsgestein liegen die Gesteinsbestandteile in aus ihrem ursprünglichen Verband herausgelöster Form vor. Am Hang bewegen sich diese Bestandteile kriechend nach unten; dieses *Hangkriechen* oder *Creeping* wird durch die Schwerkraft ausgelöst und durch die Schmierwirkung des Wassers beschleunigt. Allerdings wird diese Bewegung wiederum von den Wurzeln gebremst. Wenn der Wald in diese Entwicklung des Reliefs schon nicht eingreifen kann, ist er dennoch in der Lage, abrupte Massenbewegungen wie Erdrutsche zu verhindern.

Dafür gibt es zahlreiche Beispiele: Jeder Kahlschlag eines Hanges zieht die Bildung von Erosionsschluchten nach sich. Die im Boden fließende Wassermenge wird dann weder durch das Wurzelgeflecht kontrolliert noch über den durch die Transpiration der Bäume ausgelösten Pumpeffekt stabilisiert. In natürlichem Zustand wird ein Brand oder ein Windbruch durch die Regenerationsfähigkeit des Milieus ausgeglichen, und die Erosion hat keine Zeit einzusetzen.

Hingegen ist im Fall einer anthropogenen Abholzung, die sehr oft massiv und brutal durchgeführt wird, die Erneuerungsfähigkeit zerstört. Infolgedessen hat das geringste tropische Gewitter verheerende Auswirkungen. Die Hochebenen Madagaskars sind inzwischen unfruchtbar, alle dortigen Flüsse sind rot von der Erde, die von den Hängen weggerissen wird. Die Abholzung der Hänge des indischen Himalaya ist größtenteils die Ursache der Erdrutsche und der katastrophalen Überschwemmungen im Gangestal. Tausende von Toten, die während des Taifun Thelma ums Leben kamen, der im November 1991 die Philippinen verwüstete, sind in den meisten Fällen Opfer der Schlammströme, die aus den umliegenden, völlig abgeholzten Bergen kamen. Doch wir kennen auch genug Beispiele aus der Vergangenheit. So wurde auch Ephesus, der blühende Hafen des antiken Griechenlands, schon im 7. Jahrhundert nach Christus zum Ruin gebracht: die Hafenbecken waren durch die Ablagerung von Sedimenten, die von der Erosion herrührten, aufgefüllt worden und diese verursachten so den Untergang. Ein weiteres Beispiel ist die eindrucksvolle Osterinsel; die einst mit üppigen Wäldern bewachsene Insel beherbergt heute nur noch Statuen, Zeugen einer Zivilisation, die mit der Abholzung untergegangen ist.

Die entblößte Erde ist ins Meer verschwunden, die ausgehungerten Menschen sind ihr bald darauf gefolgt.

Der Brice Canyon in den Vereinigten Staaten ist ein Produkt der Abholzung. Der Boden war Regenfällen ausgesetzt und wurde vom Wasser weggeschwemmt, so daß sich an den steilsten Abhängen tiefe Furchen auftaten. In diesem Stadium der Erosion ist Wiederaufforstung unmöglich.

Die Stromatolithen der Shark Bay in Australien zählen zu den ältesten Lebensformen der Erde. Mit ihren zwei oder drei Milliarden Jahren sind sie die Vorfahren unserer heutigen Wälder.

Das Erbe der Vergangenheit: Die Wälder der Urzeit

Jean-Claude Koeniguer

Die heutigen Waldökosysteme des Festlandes sind das Erbe einer langen, über Hunderte von Millionen Jahren alten Geschichte, an deren Anfang Pflanzen wie Algen und Moose die Eroberung des Festlandes begannen. Diese Eroberung brachte Erfolge und Rückschläge mit sich, je nach Verlauf der aufeinanderfolgenden Erwärmungen und Abkühlungen des Planeten. So wechselten die Floren und Faunen während der Jahrmillionen und später während der Jahrtausende, indem sie riesige Territorien verloren und zurückeroberten. Aufgrund dieser Bewegungen können wir uns manchmal das heutige Vorkommen atypischer Arten in verschiedenen Klimagebieten erklären. Die Entwicklung der Wälder ist in jeder Beziehung ein wesentliches Element der Weltgeschichte. Hat nicht die Degradation des Klimas und des Waldmilieus in Ostafrika das Erscheinen der ersten Hominiden begünstigt?

Von den Algen zu den Bäumen

Die allerersten pflanzlichen Ökosysteme auf der Erdkugel sind ausschließlich marin und setzen sich aus Mikroorganismen (Bakterien, Blaualgen, Pilze, sphäroide Organismen) zusammen. Sie führten manchmal zur Entstehung mächtiger biogener Sedimente, so wie die *Stromatolithen*, die heute an den Küsten Australiens, in den Wüsten und in einigen Kalkformationen (Tuff) angetroffen werden können. Diese Organismen, die zunächst im Gezeitenbereich, im Litoral und später im Lagunenbereich lebten (also in den Austauschzonen Wasser, Erde und Luft), besiedeln schließlich das Festland. Die ersten Vegetationstypen, die den heutigen Gefäßpflanzen nahestehen, tauchten vor 430 bis 400 Millionen Jahren an den Wasserläufen auf. Den archaischen Charakter dieser Pflanzen zeigen die *Psilophyten*, die man in Schottland in Ablagerungen gefunden hat und die aus jener Epoche stammen. Sie wuchsen kaum mehr als einen Meter, leisteten aber bereits eine gewisse Photosyntheseaktivität auf einem beachtlichen Teil der Festlandsoberflächen. Sie schufen nach und nach günstigere Umweltbedingungen für das Leben auf dem Festland und beschleunigten die Bildung besserer Böden (Zersetzung der organischen Materie). Mit dem Lignin, dem Stoff, aus dem später das Holz entstehen wird, wurden die Pflanzen mit festeren Strukturen ausgestattet, die einen baumartigen Wuchs ermöglichten.

Das Karbon

Die ersten eigentlichen Wälder in der Biosphäre sind aus der Zeit vor etwa 360–350 Millionen Jahren (Oberdevon) bekannt. Dank des tropischen Klimas, das zu dieser Zeit auf dem größten Teil der Erdkugel herrschte, besiedelten die Pflanzen ganze Kontinente. Es handelte sich um Wälder, die aus Baumfarnen mit einer Höhe von bis zu etwa 10 Metern (*Eospermaptoteris*) und aus Bäumen mit einer Höhe von etwa zwölf Metern und einem Durchmesser von über einem Meter (*Archäopteris*) bestanden, welche die Vorläufer der Samenpflanzen waren. Im Karbon (vor 360–300 Millionen Jahren) kam es zu einer größeren Vielfalt von Baumarten. Sie bildeten richtige Wälder, die bis heute als Steinkohleablagerungen erhalten geblieben sind. Die Fauna setzte sich aus zahlreichen Insekten und Lurchen zusammen. Im Uferbereich wuchsen die *Kalamiten* (Riesenschachtelhalme), während sich die Sumpfwälder aus *Lepidodendren* (Schuppenbäume) und *Sigillaria* (Siegelbäume) zusammensetzten. Die Überschwemmungsebenen waren mit Baumfarnen (*Pectopteris*), Samenfarnen (*Neuropteris*) und einigen *Kalamiten* bewachsen. Die trokkeneren Standorte wurden von den Samenfarnen (*Alethopteris* und *Mariopteris*) besetzt. Was die höhergelegenen Zonen betraf, waren sie nur unvollständig bewachsen; hier traf man auf Wälder aus *Cordaiten*, das sind Bäume mit langen, lanzettförmigen Blättern, und primitiven Koniferen (*Lebacchia*). Obwohl diese Bäume Stämme von manchmal bis über 30 Meter Höhe und einem Durchmesser von 5 Meter entwickelten, hatte ihre Anatomie nur sehr wenig mit unseren heutigen Bäumen zu tun. Nicht alle Arten sind heute verschwunden, so zum Beispiel der Ginkgobaum (*Gingko biloba*), ein direkter Abkömmling der Urahnen des Karbon. Nach dem Atombombenangriff auf Hiroshima war der Ginkgo der erste Baum, der wieder nachgewachsen ist.

Das Mesozoikum

Vor 300 bis 250 Millionen Jahren, im Mesozoikum, führten klimatische Trockenperioden zum Verschwinden vieler dieser Arten und Buschvegetationen. Das bis dahin ausgedehnte Meer in weiten Teilen Europas wurde eine Niederung, in der ein semiarides Klima herrschte.

Nur die *Gymnospermen* (Nacktsamer) widerstanden diesem Stress und differenzierten sich. Die sich nun ausbildenden Wälder beherrschten die Erdoberfläche mehr als 200 Millionen Jahre lang. Sie bestanden aus *Lebacchien, Voltziaceen, Ginkgos* und Koniferen, die direkte Vorläufer der heutigen Arten sind (Kiefer, Fichte). Im Unterholz lebten weiterhin Buschpflanzen als Relikte des Karbons (Samenfarne, *Glossopteris* auf der südlichen Hemisphäre), umgeben von den *Cycas*, Farnen mit palmenartigem Wuchs, und *Bennettitales*. Das Mesozoikum war auch das große Zeitalter der Dinosaurier.

Vor 100 Millionen Jahren, immer noch im Mesozoikum, tauchten die ersten baum- und buschartigen Laubhölzer auf (*Angiospermen* oder Bedecktsamer). Zu diesem Zeitpunkt gestalteten Meereseinbrüche das Klima wieder humider, und die Laubbäume hatten die Küstenräume, Deltas und Lagunen der Ufer des paläotropischen Atlantischen Ozeans erobert; dort verbreiteten schon Insekten oder Vögel ihre Samen. Lorbeerbäume, Kampferbäume und Magnolien drangen in die Nadelholzwälder der feuchten Flußtäler ein. Zahlreiche Laubhölzer waren inzwischen in der tropischen Zone und im subtropischen Europa vertreten (Palmen, Lorbeerbäume, Mahagonibäume, Platanen). Die großen baumartigen Leguminosen (Akazien, Albizien, *Cynometras*), die heutzutage ein Viertel aller tropischen Arten stellen, scheinen in den afrikanischen urzeitlichen Wäldern erst ab Beginn des Tertiärs die Vorherrschaft übernommen zu haben.

Das Tertiär

Vor etwa 70 Millionen Jahren vergrößerte sich die im Mesozoikum eingeleitete Herrschaft der Angiospermen. Dichte Wälder tropischer Laubhölzer dehnten sich im gesamten Nordafrikas aus und blieben dort für etwa 20 Millionen Jahre. In dem damals in Nähe des Äquators gelegenen Küstenbereich bildeten sich im Tertiär die ersten richtigen Mangroven. Sie bestanden vor allem aus Mangrovenpalmen, den heute noch in Asien anzutreffenden *Nypas*, und besiedelten den Gezeitenbereich der Küstensümpfe aller Kontinente bis zu 60° nördlicher und südlicher Breite.

In den maritimen Zonen des mittleren und des mediterranen Europas kamen die ersten Mischwälder aus Laub- und Nadelhölzern unter der Vorherrschaft tropischer und subtropischer Laubhölzer auf (Palmen, Feigenbäume). Im Hinterland hingegen setzte sich über die Hälfte der Baumflora aus Arten der gemäßigten Zone zusammen (Lorbeerbäume, Myrten, Weiden, Erlen, Ulmen, Nußbäume).

Vor etwa 35 bis 30 Millionen Jahren, an der Grenze zum Eocän und Oligocän, fand eine globale klimatische Abkühlung statt. Ursache dieser klimatischen Veränderung war die Verschiebung des afrikanischen Kontinents Richtung Norden und die Auffaltung von Gebirgsketten (Alpen, Himalaya, Ostafrika). Die geschlossenen Wälder wichen mehr und mehr zurück, etwa in der Sahara und in Nubien, um zunächst lichten Wäldern und später Gehölzen vom Sahel-Typ Platz zu machen. Die Mangroven der Erde teilten sich in zwei unterschiedliche biogeographische Provinzen auf: der Ferne Orient und der Indische Ozean einerseits, der Atlantische Ozean und der Ostpazifik andererseits. Die Bildung des Rift Valley und der Gebirgsketten (Ruwenzori, Kilimanjaro) in Ostafrika leitete die Ausbreitung der Höhenwälder ein. Gegen Ende des Tertiärs führten diese orographischen und klimatischen Ereignisse auf den Hochebenen zu folgenden Entwicklungen: lichte Wälder (vor 4 bis 5 Millionen Jahren), geschlossene Wälder (vor 3 Millionen Jahren), wieder lichte Wälder, Baumsavannen und Galeriewälder (vor 2,5 Millionen Jahren), subaride Vegetationen (vor 2,2 Millionen Jahren), schließlich die derzeitigen Savannen.

Die europäische Vegetation ähnelte nun der des heutigen Chinas und des südlichen Nordamerikas. Man stellt fest, daß in Europa die klimatische Verschlechterung ein Vordringen paläomediteraner Arten (Lorbeerbäume, Platanen, Oliven, Granatapfelbäume, Eichen) und Koniferenpopulationen (Mammutbäume, *Glyptostrobus*, Kiefern, Ginkgos) zur Folge hatte. Die letzten tropischen Arten verschwanden zu Beginn der präglazialen Abkühlung vor etwa 2 Millionen Jahren.

Der Wechsel dieser Klimaperioden seit etwa zehn Millionen Jahren erklärt das Vorhandensein und die Vergesellschaftung tropischer und subtropischer Arten in den Wäldern des Mittelmeerraums, wie auch Nordamerikas und Zentralchinas. Man trifft autochthone mediterrantertiäre Elemente (Zypressen, hartlaubige Eichen), pantropische Arten (Berberthuja, Feigenbaum, Zürgelbaum), nordtropische Arten (Zwergpalme, Pistazie, Akazie, Arganbaum, Olivenbaum, Kanarischer Lorbeerbaum) wie auch warmgemäßigte Arten, die ursprünglich aus europäischen Gegenden stammen (Nußbaum, Platane).

Das Quartär

Die Biogeographie der Wälder sowie die Entwicklung der Festlandsfaunen und -floren, die zu den uns heute bekannten Assoziationen führten, hängen direkt von der Intensität und der Dauer der Klimaschwankungen im Verlauf des Plio-Pleistozäns zusammen, denen die Erde unterworfen war.

Während der letzten Millionen Jahre waren die Perioden dieser Klimaschwankungen in der Größenordnung von Hunderttausenden von Jahren. Vergletscherungen und Erwärmungen (Interglaziale) haben sich in einem hunderttausendjährigen Rhythmus bis in die Gegenwart abgewechselt. Die zwei letzten Kaltzeiten (Riß vor etwa 200 000 Jahren; Würm vor 40 000 bis 15 000 Jahren) haben die Entwicklung am meisten geprägt. Die Inlandeismassen bedeckten den Norden Großbritanniens und Mitteleuropas. Die Landschaft wurde durch die Tundra beherrscht, die von Mammuts, Wollhaar-Nashörnern und Rentieren bewohnt wurde. Das Interglazial Riß/Würm war freilich wärmer als unsere heutige Interglazialperiode.

Die durch die klimatischen Veränderungen ausgelösten Störungen haben die Beziehungen zwischen den Pflanzengemeinschaften und den neuen Lebensbedingungen stark aus dem Gleichgewicht gebracht. Da die Wälder vom Klima abhängig sind, hängt von dessen Stabilität folglich der Optimalzustand der Vegetation ab (Klimax). Sobald sich das Klima ändert, kann das Waldökosystem nicht mehr normal funktionieren. Hier spricht man von einer Periode der *Rhexistasie*, die durch den Rückgang der bewaldeten Räume, eine regressive Erosion des nackten Bodens und eine Verstärkung der Sedimentation in litoralen und fluviatilen Stillwasserbereichen charakterisiert wird. Der umgekehrte Zustand wird als *Biostasie* bezeichnet, das Optimum der Beziehungen zwischen der Vegetation und der unbelebten Umwelt. Eine gut entwickelte Walddecke verlangsamt die Erosion, und infolge der Bodenentwicklung durch die Lösung von Mineralelementen des Muttergesteins findet eine geochemische Umwandlung der Landschaften statt, so daß den Bäumen ein großer Wurzelraum zur Verfügung steht.

Während der aufeinanderfolgenden Abkühlungs- und Erwärmungszeiten fanden die Wälder des Plio-Pleistozäns Bedingungen der Rhexistasie vor. Dagegen kamen ihnen während der stabileren Phasen, zu denen auch die Jetztzeit gehört, die Vorzüge der Biostasie zugute. Und so hatte im Verlauf des Quartärs die Vegetation Frankreichs, Spaniens und Italiens zwischen Wäldern subtropischer Arten (Steineiche, Lorbeerbaum, Pistazie, Hopfenbuche) und mit periglazialen, gemäßigten Arten (Weiden, Beifuß, Kiefern, Gänsefußgewächsen, Birken, Wacholder oder Eschen) bestandenen Steppen abgewechselt.

Im mittleren Quartär war das mediterrane Klima des Interglazials wärmer und feuchter als das heutige, und die Wälder waren reicher und üppiger. Im Interglazial Riß/Würm drangen die mediterranen Arten in Europa sogar sehr weit nach Norden vor. Den Beweis haben die Tuffsteine (poröses, kontinentales Kalkgestein) im Seinetal erbracht, in denen die Fossilien von Kanarischen Lorbeerbäumen, Feigen und Judasbäumen überliefert sind.

tausend v. Chr.), das Subboreal (Ende 3. bis 2. Jahrtausend v. Chr.) und das Subatlantikum (vom 1. Jahrtausend v. Chr. bis in die Gegenwart). Außerdem beeinflußten vielfache, schwächere Klimaschwankungen diese Perioden zusätzlich (Abkühlung im 13. und 14. Jahrhundert n. Chr. in Eurasien, Dürre in Rajastan (Indien) im Lauf des ersten Jahrtausend n. Chr. und gegenwärtig in der Sahelzone).

Einige Pflanzen der Vorgeschichte haben bis zum heutigen Tage überlebt. Die bekanntesten sind der Ginkgo und die Baumfarne, die sich seit dem Karbon kaum verändert haben.

Nach Ende der letzten Vergletscherung (vor 13 000 Jahren) wechselten sich im Pariser Becken bis vor 10 000 Jahren eine Steppenvegetation aus Bergkiefern und nur wenigen Laubhölzern, Kiefer- und Birkenwälder und schließlich Laub- und Föhrenwälder ab.

Im tropischen Bereich zwangen die ausgeprägtesten Kältezeiten die dichten Wälder zum Rückzug in Refugialräume; mit dem Temperaturabfall senkten sich in den Gebirgsregionen die Vegetationsgürtel um etwa tausend Meter.

Vom mittleren Holozän (jüngste Periode des Quartärs) bis um das Jahr 1000 n. Chr. wurden die Wälder noch spürbar durch geringere Klimaveränderungen beeinflußt.

Die astronomischen Abläufe (Perioden der Sonnenaktivität und die Neigung der Erdachse) waren offensichtlich die Hauptursachen dieser klimatischen Schwankungen. Das Rückstrahlungsvermögen (Albedo) ausgedehnter, pflanzenloser (Wüsten, Inlandeis) oder gerodeter Räume vervielfältigte und beschleunigte die Verknüpfung dieser Mechanismen über eine Periode von zweieinhalb Jahrtausenden. Man unterscheidet folgende Perioden: das Präboreal (8. Jahrtausend v. Chr.), das Boreal (Anfang des 7. Jahrtausend bis 6. Jahrtausend v. Chr.), das Atlantikum (Ende des 6. bis Anfang 3. Jahr-

Diese erdgeschichtliche Betrachtung beruht im wesentlichen auf der Pollenanalyse und auf dem Studium der fossilen alten Wälder in den litoralen Torfböden des Rheindeltas, an den Atlantikküsten und den Küsten Afrikas. Hinzu kommt die Analyse von Holzkohle, die in den Spuren vierhunderttausend Jahre alter Feuerstätten und von Brandrodungen seit Beginn frühgeschichtlicher Perioden erhalten sind. Diese Methode ermöglicht die Rekonstruktion der Wälder in der Nähe archäologischer Fundstätten. Dank dieser Untersuchungen hat man die räumliche Verteilung und die Zusammensetzung der Wälder jener Epoche bestimmen und kennenlernen können, aus denen unsere heutigen Wälder unmittelbar hervorgegangen sind.

Die tropische Region

Im tropischen Milieu hatten die klimatischen Variationen des Holozäns beachtliche Veränderungen des Niederschlags in manchen Regionen und damit auch in der Zusammensetzung der tropischen Wälder und der geographischen Verteilung zahlreicher Arten herbeigeführt.

So ist seit dem 3. Jahrtausend v. Chr. der Niederschlag an der Küste des Kongo von 2 000 auf 1 300 mm pro Jahr zurückgegangen. Die Trockenzeit hat sich von zwei Monaten auf heute fünf Monate ausgedehnt. Daraus ergibt sich, daß die Arten des dichten Küstenwaldes, die man versteinert in den Paläoböden gefunden hat, von da an einer Grassteppe und der Savanne gewichen sind. Künftig sind diese Arten (*Monopetalanthus*, *Cassipourea*) nur noch einige hundert Kilometer weiter nördlich in Gaboun anzutreffen.

Vor dem 5. Jahrtausend v. Chr. ermöglichten in der Sahelzone Afrikas die starke Nebelbildung und die Häufigkeit leichter Regenfälle, der regelmäßige Wasserabfluß und die tonigen Sedimente die Existenz einer recht dichten Vegetation. Aber zu Beginn des 5. Jahrtausend v. Chr. wurden bei gleichbleibender Niederschlagsmenge die Regenfälle unregelmäßiger und stärker. Zum intensiveren Wasserabfluß und zu den dramatischen Hochwasser-Ereignissen kam noch ein dritter Faktor hinzu: eine verstärkte Sonneneinstrahlung. Eine Savanne mit Lichtpflanzen (Akazien) entwickelte sich nun auf Kosten des lichten Waldes. Dieser mit der Zeit irreversibel gewordene Prozess führte schließlich zur vollständigen Desertifikation der Südsahara.

Der Norden Afrikas

Die Gebirgsländer der mittleren Sahara, Ahaggar und Tibesti, war bis ins 4. Jahrtausend v. Chr. noch feucht. Ausgedehnte Baumsavannen mit einer reichen afrikanischen Fauna, deren Darstellung in der neolithischen Felsmalerei von Ahaggar festgehalten ist, bedeckten die südlichen Regs. Eine offene mediterrane Garigue-Vegetation, die an den Wasserstellen zu Waldbeständen wurde, zog sich bis zu den zentralen Massiven hin. Die Arten setzten sich hauptsächlich aus Zypressen, Aleppokiefer, Weiden, Ulmen, Olivenbäumen, einigen mediterranen Eichen, Zürgelbäumen und Nußbäumen zusammen. Einige Individuen haben bis heute überlebt, zum Beispiel die Olivenbäume von Ahaggar, die Zypressen von Duprez von Tassili N'Ajjer und die Arganbäume Südmarokkos. Im 3. Jahrtausend v. Chr. verloren die Hochlagen des Nordfezzan nach und nach ihre Savannenvegetation, die von einer reichen Fauna aus Katzen, Antilopen und Rindern bewohnt war, und wurden mit Wäldern aus trockenen Aleppokiefern und phönizischen Wacholdern bedeckt.

Im Sudan schwankte die Südgrenze der Savannen unaufhörlich. Zwischen dem 10. und 6. Jahrtausend v. Chr. befand sie sich 400 km nördlicher als heute, im 5. Jahrtausend v. Chr. verlagerte sie sich 200 km nach Süden, bevor sie sich vom 4. bis 2. Jahrtausend v. Chr. wieder 250 km nach Norden bewegte.

In Ägypten herrschten seit dem 3. Jahrtausend trokkene Bedingungen vor. Man hat zahlreiche fossile Akazien- und Tamariskenstümpfe mitten in der Wüste auf beiden Seiten des Niltales gefunden. Diese für eine Savannenvegetation typischen und damals bis in Höhenlagen vorkommenden Bäume sind in den Basreliefs der 6. Dynastie festgehalten (2423–2280 v. Chr.). Andere Arten wie die Pinie, die Korkeiche, der Nußbaum, der Olivenbaum, die Pistazie und der Lorbeerbaum, die in den heiligen Texten häufig erwähnt werden, sind heute im Niltal völlig unbekannt.

Mittelmeerraum

Auch der mediterrane Wald hat äußerst empfindlich auf neuere Klimaänderungen reagiert. In Algerien prägte vom 7. bis zum 3. Jahrtausend ein Optimum das Klima, gekennzeichnet durch eine erhöhte Niederschlagsneigung und eine ein bis zwei Grad höhere Durchschnittstemperatur als heute. Anschließend erfuhr das Klima eine größere Trockenheit, die am Ende des 3. Jahrtausend zu einem Rückgang der Vegetation führte. Zahlreiche Böden in Numidien, die heute verdorrt sind, erhielten während der Römerzeit noch genügend Niederschlag. Damals waren die Gipfel mit Fallaub-Eichenwäldern bedeckt und die Ebenen mit Oliven- und Mastixbaumsteppen überzogen. Die Zunahme der Trockenheit im Verlauf des 4. bis 6. Jahrhunderts v. Chr. begünstigte die Ausbreitung von Beifußsteppen und der Wüstenvegetation, die die Menschen zu Nomadentum zwang.

Im Süden Frankreichs, wo die dominierende Vegetation aus sommergrünen Eichen- und Koniferenwälder bestand, wurden im 6. Jahrtausend v. Chr. und dann am Ende des 3. bis zum Anfang des 1. Jahrtausend v. Chr. Wärme- und Niederschlagsmaxima erreicht. Die sommerlichen Trockenperioden, die sich zu Beginn unserer Zeitrechnung verstärkten, begünstigen die uns wohlbekannten Brände.

Europa

Die Wälder unserer Hemisphäre waren während des Holozäns mosaikartig verstreut, ständig räumlich und zeitlich variierend. Sie bestanden aus Optimalphasen, die in etwa sechs bis acht Jahrhunderten erreicht wurden, und aus zahlreichen Übergangsphasen, die durch die verschiedenen Hemmnisse entstanden (lokalklimatisch, standorts- und edaphischbedingter Klimax, Wiederherstellung des Waldes nach einer Reihe von Störungen wie Sturm, Feuer, Trockenheit).

In Abhängigkeit von klimatischen Schwankungen verschoben sich die Grenzen geobotanischer Areale, die durch Fossilien identifiziert werden können, in Größenordnungen von einigen zehn bis hundert Kilometern. Ein gutes Beispiel hierzu liefern die Steineichen-, Buchen-, Hainbuchen- und Lindenwälder Westfrankreichs. In den nordischen Ländern bezeugen die Überreste fossiler Wälder ihre Verbreitung von etwa zwanzig bis etwa hundert Kilometer weiter Richtung Norden während der Erwärmung zwischen dem 7. und 12. Jahrhunderts n. Chr.. Übrigens begünstigte diese Wärmezeit die Eroberungen der Wikinger, die in Grönland und in Nordamerika Kolonien gründeten. Diese Kolonien verschwanden zu Beginn der kleinen Eiszeit (13. Jahrhundert n. Chr.), die ein erneutes Zurückweichen der Wälder und in den Alpen ein Absinken der Waldgrenze um mehr als 100 Meter auslöste.

Die Primärwälder

Die Mehrzahl der heutigen europäischen Wälder gibt uns im Grunde nur eine ungefähre Vorstellung ihrer früheren Gestalt, und die Zeugnisse ihres unberührten Urzustandes sind selten. Eines der besten Beispiele bleibt der «New Forest» von Southhampton (England). Die Vegetation erscheint als unregelmäßiges Mosaik von geschlossenen oder halboffenen Laubwäldern (Eichen und Buchen) und mehr oder weniger ausgedehnten Lichtungen mit Farn- und Dornenstrauch-Dickichten. Das Vieh hat dort freien Zugang, und die Großtierfauna (Hirsche, Ponys) wird sorgfältig geschützt. Der Wald von Bialowiecza (Polen), wo sich die letzten Wisente Europas tummeln, der Wald von Töfsing (Schweden) mit seinen Kaiser- und Schelladlern, und nicht zuletzt die Bannwälder von Fontainebleau besitzen ähnliche Charakteristika. Alle anderen vorhandenen Wälder sind vom Menschen domestiziert und bewirtschaftet. Bis zu Beginn des 20. Jahrhundert hat der Mensch in den Industrieländern aus dem Wald Holz für Heizung und Baumaterial bezogen und damit eine immer umfangreichere Entwaldung eingeleitet.

Wie diese Buschmann-Malerei im Zimbabwe zeigt, hat der Mensch schon sehr früh den vielfältigen Nutzen des Baumes erkannt. Holz fürs Feuer, für Waffen und zum Hüttenbau, Früchte und Wurzeln als Nahrung, die Rinde als Kleidung; so war der Baum schon immer unser ständiger Begleiter.

Das Eingreifen des Menschen

Man schätzt, daß die Abholzungen vom Neolithikum bis zum Mittelalter ein Viertel der vorhandenen pflanzlichen Biomasse zerstört haben. Ferner hat das plötzliche physische Verschwinden des Waldes durch Kahlschlag und die dadurch ausgelöste Erosion der Böden die Destabilisierung der verschiedenen Landschaften eines Naturraums zur Folge. Im gemäßigten Klima wird ein degradierter Boden im günstigsten Fall mehrere Jahrhunderte brauchen, um sich zu regenerieren.

Im Süden Frankreichs war die Wirkung menschlicher Aktivitäten, insbesondere seit dem 6. Jahrtausend, bereits spürbar geworden. Seit dem 1. Jahrtausend v. Chr. waren die Folgen bereits unumkehrbar. Die Rodungen der Flaumeichenwälder hatten zunächst zu einer schnellen Ausbreitung sekundärer, gegenüber Feuer resistenterer Steineichenwälder geführt und dann, seit dem Mittelalter, zu Kermeseichen-Gariguen. In den Wäldern der Gebirge rund um das Mittelmeer setzte das menschliche Eingreifen im 2. Jahrtausend v. Chr. ein; die Koniferen wurden oft zuerst gefällt, weil man die Stämme nur wenig ausasten mußte. In den Pyrenäen förderten diese Einschläge den Konkurrenzvorteil der Buchen gegenüber den Tannen. Auf dieselbe Weise wurden die Libanonzedernwälder nach und nach vernichtet, während andere die ganze Antike unbeschadet überstanden (der «Olymp» in Griechenland).

Diese Rodungen sind manchmal sehr rasch vor sich gegangen. Im Ebro-Becken (Spanien) tritt eine erste Degradation der Waldmilieus (Kiefern, Steineichen, Buchen) gegen Ende des 3. Jahrtausends v. Chr. auf allen fluviatilen Terrassen ein. Dann stellt man aufeinanderfolgende konzentrische Rodungen um die Dörfer der Eisenzeit fest, schließlich um römische Siedlungen bis in Höhen von 700 bis 800 Metern. Die Lage der Dörfer an mittleren Hanglagen im Süden Frankreichs vermittelt uns eine Vorstellung über die Aufteilung der mediterranen Wälder um das Jahr 1000 n. Chr. Diese Dörfer befinden sich nämlich oft auf halber Strecke zwischen den Talkulturen und den bewaldeten Hochlagen. Schon seit dem 4. Jahrtausend v. Chr. wurden die Landschaften Mitteleuropas durch weiträumige Entwaldung in Mitleidenschaft gezogen (auf diese Weise verschwand ein Zehntel des Primärwalds im Jura). Die Gegenden Nordeuropas erlitten seit dem 2. Jahrtausend v. Chr. das gleiche Schicksal. Die Nutzbarmachung der Böden differierte je nach den unterschiedlichen Landschaftsräumen. Die weiten Hochebenen der Auvergne wurden vor den Tälern abgeholzt, und im Nordwesten des Pariser Beckens wurde das französische Vexin-Plateau seit der galloromischen Epoche kultiviert, während das benachbarte kreidehaltige Pays de Thelle erst im Mittelalter erschlossen wurde. Auch die maritimen Regionen der Manche (Westfrankreich) wurden erst im Hochmittelalter von Axt und Pflug des Menschen vereinnahmt.

Jean-Claude Koeniguer

Die versteinerten Wälder

Die prähistorischen Wälder sind uns dank der Fossilien bekannt, die sie uns hinterlassen haben. Ganze Wälder sind unter den vulkanischen Ascheregen (*Lepidodendron*-Kohlewald in der Nähe von Angers, Eifelwald aus dem 10. Jahrtausend) oder in Sumpfsedimenten (Mammutbaumwald aus der Region bei Perugia) begraben worden. Aber zweifellos sind die sehenswürdigsten Überreste die versteinerten Wälder, deren Bäume an Ort und Stelle konserviert und von Opalen oder Quartzen verkieselt (silifiziert) wurden. Ihre feinen Holzstrukturen sind bemerkenswert gut erhalten geblieben. Die bekanntesten sind die Versteinerungen von Arizona (Vereinigte Staaten, Nadelhölzer, 230 Millionen Jahre) und die dreißig übereinandergeschichteten Wälder des Yellowstoneparks (Vereinigte Staaten, Nadel-und Laubhölzer, 45 Millionen Jahre). Weitere Kieselwälder befinden sich in Südamerika (Patagonien), in der Sahara, in Ägypten und in Südasien sowie in verschiedenen europäischen Ablagerungen. Der Kohlenwald des Victoriaparks von Glasgow (Schottland), der silifizierte *Lebachien*- und Baumfarnwald von Autun (Frankreich, 300 Millionen Jahre), die Araukariennadelwälder von Purbeck in Dorset (England) und der Charentes (140 und 95 Millionen Jahre), der silifizierte *Cycas*-Kiefer-Laubwald von Varna (Bulgarien, Tertiär) und der Zypressenwald der Sande von Fontainebleau im Vallée de Chevreuse (Frankreich) gehören zu den berühmtesten innerhalb Europas. In einer neueren Epoche und als Folge starker Niederschlagsperioden (7. bis 6. und 4. bis 3. Jahrtausend n. Chr.) haben sich unzählbar viele schwimmende Stämme in den alluvialen Ablagerungen großer Flüsse (Rhein, Seine, Loire, Po) angehäuft, und ganze Wälder sind auf dem Grund von Seen fossilisiert worden (Norditalien). In den trockeneren Regionen (Mittelmeerbecken, Sahara, Niltal) sind die Baumpflanzenreste langsamer abgebaut oder karbonisiert worden. Sie werden manchmal in Silizium oder Kalkspat (Tschad) fossilisiert und mineralisiert.

◁ *Rekonstruktion von zwei baumartigen Calamites-Arten aus den Steinkohlewäldern des Karbon. (Nach Ed. Boureau, 1964, modifiziert).*

In den Vereinigten Staaten gibt es die verkieselten Bäume des Jasper Forest, deren feine Holzstrukturen vollständig erhalten sind; Zeugnis von der unvorstellbaren Fülle der Wälder früherer erdgeschichtlicher Epochen. Die ältesten versteinerten Wälder reichen dreihundert Millionen Jahre zurück.

Das Faultier ernährt sich vom Laub etwa hundert verschiedener Baumarten. Da es einen sehr langsamen Stoffwechsel hat, braucht es lange zum Verdauen und muß mit jeder noch so kleinen Bewegung haushalten.

Die Anpassung an das Leben im Wald

André Brosset

Der Begriff der Adaption wird von Biologen oft wegen seiner finalistischen Komponente abgelehnt. Doch zeigt uns schon die bloße Beobachtung der Natur unzählige Formen von Anpassung. Das, was Biologen an der Erklärung einer Umweltanpassung ablehnen, ist die Existenz einer Absicht, eines vorbestimmten Planes. Ein bestimmtes morphologisches Merkmal hat sich nicht entwickelt, um eine bestimmten Funktion zu übernehmen; seine Entstehung ist vielmehr das Ergebnis eines natürlichen Selektionsmechanismus, der durch die Variabilität der lebenden Materie zur Wirkung kommt. Im Bereich der Waldökologie haben die Begriffe Co-Evolution und Co-Adaptation keine finalistische Mitbedeutung; weil sie der Realität weitgehend entsprechen (obwohl sie nicht alle Bereiche abdecken), halten wir ihre Verwendung für sinnvoll.

Man könnte sogar hinzufügen, daß der Begriff der Adaption im weiteren Sinne sich auf die meisten Lebensfunktionen anwenden läßt. In diesem kurzen Kapitel werden wir das Thema einschränken müssen und uns mit einer der größten Besonderheiten beschäftigen, die das Waldmilieu hervorgebracht hat: die Co-Adaption und den Mutualismus von Pflanzen und Tieren.

Ökologische Parameter am Anfang der Co-Adaptation

Die größte Einschränkung eines Baumes ergibt sich aus seiner Unbeweglichkeit. Entstehen, Leben und Sterben ohne den Platz zu wechseln ist das biologische Schicksal der Pflanze. In ihrer Unbeweglichkeit unterscheidet sie sich vom Tier, einem mobilen Wesen. Für den Fortbestand des Waldes, seine eventuelle Ausbreitung und zugleich für das Überleben des Baumes als Individuum ist die «Auswahl» des Keimungsortes daher wesentlich. Der unter der Mutterpflanze austreibende Keimling wird regelmäßig durch die Massenvermehrungen von Schädlingen oder Krankheitserregern zerstört. Ihre Wirkung kommt zu der durch Lichtmangel hervorgerufenen «Vergeilung» hinzu. Weil der Baum selbst seine Samen nicht in ein günstiges Milieu befördern kann, ist er auf deren Verbreitung durch physische Komponenten angewiesen: Wind, fließendes Wasser und, besonders in den tropischen Regionen, darauf spezialisierte Tiere.

Zu den Zwängen, die durch die Standortgebundenheit gegeben sind, treten noch zeitliche Begrenzungen. Die Mobilisierung einer beträchtlichen Biomasse im Stamm und dem Astwerk der Bäume braucht um so länger, als die Unbeweglichkeit des Baumes seine Zugriffsmöglichkeiten auf die Nährelemente einschränkt, die den Tieren ein schnelles Wachstum ermöglichen. Das langsame Wachstum des Baumes bringt eine später einsetzende Reife und eine hohe Lebensdauer mit sich. Daraus ergibt sich, daß die einzelnen Individuen innerhalb der Populationen nur langsam ersetzt werden. Diese Art von Dynamik wirkt einer schnellen Evolution von Anpassungseigenschaften entgegen, und wir werden später sehen, daß, im Gegensatz zu einer verbreiteten Vorstellung, die enge Co-Evolution zwischen Pflanze und Tier nicht die Regel ist. Eine weitere Konsequenz des Zeitfaktors besteht darin, daß der Erhalt einer bedeutenden stehenden Biomasse (z. B. 562 t/ha im Banco-Wald, Elfenbeinküste) die verfügbare Primärproduktion einschränkt. Diese ist geringer, als man allgemein annimmt, vor allem was die für die Tiere genießbaren Pflanzenteile betrifft: Blätter, Blüten, Früchte und Samen. Die jährliche Produktivität einer Wiese der Normandie beträgt 9 t/ha Trockensubstanz, die des Waldes der Elfenbeinküste nur 13,6 t/ha (Lamotte und Borulière, 1969). Obwohl es ziemlich schwierig ist, die Ursache-Wirkung-Beziehung in diesem Fall anzugeben, kann man feststellen, daß die Samenverbreiter, speziell Vögel, in großem Maß die demographischen Strategien der Bäume nachahmen, die ihren Bestand gewährleisten. Verglichen mit Artgenossen offener Landschaften, sind auch für die Waldvögel eine später einsetzende Reife, eine begrenzte Fruchtbarkeit und eine lange Lebensdauer charakteristisch.

Schließlich ergibt sich ein dritter wichtiger Parameter aus der Standortgebundenheit. Wie der Lebensraum Meer nimmt der Wald einen dreidimensionalen Raum ein; in der Horizontalen hat er eine Mosaikstruktur, in der Vertikalen eine abwechslungsreiche Schichtstruktur. Daraus ergibt sich eine räumliche Aufteilung, die den Tieren eine unerreichte Vielfalt an ökologischen Nischen bietet. Einigen Theorien zufolge sollen diese ökologischen Nischen ein Faktor der Artenbildung sein, der auch den außergewöhnlichen Artenreichtum der Wälder erklären soll. Tatsächlich ist diese Erklärung nicht völlig zufriedenstellend. Sie erklärt zum Beispiel nicht, warum die tropischen Wälder so viele Baumarten haben, im Durchschnitt 750 auf 6 km^2, und die gemäßigten Wälder so wenig: höchstens einige Dutzend. Bei der Artenbildung der Tiere gelangt man mehr und mehr zu der Überzeugung, daß eher geschichtliche Faktoren regionalen Maßstabs eine Rolle spielen als ökologische Faktoren lokalen Maßstabes. Wie dem auch sei, der Artenreichtum der tropischen Wälder und die lokale Vervielfachung der Arten, haben mit Sicherheit einen günstigen Rahmen geschaffen für die Entwicklung der Co-Adaptationen.

Kämpfe und Bündnisse zwischen den Organismen

Die enge Verbundenheit der Lebensformen, die engen Wechselbeziehungen zwischen den Organismen, erreichen im Wald eine anderswo unbekannte Komplexität. Ihre Untersuchung steht noch ziemlich am Anfang und bildet einen sehr aktuellen und in schneller Entwicklung stehenden Forschungsgegenstand. Wir können hier nur einen kurzen Einblick geben und ihn anhand einiger Beispiele wohlbekannter Tatsachen veranschaulichen.

Kommen wir kurz auf die Interaktion zwischen den Waldbäumen zu sprechen. Diese besteht in erster Linie aus einem intensiven Wettbewerb, der schon bei der Samenbildung und der Samenverbreitung einsetzt. Das bezeugen die oft sehr komplizierten Mechanismen, die eine Art entwickelt, um ganz bestimmte befruchtende Tiere und Samenverbreiter anzuziehen. Der Wettbewerb setzt sich im Laufe der Entwicklung des Baumes fort:

nun muß der «Platz an der Sonne» gesichert werden. Einige Pflanzen scheiden chemische Toxine aus, die Konkurrenten vernichten. Ein Beispiel ist der Nußbaum, der ein Phytotoxin, das Juglon, ausscheidet. Dieser Stoff verhindert die Entwicklung anderer Bäume unter dem Schirm des Nußbaumes. Schon vor langer Zeit war den Landbewohnern dieses Phänomen bekannt; das führte in Westfrankreich zu dem verbreiteten Glauben, daß der Schatten des Nußbaumes gefährlich sei und man nicht darunter schlafen solle! Am häufigsten kommt der Wettbewerb in der Entwicklung der Zweige und Blätter zum Ausdruck. Nach einem architektonischem Schema werden die Blätter so angeordnet, daß sie ein Maximum an Energieproduktion ermöglichen und den Nachbarn möglichst in den Schatten verbannen. Eine solche konkurrierende Entwicklung kann echt parasitäre Züge annehmen, wie es im Fall der Lianen und der Epiphyten geschieht. Ihr Gewicht kann auf bestimmten Bäumen der tropischen Wälder mehrere hundert Kilogramm erreichen. Ohne selbst etwas in die stabile, geräumige Unterlage, die der Stamm darstellt, investieren zu müssen, können Lianen und Epiphyten leicht und schnell eine üppige Blattvegetation in der Höhe ausbilden, wo die Assimilationsrate durch die guten Lichtbedingungen maximal ist. Im Fall der Würgerfeige wird der Wirtsbaum schließlich erstickt.

Die verschiedenen Adaptationsformen sind nicht immer so negativ, manchmal gibt es weder Sieger noch Verlierer. Hierbei handelt sich um Verbindungen, in der beide Elemente sich von gegenseitigem Nutzen sind *(Symbiose)*. Sie können im Wald ebenso häufig vorkommen wie die Fälle, in denen eines der beiden Elemente geschwächt oder sogar eliminiert wird. Hauptsächlich geht es dabei um die Tätigkeit der Bodenfauna, die über Zersetzung von Blättern und totem Holz die Elemente wieder in den Kreislauf zurückführt. Mikroskopisch kleine Tiere niedriger Ordnungen (Insekten, Milben, Würmer) bevölkern den Waldboden in einer Größenordnung von mehreren Millionen pro m^2. Um sich zu ernähren und fortzupflanzen, zersetzen sie die Pflanzenmaterie; damit geben sie dem Boden die organischen und mineralischen Elemente zurück und zwar in einer für die Pflanzen assimilierbaren Form. Das bemerkenswerteste Beispiel einer Verbindung gegenseitigen Nutzens zwischen zwei Pflanzen ist die Symbiose zwischen Pilzen und Wurzeln: die *Mykorrhiza.*

Ohne an die Vollkommenheit symbiotischer Verbindungen zweier Pflanzen heranzukommen, sind die Formen der Co-Adaptation zwischen Pflanze und Tier ebenfalls weit verbreitet. Meistens geht es hier um das Überleben: das Opfer entwickelt Verteidigungsstrategien zum Schutz gegen den Räuber, der seinerseits in vielen Fällen Gegenstrategien entwickelt und somit einen offenbar endlosen Rüstungswettlauf auslöst.

Die Verteidigungsstrategien

Pflanzen und Tiere haben Verteidigungsweisen entwickelt, die durch ihre Verletzungspotentiale ihre potentiellen Feinde vor näherem Kontakt abschrecken, wie zum Beispiel die Dornen auf Stämmen und Zweigen. Andere haben zusätzlich die Fähigkeit, in die Haut des Gegners reizerregende oder giftige Sekrete einzuimpfen. Eine weitere Variante besteht in der Produktion chemischer Zusammensetzungen, durch deren Wirkung einige dieser Pflanzen ungenießbar oder sogar giftig für ihre Feinde werden. Weniger agressiv und im Wald weit verbreitet sind die Strategien, die sich in der Gestalt von Tarnung und Mimikry ausgebildet haben.

Die Tarnung

Mit dem Begriff der Tarnung kennzeichnet man die Strategie einer Art, Objekte aus ihrer Umgebung nachzuahmen, um für ihre Feinde oder Opfer unsichtbar zu werden. In den Wäldern findet man die häufigsten und vollkommensten Fälle der Tarnung. Auf der Opferseite liefern uns die Insekten, die *Orthopteren* (Geradflügler, z.B. Heuschrecke), *Lepidopteren* (Schmetterlinge) und *Homopteren* (Gleichflügler, z.B. Läuse) die besten Beispiele; die Wanzen imitieren die Dornen eines dünnen Zweiges und die Stabheuschrecken imitieren eben diesen Zweig. Die Nachtfalter sind von den toten Blättern des Unterholzes nicht zu unterscheiden. Die Blatt-Heuschrecken können ihre Beine eng an die gefalteten Flügel anlegen und ihnen das Aussehen von Blattadern geben. Der Flügel selbst zeigt in seiner Mitte Flecken, wie sie nach Angriffen von Bakterien und Pilzen entstehen. Seine Ränder sind gezackt wie die der Blätter, die die Heuschrecke gerade anfrißt. Die Illusion ist so perfekt, daß das Insekt nicht nur für das menschliche Auge, sondern auch für ihre Räuber, die insektenfressenden Vögel, unsichtbar ist. Deren Taktik besteht wiederum darin, das Opfer dazu zu bringen, sich zu bewegen und es somit

Um sich vor ihren Feinden zu schützen, entwickeln Pflanzen und Tiere verschiedene Abwehrmaßnahmen. Diese junge Liane hat sich dazu mit scharfen Dornen bewehrt, um pflanzenfressende Tiere fernzuhalten; die gleichen Dornen helfen ihr, sich an einem Baum festzuhaken, um ans Licht zu gelangen.

Die lebhaften Farben dieses grünen Frosches in Gabun sind ein Warnsignal für seine Feinde: er ist giftig. Aber es kann sich hierbei auch nur um Mimikry handeln. Denn viele harmlose Tiere imitieren die Warntracht einer gefährlichen Art, um sich zu schützen.

Eine andere List zur Verteidigung oder zur Jagd: die Tarnung. Wenn dieses Chamäleon aus Madagaskar die Farbe des Astes, auf dem es sitzt, annimmt, verbirgt es sich so vor dem Blick seiner Feinde, aber auch vor dem seiner vorbeikommenden Opfer, die es dann mit einem Zungenschlag schnappt.

Vielfach legen sich die Räuber auf die Lauer. Im Wald, wo die Sicht schlecht ist, ist es günstiger, sich zu verstecken und zu warten. In der Höhlung eines Baumes versteckt, lauert der Marder einem Vogel, einer Waldmaus oder einem Eichhörnchen, das in Reichweite vorbeihuscht, auf.

ausfindig zu machen. Für diesen Zweck haben in den Wäldern Asiens, Afrikas und Amerikas mehrere Vogelarten einen langen und voluminösen Schwanz ausgebildet, mit dem sie das Blattwerk durchkämmen können. Mit sehr brüsken Bewegungen wenden sie sich dann um und schnappen nach dem fliehenden Insekt. Der Jäger wird von vielen «Nassauern» begleitet, die ihrerseits das entflohene Insekt verfolgen. Die so formierten Vogelschwärme sind eine alltägliche und sehenswerte Erscheinung im tropischen Wald.

Auch bei den Raubtierarten des Waldes ist die Tarnung sehr verbreitet. Der Panther bleibt in dem mit Lichtreflexen übersäten Blattwerk ebenso unsichtbar wie die Spinne, die die Form und Farbe der Blüte annehmen kann, in deren Kelch sie auf der Lauer liegt. Viele aus dem Hinterhalt jagenden Arten verfügen über die raffiniertesten Nachahmungsmethoden.

Die Mimikry

Eine weitere Verteidigungsstrategie ist Mimikry, die für viele Organismen des Waldes charakteristisch ist. Für eine harmlose Art besteht sie in der Imitation des Erscheinungsbildes oder Verhaltens einer anderen ungenießbaren oder gefährlichen Art. Auf diese Weise profitiert die erste Art von der Verwechslung des potentiellen Gegners und zieht Nutzen aus dem Widerwillen oder der Furcht, die die letztere dem Räuber einflößt. Im einfachsten Fall besitzen die nachgeahmten Arten, giftige Schlangen oder *Hymenopteren* (Hautflügler), lebhaft kontrastierende Warnfarben, normalerweise gelb und schwarz, seltener rot und blau, die in konzentrischen Kreisen am Körper angeordnet sind. Diese leuchtenden Farben signalisieren die Präsenz einer gefährlichen Art. Die südamerikanischen Korallenschlangen aus der Familie *Micrurus* sind in doppelter Hinsicht bemerkenswert, und zwar den toxischen Gehalt ihres Giftes betreffend und wegen ihrer rot-gelb-schwarzen Farbenpracht. Diese werden von einer ganzen Reihe ungefährlicher Nattern nachgeahmt, deren Farben und Erscheinung genau identisch sind und die im gleichen Waldtyp leben (speziell die Gattung *Lampropeltis*). Zahlreiche weitere Beispiele dieses Phänomens bieten die stechenden Hymenopteren, vor allem die giftigen Wespen. Diese werden von *Dipteren* (Mücken) oder Schmetterlingen nachgeahmt, die ansonsten überhaupt keine Verteidigungsmittel haben. Ein anderer sehr verbreiteter Bluff ungefährlicher Arten in den tropischen Wäldern ist das Nachahmen von Schlangen- oder Eulenaugen. Einige Raupen bilden die Kopfform und -musterung kleiner Baumnattern aus; bei drohender Gefahr wiegt die Raupe sich nach Schlangenart hin und her und verstärkt die Ähnlichkeit noch durch die Bewegung. Sehr viele Nachtfalter, wie die in den tropischen und gemäßigten Wäldern lebenden Nachtpfauenaugen, besitzen auf der Unterseite ihrer Flügel leuchtende Ozellarflecken, eine Nachbildung der Augen einer Eule. Im zusammengefalteten Zustand verborgen, stellt der Falter sie angesichts eines Feindes in schnellen Impulsen zur Schau. Man hat anhand von Versuchen nachweisen können, daß die afrikanischen Lemuren sich zunächst dem Falter nähern, um ihn zu fres-

◁
Man muß sich bemerkbar machen, um im Wald zu überleben. Die Kannenpflanzen in Madagaskar ziehen Insekten, von denen sie sich ernähren, an, indem sie einen starken Duft verströmen. Die Samenkörner mit ihren lebhaften Farben sollen Vögel auf sich aufmerksam machen. Je anziehender die Frucht wirkt, desto größer ist die Wahrscheinlichkeit, daß sie verzehrt wird, und die Samen verbreitet werden. ▷

Die vollkommene Mimese dieses Frosches bzw. dieser chondro python viridis dient zwei verschiedenen Zwecken: der Frosch muß sich verbergen, um nicht gefressen zu werden, die Python dagegen, um etwas Freßbares zu ergattern.

sen, und dann vor der brüsken Zurschaustellung dieser «Augen» plötzlich innehalten. Der Falter nutzt die Gelegenheit zur Flucht und verliert im schlimmsten Fall in diesem Abenteuer das Stück Flügel mit dem Ozellarfleck, das allerdings lebensnotwendig ist. Es soll noch darauf hingewiesen werden, daß einige Arten gleichzeitig die passive Tarnung und die aktive Mimikry anwenden. Das ist der Fall bei *Pterydophoren* in den südamerikanischen Wäldern. Die im Kronenbereich lebenden Tiere sind grün und von der Form der sie umgebenden lebendigen Blätter nicht zu unterscheiden; die am Boden lebenden Tiere ahmen die umherliegenden toten Blätter des Unterholzes in perfekter Weise nach. Im Fall einer unmittelbaren Gefährdung durch einen potentiellen Gegner, öffnen sie plötzlich ihre Flügel und zeigen ihm zwei besonders ausdrucksvolle Ozellarflecken oder «Eulenaugen». Zum gleichen Typ gehört die mit Mimikry verbundene Tarnung bei einigen Raupen. Sie nehmen Form und Farbe der Dornen der Pflanzen an, auf denen sie sich gerade befinden.

Die chemische Verteidigung

Ein faszinierendes Forschungsgebiet von grundlegender und vielschichtiger Tragweite sind die chemischen Verteidigungsstrategien, deren sich die Pflanzen bedienen, um sich vor dem Angriff tierischer Feinde und deren auf diese Strategien angepaßten Reaktionen zu schützen. Dieser Forschungsgegenstand ist deshalb komplex, weil er Ökologie, Verhaltensforschung, Physiologie und Biochemie mit einbezieht. Wir werden uns hier auf einige Beispiele beschränken, die wir aus einem neu erschienenen Werk über die äquatorialen Wälder von P. M. Richarson übernehmen.

Manche Arten schützen sich nicht nur anatomisch, zum Beispiel durch lederartige Blätter, Wachs-Cuticula, Dornen und Brennhärchen, sondern zusätzlich durch unangenehm schmeckende, bittere, adstringierende (z. B. Tannine grüner Früchte) oder sogar äußerst giftige Substanzen. So gehören Strychnin und Zyanid zu dem Sortiment chemischer Waffen, über die zahlreiche Arten der Waldpflanzen verfügen. Wenn die Pflanzenzellen durch den Biß des Pflanzenfressers verletzt werden, setzen ihre cyanogenen Glykoside Blausäure frei. Die Samenhülle des *Rizinus* beispielsweise enthält eine der giftigsten uns bekannten Substanzen. Jede Pflanzengruppe ist auf die Herstellung eines chemischen Giftstoffes spezialisiert, um durch Abschreckung den Schutz der Arten zu gewährleisten, die zur Gruppe gehören.

Pflanzenfresser haben ihrerseits Verteidigungsstrategien zum eigenen Schutz entwickelt. Sie neutralisieren die Gifte mit Hilfe ganz verschiedener und außergewöhnlicher Methoden. Manche betreffen das Verhalten: Raupen ernähren sich von Blättern mit phototoxischen Stoffen; diese Substanzen selbst sind zwar harmlos, reagieren jedoch mit ultraviolettem Licht zu anderen Substanzen, welche für den Konsumenten unter Umständen tödlich sind. Dieser entzieht sich der Gefahr, indem er nur noch in der Nacht frißt und sich tagsüber in eingerollten Blättern verbirgt, ein wirksamer Schutz vor ultravioletter das Risiko gering zu halten, selbst einem Fraßfeind zum Opfer zu fallen. Zwischendurch verdaut der Vogel beziehungsweise nimmt die Fledermaus die gepflückte Frucht auf. Zu diesem Zweck suchen sie sich einen sicheren Aufenthaltsort, meistens einen Ast, auf den sie sich setzen (Vögel) oder an den sie sich hängen (Fledermaus). Diese Verhaltensweisen sind für die Samenverbreitung nicht unerheblich. Weil der Verdauungsweg nur kurz ist, verbreitet das Tier an diesen Plätzen die Samen der eingenommenen Frucht. Die Größe des Verbreiters, sein Flugvermögen und die Gegebenheiten seines Aufenthaltsortes werden die Standortverteilungen der Auskeimung bestimmen. Diese variieren je nach dem spezifischen Verhalten des Samenträgers. Einige an spezielle Tiere gebundene Verbreitungsweisen begünstigen die Entwicklung von Pionierpflanzen in Sukzessionszonen, andere die Verjüngung im Primärwald. Die Verbreitung durch Fische fördert die Entwicklung amphibischer Pflanzen und Uferpflanzen. Die Rolle der Tiere bei der Regeneration des Waldes wurde zu lange nicht beachtet, beziehungsweise unterschätzt. Inzwischen ist sie jedoch einer der wichtigsten Forschungsgegenstände der Waldökologie. Wahrscheinlich ist der Artenreichtum der tropischen Wälder unmittelbar mit dem Vorhandensein ihrer Samenverbreiter, der Tiere, verbunden.

Phänologische und morphologische Adaptionen

Eine der Regeln der Natur besteht darin, daß eine gegebene Population dahin tendiert, die maximale Individuenzahl innerhalb der sie begrenzenden Faktoren aufrechtzuerhalten. Der wichtigste davon steht im Zusammenhang mit der Verfügbarkeit von Nahrung. Diese Verfügbarkeit muß in einer zyklischen Umwelt (und die jüngsten Studien über die äquatorialen Zonen scheinen zu zeigen, daß sie überall zyklisch ist) nicht nach einem Jahresdurchschnitt bemessen werden, sondern nach der Periode, in der die Nahrung am knappsten ist. Dieser kritische Zeitraum kontrolliert den Populationsbestand.

Bei der Co-Evolution zwischen den Waldpflanzen und den Wirbeltiergruppen, die sie verbreiten, sind Pflanzen und Tiere einem konvergenten Selektionsdruck ausgesetzt, der auf die Erhaltung möglichst vieler Individuen abzielt, die am Co-Evolutionsprozeß teilnehmen. Einer großen Anzahl von Bäumen – den Produzenten – entspricht daher eine große Zahl von Konsumenten. Und je zahlreicher und verschiedenartiger die Samenverbreiter oder die Pollenüberträger sind, desto besser wird die Reproduktion der Pflanze gewährleistet. In den gemäßigten Zonen wirkt dieser Erscheinung eine winterliche Jahreszeit entgegen, während der nicht nur die Pflanze, sondern auch die pollenübertragenden Insekten Winterruhe halten. Die Wirbeltiere, die Fruchtverbreiter, stellen ihre Ernährung um oder führen jahreszeitliche Wanderungen durch. In den tropischen Regionen, wo diese Zwänge nicht bestehen und wo aufgrund der großen Artenzahl mehr Möglichkeiten gegeben sind, die jahreszeitlichen Rhythmen zu variieren, liegt es im Interesse der von Wirbeltieren abhängigen Pflanzengemeinschaften, ihre Produktion über das ganze Jahr zu verteilen. Dadurch können sie über große Populationen von Pollenüberträgern und Samenverbreitern verfügen. Dies wurde zunächst aufgrund von gesundem Menschenverstand vorhergesagt und ist durch Untersuchungen inzwischen vollständig bestätigt worden. Die Forschungsarbeiten von Snow über die Phänologie der Pionierpflanzen in den Wäldern Südamerikas haben gezeigt, daß jeder Art eine bestimmte Jahreszeit zur Fruchtbildung entspricht. Überschneidungen zwischen den Arten sind eher die Ausnahme. Beispielsweise zeigen Beobachtungen an *Miconia*-Gemeinschaften einen zeitlich gestaffelten Fruchtansatz der verschiedenen Arten, die den umfangreichen Populationen der *Pipriden* (kleine Vögel, die speziellen Verbreiter der Miconia) eine ausreichende und kontinuierliche Ernährung garantieren. In den tropischen Wäldern Asiens und Südamerikas spielt die Gattung *Ficus* eine Puffer-Rolle. Diese Gattung enthält zahlreiche sympatrische Arten von vielseitiger und sich ergänzender Phänologie und mit hoher Fruchtproduktion. So gewährleistet sie in der kritischen Periode die Nahrungsversorgung der Gemeinschaft der samenverbreitenden Wirbeltiere. Infolge selektiver Zerstörung des Ficus durch den Menschen hat man in den Wäldern Malaysias eine beträchtliche Abnahme Arten- und Individuenzahl der samenverbreitenden Vögel festgestellt.

Mehr als 9 000 Orchideenarten wachsen in den Tropen.

Diese großartigen Blumen sind oft endemisch und können nur von wenigen und bestimmten Insekten bestäubt werden.

Sensorische Adaptionen und Verhalten der Tiere im Waldmilieu

Das Verhalten der Waldtiere stellt meistens einen Kompromiß zwischen zwei widersprüchlichen Ansprüchen dar: einerseits vor den Augen der Feinde und Schädlinge verborgen zu sein – andererseits von seinem Artgenossen erkannt, also gesehen, gehört und gerochen zu werden. Wir haben im vorherigen Abschnitt die außergewöhnlichen Vorgänge kennengelernt, die von den Waldorganismen entwickelt werden, um sich zu verbergen. Die häufigsten sind die Tarnung und die Mimikry. Es gibt jedoch Umstände, meistens im Zusammenhang mit der Sozialbindung oder der Reproduktion, in denen sich das Individuum zur Schau stellen muß. Das geschieht entweder über die Ausbildung auffälliger morphologischer Strukturen, über das Aussenden von Tönen, die weit tragen, oder über die Verbreitung von Gerüchen. Die Botschaft der Geruchssignale ist um so genauer, je mehr Informationen über die Identität und den sexuellen Zustand des Senders den Adressaten erreichen.

Die Übertragung sozialer Zeichen stößt im Wald auf besondere Schwierigkeiten. Die erste besteht in der großen Anzahl gleichzeitig aussendender Organismen. Daraus ergibt sich eine noch größere Verwirrung, weil die Waldfauna, speziell in den Tropen, aus zahlreichen Zwillingsarten besteht; ihre Morphologie, die Farbe, das allgemeine Verhalten und selbst die Schreie unterscheiden sich nur geringfügig. Die Kreuzung zwischen ähnlichen Arten bringt, zumindest bei den Tieren, genetisch unvollständige oder unfruchtbare Individuen hervor. Deshalb besteht ein sehr starker, selektiver Druck gegen die Paarung verschiedener Arten. Diese Hybridisierungs-Barrieren haben im Wald einen hohen Grad an Spezialisierung und Ausgefeiltheit erreicht. Bei den Zwillingsarten der Schmetterlinge äußern sie sich über eine Art Keuschheitsgürtel, die *Genitalarmatur*. Jede Art besitzt ganz spezielle Strukturen nach dem Schlüssel-Schloß-Prinzip, die jegliche Paarung mit einer anderen Art gleichen Aussehens verhindern. Diese Strukturen ermöglichen übrigens den Lepidopterologen die Unterscheidung und Beschreibung der Waldschmetterlinge. Ein besonders interessantes Beispiel bei Insekten ist das Verhalten der Leuchtkäfer. Im tropischen Asien ist es keine Seltenheit, in einem Schwarm Leuchtkäfer mehrere Arten anzutreffen, die im Flug gleichzeitig ihre Leuchtsignale aussenden. Die Erkennung funktioniert nach Art eines Leuchtturms, denn der Rhythmus der Signale differiert von Art zu Art. Allerdings passiert es, daß eine räuberische Art den Signalrhythmus des Opfers nachahmt; letztere nähert sich und wird gefangen.

Bei den Wirbeltieren erfolgt das visuelle Signalisieren über Organe, deren kommunikative Funktion erst sekundär erworben wurde: Schwanzflossen bei den Waldfischen *Cyprinodonten*, Hautsäume bei den *Iguanen* (Riesenleguan), Schwanz- oder Kopffedern bei den Paradiesvögeln, buschiger, unter bestimmten Umständen wedelnder Schwanz beim Eichhörnchen. Diese Körperteile, die sich farblich lebhaft vom Waldhintergrund abheben – bei den Männchen sind es oft besonders leuchtende Farben – werden oft in Sonnenflecke gehalten, um möglichst gut sichtbar zu sein. Einige Waldvögel (Bülbüls, Touracos, Paradiesvögel) stellen in brüsken Impulsen die farbigsten Bereiche ihrer Kopf- oder Schwanzfedern auf und signalisieren damit ihre Identität auf kurze Entfernung.

Die zweite Schwierigkeit in der Übertragung sozialer Botschaften im Wald ergibt sich aus der Vielzahl der

Ein anderes bemerkenswertes Phänomen der Anpassung sind die Quandongsamen. Sie können erst keimen, wenn sie vom australischen Kasuar gefressen und wieder ausgeschieden sind. Die Magensäfte lösen die Keimhülle auf, so daß die Keimung möglich wird.

durch das Blattwerk bedingten lichtabschirmenden Oberflächen. Diese schränken die Tragweite visueller Signale beträchtlich ein. Wahrscheinlich ist das der Grund der umfangreichen Entwicklung auditiver und olfaktorischer Signalsysteme. Die Geräuschkulisse erreicht in einigen tropischen Wäldern besonders große Ausmaße: morgens sind es die Vögel, während des Tages die Insekten und in der Dämmerung die Lurche. Die Anzahl und die Überlagerung der Schreie und Gesänge ergeben eine Dissonanz, bei der das menschliche Ohr Schwierigkeiten hat zu differenzieren, welche Geräusche von welchen Tieren kommen. Doch können auch hier die Schallwirkungen der Botschaften erheblich durch den Schirm des Blattwerkes verringert werden. Zusätzlich bilden diese Schirme parasitäre Echos. In den Wäldern Gabuns ist zu beobachten, daß die Mehrzahl der Vögel im Unterholz reine und tiefe Töne aussenden, nahe bei 1000 Hertz (Hz), während die Arten, die in offenen Bereichen leben, Lieder von 1500 Hz aussenden. Der Bioakustiker C. Chappuis hat über Versuche nachgewiesen, daß die reinen Töne von 1000 Hz, die den Gesang der Vögel im Unterholz kennzeichnen, in diesem Milieu eine maximale Reichweite erzielen, während die Töne von 1500 Hz in offenem Gebiet weiter dringen. Man kann voraussehen, daß entsprechende Anpassungen, die die chemische Zusammensetzung im Zu-

Während der Balzzeit sucht sich die männliche Krontaube aus Neuguinea einen Platz mit viel Licht, um die Farben ihres Gefieders zum Leuchten zu bringen und sich dadurch einem Weibchen bemerkbar zu machen. Diese Methode wird auch von Paradiesvögeln angewendet.

sammenhang mit Reichweite und der Hysterese von Geruchsproduktionen betreffen, auch in der Welt der olfaktorischen Signale vorliegen. Eventuell sind diese noch weitaus vielschichtiger. Aber dieser Bereich ist unter ökologischen Gesichtspunkten noch wenig erforscht.

Die sozialen Kommunikationen bilden nur einen Aspekt des generellen Problems, der Verhaltensanpassung der Tiere in der Waldökologie. Letztere hat einen entscheidenden Einfluß auf die sozialen Strukturen und die Dynamik der Populationen und Bestände. Deren sehr großer Artenreichtum, der auf die Vielfalt der ökologischen Nischen und sicher auf weitere uns noch unbekannte Faktoren zurückzuführen ist, ist eine Ursache der engen und vielfachen Beziehungen zwischen den Organismen. Die Struktur solcher Bestände, die durch das Zusammenleben einiger verbreiteter und vieler seltener Arten bestimmt wird, scheint im tropischen Wald überall die Regel zu sein. Auch die Struktur der Populationen zeigt Besonderheiten, die den Bäumen und Tieren gemeinsam zu eigen sind. Sie bestehen aus einer relativ geringen Anzahl junger und einer relativ hohen Zahl erwachsener Individuen bei den Bäumen, was den Merkmalen der Populationsdynamik entspricht: relativ späte Geschlechtsreife, geringe Fruchtbarkeit, lange Lebensdauer, entsprechend langsame Erneuerung der Individuen. Zu diesen eigentlich ökologischen Merkmalen kommen andere, die mit den sozialen Strukturen zusammenhängen. Die ökologischen Bedingungen des Waldes haben bis auf wenige Ausnahmen das Leben in großen Gruppen nicht gefördert. Die meisten Tierarten leben dort in monogamen oder erweiterten Familien, besonders Vögel und Affen, oder als Einzelgänger, wie es bei vielen Säugetieren und fast allen Lurchen und Reptilien der Fall ist.

Waldmilieu und menschliche Ökologie

Der Wald als bevorzugter Lebensraum der meisten auf unserem Planeten lebenden Tierarten scheint sich für den Menschen als Art nicht zu eignen. Abgesehen von einigen Ausnahmen, hat sich sein Seßhaftwerden in Waldgebieten auf Lichtungen beschränkt. Noch häufiger hat sie sich in Form von Waldzerstörung ausgewirkt. Weder durch seine Statur, noch durch seine ökologischen Bedürfnisse und seine sozialen Gewohnheiten ist der Mensch an die Waldökologie angepaßt. Die Fortbewegung im dichten Wald ist durch seine aufrechte Haltung erschwert; die menschliche Morphologie ist nicht daran angepaßt, in den Bäumen zu klettern. Was die Nahrung betrifft, so wird die Produktion durch den Wald selbst wieder in den Kreislauf zurückgeführt, so daß kaum Spielraum für Überschüsse vorhanden ist, um größere menschliche Populationen zu ernähren. Und schließlich hat die überwiegende Mehrzahl der Zivilisationen Individuen hervorgebracht, die ein dauerndes Leben unter dem Kronendach nicht akzeptieren würden. Die Geschichte zeigt uns, daß die Invasion der Waldzonen durch den Menschen Hand in Hand mit Abholzung einherging. Man sagt von den arabischen Krieger- und Erobererzivilisationen, daß sie die Wälder beseitigt haben, weil diese das Näherkommen der Feinde verdeckt hätten. Die umfassenden Rodungen, die die Mönche im Mittelalter durchgeführt haben, und die unsere heutige im wesentlichen landwirtschaftlich genutzten und offenen Landschaften zur Folge hatte, hatten zum Ziel, die Wälder durch Nutzflächen zu ersetzen, um eine zunehmende Bevölkerung ernähren zu können. Die Zerstörung der tropischen Wälder wird hauptsächlich durch die galoppierende Bevölkerungszunahme der außerhalb der Wälder lebenden Menschen begründet. Sie wird auch zum Schaden einiger an den Wald angepaßter Bevölkerungen durchgeführt, die dort noch leben.

Auf allen Kontinenten zeigen diese Bevölkerungen gemeinsame Merkmale, die offensichtlich das Resultat einer Selektion zum Ausdruck bringen, die der Anpassung des Lebens im Wald diente. Morphologisch gesehen sind die Waldmenschen allgemein klein und von leichtem Knochenbau. Dies ermöglicht ihnen, behende zu klettern und sich mit Leichtigkeit und geräuschlos im Unterholz zu bewegen. Offensichtlich haben die Waldbevölkerungen, die weniger anfällig für die örtlichen parasitischen Erkrankungen sind, mit denen sie im Gleichgewicht leben, nicht den Typ der Immunabwehr entwickelt, der den Zivilisationen offener Gebiete eigen ist. Im Kontakt mit Fremden werden sie durch ansteckende Krankheiten dezimiert, die anderswo harmlos sind.

Das tägliche Leben dieser Bevölkerungen zeugt von einer engen Anpassung an die örtlichen Ressourcen. Die Erzeugnisse des Waldes liefern die Nahrung, die Baumaterialien, die Kleidung, das Beleuchtungsmaterial, die Kosmetik, die Jagd- und Spielutensilien, usw. Die Heilmittel auf Pflanzenbasis sind von erstaunlicher Vielfalt. Ihre Wirksamkeit wurde in vielen Fällen von der modernen Wissenschaft anerkannt. Das bekannteste Beispiel ist die Behandlung von Malaria mit Chinin durch die Indianer Südamerikas.

Ein äußerst faszinierender Aspekt der Anpassung an das Waldleben betrifft die Mentalität und den Glauben dieser Völker. Die sozialen Strukturen, Zusammenleben in kleinen Gruppen, die große Flächen in Form von Jagd, Sammelwirtschaft und Wanderfeldbau nutzen, stellen eine Anpassung an die Art der Nahrungsressourcen dar, die weit verstreut sind und sich an den einzelnen Stellen schnell erschöpfen. An anderer Stelle dieses Buches wird auf dieses Thema genauer eingegangen.

Rufen wir hier nur kurz ins Gedächtnis, daß speziell bei den Pygmäen eine Moralvorstellung herrscht, deren Normen auf den Schutz der Natur ausgerichtet sind: die Umwelt nicht ausplündern, keine Bäume schlagen, weder das junge Wild noch die weiblichen Leittiere töten, usw. Es ist sehr traurig feststellen zu müssen, daß diese Waldvölker, die vorher durch die Undurchdringlichkeit ihres Lebensraums und die mangelnde Erschließung «von außen» geschützt waren, durch das Vordringen von zahlenmäßig überlegenen und agressiveren sozialen Gruppen zugrundegehen. Denn die Werte dieser Zivilisationen sind unter ökologischen Aspekten weit von denen der Waldvölker entfernt und führen letztendlich nur in die Zerstörung der Wälder.

Der Sand der Flüsse ist bei Schmetterlingen sehr beliebt, sie suchen hier Mineralsalze, die sie, besonders während der Paarungszeit, benötigen. Diese Salze reichern das Sperma der Männchen an und vergrößern die Gelege der Weibchen.

Georges Michaloud

Die Co-Evolution

Obwohl der Begriff Co-Evolution in der Wissenschaftssprache noch relativ neu ist, ist seine Bedeutung genauso alt wie das Studium der Evolution selbst. Schon Darwin (1859) ist im Zusammenhang mit der Pollenübertragung durch Insekten zu dem Schluß gekommen, daß die Blüte und die sie befruchtende Biene sich langsam modifizieren und einander anpassen können. Dieser hochgradig perfektionierte Prozeß vollzieht sich entweder gleichzeitig oder nacheinander. Natürlich wird dieser Prozeß als Auslese durch natürliche Selektion im Verlauf zahlreicher Generationen verstanden. In die Alltagssprache übersetzt bedeutet dies: alle existierenden Lebewesen befinden sich in Co-Evolution. Allerdings muß eine einfache Übereinstimmung nicht unbedingt auf einen co-evolutionären Prozeß zurückgehen, und sei die Entsprechung beider Partner noch so weit entwickelt (die Länge des Kolibrischnabels kann dem Tubus der Blütenkrone genau entsprechen; der Rüssel des Schmetterlings kann an den Sporn der Orchideenlippe angepaßt sein, usw.). Aus diesem Grund mußte die Definition der Co-Evolution eingeschränkt werden. Nach Janzen (1980) liegt eine Co-Evolution zwischen zwei lebenden Arten dann vor, wenn sich ein Merkmal der einen Art (die Morphologie, Physiologie oder die Verhaltensforschung betreffend) aufgrund eines Merkmals der zweiten Art verändert hat und die zweite Art ihrerseits eine Merkmalsveränderung durchmacht als Reaktion auf erstere, die sie selbst ausgelöst hat, und so weiter.

Der Feigenbaum

Eines der besten Beispiele in diesem Zusammenhang liefern die etwa 750 Arten des Feigenbaumes (Berg, 1989) und die etwa 750 Arten der speziell auf sie abgestimmten Pollenüberträger aus der Ordnung der Hymenopteren (*Agaonidae*). Abgesehen von einigen uns heute bekannten Ausnahmen (Michaloud et al., 1985), ist jeder Feigenart ein spezieller Pollenüberträger zugeordnet. Ihre Beziehungen werden als symbiotisch bezeichnet, weil das Überleben des einen Organismus vom anderen abhängt. In diesem speziellen Fall betrifft das Überleben die Reproduktion: die Feigen müssen von den Hymenopteren befruchtet werden, um Samen bilden zu können; die Insekten müssen die Wuchsstockung (Einstellung des Wachstums) der Feigen verhindern, um das Überleben ihrer Gelege sicherzustellen, was sie durch Befruchtung der Feigen erreichen. Um das Insekt anzulocken, sendet jede Feigenart ein spezifisches Duftsignal aus, an das das ihm zugehörige Insekt adaptiert ist. Damit werden die Pollenüberträger anderer Feigenarten gehindert, fremden Pollen heranzubringen. Das hätte nämlich unheilvolle Folgen für die Befruchtung der weiblichen Blüten. Außerdem gewährleistet diese spezifische Beziehung zwischen Blüte und Insekt die Pollenübertragung zwischen seltenen Feigenarten in tropischen (Michaloud und Michaloud-Pelletier, 1987) und äquatorialen Wäldern (Michaloud, 1988). Wenn Pflanzen auf nicht spezialisierte Pollenüberträger (zum Beispiel Bienen) angewiesen sind, und sie nicht häufig, sondern nur vereinzelt vorkommen, werden sie seltener befruchtet, weil sie schwer zu finden sind. Das trifft vor allem in dichten Wäldern zu. Zusätzlich besteht für diese Pflanzen die Gefahr, nicht den richtigen Pollen, sondern eine Mischung aus anderen Pollen zu erhalten. Für eine problemlose Sammlung und Übertragung von seltenen Pollen muß daher ein Überträger vorhanden sein, der nur die eine bestimmte Pflanzensorte kennt. Bei jeder Symbiose zwischen Feige und Pollenüberträger hat die natürliche Selektion jeweils einer Insektenart die Anpassung an die Duftnote von nur einer Feigenart ermöglicht. Wahrscheinlich hat sich dieser Duft bis zu solch einem Grad verfeinert, daß andere Überträgerarten ihn nicht mehr wahrnehmen.

Dieser Aspekt der Co-Evolution zwischen Feige und Pollenüberträger ist übrigens nicht der einzige. Damit das Insekt ins Innere der Feige eindringen kann, um an die weiblichen Blüten zu gelangen und in ihren Fruchtknoten seine Eier abzulegen, muß es einen Tunnel

Orchidee auf Madagaskar

passieren, das sogenannte *Ostiolum*. Dieser Tunnel verbindet den äußeren Teil der Feige mit der inneren Kammer, die mit einigen hundert weiblichen und einigen Dutzend männlichen Blüten ausgestattet ist. Man stellt fest, daß die Kopfform des Insektes rund beziehungsweise abgeflacht ist, abhängig davon, ob die Ostiolumöffnung rund oder spaltenförmig ist. Im Innern der Feige ist auch die Länge des Griffels (Zugangskanal zum Fruchtknoten jeder Blüte) an die Länge der Legeröhre (Organ zum Eierablegen bei Insekten) angepaßt. Darüber hinaus stimmt die Entwicklung der Feige mit den aufeinanderfolgenden Larvenstadien neuer Insektengenerationen zeitlich überein. Auch dieser Aspekt ist äußerst wichtig, denn wenn die Tiere vor der Samenreife des Baumes schlüpften, würde die Feige vor der Reife abfallen. Würde im umgekehrten Fall die Feige vor der neuen Generation der Pollenüberträger heranreifen, dann könnten die Insekten nicht überleben. Wir haben hier ein sehr gutes Beispiel für wechselseitige Anpassungen beziehungsweise für Co-Adaptationen. Man muß sich im klaren darüber sein, daß sich diese Prozesse zwischen Feige und Pollenüberträger in einem Zeitraum von wahrscheinlich über hundert Millionen Jahren entwickelt haben.

Diese Ameisen verzehren die Blätter nicht. Sie zerschneiden sie und befördern sie in ihr unterirdisches Nest, wo sie als Nährsubstanz für einen Pilz dienen. Von diesem Pilz ernähren sich dann die Ameisen.

Die Ameisen

Im tropischen Wald gibt es den ganz besonderen Fall von Vergesellschaftungen zwischen Pflanzen und Ameisen. Die Ameisen nisten normalerweise in den hohlen Stämmen der Pflanze, ernähren sich dort und verteidigen sie gegen Schädlinge. Die interessantesten Interaktionen kommen bei terrestrischen Pflanzen, wie *Acacia cornigera* und *Barteria fistulosa*, oder Epythyten, wie *Myrmecodia tuberosa*, vor. Diese Pflanzen erkennt man sofort daran, daß ihre bauchigen und hohlen Hypocotylen, ihre Stipeln oder ihre Stacheln von Ameisen bewohnt sind. Das beste Beispiel ist die Verbindung zwischen der *Acacia cornigera* (Pflanze) und des *Pseudomymux ferruginea* (Ameise) (Janzen, 1966). Die Ameisen nisten in den bauchigen Stipeldornen und ziehen dort ihre Larven auf. Ihre Ernährung besteht aus Blättern und Nektar. Sie übernehmen auch die Verteidigung des Baumes, der selbst über keine chemischen Abwehrstoffe zum Schutz gegen herbivore Tiere verfügt. Hier ist die gegenseitige Abhängigkeit außergewöhnlich groß. Wenn man im Experiment einen Partner entfernt, kann der andere nicht überleben.

Die epiphytischen Farne des Fernen Ostens werden durch die Ameisen ernährt. Diese sammeln große Mengen von organischem Material im Innern des Pflanzenstocks an. Dieses Material wird zersetzt. Die daraus entstehenden Nährstoffe gelangen über durchlässige Scheidewände ins Innere des Stengels.

In den neotropischen Wäldern, in denen *Crematogasters* vorkommen, hat man von den Bäumen herunterhängende Ameisengärten entdeckt. Bei den Bäumen handelt es sich um *Philodendron megalophyllum*, *Ficus* und *Peperonia marostachya*. Die Ameisen ernähren sich von Produkten dieser Pflanzen und schützen sie ihrerseits vor anderen herbivoren Insekten.

Die Mykorrhiza

Im Boden sowohl tropischer als auch gemäßigter Wälder existieren kaum sichtbar weitere Symbiosen, und zwar von Pilzen und Wurzeln höherer Pflanzen. Man nennt sie Mykorrhiza. Ein Myzelmantel (Faserbündel, aus dem der vegetative Apparat des Pilzes besteht) ist symbiotisch mit den Wurzeln der meisten Pflanzen verknüpft. Die an Mykorrhizen beteiligten Pilze umfassen etwa hundert Gattungen (Mousain, 1983; in Vernier, 1984). Man unterscheidet folgende Gruppen:

- die *Ectomycorrhiza*: charakterisiert durch die dichte, schwammige Verfilzung, die die Wurzeln wie eine Scheide umgibt,
- die *Endomycorrhiza*: ohne einen äußeren Pilzmantel, aber mit einem inneren Myzel, das mit den Wurzelzellen verknüpft ist; bei den meisten Orchideen vorkommend,
- die *Ectendomycorrhiza*: so genannt, weil sie eine Kombination der vorhergehenden Typen sind.

Die Pilze begünstigen die Absorption von Mineralelementen, die die Wirtspflanze benötigt. Als Gegenleistung beherbergt sie das Myzel und ernährt es mit Kohlehydraten, den Produkten der Photosynthese.

Die Co-Evolution zwischen Tieren

Das Phänomen der Co-Evolution gibt es auch zwischen Tieren. Obwohl die nun folgenden Beispiele nicht alle wünschenswerte Garantien dafür sind, daß wir es tatsächlich mit Co-Evolution zu tun haben, sind sie doch sehr interessant und verdienen es, hier aufgeführt zu werden:

Bei einigen Schmetterlingsarten (auf der einen Seite *Heliconius erato* und *Heliconius melpomene*, auf der anderen Seite *Danaus* (*Limnas*) *chryssipus* und *Hypolimnas misippus*) haben die Individuen bestimmter Arten zum Schutz gegen insektenfressende Vögel ähnliche Zeichnungen und Farben ausgebildet. Hier handelt es sich um Mimikry. Einige Schmetterlinge sind giftig und werden von den Vögeln als solche erkannt. Andere nicht oder weniger giftige Schmetterlinge nehmen deren Zeichnungen und Farben an, um die Vögel zu täuschen und nicht von ihnen gefressen zu werden. Hier könnte ein wechselseitiger Einfluß vorgelegen haben, der durch gegenseitige Imitation im Laufe der Zeit zu den heutigen Schmetterlingsarten geführt hat. Dementsprechend kommt bei Abwesenheit von einer der beiden Arten in bestimmten Regionen die andere mit einem abweichenden Erscheinungsbild vor. Sie weist also keine Mimikry auf. Dank dieser Beobachtung haben die Forscher das Phänomen Mimikry entdeckt, das im Lauf der Evolution genetisch fixiert wurde (Gilbert, 1983). Derselbe Autor beschreibt auch die Anpassung an die Eier des Schmetterlings *Heliconus* durch die «falschen» Eier, die von einigen Pflanzen enwickelt wurden, zum Beispiel von der Passionsblume (deren Früchte sehr bekannt sind).

Dieses noch unvollständige Szenario der Co-Evolution würde die Unfähigkeit dieser Pflanzen berücksichtigen, wirksame chemische Abwehrstoffe gegen die Schmetterlinge zu entwickeln, deren Raupen ihre Blätter fressen. Weil die Raupen Kannibalen sind, versuchen die Weibchen, ihre Eier möglichst nicht auf Blätter zu legen, die schon mit anderen Eiern besetzt sind. Denn sie möchten natürlich die Zerstörung der eigenen Raupen verhindern. Dieses Verhalten wird dadurch erleichtert, daß ihre Eier leuchtend gelb und damit gut zu erkennen sind. Das hat eine äußerst merkwürdige Entwicklung zur Folge gehabt: Einige dieser Pflanzenarten (ungefähr 2% der etwa 500 Passionsblumenarten) haben es geschafft, die Eier der *Heliconius* nachzuahmen, um nicht von deren parasitären Raupen befallen zu werden. Nach Gilbert (1983) ist der Entwicklungsprozeß noch in Gang, und die entsprechende Antwort dieser Schmetterlinge auf die von ihren Wirtspflanzen entwickelte originelle Strategie bleibt abzuwarten. Erst dann wird man dieses Phänomen als Co-Evolution einstufen können.

Während der Kolibri Nektar aus der Blume saugt, benetzt ihn diese mit Blütenstaub. Dieser Blütenstaub wird sodann auf andere Blüten gelangen, die der Vogel auf seiner weiteren Honigsuche anfliegt. Bei dieser Befruchtungsform ist Nektar der zu entrichtende Preis für den Fortbestand der Art.

Ungefähr 150 Völker leben im Gebiet des tropischen Regenwaldes. Dieser junge Wayana-Indianer des Amazonas-Gebiets mußte sich, wie seine Vorfahren, an die örtlichen Gegebenheiten anpassen und Kenntnisse über die Pflanzen erwerben.

Mensch und Wald

Serge Bahuchet

In allen Waldgebieten der Erde haben die Wälder eine sehr wichtige Rolle in der Kulturgeschichte gespielt. Wahrscheinlich stand die Wiege der Menschheit in der afrikanischen Savanne, die damals noch Baumbestände aufwies und an den Flüssen von Galeriewäldern besiedelt ward. Vor etwa sechs Millionen Jahren hat wahrscheinlich der große Riftbruch in Ostafrika die Anthropoiden in zwei Populationen geteilt. Die eine zog sich in den Äquatorwald zurück und leitete die Entwicklung der Gorillas und Schimpansen ein, die andere blieb in der Savanne und entwickelte sich über Hominiden und Australopithecus zu den Homininen. Einige Millionen Jahre später sind wir somit nicht weit von den Mythen der afrikanischen Waldvölker entfernt. Auch für sie sind die Schimpansen die Urahnen der Menschen, die im Wald isoliert geblieben sind, isoliert auch vom Feuer, dem Hauptelement der Zivilisation.

Der Wald prägt eine bestimmte Weltanschauung, indem er dem Menschen den grundlegenden Gegensatz zwischen Natur und Kultur, Zivilisation und Barbarei vor Augen führt. Das deutsche Wort «Forst» leitet sich aus dem lateinischen Adjektiv «foris» (dt., draußen) ab, d. h. außerhalb des Geländes, der kultivierten Erde, der Zivilisation. Die alte lateinische Bezeichnung «silva» für Wald hat sich im Französischen zu dem inzwischen ebenfalls veraltetem «sylve», dann zu «sauvage» (dt., «wild») weiterentwickelt (vom lateinischen «silvaticus» zum vulgärlateinischen «salvaticus»; dt., «aus dem Wald»). Der Wald wird vom «Homo sylvestris» bewohnt, der neben anderen schrecklichen oder wunderbaren Völkern (Amazonen, Zyklopen, Riesen oder Zwerge) in den Märchenbüchern der alten Zeiten beschrieben wird. Der Homo sylvestris pilosus, ein Mensch von athletischem Bau, mit völlig behaartem Körper, Bart und langen Haaren, lief mit nur einem Blätterrock bekleidet und einem dicken Knüppel in der Hand durch die Wälder. Derselbe Wilde macht noch heute die Straßen der schweizerischen Stadt Basel unsicher und treibt sich in einigen Tälern Tirols herum, um den Karneval anzukündigen. Zwei weitere Begriffe sind aus «forestis silva» hervorgegangen: der oder das Fremde (aus dem Vulgärlatein «forasticus»; spanisch «forastero»; italienisch «forestiere») und das französische Adjektiv «farrouche» (aus dem Vulgärlatein «forasticus»; dt., »wild, unwirtlich»).

Die Ressourcen der Wälder

Laut Definition sind die Wälder Vegetationsformationen dominiert von Bäumen. Die Fülle der hochwachsenden Pflanzen hat schon von jeher die Aufmerksamkeit des Landwirts auf sich gelenkt, der die Fruchtbarkeit des Waldbodens für seine eigenen Kulturen genutzt hat. Außer seiner Fruchtbarkeit bietet der Wald den Menschen die Produkte seiner Bäume (Holz, Rinde, Früchte, Blätter), sonstige Pflanzen (Kräuter, Pilze, Farne) und Tiere (Wirbeltiere und Wirbellose). Aus diesem Reichtum schöpft der Mensch Nahrung, Energiequellen und Rohstoffe, auf die er angewiesen ist, ohne daß er sich dessen oftmals bewußt ist.

Das Holz

Im Alltag des Menschen ist das Holz allgegenwärtig. Auch Gesellschaften, die in völlig baumlosen Gegenden leben, zum Beispiel die Inuit am Polarkreis, verwenden an den Küsten aufgelesenes Treibholz. Man braucht nur die eigene Umgebung zu betrachten, um sich von der technischen Bedeutung dieses Materials zu überzeugen: im Wohnbereich selbst (Gebälk, Innen- und Seitenwände, Verkleidungen, Möbel), für das gesamte Werkzeug (alle Werkzeuggriffe), in der Küche (Behälter und Geräte aller Art) und für Schuhe (Holzschuhe, Holzpantinen). In seinem Théâtre d'Agriculture (1600) wägt Olivier de Serres die Vorzüge des Holzes gegenüber denen des Wassers ab und kommt zu folgenden Schlüssen:

«Auch … werden mehr große Häuser in Wäldern gebaut, als in Nachbarschaft zu Flüssen, auch wegen der Bequemlichkeit des Heizens, die allen Menschen sehr am Herzen liegt. Das Feuer im Winter hat eine so große Bedeutung, daß das Holz die Hälfte des Menschenlebens wert ist. Die Wälder liefern das Holz für das Gerät zur Fleischbearbeitung, zum Bauen und Schreinern, um Kohle, Kalk, Ziegelsteine und Backsteine, Gegenstände aus Ton und Glas herzustellen, um Minerale zu schmelzen und für tausend andere nützliche, notwendige und angenehme Dinge. So bieten die Wälder nicht zuletzt den Vögeln ein Zuhause».

Abgesehen von der Verwendung im Haushalt spielt das Holz eine wichtige Rolle im Handwerk, zum Beispiel bei der Herstellung von Werkzeugen und in einigen Bereichen der Landwirtschaft. Das führt manchmal zu unerwarteten Folgen für die natürliche Vegetation. Als zur Römerzeit in Frankreich der Weinbau eingeführt wurde, stieg zunächst der Bedarf an geraden Rebpfählen (robuste Kastanienstämme von einer Länge über 1,50 m), dann erforderte der Bau von Fässern Holzplanken (Eiche für Faßdauben) und robuste Faßringe (vor allem Korbweide).

Angesichts der Bevölkerungszunahme und der Verringerung natürlicher Ressourcen begannen die Menschen mit der Holzproduktion. Das heißt, sie kultivierten Bäume, indem sie einige Baumarten auswählten und ihren Wuchs auf bestimmten Parzellen förderten (siehe Abschnitt über Forstwirtschaft).

Sie nahmen auch weite Strecken auf sich und beschafften sich die Bäume aus den Wäldern anderer Länder, da das Holz immer wichtiger wurde. Auf diese Weise entstanden die uns heute vertrauten Landschaften, die ausschließlich durch menschliches Einwirken geprägt sind, wie unsere Wälder der gemäßigten Breiten und die Nutzwälder der malaysischen Regionen. Letztere werden als Agroforste bezeichnet.

Der Handel

Die Suche nach Ressourcen über größere Entfernungen hinweg geht bis in die frühesten Kulturen zurück: die reiche Ausstattung des Tutenchamun-Grabes wurde aus Ebenholz hergestellt, das aus den Äquatorialwäldern

Afrikas, unweit der Quellen des Nils, herbeigeschafft wurde. Im Laufe der Zeit wurden die Wälder wichtige Lieferanten seltener Waren. Die Gründung von Handelsnetzen über große Entfernungen setzte ein. Die Bedeutung des Gewürzhandels in der Eroberungsgeschichte der Europäer ist wohl bekannt. Erinnern wir uns daran, daß die tropischen Wälder Asiens den größten Teil der Gewürzpflanzen hervorbringen (Pfeffer, Zimt). Weniger bekannt ist, daß die Eroberung der Meere durch das Abendland seit dem 16. Jahrhundert auch den Bedarf an heute längst vergessenen Produkten befriedigen sollte. Im 17. Jahrhundert waren die englischen Reeder auf der Suche nach Kiefernharz in den amerikanischen Wäldern von Carolina und Virginia. Dieses Material verwendeten sie zur Herstellung von Teer, dem Material zur Abdichtung von Schiffsaufbauten und Schiffswandungen. Die Holländer drangen zu dem gleichen Zweck bis in den Südosten Asiens vor, um sich mit dem Harz des Lackbaumes (besonders *Melanorrhea*) zu versorgen. Als die Portugiesen und Franzosen die Küsten Südamerikas entdeckten, machten sie sich tatkräftig an die Ausbeutung von «Rotholz», einem purpurnen Farbstoff für die Tuchherstellung. Aus diesem «Bois de braise» oder «Brasilholz» ist das Land entstanden, das heute seinen Namen trägt. Seine Nutzbarmachung, die übrigens auf der Amerikakarte des berühmten Miller-Atlas aus dem Jahr 1525 dargestellt ist, wurde derart gründlich betrieben, daß die Küstenwälder inzwischen vollständig verschwunden sind und der besagte Baum (*Caesalpinia brasiliensis* und *C. echinata*) kaum noch vorkommt. Im Jahr 1558 beschreibt André Thévet, der Kosmograph Königs Heinrich II. dieses Vorgehen:

«Wenn die Christen, ob Franzosen oder Spanier, dorthin gehen um Brasilholz zu laden, schneiden und zerteilen es die Wilden des Landes selber und tragen es über drei oder vier Meilen bis an die Schiffe: ich überlasse es eurer Vorstellung, welche Mühen sie auf sich nehmen, nur um eine armselige Bezahlung in Form von minderwertigem Futterstoff oder eines Hemdes zu erhalten.»

Die Seefahrt

Eine der Hauptaktivitäten der menschlichen Gesellschaften, die zur Reduzierung des Waldes beitrug, war der Bau großer Überseeschiffe. Der Schiffsbau erforderte eine große Menge langer und starker Hölzer, die gleichzeitig verschiedenen Beanspruchungen widerstehen mußten, denen ein Schiff ausgesetzt ist: Torsion, Salzgehalt und Wellenschlag. Die Römer benutzten zum Bau ihrer Galeeren Libanonzedern. Im hohen Mittelalter, als im Mittelmeerraum die Welten der Christen und Muslime aufeinandertrafen, wurden die Handelsstraßen bedeutend erweitert, nicht zuletzt wegen der Holztransporte. Venedig verdankt seinen Reichtum zu einem großen Teil seinem Marinearsenal und der geographischen Lage seines Hafens, der sich am Fuß von bewaldeten Bergmassiven befand. Im 9. und 10. Jahrhundert bauten zahlreiche Schiffswerften ungeheuere Kriegs-, Fischfang- und Handelsflotten. Die moslemische Expansion und die Kriege zwischen dem Kalifenreich und dem byzantinischen Reich, den Fatimiden Ägyptens und den Omeyyadden Spaniens kurbelten den Schiffsbau enorm an. Die Schiffsbauer Ägyptens benutzten zu dieser Zeit bereits das aus Indien kommende Teakholz. Diese praktisch nicht faulende Holzart wurde in der Marine immer schon sehr geschätzt und war äußerst gefragt. Überall in seinen Herkunftsländern, den Gebirgen von Birma, Laos und Thailand, gehörten die Wälder dem Staatsoberhaupt. Der Baum wurde besonders verehrt. Ihm verdankt die birmanische Stadt Rangun ihren Reichtum. Weil das Holz für die Ausfuhr viel zu schwer war, wurden die Schiffe an Ort und Stelle gebaut und «schlüsselfertig» exportiert. Im 18. Jahrhundert wurden die Europäer vom Teakholz angelockt. Das führte zu einer beträchtlichen Vergrößerung der Anpflanzungen. Ähnlich geschah es in Frankreich, als Colbert 1669 die Verordnung der Forst- und Wasserverwaltung («faict des Eaux & Fôrests») verkündete. Sie befaßte sich unmittelbar mit der Holzverwertung für den Schiffsbau. Die Eichen der Wälder von Bercé und Troncais wären sicherlich im Laufe der Zeit zum Mastbau der königlichen Flotte verwendet worden, hätte man in der Zwischenzeit nicht die Dampfmaschine erfunden.

Das Brennholz

Aus der frühchristlichen Zeit liefert uns der griechische Geograph Strabon ein Zeugnis aus Zypern, das unsere Aufmerksamkeit auf eine andere wichtige Verwendung der Wälder lenkt: die Lieferung von Brennholz für die verschiedenen Produktionsbereiche.

«Alle tiefer gelegenen Teile der Insel waren früher so dicht bewaldet, daß die Bäume alles überwucherten und, um es deutlich zu sagen, überhaupt keine Nutzflächen zuließen. Dank des Bergbaus wurde dieses Übel etwas eingedämmt, weil häufig Bäume gefällt werden mußten, um Kupfer und Silber zu schmelzen. Dann kam noch ein weiterer Grund hinzu: die Entwicklung des Schiffbaus.»

Für die Metallgewinnung und die Glas-, Keramik- und Ziegelherstellung werden sehr hohe Temperaturen zur Umwandlung des Grundmaterials gebraucht. Vor der Verwendung von Steinkohle hingen diese Industrien völlig vom Holz ab und waren deshalb immer in Wäldern angesiedelt. Ein Beispiel ist die Grande Forge (dt., große Schmiede) des Naturforschers Buffon. Sie liegt mitten im burgundischen Wald in der Nähe von Montbard und ist von 1583 Hektar Niederwald umgeben, der alle 18 oder 20 Jahre systematisch auf den Stock gesetzt wurde. Um 1760 führte man alle zwölf Stunden einen Abstich der Schmelze durch. Für die Herstellung von einer Tonne Gußeisen brauchte man anderthalb Tonnen Holzkohle. Bei einer Jahresproduktion von 400 Tonnen Gußeisen verbrauchten diese Schmieden also fast 1000 Tonnen Holzkohle. Auch für die Zuckerverarbeitung in den Tropen wird viel Brennholz zum Heizen der großen

Die Anpassung des Menschen an den Wald kommt in der Inanspruchnahme aller seiner Ressourcen zum Ausdruck. In Asien, wie hier in Sri Lanka, hilft der Arbeitselefant bei der Nutzung der Wälder.

Naturfarbstoffe sind ebenfalls einer der vielfältigen Rohstoffe des Waldes. Vom Amazonas-Gebiet bis Borneo nutzt jeder Stamm bestimmte Pflanzen (Rotholz, Genipabaum) für Körperbemalungen kultischen Charakters.

Der Wald ist nicht nur fruchtbar, er bietet den Menschen Nahrung, Kleidung, Schutz, Waffen und Transportmittel. Dieser Einbaum, der aus dem Stamm eines Kapokbaumes geschnitten ist, wird seinem Erbauer Fischfang und Handel ermöglichen.

Ob Dajak von Borneo oder Indianer des Amazonas-Gebiets, die Waldvölker weisen gemeinsame Charakterzüge auf, die ihre Anpassung an die Umgebung zeigen. Sie sind klein und von leichtem Knochenbau, resistent gegen Erkrankungen, die durch einheimische Parasiten verursacht werden, aber sehr anfällig für alle von außen eingeschleppten Krankheiten.

muß der Wald den Feldern weichen. Aber er gibt dem Menschen die Fruchtbarkeit seiner humusreichen Böden. Man darf sich den Beginn des Ackerbaus natürlich nicht wie eine plötzliche Bedrohung des Waldes insgesamt vorstellen. Jahrhundertelang bestellte der Mensch seine Felder, indem er den Eichen- und Buchenwald Stück für Stück zurückdrängte, jedes Jahr einige hundert Hektar Bäume schlug, sie verbrannte, die gewonnene Parzelle einige Jahre nutzte und sie dann dem wieder entstehenden Wald überließ. Diese weltweit sehr verbreitete Technik wird Brandrodung genannt. Die Zeitspanne der Bodennutzung ist immer kürzer als die, in der das Land brachliegt und während der sich die Waldbedeckung wieder einstellt. Dennoch wachsen verschiedene Baumarten auf dem Brachland, weil das Licht die Pionierarten fördert, zum Beispiel Birke, Haselstrauch, Esche, oder Espe, Ahorn und Erle. Tacitus beschreibt den von den Germanen praktizierten Wanderfeldbau im großen «hercynia silva», dem herzynischen Wald zwischen Rhein und Main im ersten Jahrhundert n. Chr. (Germania, XXVI):

«Für den Ackerbau nehmen die Dörfer eine bestimmte Bodenfläche in Besitz, abhängig von der Anzahl der Arbeiter; dann wird sie nach Rängen aufgeteilt; die gewaltige Größe des Landes erleichtert die Aufteilung. Sie nehmen jedes Jahr andere Felder, und an Boden fehlt es nie».

Neben den landwirtschaftlich genutzten Rodungsparzellen (vor allem Weizenanbau) blieb der benachbarte Wald weiterhin als Nahrungslieferant erhalten. Die ganze Antike und das Mittelalter hindurch bestand die Landwirtschaft aus der Einheit von Wald und Ackerboden. Letztere lieferten die zum Leben und zur Zucht notwendigen Produkte. Die römische «Villa» ist ein Beispiel für eine landwirtschaftliche Nutzung mit doppelter Struktur: einerseits die Feudaldomäne (lat., «mansus»), die bewirtschafteten Äcker, und andererseits die Dauerkulturen und Brachen (Wiesen, Weinberge und Brachland, also vor allem die Wälder). Innerhalb der Villen bestand der Wald aus zwei Teilen. Der eine ist dem Feudalherrn vorbehalten, kann aber gegen Abgaben als Weideland und zur Versorgung mit Bauholz genutzt werden; im anderen werden zur Bereitstellung von Brennholz jährlich geregelte Einschläge durchgeführt, wobei die Zuteilung der Menge streng geregelt und niedergelegt war.

Dieses System bestand mit Höhen und Tiefen bis zur Entwicklung des Futterpflanzenanbaus im 18. Jahrhundert fort. Damals war der Wald völlig in das ländliche

Trüffel und Eiche leben in einer Gemeinschaft (Mykorrhiza) zusammen. Um den Pilz zu finden, braucht man zunächst nur den entsprechenden Baum ausfindig zu machen. Das Schwein kann den Pilz dann mit seinem Geruchssinn aufspüren.

Leben einbezogen. Die Dörfer waren von Ackerflächen umgeben, den Kleinkulturen oder Bauerngärten. Diese wurden von Zäunen oder lebenden Hecken und brachliegenden Getreidefeldern eingeschlossen und zeitweise von Holzeinfriedungen zum Schutz gegen das Vieh und Waldtiere umgeben. Das außerhalb liegende Brachland und die Wälder konnten als «Allmende» kollektiv zum Vieheintrieb genutzt werden.

Die mittelalterliche Gesellschaft bestand aus hierarchisch organisierten Schichten, die durch wechselseitige Abhängigkeiten, angefangen vom Leibeigenen bis hinauf zum König, verbunden waren. Das wirkte sich auf Grund- und Waldbesitz aus, sowie auf die seit der gallo-römischen Zeit eingeführten Nutzrechte. Innerhalb dieser Ordnung war die Jagd das unumstrittene Privileg des Adels. Obwohl die Bauern den Wald weitgehend als Sammler nutzen durften und selbst Veränderungen vornehmen konnten, war ihnen die Jagd unter Androhung härtester Strafen verboten. Dennoch kam es in schweren Krisen- und Notstandszeiten vor, daß die Fürsten oder Könige ihr Volk oder ihre Armee mit Wildbret versorgten. Im Jahr 1269 gab Alphonse de Poitiers angesichts der bevorstehenden Kreuzzüge die Erlaubnis zur Wildschweinjagd.

Die Nutzrechte waren selten kostenlos, es sei denn, daß es sich um Mengen handelte, die mit den Händen oder auf dem Rücken eines Menschen transportiert werden konnten. Das «Droit de Pogne» (auf deutsch etwa Handrecht) in der Dordogne bezeichnete das Maß, das eine geschlossene Hand umfassen konnte. Folglich beschränkte sich die Nutzung hier auf Früchte, Beeren oder Pilze. Die Bauern konnten auch Streu für ihre Tiere oder für sich selbst Kräuter, Blätter und Farne aus dem Wald

Im Mittelalter hallte der Wald wider vom Lärm der Waldarbeiter, Holzfäller, Holzschuhschnitzer, Köhler, Glasbläser und Laubsammler. Heute sind die meisten dieser Berufe verschwunden, ausgenommen der des Böttchers, der in Südfrankreich noch fortbesteht.

Die Waldberufe

Im Wald lebte eine eigene Welt von «Wäldlern». Einige lebten ständig dort, die meisten aber nur zu bestimmten Jahreszeiten, vor allem im Winter. Sie hausten in mit Erdschollen bedeckten Laubhütten mit ihrer Familie und ihren Tieren. Neben den Holzfällern, Abdeckern, Brettschneidern, Schindelspaltern und den Küfern, die das Holz zu Faßdauben formten, gab es außerdem die Holzschuhmacher, die Gerätemacher, Köhler und andere heute vergessene Berufe wie den des Aschenbrenners. Dieser lieferte die Asche zur Herstellung von Seife und Glas. Das grüne Glas aus Böhmen erhielt seine Farbe übrigens durch die Beifügung von Braunkohlenpottasche und heißt «vitrium silvestre» (Waldglas). Die Zeidler sammelten wilden Honig und Wachs, und die Rindensammler gaben ihren Ertrag an die Ledergerber (Eichenrinde) und Flechter (Lindenrinde) weiter.

Die Waldweide war für den Bauern bis zur Entwicklung des Futteranbaus eine Notwendigkeit. Dort fanden die Tiere Eicheln und Buchekern als Nahrung.

holen. Die Verfügungsrechte über minderwertiges Holz oder Nutzholz waren nach den Gepflogenheiten der einzelnen Regionen genau festgelegt.

Ein Mittel zur Erlangung gewisser Nutzrechte bestand zu dieser Zeit darin, einen Wald zum Nutzen des Besitzers urbar zu machen. Auf die Weise erhielt der Bauer das Recht zur Waldweide und zur Mast und konnte seine Tiere in den überlassenen Wäldern weiden lassen.

Wald und Viehzucht

Bis die Entwicklung der Futterpflanzenkulturen eingesetzt hatte, war der Bauer auf Weideland innerhalb des Waldes angewiesen. Die Verknüpfung zwischen Ackerboden und Weidewald war sehr eng. Die Felder lieferten das Getreide, und das Vieh graste auf den den abgeernteten Feldern. Der Wald brachte nicht nur Grundstoffe und Brennholz hervor, sondern ernährte außerdem die Schweine mit Kräutern im Unterholz, Eicheln, Bucheckern und Kastanien. Übrigens war das Weiderecht für die Waldbesitzer lange Zeit ein einträglicheres Geschäft als der Holzverkauf.

Schon in der Antike berichtet Plinius von den reichen Eichen- und Buchenbeständen der gallischen Wälder. Nach seiner Aussage ermöglichten sie die Produktion des in Rom sehr geschätzten Fleisches. Das Hausschwein, ein Allesfresser wie das Wildschwein, eignete sich sehr gut zur Aufzucht im Wald. Man weiß, daß der Wald von Compiègne im 13. Jahrhundert 2408 Schweine von 1317 Besitzern ernährte. Einige Züchter blieben ständig im Wald. Oft handelte es sich auch um eine gemischte Aufzucht: nach den Ernten wurden die Tiere auf die Felder geführt, und danach überwinterten sie im Wald und ernährten sich von Eicheln. Das ist übrigens eine klassische Winterszene, die in den illustrierten Kalendern und den Stundenbüchern des Mittelalters dargestellt wird. Wenn die Tiere in den Schweineställen gehalten wurden, ging der Bauer selbst auf Eichel- und Buchekkersuche.

Die Landnahme

Bis zum Ende des ersten Jahrtausends entsprach die Landerschließung dem langsamen Rhythmus der Brandrodungen. Erst am Ende des 10. Jahrhunderts, nachdem die hunnischen Eroberer sich zurückgezogen hatten (955), begannen die großen Rodungen für Anbauflächen, zum Beispiel im Pariser Becken. Die Könige leiteten Koordinierungsmaßnahmen ein, die ihnen sowohl die Überwachung der Bevölkerung als auch die Kontrolle über die Abholzungen ermöglichte. So veranlaßte Hugues Capet die Zusammenlegung aller Holzfäller in das Dorf Essart-le-Roi, die zuvor im Wald von Yveline verstreut waren. Im Jahre 1116 verordnete Louis VI einen Rodungsplan zur Sicherung eines bestimmten Waldbestandes:

«Sie sollen nur zweimal ernten; dann sollen sie sich an eine andere Stelle des Waldes begeben und dort ebenfalls zweimal den Ertrag der Aussaat auf dem Rodeland einholen.»

Diese Rodungen waren äußerst umfangreich. In der Bronzezeit war das ganze Gebiet von einer fast durchgängigen Walddecke überzogen, die im 16. Jahrhundert nur noch ein Viertel des Königsreichs betrug. Ohne die Geschichte dieser Neulandgewinnung aufzurollen, soll an dieser Stelle kurz an die besondere Rolle der großen Klosterorden bei der Zurückdrängung des Waldes durch die Ackerböden erinnert werden. Das 1098 gegründete Reformkloster von Cîteaux (Zisterzienser) war auf diesem Gebiet besonders aktiv. In den Klosterregeln, wie sie der heilige Bernhard (1090–1152), der erste Abt von Clairvaux (Champagne), verordnet hatte, wird neben den Grundprinzipien Gehorsam, Keuschheit und Askese «der Müßiggang als Feind der Seele» aufgeführt.

Darum waren, gemäß ihrem Ordensmotto «Ora et labora» (dt.: «Bete und arbeite») ebenso die Benediktiner mit Kreuz und Pflug bei der Arbeit. Die manuelle Arbeit galt als Inbegriff von Selbstbeherrschung und Hilfe zur Verinnerlichung. Die Klosterorden waren andererseits auch Beschützer des Waldes. Der Wald diente der Kontemplation und der Erhaltung des inneren Friedens. So schrieb der heilige Bernhard:

«Du wirst in den Wäldern mehr finden als in den Büchern. Die Bäume und Felsen lehren dich mehr Dinge, als ein Meister es je könnte.»

Die einzigen Zugänge in das Innere des Waldes sind die Flüsse. Die meisten Spuren menschlichen Daseins, einige davon reichen mehrere Jahrtausende zurück, wurden an Wasserläufen gefunden.

Ob Punans in Borneo oder Pygmäen in Zentralafrika, Nomadenvölker von Jägern und Sammlern leben in notdürftigen Hütten aus Astwerk und Laub, die sie bauen und später wieder aufgeben.

Die Äquatorialzone

Es gibt keinen Urwald mehr. Der Reichtum der äquatorialen Vegetation, die von westlichen Reisenden so bestaunt wird, darf nicht über die Tatsache hinwegtäuschen, daß auch diese Wälder von der tausendjährigen Geschichte der Menschen geprägt wurden. Denn diese großen Räume sind seit Tausenden von Jahren von Völkern besiedelt und durchquert worden, die Landwirtschaft betrieben und folglich den Aufbau der natürlichen Vegetation verändert haben. Diese vorgeschichtlichen Völker haben sogar die nützlichen Pflanzenarten gezüchtet und ausgewählt. Einige dieser Pflanzen ernähren immer noch mehrere Millionen Menschen: Maniok, Bananenstaude, Jamswurzeln, Süßkartoffel, Taro, Macabo, Zuckerrohr, Früchte und Öl liefernde Palmen, zahlreiche Obstbäume. Und in den dichten, feuchten Wäldern wachsen auch die Vorfahren der wichtigsten Exportpflanzen wie Kakao, Kaffee, Pfeffer, Vanille, Hevea (Kautschukbaum), um nur die bekanntesten zu nennen. Gängige Vorurteile, nach denen der Äquatorialwald eine «grüne Hölle» wäre und von gespenstischen, jagenden Nomadenvölkern bewohnt würde, sind nicht nur sehr vereinfachend, sondern durchweg falsch.

Die Waldkulturen

Die Vielfalt der Menschen in den feuchten Tropen ist beträchtlich. Hier leben und lebten Völker mit sehr unterschiedlichen Wirtschafts- und Sozialstrukturen. Man trifft auf die letzten Jäger- und Sammlervölker der Welt, die keine Landwirtschaft betreiben: die Pygmäen Zentralafrikas, die Semang Malaysiens und die Penan in Borneo. An den langen Wasserläufen begegnen uns Fischervölker, die oft Einbäume benutzen und Handel treiben: die Monjombo auf dem Ubangi oder die Lokele auf dem Kongo Äquatorialafrikas. Dennoch besteht die große Mehrheit der Waldvölker aus Bauern, die eine Art «Kultur der Lichtungen» bilden. Das heißt, sie schlagen Lichtungen in die Wälder, um dort Dörfer und Anpflanzungen unter freiem Himmel anzulegen. Auch hier sind unter einem weiten Begriff Völker verschiedenster Sozialstrukturen zusammengefaßt: Familiengesellschaften, Häuptlingsstämme, König- oder sogar Kaiserreiche. Blühende Kulturen, wie die Maya in Mexiko, die Sailendrakönige Javas, die Erbauer Borobudurs im 8. Jahrhundert n. Chr., oder die kambodschanischen Khmer, die Angkor erbauten (9.–12. Jahrhundert n. Chr.) nahmen im Äquatorialwald ihren Anfang.

Die Rodung

Um seine Nahrung anzupflanzen, rodet der Waldbauer. Er fällt die Bäume auf einer Parzelle, läßt sie einige Wochen trocknen und verbrennt sie dann. In die Asche werden Samen und Setzlinge gepflanzt. Die Nutzungsperiode ist ziemlich kurz, normalerweise zwei bis vier Jahre, je nachdem, wie schnell die Böden wieder von wilden Pflanzen zurück erobert werden. Die anschließende Periode, in der der Boden brachliegt, dauert sehr lang. Sie kann 15 oder über 30 Jahre, manchmal auch für immer dauern. In diesem Fall kann sich der Wald wieder regenerieren. Auch wenn in der Äquatorialzone die Brandrodung die vorherrschende Agrarform ist, betreiben einige Populationen, die in tiefgelegenen Sumpfgebieten leben, eine Bewässerungslandwirtschaft. Knollenpflanzen, wie zum Beispiel Taro und Süßkartoffel, wachsen auf Erdhügeln, die von Kanälen umgeben sind (Neukaledonien, Neuguinea). Die Waldvölker Südostasiens säen in ihre Pflanzfurchen die Königin ihrer Pflanzen aus, den Gebirgsreis. Hier wird der Reis unbewässert angebaut. Die meisten anderen Völker der Äquatorialwälder Ozeaniens, Amerikas und Afrikas ernähren sich von stärkehaltigen Früchten (Kochbananen) oder Knollenpflanzen (Jamswurzel, Maniok, Taro, Süßkartoffel).

Kennzeichnend für die Brandrodung ist ihre Vielseitigkeit. Auf jeder Parzelle wachsen in Mischkultur zahlreiche Pflanzenarten. Bei den Ngando in der Zentralafrikanischen Republik finden wir auf einem halben Hektar Anbaufläche folgende Sorten: drei Sorten Maniok, zwei Sorten Taro, etwa fünfzehn Bananenstauden und drei Sorten Mais. Dazu kommen noch ein Dutzend kleiner Pflanzen mit eßbaren Blättern, einige Gewürze und Kürbisse. Die gleiche Vielseitigkeit kennen wir vom «stio». Hierbei handelt es sich um die typischen Obstgärten der Caboclos Mestizen, die im inneren Amazonasgebiet in der Nähe von Manaus leben. Ein Obstgarten von weniger als einem Hektar ist häufig mit einigen hundert Bäumen sechzig verschiedenen Arten bepflanzt. Darunter gibt es etwa ein Dutzend Palmenarten. Ungefähr zehn Arten sind keine Nutzpflanzen, sondern haben ausschließlich dekorative Funktionen.

Diese auf Brandrodung basierende Agrarform wird auch oft als «Gartenbau-Landwirtschaft» bezeichnet, deren Vielschichtigkeit in gewisser Weise eine Miniaturausführung des sie umgebenden Ökosystems darstellt. Die Tatsache, daß hauptsächlich Knollenpflanzen oder Pflanzen mit sterilen Früchten, wie zum Beispiel die Banane angepflanzt werden, unterscheidet diese Agrarform vom Getreideanbau, der über Aussaat oder Ernte und auf der Basis von Klonen und Setzlingen praktiziert wird. Übrigens muß der Gärtner sich aufgrund der artenreichen Bepflanzung um jede Pflanze kümmern; sie wird individuell gepflanzt, gepflegt und je nach Reife und Bedarf der Familien schließlich geerntet. Die Gärten der Knollenpflanzen sind in großem Maße Speicher und lebendige Reserven. Weil diese Pflanzen nicht geerntet werden und im Boden bleiben, behalten sie ihre Qualität. Sie brauchen keine spezielle Bodenbehandlung, so daß die Menschen nicht immer an den Ort gebunden sind. Damit bleibt der Aktionsradius der Dorfbewohner nicht auf ihr Feld beschränkt.

Durch diese Form der «Garten-Landwirtschaft» wird aber der nahe gelegene Wald nicht überflüssig, ganz im Gegenteil. Auf sehr vereinfachte Weise kann man sagen, daß der Ackerbau den quantitativen Teil der Nahrung liefert, hauptsächlich die energie- und stärkereichen Pflanzen, während der «Urwald» für die qualitativ wichtigen Bereiche der Ernährung zuständig ist. Der Proteinbedarf wird über die Jagd und den Fischfang gedeckt, der Vitaminbedarf über das Sammeln und Auflesen. Überall haben die Waldvölker sehr genaue, detaillierte und präzise Kenntnisse der sie umgebenden Natur. Die Hanuno, ein im Zentrum der Insel Mindanao (Philippinen) lebendes Volk, unterscheiden auf ihrer Waldfläche etwa 1600 Pflanzenkategorien. Hingegen kamen Botaniker bei der Untersuchung des gleichen Gebietes gerade auf 1200. Die Karam in Neuguinea benennen alle Wirbeltiere ihrer Umgebung: 180 Vögel, 43 Säugetiere und 55 Reptilien und Lurche. Bei den Aka-Pygmäen in der Zentralafrikanischen Republik hat man mehr als 300 Baum-, Lianen- und Kräuternamen, 37 Pilznamen, 55 Säugetiernamen, 73 Vogelnamen, 50 Reptiliennamen und mehr als 100 Namen von Wirbellosen in Erfahrung gebracht.

Jäger und Sammler

Die berühmten Pygmäen bilden den Archetypus des Waldvolkes, denn diese Jäger und Sammler bilden eine kleine Gemeinschaft, bei der Familienverbände von einigen Dutzend Mitgliedern große Waldgebiete durchwandern und in kuppelförmigen Laubhütten leben. Die Männer widmen sich der Jagd nach Säugetieren. Ihre Beute sind Waldantilopen, wilde Borstentiere, Waldstachelschweine und sogar Affen und Elefanten. Obwohl sich die Frauen auch an einigen gemeinschaftlichen Jagdformen beteiligen, zum Beispiel an der Treibjagd mit Netzen, kümmern sie sich hauptsächlich um das Sammeln von Pflanzen und Wirbellosen: Jamswurzeln, Pilze, Lianenblätter (*Gnetum*), ölige Nüsse diverser Arten (*Irvingia*, *Antrocaryon*, *Panda* ...), Schnecken und Raupen.

Am Ende der Trockenzeit ist es Aufgabe der Männer, auf den Bäumen wilden Honig zu sammeln. Dieses Nahrungsmittel wird bei ihnen nicht nur wegen seinem Nährgehalt und guten Geschmack sehr geschätzt, sondern auch aufgrund seiner symbolischen Bedeutung. Wenn ein junger Mann einem jungen Mädchen seine Liebe offenbaren will, überreicht er ihr eine Rindenschale voll Honig. Auch zu festlichen Anlässen wird den Gästen ein Getränk auf Honigbasis angeboten.

Obwohl die Pygmäen zweifellos Waldmenschen sind, deren ganze Wirtschaft auf die Nutzung der Waldressourcen konzentriert ist, leben sie trotzdem nicht isoliert. Sie unterhalten enge Austauschbeziehungen zu den Bauern, die in den gleichen Gebieten leben. Die Pygmäen bieten Trockenfleisch und einige gesammelte Produkte (Nüsse, Honig, Raupen) und erhalten dafür Eisenwerkzeuge, Töpferware und stärkehaltige Nutzpflanzen (Maniok, Kochbanane). Man kann hier zwar von einer Symbiose, aber gleichzeitig auch von einem ethnischen Komplex sprechen, um diese soziale und ökonomische Verbindung der beiden Bevölkerungen zu beschreiben, die ganz verschiedene, aber sich ergänzende Besonderheiten aufweisen. Die Bauern verändern den Wald, um Nutzpflanzen anzubauen, wodurch sie die Entstehung eines Sekundärwaldes begünstigen. Dieser Waldtyp bringt Pflanzen und Tiere hervor, die sich besonders gut zur menschlichen Ernährung eignen. Die Pygmäen sind die Spezialisten des Urwaldes und verstehen sich auf das Jagen und Sammeln der für die Bauern unerreichbaren Arten. Auf optimale Weise nutzen beide Parteien die reichhaltigen Ressourcen verschiedener Ökosysteme und sind somit symbiotisch miteinander verbunden.

Diese Verbindung war wesentlich für den Ausbau von Handelswegen über weite Entfernungen. Zuerst ging es um Elfenbein: Seit dem 16. Jahrhundert waren die Pygmäen das erste Glied einer Kette, über die das Elfenbein aus den Tiefen des afrikanischen Kontinents an die europäischen Königshäuser gelangte. Eine derartige Beziehung zwischen Jägern und Sammlern einerseits und Waldbauern andererseits findet man auch bei den Negri-

Viele Dörfer liegen auch heute noch am Ufer von Flüssen, wie hier am Makakam-Fluß auf Borneo.

tos auf den Philippinen, den malaysischen Semang und den Penan Borneos. Diese Völker übernehmen absichtlich oder zufällig eine wichtige Funktion bei der Verbreitung einiger Wildpflanzen. An den Plätzen zum Beispiel, wo die Semang während der Ernte der großen Duriofrüchte (*Durio zibethinus*) ihr Lager aufschlagen, entstehen richtige Obstgärten, weil die bei Mahlzeiten übriggebliebenen Samen an Ort und Stelle ausschlagen.

Brei gegessen oder zu Plätzchen oder Brot in zusammengerollten Blättern in Steinöfen gebacken. Man fügt noch die im Mark lebenden Skarabäuslarven hinzu, die während der Stärkezubereitung eingesammelt wurden. Die in den Sümpfen des Orinokodeltas lebenden Warao (Südamerika) nutzen eine bestimmte Palmenart (*Mauritia flexuosa*) in gleicher Weise: sie gewinnen Stärke aus jungen Stämmen, die sie als Fladenbroten essen.

Der Anbau auf abgebrannten oder gerodeten Feldern ist eine von allen Wanderbauern der tropischen Länder praktizierte Methode. Gegenwärtig ist sie die Hauptursache des Waldflächenschwundes.

Auch andere Populationen der Äquatorialgebiete ernähren sich von «Urwald»-Produkten. Die Bewohner der sumpfigen Tiefebenen Neuguineas, die Asmat oder Marind, gewinnen Stärke aus dem Stamm der Sagopalmen der Gattung *Metroxylon*. Mehrere Arten dieses Baumes sind zwar mit Dornen versehen, aber diesen Einheimischen ist es gelungen, das Wachstum einer Reihe von dornenlosen Arten zu fördern. Die Stärke, ihr Grundnahrungsmittel, wird aus 8- bis 15-jährigen Stämmen gewonnen, die jeweils einen Ertrag von 100 bis 150 kg liefern können. Das Mark wird mit einem Dechsel (Querbeil) aus dem Stamm geschlagen, zerstoßen und schließlich in einem schräggestellten Behälter gewaschen. Die Flüssigkeit mit der ungelösten Stärke wird gefiltert und schließlich abgegossen. Der übriggebliebene Rückstand wird getrocknet und bildet eine Art Mehl, das unterschiedlich verwendet werden kann. Es wird als dicker

Jagd und Gartenbau

Die Wildfauna ist für die Bauern der Hauptlieferant von Proteinen. So haben bis vor kurzem die Ngbaka aus der Zentralafrikanischen Republik ihren Aufenthaltsort immer wieder gewechselt. Sie verließen die Dörfer, in denen sie Landwirtschaft betrieben, und schlugen in den Wäldern provisorische Lager auf. Von dort aus stellten sie zu Beginn der Regenzeit Fallen für kleine Antilopen und Stachelschweine auf, gingen mit Reusen auf Fischfang und sammelten in der Trockenzeit Raupen.

Im allgemeinen können die Waldbewohner dank ihrer Kenntnisse über Verhalten und Ökologie der Tiere zahlreiche Jagdtechniken einsetzen. Im Amazonasgebiet tötet man die Brüllaffen mit einem Blasrohr, wenn man sie in den Bäumen beim Verspeisen von Früchten antrifft. Bei den *Agutis* (Goldhase) greift man zum Bogen, weil sie die Früchte am Boden fressen. Die Nabelschweinherden oder die Tapire werden mit Hunden gejagt. Die gute Kenntnis der Wildfauna ermöglicht es den Bauern, in nächster Nähe zum Kulturland Fallen aufzustellen, um Schwarzwild und Affen zu fangen. Die auf Nutzflächen oder Brachland stehenden Obstbäume locken große Tiere wie Nabelschweine oder Tapire an. Das machen sich die Tukano-Frauen im Amazonasgebiet zunutze. Sie pflanzen von vorneherein mehr Maniok als nötig und nutzen den Überschuß als Köder für den *Aguti*. Dieses sehr spezielle Vorgehen könnte man als «Gartenjagd» bezeichnen. Auch die Kayapo des südlichen Amazonasbeckens achten auf eine weite Verteilung ihrer Gärten, damit er zum Köder für das Wild wird. Eine ähnliche Strategie trifft man im Süden Kameruns an, wo die Felder der Mvai immer sorgfältig von Holzzäunen umgeben sind. An manchen Stellen sind aber Öffnungen ins Holz eingelassen, in denen Nagetiere steckenbleiben sollen, nachdem sie von Maniok und Bananenstauden angelockt worden sind. Auf diese Weise kann der Gärtner die Bedrohung, die diese Plünderer für seine Anpflanzungen darstellen, abwehren.

Diese brasilianischen Kayapos-Indianer haben eine Anakonda gefangen. Die Rückkehr der siegreichen Jäger ist stets ein Ereignis im Dorf, da die Nahrungssuche ja die Hauptbeschäftigung darstellt.

Die Zukunft der Wälder

Unsere moderne Welt stellt die Überlebensfähigkeit aller Waldvölker auf eine harte Probe. Sie haben Jahrhunderte, selbst Jahrtausende gebraucht, um zu lernen, in Übereinstimmung mit den äquatorialen Ökosystemen und den extremen Klimabedingungen zu leben und sie mitzugestalten, ohne sie zu zerstören. Seit dem 16. Jahrhundert ist die europäische Zivilisation dabei, ihr Handelsimperium auf den gesamten Planeten auszudehnen, indem sie sich immer weiter entfernte Ressourcen erschließt, die sie in immer größerem Umfang verbraucht. Heutzutage sind seltene Produkte weniger gefragt als Holz, das in den Industrieländern verwendete Baumaterial. Dem steht die Zunahme der ländlichen Bevölkerung in der Dritten Welt gegenüber. Dort existiert ein enormer Bedarf, durch Rodungen neue Bodenflächen für die Landwirtschaft zu gewinnen. Die Zuwanderung weiterer Menschen, die Entwicklung des Bergbaus und der Erschließungsstraßen durch die Wälder: alle diese Faktoren vergrößern den Druck, der auf dem Äquatorialwald lastet. Und die Waldvölker müssen der Dezimierung ihrer lebenswichtigen Ressourcen zusehen.

Gewiß bemüht man sich inzwischen um den Schutz des Äquatorialwaldes, allerdings sorgt man sich dabei weniger um die einheimischen Völker, die im allgemeinen für archaische und uneffizient wirtschaftende Menschen gehalten werden. Sie sollten lieber einer entwickelten und modernen Wirtschaft weichen. Das hieße

*In Neuguinea legen die Asmat großen Wert auf die Sagopalme,
deren Mark sie auskratzen. Zerstoßen, gewaschen und
durchgesiebt entsteht so ein Stärkemehl, das als Brei oder
in Form von Keksen gegessen wird.*

aber, eine menschliche Facette und eine lange Geschichte mit einem Schlag vom Tisch fegen. In ihrem Lebensraum Wald haben diese Völker ein unschätzbares Wissen angehäuft, um das sich die modernen Wissenschaftler mit großer Anstrengung bemühen. Warum sollten wir diese Menschen, die es bis auf den heutigen Tag bewahrt haben, nicht akzeptieren? Die ganze Welt kann noch von ihnen lernen.

Die Pygmäen sind versessen auf wilden Honig, der wegen seines Nährwertes und seines symbolischen Wertes geschätzt wird. Ein junger Mann pflegt einer Frau seine Liebe zu erklären, indem er ihr ein mit Honig gefülltes Gefäß aus Rinde schenkt.

Die soziale Wirklichkeit ist anders, denn sie betrifft die Fähigkeit zur Veränderung. Für die Waldvölker ist der Wald nicht nur ein Stück Boden und eine Speisekammer. Er ist vor allem auch Welt und Kosmos. Unabhängig von ihren Religionen (und sie sind genauso verschieden wie die Gesellschaften) wird der Wald immer noch von Göttern und Geistern bewohnt. Das Leben des Menschen im geistigen Sinn wird nur durch die Verbindung zwischen den Lebewesen und den Gottheiten ermöglicht, denn letztere erteilen ihnen die Erlaubnis, aus der Welt des Waldes das zu nehmen, was sie brauchen.

Erinnern wir uns an die Nymphen, Luftgeister und Druiden, die früher im europäischen Kulturkreis so fest im Denken der Menschen verhaftet waren. ... Fast 5 Jahrtausende mußten vergehen, ehe die europäischen Völker eine neue Gesellschaftsform schufen, den Primärwald rodeten, den Futteranbau fürs Vieh erfanden und in der Folgezeit den Wald durch eine Überschußlandwirtschaft ersetzten.

Weshalb verlangt man dann von den Völkern der feuchten Tropen, daß sie in einigen Jahrzehnten ihre Welt roden? Und wie sollen sie ihre Seele dabei nicht verlieren?

Anläßlich der Feste, die die Stämme miteinander feiern und zu denen sich mehrere hundert Asmat-, Marind- oder Jale-Krieger Neuguineas versammeln, tragen die Männer als Kopfputz die Federn seltener Vögel.

Die Wälder der Erde

Als immergrüne Regenwälder bezeichnet man die tropischen Wälder, die das ganze Jahr grün sind. Das feucht-heiße Klima und der fehlende Jahreszeitenwechsel lassen eine üppige Vegetation entstehen. Diese Wälder bilden einen regelrechten grünen Gürtel um unseren Planeten, der sich vom Amazonasgebiet über Guyana nach Mittelamerika, Äquatorialafrika, Südostasien und Neuguinea zieht.

Die tropischen Regenwälder

Pierre Charles-Dominique

Die tropischen Regenwälder bedecken die niederschlagsreichen Gebiete zwischen den Wendekreisen. Es ist überaus schwierig, diese Wälder über alle Kontinente hinweg exakt und einheitlich zu klassifizieren, da es große biogeographische Unterschiede gibt. Darüber hinaus treten Zwischenformen auf, die den Übergang zu den trockeneren Zonen beiderseits des Äquatorgebiets und zu den kälteren Hochlagen (Wolken- und Nebelwälder) bilden. Wissenschaftliche Klassifizierungen dieser Waldtypen beruhen entweder auf den monatlichen Durchschnittswerten, die für Niederschlagsmenge und Temperatur ermittelt wurden (ombrothermisches Profil) oder auf einer Charakterisierung der Vegetationsformen, deren Entwicklung von den klimatischen Verhältnissen beeinflußt wird: So verlieren in den immergrünen Regenwäldern der heißfeuchten Zonen mit nur schwach ausgeprägter Trockenperiode die Bäume ihr Laub nie zugleich. Die halbimmergrünen und die ganz laubabwerfenden Regenwälder (Trockenwälder) sind dadurch gekennzeichnet, daß ein mehr oder weniger großer Teil der Bäume während einer langen, ausgeprägten Dürrezeit seine Blätter verliert. In diesem Kapitel befassen wir uns ausschließlich mit dem immergrünen Regenwald (auch «äquatorialer Regenwald», «tropischer Tieflandsregenwald», «tropischer Schattenwald» oder einfach nur «Regenwald» nach dem englischen Ausdruck «rain forest»).

Diese tropischen Regenwälder bedecken den Großteil der bewaldeten Zonen zwischen den Wendekreisen. Sie beherbergen rund 50 bis 75 % aller Tier- und Pflanzenarten der Welt und bilden entlang dem Äquator einen Gürtel, der vom Amazonasgebiet über Guyana, Mittelamerika, Äquatorialafrika, die Ostküste Madagaskars, Südostasien (Festland und Inselreich), Neuguinea bis nach Queensland im Nordosten Australiens reicht. Trotz der zuweilen grundverschiedenen Fauna und Flora treten bestimmte gemeinsame Merkmale auf, die vor allem durch ähnliche klimatische Verhältnisse bedingt sind. Die Temperaturen sind ganzjährig gleichbleibend. Es gibt keine kalten Winter; die Jahreszeiten werden durch die Menge der Niederschläge bestimmt, die hier besonders reichlich fallen (meist 2 000 bis 4 000 Millimeter/Jahr) und die gleichmäßig über das Jahr verteilt sind (ungefähr 230 bis 260 Regentage/Jahr).

Regenzeiten

Die Regenzeiten in den Tropengebieten sind indirekt mit den Klimaten verknüpft, die in den kühleren Gebieten der beiden Hemisphären herrschen. In der äquatorialen Tiefdruckrinne kommt es in der Nähe der innertropischen Konvergenzzone (engl. Abk. ITC) beim Aufeinandertreffen der beiden Passatwinde zur Ausbildung gewaltiger Kumuluswolken, die mit starken Niederschlägen einhergehen. Diese Regenzone, verbunden mit den atmosphärischen Strömungen, die aus den Wechselwirkungen zwischen Ozean und Atmosphäre entstehen, verlagert sich im Jahresgang von Nord (borealer Winter) nach Süd (Winter der Südhalbkugel). Sie schwankt also beiderseits der als «klimatischer Äquator» bezeichneten Achse, die sich etwas nördlich vom geographischen Äquator befindet. In diesem Gebiet kommt es alljährlich zu zwei größeren Regenperioden (Durchzug der ITC), die im Wechsel mit zwei regenärmeren Zeiten auftreten. Örtlich spricht man dann von «Trockenzeit». Diese Perioden setzen je nach geographischer Breite unterschiedlich ein, wobei zu beobachten ist, daß größere Regenzeiten im Wechsel mit kleineren auftreten und umgekehrt. Räumlich begrenzt kann es durch besondere Reliefgestaltung zu Veränderungen in Ausprägung und Dauer der Jahreszeiten kommen. An der westafrikanischen Atlantikfront wird zum Beispiel durch das Emporquellen kalter Wassermassen vom Meeresgrund (Upwelling) ein Nebeleffekt erzeugt. Das hat eine abgeschwächte Trockenzeit und das Vorhandensein des tropischen Regenwaldes zur Folge, obwohl die jährliche Niederschlagsmenge nur 1700 Millimeter beträgt. Der Regenwald Los Tuxtlas auf 18° 30′ nördlicher Breite in der mexikanischen Provinz Veracruz hat seine Existenz lediglich einem kleinen Vul-

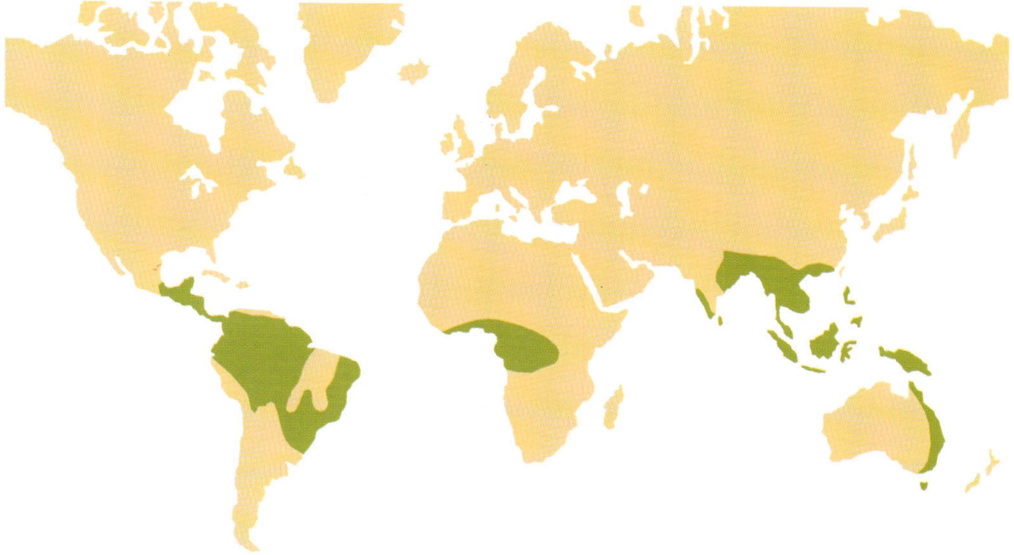

kanmassiv zu verdanken, das die gewittrigen Niederschläge aus dem Golf von Mexiko abfängt. Auch die tropischen Regenwälder in Südost-Brasilien (Mata Atlantica, zwischen 10° und 23° südlicher Breite) oder an der Ostküste Madagaskars sind dort angesiedelt, wo sie durch ihre Luvlage vom Niederschlag begünstigt sind.

Typisch für das Klima der tropischen Regenwälder ist also der Wechsel zwischen regenreichen Perioden und *relativ* trockenen Zeiten. Dieser Rhythmus bildet den jahreszeitlichen Rahmen für die dort lebenden Menschen, Tiere und Pflanzen. Die Länge der Tage und Nächte schwankt ganzjährig lediglich um 30 bis 45 Minuten, und die Temperaturen sind immer gleichbleibend. Die Amplitude der Tagestemperaturen schwankt im Monatsmittel nur um etwa 1 bis 2° C, die Tag-Nacht-Temperaturunterschiede sind im Vergleich hoch.

In den Trockenwald- oder Savannengebieten der höheren Breiten beiderseits der äquatorialen Zone gibt es dann nur noch eine Regenperiode und eine lang anhaltende Trockenzeit mit weit höheren Temperaturen.

sind, wachsen Lianen ganz besonders dicht. Im Hochwald schließen sie ihren Wirtsbaum mit dichten Vorhängen aus oft über 100 m langen, elastischen und zugfesten Strängen ein, bis er in seinem Wachstum so eingeschränkt ist, daß er eines Tages ganz zugrunde geht. Eine so hemmungslose Vermehrung tritt vor allem dann auf, wenn Wirbelstürme Löcher in die Bestände reißen. Dann wird das verwüstete Gebiet von Lianen beherrscht, die ihr Reich mit «Teppichen» und «Vorhängen» überziehen, aus denen hier und da noch einige Bäume als die letzten Zeugen des früheren Waldes herausragen.

Epiphyten

Zur typischen Physiognomie tropischer Regenwälder gehören auch die Epiphyten. Mit den Parasiten (z. B. Mistel), die die Wirtspflanze mit Hilfe ihrer Saugorgane anzapfen, hat diese Lebensform nichts gemein. Es gibt natürlich auch parasitische Pflanzen im Regenwald, die aber, gemessen an der Zahl der Epiphyten, mengenmäßig unbedeutend sind.

Wie bei den Lianen, ist auch die Abundanz der Epiphyten an die Menge der Niederschläge gebunden. Die Lebensform der Epiphyten erfordert zudem noch weitere Adaptationen, die das Überleben in einer relativ wechselhaften und kargen Umgebung erst ermöglichen. Im exponierten Ast- und Stammbereich ist es trockener als im Unterholz, die Luftfeuchtigkeit und die Nährstoffzufuhr, die durch den Regen und den Stammablauf erfolgt, sind gering. Dies sind typische Lebensbedingungen für Gattungen wie *Peperomia* (Pfeffergewächse aus der Familie der *Piperaceen*), deren Mitglieder oft etwas sukkulente Assimilationsorgane ausbilden, und Pflanzenfamilien, die überwiegend aus Epiphyten bestehen (*Bromeliaceen, Orchidaceen, Araceen, Clusiaceen* ...). Einige dieser Familien gedeihen in allen tropischen Regenwäldern der Erde (*Orchidaceen, Araceen*), andere sind nur auf einem Kontinent heimisch. Dieser Endemismus tritt vor allem in Amerika auf, wo die Epiphyten auch durch zahlreiche Arten repräsentiert sind: 25 % aller südamerikanischen Pflanzen sind Epiphyten, die in 9 Familien Farne und 53 Familien Phanerogame (Blütenpflanzen) untergliedert sind (davon 12 endemisch). Dichte und Vielfalt der Epiphyten sind von Kontinent zu Kontinent überaus unterschiedlich: Amerika hat den größten, Afrika den geringsten Artenreichtum (nur 17 Familien). Im Gebiet von Makokou (Gabun) wurden z. B. 59 Epiphytenarten erfaßt, die 5 % aller Vegetationsarten repräsentieren; in Rio Palenque (Peru) wurden dagegen auf einer entsprechend großen Fläche 238 Epiphytenarten gezählt, die einen Anteil von 23 % an der gesamten Vegetation darstellen.

Die tropischen Wälder werden weiter unterteilt in äquatoriale Trockenwälder, in tropische Tieflandregenwälder, wie hier in den Pangalanen in Madagaskar, in regengrüne Wälder und Nebelwälder.

Die Iguacu-Fälle an der Grenze zwischen Brasilien und Argentinien verdanken ihren Wasserreichtum dem Wald des Amazonasbeckens. Kontinuierliche Regenfälle und geringe Verdunstung führen dazu, daß unter dem Wald ein riesiges Wasserreservoir besteht, das von einem dichten und weitläufigen Netz von Flußläufen gespeist wird.

Bei den Epiphyten unterscheidet man die «echten» Sorten, die zeitlebens ohne Bodenkontakt sind, von denen, die von einem waagrechten Ast mit den Wurzeln zum Boden reichen. Die stets kleinwüchsigen Pflanzen der ersten Gruppe speichern die wenigen Mineralstoffe, die ihnen durch den abfließenden Regen und teilweise auch durch verwesende Pflanzenteile zugeführt werden, in ihren Wurzeln. Sobald der Regen aufhört, trocknen sie aus, weil ihre Wurzeln der vollen Sonneneinstrahlung ausgesetzt sind. Deshalb haben viele Orchideenarten Sproßknollen entwickelt, das sind fleischige Verdickungen am Blattansatz, die als Wasserspeicher dienen und Wasserverluste ausgleichen. Bei zahlreichen Bromeliaceen, einer in Amerika heimischen Familie, zu der auch Ananasgewächse und *Tillandsia* gehören, bilden die rosettenförmigen Blätter Zisternen. Sie speichern das Wasser und dienen zugleich als Sammelbecken für herabfallendes Laub, das sich hier zersetzt und Nährstoffe freigibt. Die bei den meisten Pflanzen an den Wurzeln befindlichen Absorptionszellen liegen hier auf der Blattinnenseite, im Innern der Zisterne. Die Rolle der Wurzeln beschränkt sich auf eine reine Klammerfunktion.

Hat eine kleinwüchsige epiphytische Pflanze sich erst einmal angesiedelt, so sieht sie sich möglicherweise durch ihre hohen, schattenwerfenden Nachbarn in ihrer Entfaltung beeinträchtigt. Einige *Philodendren*, «Wanderpflanzen» genannt, haben die Fähigkeit, ihre Lage durch Bildung neuer Kletterstämme, Klammerwurzeln und Blätter am Baumstamm entlang in sonnigere Zonen zu verändern. Die alten Pflanzenteile sterben ab, bis schließlich nur noch ein schwacher Abdruck auf der Unterlage an den zuweilen mehrere Meter langen Wanderweg erinnert.

Die Epiphyten der zweiten Gruppe zeichnen sich durch ihre Fähigkeit aus, nach der Ansiedlung auf ihrer Stütze Wurzelabsenker bis zum Boden zu bilden, so daß sie einerseits die Sonne genießen können, andererseits aber durch den Boden mit Wasser und Nährstoffen versorgt werden. Da diese Pflanzen den Stamm anderer Pflanzen mitbenutzen, können sie ihre ganze Energie für die Ausbildung ihrer Zweige und Blätter verwenden. Die Biomasse kann so mehrere hundert Kilogramm erreichen. Bei der *Clusia*, einer endemischen Art der amerikanischen Tropen, bilden die Wurzeln wahre Schlauchbündel, die mehr als 30 Meter senkrecht nach unten steigen und bis 12 Zentimeter dick werden. Am Boden verzweigen sich die Schläuche und kriechen manchmal etliche Meter weit, ehe sie sich endgültig festwurzeln. Der riesenhafte Wuchs dieser Epiphyten, deren Gewicht sich nach einem Regenguß verdoppeln kann, kann zum Abbrechen des tragenden Baumteils führen, und durch eine Verlagerung des Gleichgewichts manchmal auch den Sturz des ganzen Baumes zur Folge haben. Damit ist die obere Grenze im Wachstum dieser Lebensform der amerikanischen Tropen erreicht. Sie trägt zum Absterben der Bäume und damit auch zur Entstehung von Lichtungen im Wald bei.

Die größten Epiphyten, die Würgerfeigen, entwickeln sich zunächst als «Überpflanze» auf einem Ast oder Baumstamm und schicken dann ihre Luftwurzeln bis zum Boden aus. Der Stamm des Wirtsbaumes wird mit Luftwurzeln umsponnen, die den Baum umschließen, bis er nur noch als Stütze dient und schließlich stirbt. Es kommt auch vor, daß zwei Stämme mit einigen Metern Abstand zueinander von einer einzigen Würgerfeige umgarnt werden. Die Gattung *Ficus* zählt über 800 Arten und ist in allen tropischen Regenwäldern der Erde anzutreffen.

Im Dschungel gedeiht eine prächtige und üppige Vegetation. Nirgendwo anders ist sie so reich und vielfältig. Zweihundert Baumarten können auf einem Hektar zusammenleben, mehr noch, jede dieser Baumarten kann selbst an die vierzig Epiphyten- und Dutzende von Tierarten beherbergen.

Unterwuchs

Beim Unterwuchs unterscheiden wir die Keimlinge und Jugendstadien der Arten, die später das Kronendach bilden, von den eigentlich *ombrophilen* Pflanzen, deren ganzer Lebenszyklus in diesem Höhenbereich abläuft und die in ganz unterschiedlichen Größen auftreten: Mikroorganismen, Moose, Bärlappgewächse, Farne, wenige Zentimeter hohe Kräuter, großblättrige Pflanzen, ausladende Sträucher, fünf Meter hohe Palmen ... Trotz dieser großen Vielfalt an Arten und Lebensformen erreichen Unterholzpflanzen nur eine relativ geringe Dichte. Die extremen klimatischen Bedingungen bei gleichbleibender Temperatur und nahezu konstant feuchtigkeitsgesättigter Luft im Bodenbereich haben dazu geführt, daß diese Pflanzen keine Schutzmechanismen gegen

Trockenheit entwickelten und hochempfindlich auf Wasserstreß reagieren. Weitere Begrenzungsfaktoren sind der mangelnde Lichteinfall am Boden und ein aus dem Kronenbereich unablässig auf die Bodenpflanzen niederprasselnder Hagel aus Ästen und Zweigen. (s. folgendes Kapitel).

Windwurf und Regeneration des Waldes

Im Unterwuchs herrscht ein Mikroklima, das immer wieder Schwankungen unterliegt. Dies ist eine Folge der mannigfaltigen Naturereignisse, die ohne menschliches Zutun im Bereich der Krone auftreten, wie z. B. Windbruch, Windwurf, Sturmschäden, Erdrutsch, Schmarotzerbefall oder schlicht und einfach Überalterung eines Urwaldriesen, der noch aufrecht steht, dessen Krone aber immer mehr verkahlt. Durch die entstehenden Lükken im oberen Bereich kann mehr Licht zum Boden dringen. Wenn vorher nur 1% der gesamten Sonneneinstrahlung bis auf den Boden gelangte, so erhöht sich dieser Prozentsatz nach einem Windbruch um 2 bis 5%, bei Windwurf sogar um 5 bis 30%. Die Größe der Lücke entscheidet also über die flächenmäßige Ausdehnung des Unterwuchses, die Lichtintensität am Boden und damit auch die Reaktion der Pflanzen. Viele schattenliebende Pflanzen können die neuen Bedingungen nicht ertragen und sterben ab. Andere dagegen, Keimlinge und die Jugendstadien der die Kronenschicht bildenden Arten, die bisher im Dämmerlicht gerade überleben konnten, finden nun optimale Wachstumsbedingungen, ebenso die Zwischenständer, die bisher keinen Kronenanschluß hatten und deren Wachstum gehemmt war. Der Wachstumsschub hält an, bis die Lücke wieder geschlossen ist. So entwickeln sich die meisten Pflanzen im Wechsel rein zufallsbedingter Ruhe- und Wachstumsphasen, bis sie endlich in die sonnige Oberschicht vorstoßen. Bei den südamerikanischen Baumpalmen *Jessenia* oder *Oenocarpus* hinterläßt jedes abfallende Blatt einen Abdruck auf dem Palmenstamm. In diesen mehr oder weniger weit auseinanderstehenden Blattnarben zeigen sich unterschiedliche Wachstumsphasen im Leben der Palme, die eine Reaktion auf Windwurf und -bruch in unmittelbarer Umgebung der Palme sind.

Ist die durch eine Windwurf geschlagene Schneise groß genug, so erscheinen Pionierpflanzen, eine Kategorie kurzlebiger und bei vollem Lichtgenuß schnellwüchsiger Pflanzen, die schnell ganze Massen von winzigen Samen erzeugen. Da sie nur im prallen Sonnenlicht gedeihen, sind sie in Naturwäldern relativ rar. Dagegen dominieren sie auf großen Kahlschlägen, desgleichen am Straßenrand und auf alten, verödeten Plantagen. Pionierpflanzen produzieren meist kleine fleischige Früchte, die hauptsächlich von kleineren Vogelarten und fruchtfressenden Fledermäusen verzehrt werden. Die Verbreitung der Millionen winziger Samen erfolgt über den Kot der Tiere. Dieser «Samenregen» ist, je nach Gebiet und Jahreszeit, unterschiedlich stark und erreicht zwischen 30 und 1000 Einheiten pro Quadratmeter und Jahr. Einige Samen erhalten auf diese Weise einen gut besonnten Standort, der ihnen eine sofortige Entfaltung ermöglicht, während die Mehrheit ins Unterholz fällt, wo wegen mangelhafter Lichtverhältnisse die Keimung unterbleibt. Die Samen treten in ein Ruhestadium und graben sich allmählich in den Boden ein. So verharren sie jahrelang, bis sie eines Tages von der Sonne hervorgelockt werden. Diese «Samenbank» ist überall in Naturwäldern mit einer Dichte von 100 – 400 Stück pro m^2 präsent, und wenn ein Windwurf günstigere Bedingungen schafft, werden die Samen keimen, sich vermehren und die Lücke in weniger als 15 Jahren wieder schließen. Wenn die kurzlebigen Pflanzen nach wenigen Jahrzehnten wieder absterben, kann das Sonnenlicht, wenn auch verhaltener als zum Entstehungszeitpunkt der ersten Lücke, erneut auf den Boden vordringen. Auf diese Weise können die Sämlinge der Waldbäume, die inzwischen Fuß gefaßt haben, sich weiterentwickeln und die Pionierpflanzen sukzessive ersetzen.

Dem Windwurf kommt als «Motor der Waldverjüngung» also eine besondere Bedeutung zu. Seine Entstehung ist zwar zufallsbedingt, wird aber durch starke Regenfälle begünstigt, weil diese den Boden aufweichen und das Gewicht der Blätter erhöhen. An Hängen oder auf schlecht dräniertem Boden kommt Windwurf häufiger vor. In einigen Wäldern, z.B.in Queensland/Australien, wo dieses Phänomen selten auftritt, findet die Walderneuerung sehr langsam unter dem Schirm der alten Bäume statt, die im Stand absterben oder manchmal auch jäh durch einen Zyklon zu Fall kommen.

Bei den Vacoa-Palmen bilden die Blätter den Hauptteil des vegetativen Systems. Da die höheren Bäume ihnen wenig Licht übrig lassen, sind diese Pflanzen gezwungen, große Blätter auszubilden, um so die größtmögliche Lichtmenge aufzufangen.

Bodentypen und Wasserverhältnisse

Regenwälder bedecken Gebiete, die nach ihren geologischen Verhältnissen extreme Unterschiede aufweisen: Vulkangestein, Alluvionen, Sande, diverse Sedimentgesteine, granitische oder metamorphe Gesteine, usw. Die Fähigkeit des Muttergesteins, lebenswichtige Nährelemente freizusetzen oder umgekehrt auch ein Übermaß an Giftstoffen wie Aluminium auszuscheiden, beeinflußt den Vegetationsreichtum und damit auch die Produktivität der Pflanzen. Die Böden der tropischen Regenwälder sind meist arm; der größte Teil der Streuschicht wird rasch wieder in den Nährstoffzyklus eingebracht, wobei die mikrobiellen Umsetzungen überwiegend durch Termiten und Regenwürmer zusammen mit Pilz- und Bakterienflora erfolgen. Das Hauptkennzeichen solcher Böden ist die Durchlässigkeit und die damit verbundene gute Wasserleitfähigkeit. Wird dagegen das Einsickern des Wassers in den Boden durch Tonschichten behindert, so bilden sich artenärmere Baumformationen mit geringerer Höhe und geringerem Durchmesser.

Die Fülle der Niederschläge ist eng verknüpft mit den Dränagesystemen, die das Wasser durch den Boden ableiten und es dann über ein dicht verzweigtes hydrographisches Netz unterirdischer Bäche zu Flußläufen im Randbereich weiterführen. Als integrierter Bestandteil des Waldökosystems führt dieses Ableitungssystem aber nicht nur Wasser, sondern auch Stoffpartikel, organische Säuren und einige Mineralsalze mit sich. Zu den kleinen Wasserläufen, die das Unterholz durchziehen, gelangt nur wenig Licht. Ein großer Teil der Sonnenstrahlung wird in den Strömen und großen Flüssen durch die rötlich-braune Eintrübung absorbiert, die vor allem durch Huminsäuren verursacht wird. Wasserpflanzen sind daher selten und wenig wuchskräftig. So liefert die Streuschicht am Boden den größten Teil der Nährstoffe, die in die Nahrungskette eingehen. Aquarienfreunden gut bekannt sind die Karpfenfische (*Cyprinodontae*) aus den Regenwäldern Asiens, Afrikas und Amerikas, die sich ausschließlich von den aus der Krone herabfallenden Spinnen und Ameisen ernähren. Die Abundanz dieser Fische ändert sich daher in Abhängigkeit von der Ausdehnung der von ihnen besiedelten Gewässer und der dort vorherrschenden Vegetation. Größere Fischarten ernähren sich von Früchten und Samen, die ins Wasser fallen, Welse (*Siluridae*) und Marmorbrassen (*Mormyrus*) leben von den Organismen, die sich durch Zersetzung pflanzlicher Substanz auf dem Grund entwickeln. Diese Tiere wiederum werden zur Beute der Raubfische, die sogar im kleinsten Bach zu Prachtexemplaren heranwachsen und ein Gewicht von hundert Gramm bis einige Kilogramm auf die Waage bringen (Gattung *Hoplias* in Amerika). Der *Pirarucu*, ein im Amazonasgebiet heimischer Süßwasserfisch, bringt es sogar auf ein Rekordgewicht von 200 kg und eine Länge über 2 Meter. Die Vielfalt ist überaus groß: In den Flüssen Guyanas leben 150 bis 210 verschiedene Fischarten, in den Bächen sind es ungefähr 60. Die Bestandsdichte ist, vor allem in den kleineren Waldbächen, gering, und die Produktivität ist niedrig, weil die Bestände sich aufgrund von Überfischung nur schwer wiederaufbauen können.

Waldfauna

Im tropischen Regenwald lebt eine ungemein reiche Tierwelt, die von Insekten dominiert wird. Hier finden wir die größte Artenfülle und, gemessen an anderen Lebensformen der Fauna, den höchsten Biomassenanteil. Da die Welt der Insekten bisher aber nur teilweise erfaßt und beschrieben ist, können Angaben über die Gesamtzahl lediglich auf Extrapolation beruhen. Dabei bewegt sich die Bandbreite zwischen 1 bis 10 Millionen Arten. Das ganze Ausmaß dieser Mannigfaltigkeit wollen wir uns nun am Beispiel einiger taxonomisch relativ bekannter Gruppen besser vor Augen führen: Allein in Französisch-Guyana wurden 300 Mückenarten und 1200 *Longicornes*-Arten (Langfühlige) erfaßt, eine nur wenige Hektar große Waldfläche wies 130 Schabenarten auf. Bei einer Aufnahme im Amazonasgebiet wurden auf einem einzigen Baum 47 Ameisenarten gefunden, das sind mehr als alle Arten Großbritanniens zusammen. Im tropischen Regenwald finden wir auch die größten Insekten (Nashornkäfer im Amazonasgebiet, Goliathkäfer in Afrika) und die eigentümlichsten Formen, z. B. die *Fulgoriden* mit den hornigen Auswüchsen und *Orthopteren* (z. B. Heuschrecke). Diese verstehen es, mit der Blattmaserung so vollkommen eins zu werden, daß sogar Pilzschäden oder Verbißspuren vorhanden zu sein scheinen.

Auf der Grundlage ausgedehnter Erhebungen mit Hilfe von Insektiziden wird die Biomasse der Insekten im Kronenraum des Waldes auf ungefähr 40 Tonnen pro Quadratkilometer geschätzt. Der größte Teil davon entfällt auf Blattfresser (Feldheuschrecken, Schnarrheuschrecken, Raupen), doch auch andere Ernährungstypen sind relativ gut vertreten:

- Holzfresser (Termiten, Langhörner und andere Familien der Koleopteren),
- Samenfresser (Rüsselkäfer, Samenkäfer und sonstige Koleopteren, bestimmte Raupen),
- saugende Insekten (Grillen, Blattläuse, Wanzen),
- Nektar- und Pollensauger (Solitär-Bienen, staatenbildende Bienen, Wespen, Schmetterlinge, Fliegen, Koleopteren),
- Räuberinsekten aller Arten und Größen, einschließlich der auf allen Stufen vorhandenen Ameisen und Blutsauger (Bremsen, Mücken, Zecken).

Auch der Regenwurm macht einen beträchtlichen Anteil der Biomasse aus, was allerdings wenig offensichtlich ist: Unter bestimmten Bedingungen erreicht seine Biomasse hier 50 Tonnen pro Quadratkilometer. Das erlaubt die Annahme, daß alljährlich die Hälfte des Waldbodens durch das Verdauungssystem der Regenwürmer geht, die damit die Umsetzung der organischen Substanzen beschleunigen.

Darüber hinaus sind auch Gruppen der Wirbellosen, wie Plattwürmer, Blutegel, Weichtiere, Spinnen, Skorpione, Schnur-Asseln, Tausendfüßler, Landasseln, Land- und Wasserkrebse usw. in all diesen Ökosystemen vertreten, ohne aber jemals die zahlenmäßige Überlegenheit der Insekten zu erreichen.

Gemessen an der Insektenfauna, sind die an Land lebenden Wirbeltiere (Amphibien, Reptilien, Säugetiere und Vögel) leichter zu erfassen, weil sie weit weniger zahlreich und in den meisten Fällen bereits beschrieben sind. Für die wichtigen Ernährungskategorien finden wir auf regionaler Ebene stets die gleichen Artenzusammensetzungen. Bei einem kontinentalen Vergleich kommt es dagegen vor, daß Arten ganz unterschiedlicher Evolu-

Dieser graue Papagei von Gabun ist nur einer der unzähligen Bewohner des äquatorialen Waldes. Etwa dreihundert Vogelarten teilen sich im allgemeinen ein Territorium von mehreren Quadratkilometern.

tionslinien gleichartige ökologische Nischen besetzen. Die amerikanischen Kolibris (Verwandte der Segler) und die afrikanischen Nektarvögel (Verwandte der Grasmükken) z.B. sind jeweils Konsumenten von Nektar. Dieser Umstand ist darauf zurückzuführen, daß die Besiedlung der Kontinente als biogeographischer Faktor bei der Zusammensetzung der jeweiligen Waldfauna die entscheidende Rolle spielt. Ebenso verhält es sich bei allen anderen Faunen. So finden wir auf einer Fläche von wenigen Quadratkilometern Wald ein Artenmosaik, das im allgemeinen 45 bis 80 Amphibien, 70 bis 100 Reptilien, 300 bis 400 Vögel, 30 bis 60 Fledermäuse und 70 bis 100 nicht fliegende Säugetiere umfaßt. Weit schwieriger ist es, die Biomasse zu ermitteln, denn viele Arten sind noch unerforscht, was präzise Angaben über die Bestandsdichten fast oder ganz unmöglich macht. Nach Schätzungen, die für die amerikanischen Tropen aufgestellt wurden, soll die Biomasse für nicht fliegende Säugetiere 4 bis 7 Tonnen pro Quadratkilometer betragen. Davon entfallen 75% auf die nur 6 Arten zählenden Blattfresser (z.B. Tapir, Hirsch, Faultier, Brüllaffe), 24% auf Frucht- und Körnerfresser (38 Arten) und nur 1% auf Fleischfresser (25 Arten, wobei die großen Raubtiere, wie Jaguar, Puma und Ozelot, mit einem Gesamtanteil von ganzen 0,2% vertreten sind).

Wie die Zahlen zeigen, sind die Blattfresser im Übergewicht. Das gilt allerdings nur für die Biomasse und nicht für die Anzahl der Arten. In allen tropischen Wäldern findet man das gleiche Verhältnis Biomasse/Artenzahl. Es bestätigt die Theorie des ökologischen Gleichgewichts, das auf einer Teilung der Nahrungsressourcen und der damit verbundenen Spezialisierung beruht. Da die Nahrungsreserven nicht unerschöpflich sind, kommt es im Jahresgang zu Schwankungen. Die Größe der Tierpopulationen wird jeweils von der unteren Grenze dieses Reservoirs bestimmt. Während diese Grenze für Blatt- und Fruchtfresser in die Trockenmonate fällt, tritt sie für Tiere, die von Nektar und Pollen oder vom Fischfang leben, in der Regenzeit auf.

In jedem ökologischen System sind Fauna und Flora durch die feste Beziehung von Nahrungsproduzenten und Nahrungskonsumenten miteinander verflochten. Durch das Phänomen des Mutualismus werden die Zusammenhänge noch komplexer, da die Lebensfunktionen vieler höherer Pflanzen darauf angewiesen sind (z.B. Pollentransport, Samenverbreitung). In offeneren bzw. trockeneren Gegenden erfolgt die Verbreitung der Samen(-anlagen) hauptsächlich durch den Wind. In tropischen Regenwäldern dagegen gibt es Pflanzen, deren Samen und Früchte durch den Wind verbreitet werden – wohl eine Folge des dichten Blätterwerks und der hohen Niederschlagsmengen. Die meisten dieser Pflanzen vermehren sich deshalb mit Hilfe von Tieren.

Ein Großteil der Blüten hat sich zugleich mit den bestäubenden Insekten entwickelt. Im tropischen Regenwald fällt diese Aufgabe den Wirbeltieren zu. Charakteristisch für die amerikanischen Tropen ist die Bestäubung durch Vögel (Kolibris) und Fledermäuse (Langzungen-Flughund). Typisch für die Vogelblüten sind schlauchförmige Blütenkronen in leuchtenden Farben, während die Fledermausblüten mit überaus langen Staubbeuteln und weißen bis blaß getönten Blütenblättern ausgestattet sind und ihre Blüten erst in der Abenddämmerung öffnen.

Viele Wirbeltiere des Waldes ernähren sich von Früchten. Nach entsprechenden Erhebungen ist anzunehmen, daß 60 bis 80 Vogelarten, 8 bis 20 Fledermausarten und 10 bis 15 nicht fliegende Säugetiere der jeweils untersuchten Gebiete hauptsächlich von Früchten leben. Dazu kommen noch die Allesfresser, deren Nahrung einen geringen Anteil an Früchten enthält. Zu den Fruchtfressern gehören alle Arten, die sich vom Fleisch der Früchte ernähren. Nicht dazu zählen Tiere wie Papageien und zahlreiche baumbewohnende Nagetiere, die Samen aus der Frucht zum Verzehr herausholen. Die «echten» Fruchtfresser speien die meist unversehrten Kerne in kleinerem oder größerem Umkreis vom Mutterstamm

Die Boa constrictor amaralis, die bis zu vier Meter Länge erreichen kann, ist Stammgast der Feuchtwälder und Sumpfgebiete. Trotz ihrer beachtlichen Größe und ihrem bedrohlichen Äußeren greift sie nie Menschen an, sondern ernährt sich von kleinen Säugetieren und Vögeln.

auf den Boden. An diese Gruppe der fruchtfressenden Wirbeltiere schließen auch einige Ameisenarten an, die für die Fortpflanzung einzelner Unterwuchspflanzen sorgen, sowie körnerfressende Nager. Die Letztgenannten graben die Kerne als Vorrat im Boden ein, wobei ein Teil der Samen keimt, ehe er wieder ausgegraben wird oder einfach verlorengeht. Aus diesen engen Wechselbeziehungen zwischen Fauna und Flora entstehen Samenströme, die an ihren neuen Standorten die Zusammensetzung und die Struktur der zukünftigen Wälder mitbestimmen. Die Größe der Samen ist abhängig von den unterschiedlichen Keimbedingungen. Die in geringen Mengen produzierten größeren Samen haben die Fähigkeit, auch in einem nur schwach belichteten Unterholz allein aus ihren Reservestoffen großwüchsige Keimlinge hervorzubringen. Aus kleineren Samen dagegen, die in der Regel in großer Zahl erzeugt werden, entstehen kleinere Keimlinge, die aber häufig höhere Lichtansprüche haben.

Affen, wie der Uakari in Amazonien und der Orang-Utan in Borneo, sind heimisch im Dschungel, dessen oberste Etage sie hauptsächlich bevölkern. Sie ernähren sich vor allem von Laub, Samenkörnern und Früchten, und auf der Suche nach Nahrung hangeln sie sich von Wipfel zu Wipfel.

Dem jeweiligen Keimtyp und «Kaliber» der Samen entsprechend, entwickeln sich die Früchte mit ganz eigentümlichen Strukturen, die sie für verschiedene früchtefressende Tierarten attraktiv machen. In Afrika werden die größeren Samen durch Elefanten verbreitet, in Neu-Guinea durch Kasuare (straußenähnliche Laufvögel) und in Amerika durch Fledermäuse. Während bei Elefanten und Kasuaren der Transport im Verdauungstrakt erfolgt, behält die Fledermaus manchmal mangogroße Früchte während des Transportfluges im Mund. Nach dem Verzehr des Fruchtfleisches läßt die Fledermaus den Kern unter ihren Freßplatz, meist ein Palmenblatt im Unterholz, fallen. Kleinsamige Früchte dagegen locken die unterschiedlichsten kleineren Wirbeltiere, z. B. Vögel und manche Fledermausarten, an, die es in reicher Auswahl gibt. Es gibt «Generalisten», die von den verschiedensten Arten besucht werden, und es gibt Spezialisten, die nur ganz bestimmte Arten anlocken. In diesem Zusammenhang wurde beobachtet, daß diese Spezialisten Tiere favorisieren, die die Samen an einen der Pflanze zum Keimen genehmen Platz bringen. Die lichtliebenden *Melastomaceen* (Schwarzmundgewächse) z. B., die in Amerika heimisch sind, vermehren sich durch das Anlocken einer ganz bestimmten Vogelart (*Pipridae*), die den Samen an die von der Pflanze bevorzugten sonnigen Standorte bringt, wo die Vogelart Sonnenbäder nimmt. All diese Vorgänge sind Gegenstand intensiver Forschungsarbeit, teils weil sie dem theoretisch Interessierten über die Evolution des Lebens Aufschluß geben, teils weil die Rahmenbedingungen der natürlichen Waldverjüngung beleuchtet werden.

Der australische Lotus (Nelumbo nucifera) bietet diesem riesigen Laubfrosch einen Ruheplatz. Der Wald wimmelt buchstäblich von Lurchen. Die von Feuchtigkeit gesättigte Luft reicht aus, um die empfindliche Haut der Baum- und Erdfrösche feucht zu halten.

Tropische Regenwälder sind komplexe Einheiten, die einem ständigen Wechsel unterliegen. Flora, Fauna und Böden sind durch Regelmechanismen unauflösbar miteinander verknüpft. Im Lauf der geologischen Entwicklung haben diese riesigen Wälder ihre Ausbreitung in Abhängigkeit von den klimatischen Schwankungen verändert, blieben jedoch stets auf das Gebiet zwischen den Wendekreisen konzentriert. Nach einer stark rückläufigen Phase, die vor 14 000 bis 20 000 Jahren auftrat, ist die rein theoretische Annahme möglich, daß wir uns gegenwärtig noch in einer Wachstumsphase befinden. Anzeichen dafür sind die in Afrika und Amerika auftretenden Einschlüsse kleiner Savannen, der Rückgang bestimmter Zwischenformen von Wald-Savannen, die Präsenz von «Paläo-Bränden» (Kohleeinlagerungen im Boden der tropischen Regenwälder), die Pollenreste von Savannenvegetation im Gestein usw. Diese Entwicklung, die nach menschlichem Empfinden unendlich langsam vorangeht, wird nun empfindlich gestört, da seit Jahrzehnten riesige Kahlschläge die großen Waldflächen verringern. Durch diese Kahlschläge wird der nährstofferhaltende Kreislauf unterbrochen, denn der gesamte Nährstoffvorrat war in der oberirdischen Pflanzenmasse enthalten, die sich nun in Rauch auflöst. Die Mykorrhizen sterben ab, und die hohen Niederschläge bewirken eine rasche Auswaschung der durch Feuer freigesetzten Nährstoffe. Nur ein geringer Teil wird von Kolloiden im Boden absorbiert und kann wenige Jahre von den Kulturpflanzen genutzt werden. Die Ureinwohner der Wälder, die auch heute noch hier leben, hatten stets eine geringe Populationsdichte. Ihre traditionellen Anbautechniken, Fischerei- und Jagdmethoden weisen im kontinentalen Vergleich verblüffende Ähnlichkeiten miteinander auf. Dabei kann sich der Wald nach einer landwirtschaftlichen Nutzung auf kleinen Flächen und mit begrenzter Zeit wieder erholen. In den meisten Fällen wird eine Fläche von knapp einem halben Hektar abgeholzt und am Ende der Dürrezeit abgebrannt und eingesät. Nach einer Nutzung von zwei bis drei Jahren wird sie wieder aufgegeben. Bäume im Regenwald müssen erst einmal austrocknen, ehe sie in Brand geraten können. Ausnahmsweise aber bricht das Feuer auch in ungerodeten Gebieten in Trockenperioden aus, was etwa alle fünfzig Jahre vorkommt. Der Großbrand, der in der Zeit von September 1982 bis Juli 1983 auf Borneo wütete und dabei über dreieinhalb Millionen Hektar Wald vernichtete, ist ein Beispiel dafür. Der derzeitige Waldrückgang ist hauptsächlich auf den Umstand zurückzuführen, daß wirtschaftliche und soziale Ungleichheiten eine Agrarnutzung solcher Flächen erzwingen, wobei die Holzeinschlagsunternehmen mit ihren Zufahrtsstraßen die Pforten für die Siedler öffnen. Man muß sich die Vielfalt der tropischen Regenwälder vor Augen führen (Unterschiede der Böden, der Flora und Fauna, der Traditionen des menschlichen Zusammenlebens), um zu verstehen, daß Ursachen und Gefahren eines ökologischen Ungleichgewichts nicht notwendig in allen Ländern und Kontinenten dieselben sind. Deshalb müssen Lösungsvorschläge und Erhaltungsmaßnahmen unbedingt in Abstimmung mit den örtlichen Gegebenheiten durchgeführt werden.

Die Webervögel leben in einer Kolonie, die im Chor lärmt, um Feinde abzuschrecken. Allerdings können sie ihre eigene Kolonie auch ins Verderben stürzen: Zu viele Nester auf dem Wirtsbaum können zum Abbrechen der Äste führen.

Kurze Verschnaufpause für den Kolibri. Angelockt von Farbe und Duft der Porzellanrose, saugt er ihren Nektar, verbreitet aber auch ihren Blütenstaub und gewährleistet so die Fortpflanzung der Blume.

Patrick Blanc

Bodenvegetation

Im tropischen Regenwald zeigen oberstes und unterstes Stockwerk – Kronendach und Boden – auffällige klimatische Gegensätze, die Zwischenschicht ist schwierig zu charakterisieren. Lediglich 1% der vollen Sonneneinstrahlung dringt im Mittel durch das Kronendach bis ins Unterholz, d.h. in den Bereich wenige Meter über dem Waldboden. Das gedämpfte Licht stammt von der durch das Blattwerk der oberen Schichten gefilterten diffusen Strahlung. Stellenweise erhellen Lichtschächte, die durch die Öffnungen im Kronendach den Weg hinunter finden, den Boden. Diese Lichtschächte spielen in der photosynthetischen Bilanz der Bodenvegetation, besonders in der der Baumkeimlinge, eine wichtige Rolle. Hinzu kommt, daß das Lichtspektrum durch die Filtration der Blätter überproportional viel dunkles Rot bis fast Infrarot enthält. Dies hat Auswirkungen auf die vielseitigen morphologischen Merkmale der Bodenvegetation.

Konstante Bedingungen

Die Luftfeuchtigkeit im Unterholz liegt immer über 85% und häufig auch beim Sättigungspunkt. Im Kronenbereich hingegen kann sie auf unter 40% absinken. Die Temperaturen liegen bei maximal 25° C und selten unter 20° C (während sie im Kronenraum über 40° C erreichen). Mit steigender Höhe sinkt die Temperatur im Mittel um 0,7° C pro 100 Meter. In tropischen Gebirgswäldern, die in Höhenlagen von 600 bis 1500 Meter einen besonderen Artenreichtum aufweisen, finden wir daher kühlere Temperaturen. Dank der windgeschützten Lage am Boden kann die Vegetation Lebensformen geringerer Stabilität ausbilden, was an windexponierten Stellen nicht möglich wäre. Die überaus geringe Luftbewegung geht mit hohen Kohlendioxidkonzentrationen einher, die innerhalb des ersten Meters über dem Waldboden auftreten. Diese Werte betragen das Doppelte der bei 500 bis 800 ppm liegenden Normalwerte und entstehen durch die Atmungsaktivität der Mikroorganismen, die für die mikrobiellen Umsetzungen der Streu sorgen. Der günstige Einfluß höherer Kohlendioxidkonzentrationen auf die Entwicklung der Bodenpflanzen ist bekannt, doch über ihre Photosynthese in situ wissen wir nichts Näheres. Das Bodenklima der tropischen Regenwälder weist sehr geringe Schwankungen auf. So gleichbleibende Bedingungen wie hier, die nur akzidentelle Störungen (Windwurf, Zyklone) erfahren, sind vermutlich nur noch auf dem Meeresgrund zu finden.

Hier im Unterwuchs, auf der Stufe niedriger Kraut- und Strauchschichten, die ihren gesamten Lebenszyklus am schattigen Waldboden verbringen, hat sich eine überaus große topographische Vielfalt entwickelt. Der meist dränierte, flache Boden ist mit einer Streuschicht bedeckt. In diesem Bereich gibt es viele Palmenarten, Pfeffergewächse *(Piperaceen)* und die meisten Rötegewächse *(Rubiaceae)*, um nur die wichtigsten Gruppen zu nennen. Immer wieder aber lockern tote Baumstümpfe, herabgefallene Äste, abgebrochene Stämme, Gestein, Felsen, Hänge und Senken, Bäche und Sumpfgebiete das einfache Relief auf. Und all diese verschiedenen Standorte haben ihre eigene Vegetation. Da, wo das abfallende Laub sich nicht sammeln kann, an Hanglagen und anstehendem Gestein, ist die Unterlage mit Moosen oder Flechten bedeckt oder auch nackt. Hier finden Pflanzen mit kleinwüchsigen Samen (unter 1 Millimeter) optimale Keimbedingungen, denn auf laubbedeckten Böden würden die Keimlinge innerhalb weniger Tage austrocknen. Die Hanglage ist ein bevorzugter Platz der meisten *Begoniae*, *Peperomia*, *Gesneriaceen* und *Melastomataceen*. Häufig entwickeln sie kleine, länglich geformte Rosetten, die vom höchsten Punkt der Erhebung herunterhängen. Auf Steinen und Hügeln finden wir auch die meisten Farngewächse und Moosfarne (*Selaginella*). Die mehr oder weniger überschwemmten tieferen Bodenlagen sind dagegen mit größeren Pflanzen besiedelt: *Monocotyledoneae* (Einkeimblättrige) aus der Familie der *Araceae*, *Marantaceae*, *Zingiberaceae* und *Commelinaceae*, deren Rosetten zwei bis drei Meter hoch werden. Die Ansiedlung und Ausbreitung von Bodenpflanzen, deren Wurzelsystem gewöhnlich nicht sehr stark entwickelt ist, wird durch ein ständig feuchtes Biotop begünstigt. Eine überaus dichte Vegetation treffen wir an Wasserläufen, Wasserfällen und Steinen, die aus dem Wasser ragen. Dagegen kann die Streuschicht am Waldboden weder Baumkeimlingen noch ausgesprochenen Bodenpflanzen optimale Bedingungen bieten.

Der Kampf um das Licht

Um das matte Dämmerlicht in diesen schattigen Lagen aufnehmen und optimal nutzen zu können, haben die Bodenpflanzen verschiedene Adaptationen ausgebildet. Die verholzten Stützgewebe sind schwach entwickelt, weil Holz durch Assimilation aus der Umwandlung von Traubenzucker entsteht und sein Aufbau den Energiebedarf der Pflanze erhöhen würde. Die Pflanzen sind wenig verzweigt, so daß die pflanzliche Biomasse hauptsächlich in Blättern gebunden ist. Viele Kräuter haben grüne Stengel und können damit assimilieren. Vornehmlich bei Pflanzen, die auf überaus feuchten Böden gedeihen, wird das Gewebe durch die Turgeszenz der pflanz-

Die Spiralform des für die Assimilation zuständigen Teils dieses Costus lanceolatus erlaubt der Pflanze, ein Maximum an Licht aufzunehmen.

lichen Zellen straff gehalten; Wasser verbraucht ja als Stützgewebe nur wenig Energie. Bei aller Mannigfaltigkeit haben die Wachstumsformen einen gemeinsamen Hang zur einfachen Struktur. Die strenge und ästhetische Linie entsteht durch den Umstand, daß die Blätter sich nicht gegenseitig überdecken. Die Blattzahl ist häufig gering, und die Wachstumsdynamik der scheiben- oder tropfenförmigen Pflanzen erfolgt, indem das jüngere

Die braunen Blätter der Psychotria ulviformis (Rubiaceae) sind unter dem abgestorbenen Laub sehr schwer auszumachen.

Blatt sich über das ältere setzt und es verdrängt. Diese sehr langsam fortschreitende Entwicklung wird durch die Tatsache, daß das Blattwerk 3 bis 4 Jahre lebt, kompensiert. Entsprechende Untersuchungen haben ergeben, daß der überwiegende Teil der photosynthetischen Vorgänge solcher Pflanzen bei 10 % der Gesamtstrahlung erfolgt. Bei der im Bodenraum herrschenden Lichtintensität von 1 % sind der Photosynthese also Grenzen gesetzt. Die daraus folgende Wachstumsverzögerung muß für die Pflanze jedoch nicht von Nachteil sein, denn alle Pflanzen, die hier unter nämlichen Bedingungen leben, erhalten die gleiche Lichtmenge. An dieser Stelle sei noch erwähnt, daß nach den vorhandenen Angaben zur Fülle der Lebensformen in tropischen Wäldern anzunehmen ist, daß die Hälfte der Regenwaldvegetation aus Kräuter- und Strauchschichten am Boden besteht, während andere Formen, wie Epiphyten, Lianen, Baumriesen nur 10 bis 20 % der Zusammensetzung bestimmen. Viele Formen der Bodenvegetation haben anatomische und physiologische Anpassungen ausgebildet, um das schwache Licht optimal nutzen zu können. Der seidige Glanz auf den Blättern mancher Arten ist zum Beispiel darauf zurückzuführen, daß jede Zelle der Epidermis ein winziges konvexes Dach bildet, das die Lichtstrahlen durch einen Lupeneffekt auf mehrere Chloroplasten bündelt. Auf diese Weise können auch im tiefsten Waldschatten einige Chloroplasten zur Photosynthese angeregt werden. Diese Pflanzen mit den satinartig glänzenden Blättern vertragen natürlich kein Sonnenlicht und gehen ein, sobald infolge eines Windwurfs Licht bis zum Bodenraum vordringt. Andere Arten haben braune Blätter, die durch zwei übereinanderliegende Farbschichten – Grün und Rot – entstehen, wobei die grüne Schicht aus einer einzigen Zellgewebsschicht mit Chloroplasten besteht, die sich genau unter der durchsichtigen Epidermis befindet. Das Licht trifft auf diese Zellschicht und wird zum größten Teil absorbiert. Der Rest tritt durch die rote Gewebsschicht, deren Färbung von dem Anthocyan in den Vakuolen stammt. Wie durch einen Spiegel wird dabei das Licht nach oben reflektiert, was eine Reizung der Chloroplasten auslöst. Das effektvoll schillernde Blau mancher Farngewächse, *Selaginellae* oder *Begonia pavonina* entsteht durch das Reflektieren bestimmter blauer Strahlen, die bei der Photosynthese nutzlos sind und daher nicht absorbiert werden. Die silbrig-weißen Flecken auf den Blättern vieler Bodenpflanzen sind eine Folge leerer und mit Luft gefüllter Epidermiszellen. Die Annahme, daß diese Flecken eine Anpassungsfunktion erfüllen, ist rein hypothetisch, doch besteht kein Zweifel, daß sie bei der Regelung des Gasaustausches im Blatt eine wichtige Rolle spielen. Überraschenderweise sind diese Merkmale – die braune Färbung, die silbrigen Flecken und auch die starke Behaarung der Stiele und Blätter, die wir bei manchen Arten finden – nicht mehr vorhanden, sobald die Pflanzen 10 bis 15 Zentimeter Höhe erreicht haben. Diese merkwürdige Grenze läßt sich mit den Hauptmerkmalen des Klimas, das in den unteren Bereichen kaum Veränderungen zeigt, nur schwer in Verbindung bringen. Der Kohlendioxidgehalt in den ersten Zentimetern über dem Boden ist zwar überaus hoch, aber allein dem Kohlendioxid eine morphogentische Aufgabe zuschreiben zu wollen, wäre reine Spekulation.

Im Dauerhagel von herabfallenden Zweigen und Ästen

Eine weitere Eigentümlichkeit der Unterholzvegetation besteht darin, daß sie dem unablässigen Bombardement durch herabfallendes Laub, kleine Äste, Zweige und Früchte aus den oberen Stockwerken des Waldes ausgesetzt ist. Zur Schadenvorbeugung haben die Pflanzen in diesem Bereich spezielle Anpassungen entwickelt.

So gibt es zum Beispiel nicht ein einziges ganzrandiges Blatt in waagerechter Stellung. Alle größeren Blätter (Palmen, Philodendren) sind in Teilblätter untergegliedert, so daß die Geschosse von oben in die Zwischenräume

Die blauleuchtenden Blätter der Begonia pavonina sind eine der vielen Formen der Anpassung der Pflanzen des tropischen Unterwuchses an den Lichtmangel der Umgebung. Der blaue Schein rührt von der Reflexion blauer Strahlung eines bestimmten Wellenlängenbereiches her, der bei der Photosynthese nicht genutzt wird.

fallen. Trichterförmige Pflanzen sammeln die herabfallenden Teile in ihrer Blattrosette, wo sie in Humus umgewandelt werden. Das wiederum begünstigt die Wurzelbildung nicht nur der betroffenen, sondern auch der benachbarten Pflanzen.

Charakteristisch für die Blätter tropischer Gehölze sind auch die langausgezogenen Blattspitzen, die Träufelspitzen genannt werden. Die Spitzen sollen den Ablauf des Wasserfilms von der Blattoberfläche beschleunigen, der die Atmung und die Assimilation erschwert.

Bei vielen wasserspeichernden Sukkulenten, die leicht zu Bruch gehen, kommt es durch fallende Äste oder vorbeiziehende Tiere tatsächlich zu Verwundungen. Diese können der Pflanze oftmals auch von Nutzen sein, weil sie die vegetative Vermehrung durch natürlich entstandene Ableger begünstigen. Dieses Verfahren, das auch im Gartenbau zur Vermehrung bestimmter Pflanzen eingesetzt wird, hat in der Natur wesentliche Aufgaben zu erfüllen. Es ermöglicht, daß bestimmte Pflanzen nach wiederholten Brüchen beiderseits eines Pfades wieder nachwachsen können. Die Bruchstelle vernarbt, ein *Kallus* entsteht, der erst Wurzeln, dann einen Sproß treibt. So kann das Blatt oder das Blattfragment die Wirkung eines Samenkorns haben. Im allgemeinen haben Bodenpflanzen ein stark ausgeprägtes vegetatives Fortpflanzungsvermögen. Die Vermehrung erfolgt entweder durch basale Triebe am Mutterstamm oder durch Ausläufer *(Stolonen)* und Flagellaten. Diese entstehen an den Enden kleiner Lianengewächse, die wieder zum Boden zurückwachsen und sich nach der Bewurzelung auf einer neuen Stütze niederlassen. Namentlich bei den *Zingiberaceen* (Ingwergewächse) kommt es vor, daß die Blütenstände anstelle von Früchten Brutzwiebeln hervorbringen.

Die Blüten der Bodenvegetation sind oft recht unscheinbar. Es gibt jedoch einige Ausnahmen, zu der die Familien der Gesneriaceen und Zingiberaceen gehören. Die äußeren Blütenteile wie Kelchblätter, Fruchtknoten, Deckblätter und Blütenstandsachsen müssen aber nicht genauso farblos sein wie die Blütenblätter. Viele Bodenpflanzen haben fleischige Deckblätter in auffälligen Farben, namentlich *Araceen*, *Heliconiaceen* (Bananengewächse), *Zingiberaceen* und *Rubiaceen*. Und obwohl die Blütenkrone im allgemeinen bald verblüht, überdauern die Deckblätter dafür wochen- und monatelang und dienen als Lockmittel für die bestäubenden und samenverbreitenden Tiere. Zusätzlich sind die Früchte in der Regel leuchtend gefärbte Beeren. So sind die vielen bizarren Blattformen letztendlich darauf zurückzuführen, daß die Pflanzen nicht nur auf die Blütenblätter Wert legen, sondern auch andere Pflanzenteile schön und bizarr ausbilden.

Im Unterholz sind nicht die Blüten selbst der Anziehungspunkt, sondern die buntgefärbten Deckblätter, wie bei diesem Zingiber spectabile in Malaysia.

Um in der Trockenheit zu überleben, hat der Affenbrotbaum sein Blattpotential verringert und speichert das Wasser in seinem Stamm. Jeder Affenbrotbaum kann daher bis zu 120 000 Liter Wasser speichern. Wenn diese riesenhaften Bäume absterben, zerfallen sie sehr schnell, da sie hauptsächlich aus schwammartigem Gewebe bestehen.

Die tropischen Trockenwälder

Christophe Lorgnier du Mesnil

Wer durch die Tropen reist, muß zu seinem Erstaunen feststellen, daß der immergrüne tropische Regenwald, mit dem wir uns im vorhergehenden Kapitel befaßt haben, abrupt in andere Vegetationsformen übergehen kann. So wird das eben noch überwältigend üppige Landschaftsbild plötzlich von den kargen Flächen sogenannter Trockenwälder und Baumsavannen abgelöst. Diese beiden überaus unterschiedlichen Ökosysteme, die zeitweise über Zwischenformen wie Galerie- oder Uferwälder ineinander übergehen, weisen jeweils ganz eigentümliche Merkmale auf und sind deshalb leicht an ihrer äußeren Erscheinung, ihrer Funktionsweise und ihren Ansprüchen erkennbar.

In diesem Kapitel befassen wir uns also mit den Vegetationsformen zwischen den ausgedehnten Halbwüstengebieten der innertropischen Zone und den immergrünen tropischen Regenwäldern. Angesichts der Vielseitigkeit der Formationen müssen wir uns allerdings auf einige vereinfachende Darstellungen beschränken. Hier sei noch erwähnt, daß die gemischte Vegetation der humiden bzw. der trockenen Tropen oft als Mosaikstruktur bezeichnet wird. Das Hauptkennzeichen dieser offenen Wälder besteht darin, daß die Bäume nach und nach Anpassungen entwickelt haben, mit denen sie die Dürrezeiten überstehen können.

Die Niederschlagsmengen

Mit zunehmender Entfernung vom Äquator verändern sich die Niederschlagsmengen. Der Wandel in der Temperatur ist weniger ausgeprägt. Die Regenfälle treten periodisch auf, und Trockenzeiten bestimmen nun die Entwicklung einer strauchartigen Vegetation, die sich den ungünstigen Bedingungen anpassen muß. In trockenen Monaten wird mehr Bodenwasser verdunstet, und die Pflanze transpiriert auch stärker (Evapotranspiration). Laut Definition ist es in Trockenmonaten also nicht möglich, den Wasserbedarf der Pflanze zu decken, evapotranspiratorische Verluste werden nicht ausgeglichen.

Die äquatoriale Zone zeichnet sich ganzjährig durch gleichbleibende Temperaturen (25 bis 30 °C) und gleichmäßig wiederkehrende Regenfälle aus. Die Niederschlagsmenge beträgt über 2 000 mm im Jahr. Dies läßt eine feuchtwarme Atmosphäre mit optimalen Wachstumsbedingungen für die Vegetation entstehen. Außerhalb dieser sogenannten innertropischen Konvergenzzone ist eine gleichmäßige Verteilung der Niederschläge im Jahresgang nicht mehr gegeben, so daß es allmählich zu Trockenperioden kommt.

In einer ersten geographischen Zone hat die Trockenzeit eine Dauer von weniger als zweieinhalb Monate. Die Niederschlagsmenge bleibt jedoch gleich, so daß sie auch hier 2 000 mm und mehr im Jahr erreicht. Eine derart kurze Trockenperiode kann von der Vegetation ohne größere physiologische Anpassungen verkraftet werden. Deshalb können hier noch Baumarten gedeihen, die ihr Laub nicht zugleich abwerfen. Das Laub fällt nicht zu einer bestimmten Zeit, sondern wächst kontinuierlich nach.

In einer weiteren Zone liegen Gebiete, in denen zuweilen zweimal im Jahr über zweieinhalb Monate lang Dürreperioden von unterschiedlicher Intensität und extreme Temperaturen auftreten. Hier werden die tropischen Regenwälder von Wäldern, kleineren Waldformationen und Savannen abgelöst, deren Vegetation Anpassungen an die Jahreszeiten zeigt. Während der Trockenperiode verlieren die Bäume das Laub und müssen Strategien entwickeln, um Wasser zu sparen.

In anderen Gebieten, besonders in Asien, treffen wir auf einen Zwischentyp: die Monsunregenwälder. Hier gibt es zwar noch feuchte Wälder (Niederschlagsmenge 400 Millimeter pro Monat), aber nach dem Monsun folgt eine Trockenperiode. Die Üppigkeit der tropischen Regenwälder ist deshalb nicht mehr gegeben. Monsunregen fallen auch in den großen Grenzgebieten dieser Region (Kap der guten Hoffnung, Saudi-Arabien), doch gehen sie hier unregelmäßig nieder. Vorherrschend ist eine Trockenvegetation, die in sehr trockene Pflanzengesellschaften übergeht (Dornsavanne).

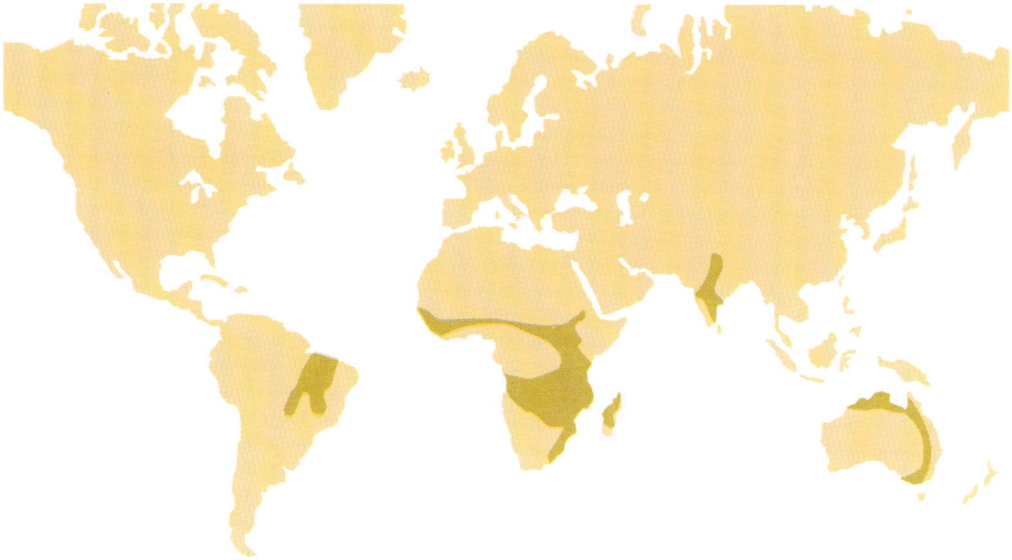

Adaption an die Trockenheit

Entsprechend der Änderung der Niederschlagsmenge und der damit verbundenen ausgeprägteren Trockenzeiten, werden die immergrünen Bäume der Feuchtgebiete allmählich von laubabwerfenden Baumarten verdrängt. Diese Erscheinung äußert sich zunächst in der oberen Schicht (Kronendach) und geht dann allmählich in die unteren Stockwerke des Waldes über. Die Überlebensstrategie der Vegetation ist einfach: möglichst viel Wasser sparen.

Die Struktur ist ähnlich wie in den immergrünen Wäldern, nur die Artenanzahl ist geringer. Es entwickeln sich Baumformen von niedrigerem Wuchs. Häufig können wir beobachten, daß aus der hier dicken und rissigen Baumrinde ein gummiartiger Saft fließt. Die Baumkronen verbreitern sich zu ausladenden Schirmen, die Blütenstände treiben nun oftmals direkt am kahlen Ast- und Zweigwerk aus. Zum Schluß sind dann alle typischen Merkmale tropischer Baumformationen, wie Lianen, Ausläufer und Epiphyten, restlos von der Bildfläche verschwunden.

Um die Evapotranspiration zu beschränken, werden kleinere Blätter ausgebildet; während die einen Blätter sich mit dem Sonnenstand drehen, um der vollen Bestrahlung zu entgehen, verwandeln die anderen sich in Dornen, das sind verholzte Organe, die nichts verdunsten (*Dideraceen*, *Liliaceen*, Kakteen). Aber trotz reduzierter Blattfläche kann der Baum assimilieren. Diese Aufgabe wird nun – zusammen mit der Chlorophyllproduktion – auf Zweige und Äste verlagert; alle lebenswichtigen Funktionen bleiben so erhalten. Bei der Akazie, der Königin der Savanne, haben die Blattspreiten die breite, gerundete Form abgelegt und sind in viele Teilblätter zerteilt. Diese können nach unten geklappt werden und reduzieren so den Verdunstungsprozeß auf ein absolutes Mindestmaß.

In trockenen Gebieten ist Wasser mehr als irgendwo sonst Inbegriff für Leben. Zahlreiche Tiere versammeln sich hier. Flußpferde, Elefanten, Giraffen, kleine Pflanzenfresser (Gazellen und Antilopen) und Raubkatzen jeder Größe finden sich ein, um sich zu erfrischen, aber auch, um zu jagen.

Die Wüstendattel (*Balanites aegyptiaca*), die in sich sämtliche Adaptionen (lange Stacheln, hartes Laub, assimilierende Zweige) vereinigt, konnte auf diese Weise die schweren Dürrejahre von 1970 bis 1980 unbeschadet überstehen. Am gleichen Standort wachsen Bäume, die das Wasser im Stamm auf Vorrat speichern (Baobab, Palmyrapalme, Flaschenbaum, Baum der Reisenden). Ein Baobab (*Adansonia digitata*) kann bis zu 120 000 Liter Wasser in seinem Stamm fassen!

Der Wiederaustrieb der Blätter erfolgt meist direkt vor Einsetzen der Regenfälle, so daß eine optimale Nutzung der Feuchtigkeit gewährleistet ist. Ausschlaggebend dafür ist aber wohl mehr die Temperaturveränderung als die Luftfeuchtigkeit. Die Entfaltung der jungen Triebe hängt allein von ausreichender Luftfeuchtigkeit ab.

Auf sehr bemerkenswerte Weise haben sich auch die 500 Eukalyptusarten Australiens an das Leben in Wüstengebieten und gemäßigten Zonen unter so unterschiedlichen Bedingungen angepaßt. Die feuchten Hartlaubwälder Tasmaniens beherbergen einen der größten Bäume der Welt, *Eukalyptus regnans*. Gleichzeitig trifft man im Innern der Wüste Zwergeukalypten in Mischbeständen mit Gummibäumen. Andere Varietäten haben spezielle Anpassungen ausgebildet, um die hier alljährlich wütenden riesigen Buschbrände zu überstehen.

Vegetationsformen

Galeriewälder
Galeriewälder ziehen sich in der Regel an Flußläufen entlang. Oft reichen sie noch bis weit in schon wüstenartige Formationen hinein. Unter den beteiligten Bäumen treffen wir auch Arten an, die in immergrünen Regenwäldern vorkommen. Sie nutzen das Bodenwasser in Verbindung mit der Luftfeuchtigkeit. Anpassungen an Trockenheit sind so überflüssig. Daher darf dieser Waldtyp der eigentlich ariden Gebiete noch als ein letzter Ausläufer der immergrünen Regenwälder gelten. Sie sind Treffpunkt für Tiere und Menschen in sonst karger Umgebung.

Galeriewälder haben eine ungleichmäßige Struktur. Einmal bedecken sie nur einen knapp bemessenen Saum am Ufer, ein anderes Mal breiten sie sich über mehrere hundert Meter aus. Dies kommt vor allem dann vor, wenn das Grundwasser an die Oberfläche steigt und eine entsprechend große Fläche mit Feuchtigkeit versorgt. An schmalen Wasserläufen sehen wir, daß die Bäume beiderseits des Ufers ein gemeinsames Kronendach bilden und die Stämme sich zum Fluß hin neigen, um die vom Wasser reflektierte diffuse Strahlung aufzufangen.

Der Aufbau der Galeriewälder hängt von der Größe des Wasserlaufes ab, der sie speist. Bisweilen beschränkt sich der Wald auf einen Uferstreifen, er kann aber auch mehrere hundert Meter breit sein.

Immergrüne Trockenwälder
Dieser Waldtyp stellt ganz offensichtlich die Fortsetzung des immergrünen Regenwaldes dar. Er unterscheidet sich von ihm hauptsächlich durch eine geringere Höhenentwicklung, einfachere Baumstrukturen und ausgeprägten Jahresrhythmus.

Die Niederschlagsmenge beträgt 1700 Millimeter, ist sehr ungleichmäßig über das Jahr verteilt und kann auch von Jahr zu Jahr stark schwanken; die Trockenperiode beginnt im November und dauert bis April. Unter diesen Bedingungen erreichen die höchsten Bäume in Birma und in den Darlac-Wäldern (Vietnam) knapp 40 Meter. In Indien, wo die Niederschlagsmengen geringer ausfallen (1000 bis 1600 Millimeter), werden die Bestände gerade 20 Meter hoch und in den Teak-Wäldern, wo der Regen noch spärlicher fällt, wird nicht einmal diese Größe erreicht. Nur an wenigen günstigen Standorten sind Bäume anzutreffen, die fast 40 Meter hoch sind. Und in den Trockenwäldern von West-Madagaskar befindet sich das Kronendach ganze 15 Meter über dem Boden.

All diese Formationen sind einfach strukturiert. Sie haben eine Baum- und eine Strauchschicht; die Ausbildung einer nennenswerten Krautschicht ist wegen der ungünstigen Lichtverhältnisse am Boden nicht möglich.

Die Böden der immergrünen Trockenwälder lassen sich nur schwer beurteilen. Vermutlich handelt es sich um sogenannte Sekundärböden, d.h. sie sind aus ehemals gerodeten Flächen hervorgegangen. Nach Abschluß der landwirtschaftlichen Nutzung, die der Urbarmachung folgte, siedeln sich die Bäume von selbst wieder an. Normalerweise werden beim Roden einer Waldfläche einige große Bäume mit besonders hartem Holz stehengelassen, weil sie schwierig zu fällen sind und schwer brennen. Sobald die Menschen dann die Lichtung aufgeben, um an anderer Stelle neu zu beginnen, dienen diese Bäume als Samenspender, und der Wald erobert rasch seinen Platz zurück. Infolge der höheren Lichtintensität werden sich hier allerdings auch Pionierpflanzen ansiedeln, und der neue Waldbestand wird mit der ursprünglichen Vegetation niemals identisch sein. Daher sprechen wir von «Sekundärwald»

Offene Trockenwälder
Die Frage, ob es sich bei dieser Vegetationsform noch um einen Wald handelt, ist sicher berechtigt. Die Siedlungsdichte ist gering, und durch das schüttere Kronendach der vereinzelt stehenden Bäume dringt so viel Licht, daß die Entwicklung einer mehr oder weniger dichten Krautschicht begünstigt wird.

Dieses Phänomen wurde an einem Beispiel in Indochina beschrieben. Dabei wurde als wichtigster Entwicklungsfaktor genannt, daß mehr Licht als Schatten auf den Boden gelangt. Obwohl die Niederschlagsmenge hier immerhin 2000 Millimeter im Jahr beträgt, kann sie die Auswirkungen der Trockenzeit nicht auffangen. Lichte Trockenwälder werden alljährlich von Bränden heimgesucht, was wohl für die Milieuverarmung ausschlaggebend ist. An Stellen, die vom Feuer verschont bleiben, treten zuweilen auch die für eine Regenwaldvegetation typischen Lebensformen auf, die sich hier ungestört von klimatischen Einflüssen entwickeln können. Ganz offensichtlich sind die Spuren der menschlichen Eingriffe in diesem Vegetationsbereich: Beweidung, Ackerbau, Jagd und Sammeln von Holz beeinflussen ihn entscheidend.

Die Vegetation zeigt vielerorts Anpassungen an das extreme Klima und die wiederkehrenden Brände, z.B. treiben aus den Wurzelstöcken *(Rhizome)* nach Einsatz des Regens Schößlinge. Die Tierwelt wird von den Herden großer Herbivoren wie Antilopen, Gazellen, Horntieren und Zebras bestimmt. Sie finden einfach neue Weideplätze und verteidigen sich hier leicht gegen Raubtiere. Es gibt kleine Wirbeltiere wie Eidechsen und Kröten, die vor dem Feuer in unterirdischen Höhlen Schutz suchen, während Schlangen, Ratten und Eichkätzchen sich in die Luftschächte der Termitenbauten retten. Die in Trockenzonen weit verbreiteten Termiten gehören zu den sozialen Insekten. Ihre Ernährungsweise ist

Das Übergangsgebiet zwischen Wald und Savanne sagt den großen Pflanzenfressern zu. Der Elefant beispielsweise kann sich hier leichter fortbewegen als im Dschungel, da Stämme und Äste hier lichter stehen.

unterschiedlich. Die einen leben von frischem oder auch von vermoderndem Holz *(Saproxyliten)*, andere halten sich an pflanzliche Abfälle, eventuell in Symbiose mit Pilzen. Die Makrotermen ernähren sich z. B. von pilzbewachsenen Holzlaiben, die sie bei gleichbleibender Temperatur (28–29°) und Luftfeuchtigkeit im Termitenbau aufbewahren. Durch das Pilzmyzel wird das Holz zersetzt und dient den Termiten als Nahrung.

zuweilen 2 Meter und beherrscht eine Zwischenstufe mit Gräsern und rosettenförmigen Polsterpflanzen. In den Niederungen stehen die Bäume in kleineren Beständen versammelt, während sie in höheren Lagen nur noch vereinzelt oder überhaupt nicht mehr auftreten. Beispiele für diesen Typus finden wir in den südamerikanischen «Campos» oder «Llanos», im Amazonasgebiet, in Indien und Südostasien sowie im Herzen Madagaskars.

Die Savanne, ein ehemaliger Wald, der Brand, Überweidung, der Abholzung durch den Menschen oder einfach Klimaveränderungen zum Opfer gefallen ist, weist in der Hauptsache Grasbewuchs auf.

Der offene Wald ist also über die gesamten feuchten und trockenen Tropen verbreitet, wobei er je nach Standort unterschiedliche Strukturen und Vegetationsformen aufweist. Allen Gebieten gemeinsam ist jedoch eine geringere Artenzahl. Im Norden der äquatorialen Zone Afrikas befinden sich, über die Savannengebiete verstreut, nur noch kleine Inseln lichter Wälder.

Savannen

Savannen sind genau genommen keine Wälder. Doch werden sie in diesem Rahmen trotzdem erwähnt, denn einige Autoren vertreten die Ansicht, daß Savannengebiete aus ehemaligen Wäldern entstanden sind.

Nach der herkömmlichen Vorstellung bestehen Savannen aus weiten Grasfluren mit einigen Bäumen und einer kargen Buschvegetation. Die Krautschicht erreicht

Für das übergangslose Nebeneinander der für Savannen typischen Grasfluren und der tropischen Regenwälder, die wir im Kongobecken und in Zaïre antreffen, hat man allerdings noch keine einleuchtende Erklärung finden können.

Nach den Grassavannen finden wir Savannenarten mit dichteren Gehölz- oder Baumgürteln. Wir reden von einer Buschsavanne, sobald die Sträucher mit 5% in der gesamten Bodenvegetation vertreten ist. In manchen Gegenden beträgt dieser Anteil 50%. In der Lamto-Savanne (Elfenbeinküste) werden die Bäume selten höher als 8 Meter; 10% des Bodens ist mit niedrigen Bäumen von 4 bis 8 Metern bedeckt, und 40% beträgt der Anteil von Strauch- und Buschgewächsen. Über die ganze Flur verteilt sind Mimosen, Akazien und Palmen. Auch weite Teile Nordaustraliens (Kimberley) sind von «Woodlands» bedeckt; hier finden wir unter einer Schicht Eukalypten die 3,5 Meter hohen Riesengramineen (vor allem *Sorgho*gewächse). Im Campo Cerrado (Brasilien) wiederum wachsen 4 bis 8 Meter hohe knorrige Bäume. Sie wachsen in kleinen, lichten Beständen und bilden ein schütteres Kronendach, das einen Großteil des einfallenden Sonnenlichts auf den Boden durchläßt.

se Einbrüche durch Klimaveränderungen bewirkt? Alles ist möglich. Doch scheint es so, daß die Savanne aus der Summe all dieser Faktoren entstanden ist. Wie wir wissen, befindet sich das Rift-Tal in Ostafrika in einer Zone, die einst mit Wäldern bedeckt war und durch die Ausbildung der Senke verändert wurde. In den afrikanischen Tropen (Kamerun, Elfenbeinküste) ist der Rückzug der

Der Tiger war früher ein Bewohner der asiatischen Trockenwälder. Der immer größere menschliche Siedlungsdruck hat seinen Lebensraum beträchtlich eingeengt. Sogar die Reservate, die eigens zu seinem Schutz eingerichtet wurden, sind durch Beweidung und Holzsammler gefährdet.

Es kommt häufig vor, daß sich die hochgewachsenen, hart versteiften Gramineen bis unter die niedrigen Baumäste schieben, und das über 5 Meter hohe Elefantengras bildet einen undurchdringlichen Busch. Die Kräuterdecke besteht aus mehrjährigen Stauden, sowie Einjährigen mit Knollen, Wurzelstöcken und Zwiebeln. Die sogenannten Sukkulenten dienen während der Trockenperiode als Wasserspeicher, was vor allem die «Bushmen» in Südafrika und Namibia zu schätzen wissen.

Häufig sind die Wüstengebiete von ariden Buschlandschaften durchsetzt, die mit ihren Strauchakazien und anderem xeromorphem Gebüsch mehr oder weniger deutliche Übergänge zu den oben beschriebenen Vegetationsformen bilden. Die Sahel-Zone am südlichen Rand der Sahara ist das bekannteste Beispiel dafür. Weitere Gebiete dieser Art finden wir im Südwesten der Vereinigten Staaten, in Mexiko (*Cactus candelabres*) und in Australien. Der Regen fällt in unregelmäßigen Abständen und beträgt nur noch 500 Millimeter im Jahr, wenn er saisonbedingt einsetzt.

Die Frage nach dem Ursprung der Savanne löst immer wieder Kontroversen aus. Sind es ehemalige Wälder, die durch menschliche Eingriffe wie Brandrodung, Überweidung und Abholzung zerstört wurden, oder wurden die-

Wälder hauptsächlich auf den großen Brennholzbedarf der Bevölkerung zurückzuführen. Im Sahel ist die Umwandlung der Strauchschicht in Grassavannen eine Folge der Überweidung, in Madagaskar eine Auswirkung der Brände. Nach diesen gewaltsamen Eingriffen ist eine Regeneration des Waldes nicht mehr möglich.

Mit Recht weisen Weide-Fachleute darauf hin, daß derartige Entwicklungen mit Hilfe des «game ranching» gebremst werden könnten. Diese Methode besteht in der künstlichen Aufzucht afrikanischer Großwildarten mit guten Anpassungen an die extremen klimatischen Bedingungen, an Krankheitserreger und Parasiten, die auch instinktiv die Zerstörung der einheimischen Vegetation und der Böden vermeiden würden.

Nutzung der Hölzer

Gemessen an der lokal verfügbaren Menge, ist der Holzverbrauch der Bevölkerung auch in den heißen, trokkenen Zonen der Erde immens hoch. Aus Holz sind Waffen, Werkzeuge, Gegenstände für Haus und Küche, weitere Anwendungsgebiete sind Medizin, Bekleidung, Nahrung und Viehfutter, handwerklich-künstlerische und rituelle Zwecke. Der Holzstab ist allgegenwärtig: Krücke für Alte und Kranke, Hirtenstab, Küchengerät,

Traghilfe, Machtsymbol und ritueller Gegenstand. Er ist aber nicht aus irgendwelchem beliebigem Holz. Die Sahel-Bewohner schlagen sie aus den meterlangen Wurzeln der *Acacia tortilis* heraus, wodurch der ganze Baum in Mitleidenschaft gezogen wird.

Holz ist die Lebensgrundlage für Mensch und Tier, und einige Holzarten scheinen für die wirtschaftliche Nutzung in ihrer Heimat prädestiniert zu sein. Das beste Beispiel dafür ist das Holz der *Balanites*. Es ist termitensicher und daher für alle Gegenstände, die am Boden aufbewahrt werden, hervorragend geeignet: für Bettgestelle und Sattelgestelle der Kamele, die bei jedem Halt abgenommen werden. Das Holz läßt sich gut bearbeiten, zu Mörsern und Stößeln formen – und zu Axtstielen, um weitere Balaniten zu schlagen.

Kampf gegen die Desertifikation

Die Desertifikation ist eine ständige Bedrohung der Dürrezonen, und dadurch, daß man sich über die Auslegung des Begriffs noch streitet, wird der Umfang der Katastrophe sicherlich nicht geringer. Die Desertifikation als Folge der Raubbauwirtschaft an den natürlichen Ressourcen bewirkt, daß die Produktivität der Böden unaufhaltsam sinkt. Die Verarmung an Vegetationsdecken hat bedrohliche Ausmaße angenommen und kommt um so rascher voran, als sie durch die Eingriffe des Menschen noch gefördert wird. So wird der Mangel an landwirtschaftlich nutzbaren Flächen für die wachsende Bevölkerung in den Entwicklungsländern zu einer schmerzhaften Realität, die nicht nur in die ökologische, sondern damit verbunden auch in die wirtschaftliche und soziale Katastrophe führen wird.

Mittlerweile wurde schon eine Reihe von Gegenmaßnahmen entwickelt. Mehrere Projekten befassen sich mit dem Phänomen, dessen Ursachen inzwischen besser verstanden werden. Internationale staatliche und nichtstaatliche Organisationen beschäftigen sich mit dem Problem, und beträchtliche Mittel stehen zur Verfügung. Doch kann der Kampf gegen die Desertifikation nur dann gelingen, wenn entsprechende Maßnahmen in entwicklungspolitische Entscheidungen integriert werden.

Die Aussicht auf Erfolg hängt jedenfalls davon ab, daß solche Aktionen unter Einbeziehung der betroffenen Bevölkerung und in Abstimmung mit allen Beteiligten durchgeführt werden. Die Menschen haben diese katastrophale Lage herbeigeführt und müssen deshalb auch bei ihrer Beseitigung mithelfen. Technische Maßnahmen zur Bekämpfung des Phänomens werden bereits durchgeführt. Die lange Liste umfaßt Wiederaufforstungen, verbesserte Beweidungsmethoden, die Anlage neuer Wasserstellen, die Einrichtung von Naturschutzgebieten, die Begrenzung der Viehzahlen, die Errichtung von Baumwänden und Buschhecken, die Anpflanzung baumartiger Futterpflanzen, Maßnahmen zur Boden- und Sandstabilisierung, Maßnahmen gegen Wind- und Regenerosion, Intensivierung der Forschung. Die Bewältigung einer solchen Aufgabe setzt jedoch auch ein politisches Bewußtsein voraus. Deshalb müssen diese technischen Lösungen durch Ausbildungs- und Informationsprogramme ergänzt werden, um die einheimische Bevölkerung aufzuklären.

Der Abbau des Analphabetentums bei Kindern und Erwachsenen, eine bessere Verkehrsanbindung der betroffenen Zonen, Bodenreformen, die Dezentralisierung und Rationalisierung der politischen Institutionen und die Regelung juristischer und administrativer Fragen sind

Koalabär und Eukalyptusbaum bilden eine untrennbare Lebensgemeinschaft der australischen Trockenwälder. Die Blätter des Baumes sind die einzige Nahrung des Tieres. Durch das darin enthaltene Wasser kann der Koalabär leben, ohne zu trinken.

notwendig. Dies erfordert einen breit gefächerten Maßnahmenkatalog. Dabei ist die moderne Nachrichten- und Satellitentechnik ein überaus nützliches Hilfsmittel. Sie ermöglicht die Untersuchung der aktuellen Bedingungen und erleichtert die Problemdiagnose in den Bereichen der Geologie und Klimatologie sowie der Land- und Forstwirtschaft. Hier hat die Arbeit des Zwischenstaatlichen Komitees zum Kampf gegen die Dürre im Sahel (CILSS) bereits konkrete Ergebnisse gebracht. Diese Organisation wurde nach der dramatischen Dürreperiode der siebziger Jahre ins Leben gerufen.

Die Fauna

Der Artenreichtum der wildlebenden Tiere kann sich mit der Vielfalt der Böden durchaus messen. Besonders beeindruckend sind hier die Großtierherden und Massenansammlungen, die großes touristisches Interesse erwecken.

Die Vielseitigkeit erstreckt sich auf die gesamte Fauna; mit der Entwicklung der Großsäuger (Fleisch- und Pflanzenfresser) im Rahmen des ökologischen Gleichgewichts werden wir uns gesondert im nächsten Kapitel befassen.

In den trockenen Savannen wird der alleinstehende Baum für alle geflügelten Tiere zur Rast- und Ruhestätte. Insektenfresser werden hier eine obligatorische Pause einlegen, um sich zu stärken. Die Honigdipteren, von den Blüten des Akazienbaumes angelockt, sind ihrerseits die bevorzugte Speise der Grasmücke. In Saudi-Arabien, im Reservat Mahazed Assaid, gibt es nur eine Baumart von nennenswerter Größe (*Maerua crassifolia*), die nicht an den Folgen der Überweidung zugrunde ging. Die großen Wüstenvögel, wie der nubische Geier mit 1,5 Meter Flügelspannweite, finden hier ein einmaliges Angebot an Nistplätzen, wo sie ungestört brüten können. Weiteres Obdach bietet der Savannenbaum einigen Raubtieren (Wüstenkatze, Leopard), die tagsüber im Schatten der dichten Blätter dösen, um in der Nacht auf Jagd zu gehen.

Aber auch um seiner selbst willen ist dieser Baum begehrt. Elefanten, Giraffen und Antilopen laben sich an Blattwerk und Rinde, die Paviane halten sich an Samen und Früchte. Hinzu kommen die Heuschreckeninvasionen, die für die lichten Trockenwälder in den Niederschlagszonen unter 500 Millimeter im Jahr eine ernsthafte Bedrohung darstellen. Am aktivsten ist die Pilgerheuschrecke aus Pakistan, die innerhalb weniger Generationen die Atlantikküsten Afrikas erreicht. In der Bibel wird sie als achte Plage Ägyptens erwähnt. Die Fortpflanzung der Pilgerheuschrecke erfolgt an den Stränden des Roten Meeres, in der Region des Tschad-Sees und in Nordafrika im inneren Niger-Delta. Das Nigergebiet und Mali sind dagegen das Hauptrevier der Wanderheuschrecke. Heuschreckenschwärme können weite Gebiete zwischen dem Sahel und Südafrika durchwandern und darüber hinaus noch in Madagaskar große Schäden anrichten. In Zentralasien und China gibt es zwei Unterarten der Wanderheuschrecke. Auch Australien und Brasilien gehören zu den Ländern, die von der Heuschreckenplage heimgesucht werden. Auch sie haben ihre spezifischen Arten, die ihren afrikanischen Verwandten an Gefräßigkeit nicht nachstehen.

Am Rande des Regenwaldes beginnt der Trockenwald und die Baumsavanne. In Afrika ist dies das Reich der großen Pflanzenfresser und Raubkatzen, wie zum Beispiel dieses Leoparden, der von der Höhe einer abgestorbenen Akazie seine künftige Beute, eine Antilope oder ein Gnu, beobachtet.

Christophe
Lorgnier du Mesnil

Wildlife-Management

Im Mittelpunkt waldwirtschaftlicher Maßnahmen steht die Erhaltung der vielseitigen Lebensformen. Diese Vielfalt beinhaltet alle Tier- und Pflanzenarten, die in einem Ökosystem anzutreffen sind. Wie aus entsprechenden Langzeituntersuchungen hervorgeht, liegt der Reichtum an Vogelarten in heterogenen Naturwäldern trotz geringer Populationsdichte dreimal höher als in Kulturwäldern. Dieses überaus reiche, aber weitgehend noch unerforschte Potential an Lebensformen ist heutzutage ernsthaft gefährdet.

Wie es scheint, konnte in den Industriestaaten inzwischen ein gewisses Gleichgewicht erreicht werden. In den Ländern der Dritten Welt ist das jedoch längst nicht der Fall. Das starke Bevölkerungswachstum führt zu einem steigenden Bedarf an Ackerland, um die Versorgung der Einheimischen und darüber hinaus die Herstellung exportfähiger Agrarprodukte zu sichern. Deshalb können gerade die Länder im Amazonasgebiet, in Schwarzafrika sowie in Südostasien nicht auf die integrierte Bewirtschaftung ihrer Gewässer und ihrer Böden, ihrer Fauna und ihrer Flora verzichten. Die Rinderzucht deckt den Proteinbedarf der Bevölkerung nicht, die immer noch die wildlebenden Tiere als wichtigsten Eiweißlieferanten sieht. Ganz im Gegenteil, die geringen Erträge haben manche Züchter zu einer Aufstockung ihrer Viehherden veranlaßt. Die daraus resultierende Überweidung hatte für die Umwelt katastrophale Folgen (z. B. Brasilien, Sahelzone). Problematisch ist außerdem das Auftreten von endemischen Krankheiten, in Afrika u. a. die tierische Schlafkrankheit, aber auch Parasiten, Würmer und Fruchtbarkeitsstörungen, die die Rinderzucht verteuern. Fazit: In Afrika liegt der Wildbretanteil trotz Jagdverbots nach wie vor bei über 50 % des gesamten Fleischkonsums.

Unter Umständen könnten einige Probleme abgemildert werden, wenn man anstatt der Rinder Wasserbüffel hielte. Diese sind bezüglich des Futters nicht so anspruchsvoll und liefern nicht nur Milch und Fleisch, sondern auch Arbeit.

Die Tropenländer

Es ist überaus schwierig, das Verhältnis zwischen im Wald produzierter Biomasse und wildlebenden Tieren numerisch anzugeben, weil uns genauere Zahlen über Wildpopulationsdichte und Biomasse der Regenwälder fehlen. Die Gründung der ersten afrikanischen Nationalparks (Krüger-Park, Südafrika, 1898) und der Abschluß internationaler Konventionen bildeten jedoch den Auftakt für zahlreiche Maßnahmen zur Erhaltung und Ermittlung der faunistischen Bestände in den Tropen. Nun gilt es, die betroffene Bevölkerung in diese Aktionen miteinzubeziehen und ihre wirtschaftlichen Bedürfnisse bei der Umsetzung dieser Maßnahmen realistisch einzuschätzen.

Der Tropenwald-Aktionsplan (PAFT)

Eine Wildhege nach dem Modell, das für die Länder der gemäßigten Breiten üblich ist, wäre für tropische Gebiete völlig ungeeignet. Die Ernährungs- und Landwirtschaftsorganisation der Vereinten Nationen (FAO) hat in Kooperation mit nationalen Stellen einen Tropenwald-Aktionsplan ins Leben gerufen, der um weitere Maßnahmen zum Schutz der wildlebenden Fauna ergänzt werden soll. Bis er Früchte trägt, werden allerdings noch Jahre vergehen.

Die Bestandsaufnahme

Der Begriff «Bestandsaufnahme» ist hier in engerem Sinn zu verstehen, denn die Aufnahme der floristischen und faunistischen Biomasse der Wälder ist noch lange nicht abgeschlossen, wenn sie überhaupt schon begonnen hat. Unter Berücksichtigung der wirtschaftlich-sozialen Bedeutung der natürlichen Ressourcen (abgesehen von Nutzhölzern) sollte aber betont werden, daß eine Erneuerung der Bestände nur dann möglich ist, wenn die natürlichen Rahmenbedingungen stimmen.

Zur Erhaltung der Fauna empfiehlt es sich, «spektakuläre » Arten wie Großsäuger (Giraffen, Elefanten, Nashörner, Großkatzen) und Prachtfalter durch spezifische Rettungsaktionen zu schützen. Die Zuständigkeit für diese Maßnahmen sollte jedoch nicht bei den Regierungen der betroffenen Länder, sondern bei den großen Naturschutzorganisationen und entsprechenden privaten Stiftungen liegen.

Die technische Kooperation

Nationale und internationale Projekte müssen sich vor allem mit den Nahrungsressourcen der einheimischen Bevölkerung befassen. In diesem Zusammenhang denken wir an die Methode des «game ranching» (Zuchtfarmen für Wildtiere, die den Biotopen mit ihren besonderen Bodenverhältnissen besser als Rinder angepaßt sind). Durch die Aufzucht von Antilopen, Krokodilen und Straußenvögeln wird Fleisch für den lokalen Verbrauch produziert, während Trophäen, Leder und Federn für den Export bestimmt sind. Darüber hinaus ist die Zucht von Perlhühnern und Aulacoden (Großnager, die in der Zone zwischen dem Senegal und Südafrika heimisch sind) eine sinnvolle Ergänzung.

Es empfiehlt sich ebenfalls, die traditionelle Wildjagd konstruktiv zu reglementieren. Abschußbeschränkungen sind in diesem Zusammenhang sicher sinnvoller als ein totales Jagdverbot, zumal es überaus schwierig sein dürfte, die Einhaltung solcher Regelungen zu überwachen. Außerdem ist es wohl das legitime Recht der ansässigen Bevölkerung, sich vom heimischen Wildbret zu ernähren, solange folgende Auflagen erfüllt werden:

- auf das Dorf beschränkter Konsum des erlegten Wildes,
- Verzicht auf Kommerzialisierung,
- beschränkte Anzahl genehmigter Jagdmittel (Waffen, Fallen),
- Bejagung nur in den traditionellen, ohne amtliche Genehmigung zugänglichen Jagdgebieten.

Naturparks und Reservate

In Afrika hat sich die Wildhege seit langer Zeit im wesentlichen auf die Nationalparks und Naturreservate in den Trockensavannen konzentriert. Als Ergänzung zu künstlich begründeten Waldflächen haben diese Reservate im Rahmen des Artenschutzes von Fauna und Flora sowie zur Sicherung der Böden und Wasserverhältnisse in den Einzugsgebieten wichtige Aufgaben zu erfüllen. Sie werden alljährlich abgeflämmt und bleiben unbewirtschaftet. Eine Nutzholzproduktion findet nicht statt. Aber auch dies ist nicht die ideale Lösung. So hat im Waza-Park (Nordkamerun) die Anzahl der Elefanten, die sich ja vom Laub der Akazienbäume ernähren, bedrohliche Ausmaße angenommen. Um an die Blätter zu gelangen, zerstört der Dickhäuter Stamm und Astwerk der Bäume, und wenn größere Flächen betroffen sind, bedeutet dies eine Bedrohung der Giraffen, die damit ihre Hauptnahrungsquelle verlieren. Deshalb ist es notwendig, die Elefantenherden alljährlich um eine bestimmte Anzahl von Tieren zu reduzieren.

Die Regierungen von Zimbabwe und Sambia versuchen, die lokale Bevölkerung für den Schutz der Wildtiere zu gewinnen, indem sie die Menschen über die Vorteile solcher Maßnahmen in Verbindung mit der sinnvollen Nutzung der Tierbestände aufklärt. Diese Bestände wurden bisher als Staatseigentum betrachtet, so daß die Erträge ausschließlich in die Staatskasse flossen. Die Menschen, die aufgrund der Einrichtung solcher Reservate die Dörfer räumen mußten, gingen dagegen leer aus. Deshalb halten sie sich in der Folge durch Wilderei schadlos. Nun soll versucht werden, sie mit Arbeitsplätzen als Wildheger für den Arterhalt zu gewinnen.

Der Reichtum der Tierwelt der Wälder ist unschätzbar. Jeder gefällte Baum, jedes verschwundene Waldstück bedeutet den Tod einer oder mehrerer Tierarten. Der brasilianische Rote Ibis wird durch die Zerstörung seines Lebensraumes, die Umweltverschmutzung und die Jagd bedroht. Seine Federn sind nämlich sehr begehrt für Kopfputz und Hüte.

Heute werden die Gewinne aus der Nutzung dieser Parks auf die Gebiete im Umkreis verteilt, um die Bevölkerung für die Wildschäden an Kulturen zu entschädigen. Das Fleisch des gesamten erlegten Wildes (auch im Rahmen der Safaris) wird auf den heimischen Märkten verkauft, während die Trophäen für den Export bestimmt sind. Auf diese Weise kommen auch die umgesiedelten Populationen zu ihrem Recht: Sie erhalten neue Jagdgebiete, die sie im Rahmen von Jagd- und Fotosafaris für Touristen teilweise kommerziell nutzen können. So werden auch die Einheimischen in der Natur ihre Haupteinnahmequelle sehen, die es vor der Zerstörung zu bewahren gilt: Denn ein lebendes Tier bringt mehr als ein totes Tier. Deshalb muß die Entwicklung der ländlichen Gegenden integriert erfolgen, wobei ein Ausgleich aller Interessen zu wahren ist: Bevölkerung, landwirtschaftliche Ressourcen, Fauna und Wälder, Tourismus.

Erhaltung und Entwicklung der Tropengebiete

Das überaus komplexe Problem läßt sich in einer simplen Fragestellung zusammenfassen: Wie lassen sich die beiden Ziele – Erhaltung der Natur und wirtschaftliche Entwicklung – miteinander verbinden? Die Voraussetzungen dafür sehen wir am Beispiel Zimbabwe:

- Schaffung der politischen Grundlagen (gesetzliche Bestimmungen, Finanzierung, Verwaltung);
- Einbeziehung der lokalen Populationen in die Planung, und dies bereits von Anfang an;
- Klärung der sachlichen Zuständigkeit auf lokaler Ebene;
- Agrarstrukturelle Vorplanung mit Forschung auf dem soziokulturellen Bereich;
- Dokumentation des heutigen Wissens bezüglich nachhaltiger Produktionssysteme.

Darüber hinaus gilt es, Märkte, Absatzmethoden und Absatzmöglichkeiten zu erforschen, weitere Arten der Boden- und Waldnutzung zu integrieren und angewandte Erforschung der Flora und Fauna zu betreiben.

Der erste Schritt in diese Richtung ist bereits getan durch die Einrichtung einschlägiger Fachschulen, die es inzwischen in Garoua (Kamerun) für die frankophonen Länder und in Mweka (Tansania) für die anglophonen Länder gibt.

In bezug auf umweltpolitische Fragen empfiehlt es sich, bestehende Verhältnisse klar zu definieren. In den Ländern, wo die Nutzung der Wälder eine Haupteinkommensquelle ist, kann ein Zuviel an Sensibilisierung Mißtrauen erzeugen, denn solche Länder sehen in den Maßnahmen zur Erhaltung der Wälder im Namen naturschützerischer Interessen ihre Eigeninteressen und namentlich ihre Souveränität bedroht. Ebenso wird ein Tropenholz-Boykott nicht die Abholzung der Wälder stoppen. Wenn die Entwicklung auch besorgniserregend sein mag, ist diese Bewirtschaftungsmethode doch nicht der Normalfall. Ein Handelsboykott für tropische Hölzer hätte lediglich zur Folge, daß die betroffenen Staaten und Grundbesitzer, wenn auch nur kurzfristig, den wertlos gewordenen Wald auf andere, aber gewinnträchtige Weise weiterbewirtschaften. Eine Umsiedlung und Enteignung der Waldbewohner ist sicher nie eine glückliche Lösung. Die Bevölkerung könnte bei den Maßnahmen integriert werden, wenn sie unter Beibehaltung ihrer traditionellen Methoden durch eine intensivere Nutzung der Produkte des Waldes (Blüten, Peddigrohr, Fauna) zur Erneuerung, Erhaltung und Entwicklung der Ressourcen beitragen.

Viele Tierarten der tropischen Wälder sind noch unbekannt. So ist das Okapi erst zu Anfang dieses Jahrhunderts im Herzen des afrikanischen Dschungels entdeckt worden.

Die Pflugschar-Schildkröte in Madagaskar, wie auch die Herrmann-Schildkröte in Frankreich werden nicht gejagt. Dennoch sind beide Arten vom Aussterben bedroht.

Internationale Übereinkommen

Natur- und Umweltschutz, Kampf gegen Umweltverschmutzung und Jagd sind einzelstaatlich zwar unter der gleichen Zielsetzung geregelt, nichtsdestotrotz gibt es in der Ausführung erhebliche Abweichungen. Um die lükkenhaften nationalen gesetzlichen Bestimmungen zu ergänzen, haben die Staaten durch den Abschluß zwischenstaatlicher Verträge gemeinsame Grundlagen ge-

In der Savanne zieht ein einziger Baum eine artenreiche Fauna an. Vögeln bietet er den einzigen Standort zum Nestbau, große Pflanzenfresser verspeisen seine Blätter, die Paviane pflücken einen großen Teil seiner Beeren und Früchte.

schaffen. Diese rechtlich unverbindlichen internationalen Übereinkommen stellen für die Mitgliedsstaaten zunächst nicht mehr als ethisch-moralische Verpflichtungen dar. Mit der Zeit werden sie aber in die nationalen Bestimmungen für die Erhaltung der Wälder, der Fauna und Flora einfließen. Unter dem anhaltenden Druck der öffentlichen Meinung nehmen sie an Bedeutung zu, so daß ihnen auch eine Bildungs- und Erziehungsfunktion zufällt.

Zu den bedeutendsten Verträgen dieser Art gehört das Washingtoner Artenschutzabkommen aus dem Jahre 1973 über den internationalen Handel mit den vom Aussterben bedrohten Tier- und Pflanzenarten. Die Klassifikation erfolgt nach den drei Kriterien «vom Aussterben bedroht», «relativ gefährdet» und «potentiell gefährdet». Es gibt ungefähr 2 000 Tierarten, die durch kommerzielle Nutzung vom Aussterben bedroht sind. Um diese Entwicklung aufzuhalten, hat man weltweit Einfuhr- und Ausfuhrregelungen für diese Tiere erlassen.

Die Klientel der Tierfänger ist breit gefächert: private Sammler, zoologische Gärten, wissenschaftliche und medizinische Versuchslabore, der private Kleintierhandel; darüber hinaus sind Felle und Trophäen überaus begehrt. Ein Beispiel: die Anzahl der Rhesusaffen, die von 1954 bis 1960 für die Entwicklung des Polio-Impfstoffs von Indien und Südostasien exportiert wurden, wird auf 1,5 Millionen geschätzt.

Über einhundert Staaten sind dem Washingtoner Artenschutzabkommen (CITES) beigetreten, das namentlich ein Handelsverbot für Elfenbein erwirkt hat. Es ist jedoch zum Weinen, daß nur ein bescheidener Teil der enormen Erträge, die durch die Nutzung der Fauna erwirtschaftet werden, wieder in die Wildtierbewirtschaftung zurückfließt. Die wirtschaftliche Nutzung der Wälder und ihrer Fauna sollte in erster Linie dem Bestandesschutz dienen.

Im Jahre 1992 findet eine Reihe internationaler Umweltkonferenzen statt, in deren Rahmen möglicherweise einige dieser Fragen geklärt werden. Durch die UNO-Konferenz in Rio soll der Umweltproblematik Priorität vor politischen und wirtschaftlichen Entscheidungen der Mitgliedstaaten verschafft werden. Weiterhin wird an die Ausarbeitung einer internationalen Konvention über die Wahrung der weltweit vorhandenen Vielfalt der Lebensformen gedacht.

Die Industrieländer am Beispiel Frankreichs

In Frankreich werden die Wildtiere nicht mehr zur Ernährung der Bevölkerung genutzt. Dennoch sind zahlreiche Arten, die zum Menschen in Konkurrenz getreten waren, von der Bildfläche verschwunden (Wölfe, Bären, Raubvögel). Heute erfolgt das Töten dieser Tiere nur noch im Rahmen sogenannter Vergnügungsjagden, die der Aufsicht und Regelung der zuständigen Jagdbehörden unterliegen, ebenso wie die Jagd auf Reh- und Rotwild, das z. T. die Verjüngung des Waldes gefährdet. Seit einigen Jahren fordert die Öffentlichkeit jedoch massiv den Schutz der Wildtiere und die Wiedereinführung bestimmter Arten wie Luchse, Bart- und Gänsegeier.

Den Wald hegen heißt auch seine Fauna schützen. In Afrika ist der Bestand einer ausgewogenen Population großer Pflanzenfresser unerläßlich, damit sich die Vegetation stetig erneuern kann. Gleichzeitig ist diese Population ein touristischer Anziehungspunkt, wie hier im Treetops im Aberdaren-Reservat in Kenya.

a) Die Insel Anticosti und der Virginia-Hirsch:
An der Mündung des Sankt-Lorenz-Stroms in der kanadischen Provinz Quebec liegt die Insel Anticosti, die eine Fläche von 800 000 Hektar bedeckt. Dies ist die ursprüngliche Heimat des Schwarzbären. Gegen Ende des 19. Jahrhunderts ging die Insel in Privatbesitz über. Ein gewisser Herr Meunier wollte dort ein Gebiet für Wildjagd und Lachsfang einrichten. Er begann, amerikanische Elche, Wapiti-Hirsche, Virginia-Hirsche, Biber, Hasen, Füchse und Bisons einzuführen, von denen Biber und Elch lediglich überlebten, Hirsch und Fuchs sich rasch fortpflanzten. Alle anderen Arten waren, zusammen mit dem Schwarzbären, wenige Zeit später von der Bildfläche verschwunden.

Der Virginia-Hirsch hegt eine ganz besondere Vorliebe für die Zweige von Frucht- und Laubbäumen, so daß die Bestände an Ahornbäumen, amerikanischen Eichen, Birken und Espen nach kurzer Zeit der Gefräßigkeit dieser Tiere zum Opfer fielen. Was blieb, war ein dichter Wald aus Schwarzfichten (*Picea mariana*), die wegen ihres geringen Wirtschaftwertes ungenutzt bleibt und auch für Tiere kaum Nährwert hat. Der Auslöser dieser ökologischen Umwälzung, der Virginia-Hirsch, hat sich den neuen Bedingungen allerdings hervorragend angepaßt. Die Zahl wird derzeit auf 80 000 geschätzt, wobei alljährlich kaum ein Zehntel vom Jäger erlegt wird. Neben Moospflanzen und Algen bringt auch die nachwachsende Krautschicht, eine Folge der zeitweise wütenden Waldbrände, etwas Abwechslung in das Menü dieser Tiere, deren Fortpflanzungsrate enorm ist.

In Borneo bedeuten industrielle Nutzung des Tropenholzes und Wilderei eine tödliche Gefahr für den Orang-Utan. Dieser Großaffe reagiert empfindlich auf jede Veränderung seines gewohnten Lebensraumes. Er wird von Tierparks und privaten Sammlern begehrt und stellt daher eine der weltweit meistbedrohten Tierarten dar. Für einen im Zoo gezeigten Orang-Utan wurden an die zwanzig in freier Wildbahn getötet.

Die kanadischen Fachleute und Wissenschaftler vertreten einhellig die Ansicht, daß das Aussterben der ursprünglich auf der Insel Anticosti heimischen Schwarzbären hauptsächlich auf diese radikale Umwandlung der Inselvegetation zurückzuführen ist, mit der die gesamte Speisekammer der Bären verschwand: Fruchtbäume, die Früchte und die von ihnen lebenden Kleintiere. Wir können froh sein, daß derart extreme Fehlentwicklungen nur recht selten auftreten.

b) Der Wisent in Polen
Nachdem es infolge der beiden letzten Weltkriege zu einem wahren Massensterben der Wisente gekommen war, haben sich die Polen mit großer Entschlossenheit der Rekonstitution dieser Bestände gewidmet. So gab es an der polnisch-sowjetischen Grenze bei Bialowiecza noch

Europa hat zuerst Teile seiner Fauna vernichtet und dann erst den Irrtum eingesehen. Die Wisente vom Bialowieza-Nationalpark in Polen haben wie durch ein Wunder überlebt. Strengster Artenschutz, von Förstern überwacht, ließ die Population von etwa zehn im Jahr 1950 auf gegenwärtig über 600 ansteigen.

Tiere werden nicht nur geschützt, sondern auch wieder ausgesetzt. Der Luchs, genauso wie der wilde Geier und der Lämmer- oder Bartgeier, war in Frankreich völlig ausgestorben. Er wurde Anfang der 80er Jahre erfolgreich wieder eingeführt und soll eine ökologische und biologische Bereicherung werden. Solch eine Maßnahme zeigte allerdings die Schwierigkeiten, die mit der Wiedereinbürgerung einer Art in ein Ökosystem verbunden sind, das der Mensch tiefgreifend verändert hat.

einige Überlebende der Gattung, denen man weitere Artgenossen aus verschiedenen zoologischen Gärten zugesellte. 1952 gab es ganze 9 Wisente in Freiheit, 1963 waren es bereits 57, und 1973 hatte sich die Zahl auf 652 Exemplare erhöht.

Mittlerweile sind die Bestände zu einer Attraktion für Wissenschaftler und Touristen geworden, und es müssen alljährlich rund fünfzig Tiere abgeschossen werden, um das Populationswachstum auf einem vernünftigen Niveau zu halten.

Dieses erfolgreiche Experiment erforderte viel Ausdauer und Geduld. Es beweist, daß neue hochwertige Wildtierbestände geschaffen werden können, wenn nur die Rahmenbedingungen stimmen. Dazu gehören neben dem politischen Willen u. a. geeignete Naturwälder, gute Umweltbedingungen und das Fehlen von natürlichen Feinden.

Wildschäden

Die in Frankreich festgestellten, durch Rothirsch und Reh verursachten Waldschäden sind Wildverbiß an jungen Pflanzen, Verfegen von Trieben, Verzehr von Eicheln und Früchten und Schälen der Baumrinde, was eine Eintrittspforte für Pilzerkrankungen und bakterielle Krankheiten des Baumes ist.

Dagegen ist das Wildschwein gern gesehen, denn es fördert die natürliche Verjüngung des Waldes. Es wühlt die Kleinnager aus ihren Gängen, es sucht nach Würmern und Larven, es frißt Grassamen und verjüngungshemmende Gräser und bereitet so den Boden für die Baumkeimlinge vor. An den landwirtschaftlichen Kulturen im Umkreis des Waldes richtet es allerdings schwere Schäden an, ebenso an Eichelsaaten. Das Wildschwein ist wie der Hirsch ein ausgesprochenes Nachttier.

Seit eh und je wurde das Wildkaninchen als Zerstörer der Waldverjüngungen und Ackerkulturen verfolgt. Die Einführung der Myxomatose im Jahre 1956 hatte in weiten Teilen Frankreichs praktisch die Ausrottung der Kaninchen zur Folge, so daß es heute kaum noch als Schädling eingestuft werden kann. Der Wegfall dieser Nahrungsgrundlage für Füchse, Luchse, Iltisse, Marder

Der mediterrane Wald besteht aus Hartlaubhölzern (Mastixbaum, Olivenbaum, Steineiche . . .) sowie Nadelbäumen. Diese Baumarten überstehen mehrmonatige Trockenperioden.

Die Wälder des Mittelmeerraums

Pierre Quézel

Die Wälder des Mittelmeerraumes weisen verschiedene spezifische Merkmale auf, durch die sie sich von anderen Waldgebieten dieses Planeten unterscheiden. Physiognomisch ist besonders die Rolle der Hartlaubbäume und -sträucher mit den immergrünen, lederartigen Blättern (Steineiche, Ölbaum, Mastixstrauch etc. ...), aber auch der Nadelbäume hervorzuheben, verbunden mit einer üppigen, besonders artenreichen Flora, alles zusammen ein Ergebnis der geschichtlichen Entwicklung des Mittelmeerraums.

Aber letztlich entscheidend sind zwei Gruppen ökologischer Faktoren. Zunächst die bioklimatischen Kriterien, die für die Entwicklung dieser Wälder überall in der Welt, wo ein mediterranes Klima (Trockenperioden in der warmen Jahreszeit) herrscht, verantwortlich sind und wichtige Vorgänge wie Wasserstreß und Anpassung an die Trockenheit bestimmen. Der zweite bedeutende Faktor ist der extrem starke Eingriff des Menschen und seiner Aktivitäten in den Ökosysteme der Wälder des Mittelmeergebietes, wo sich in den letzten 8 Jahrtausenden die verschiedensten Zivilisationen entwickelt und abgelöst haben. Das Zusammenspiel dieser Faktoren hat im Laufe der Jahrhunderte – zumindest bis vor kurzem – zu einer enormen Schrumpfung des biologischen Kapitals geführt, gleichzeitig aber auch zu einer Produktivitätsminderung. Hinzu kommt das permanente Waldbrandrisiko in der Trockenperiode. Seit Aufkommen der Freizeitgesellschaft gehören insbesondere die küstennahen Mittelmeerwälder mit zu den beliebtesten Gegenden für den Bau des Zweitwohnsitzes, aber auch zu den Gebieten, wo sich der unkontrollierte Touristenstrom höchst schädlich auf das ökologische Gleichgewicht auswirkt. Dies sind im wesentlichen die Punkte, die im nachfolgenden betrachtet werden sollen, wobei das Problem der Waldbrände Gegenstand eines eigenen Kapitels sein wird.

Die bioklimatischen Kriterien

Nach dem heutigen Stand definieren die Klimatologen das mediterrane Klima wie folgt: Klima mit Trockenperioden in der warmen Jahreszeit, die sich gegebenenfalls über 1 bis 6 Monate erstrecken kann. Die Niederschläge schwanken zwischen 100 mm und über 2 m. Die thermischen Kriterien sind von minderer Bedeutung für mediterrane Wälder, dennoch bleibt die winterliche Kälte ein wichtiges Kriterium, insbesondere für die Höhenzonierung.

Nach dieser Definition finden wir mediterranes Klima mit der dazugehörigen Vegetation in fünf Regionen des Erdballs, wovon zwei – vom biologischen Standpunkt aus – relativ benachbarte Regionen auf der Nordhalbkugel liegen: das Gebiet um das Mittelmeer und Kalifornien. Auf der Südhalbkugel, deren Flora einen völlig anderen Ursprung hat, finden wir mediterrane Wälder mit den zwei unterschiedlichen Formationen immergrüne Garigue und Macchie im südafrikanischen Kapland, auf der Südwestseite Australiens und im gemäßigten Küstengebiet Chiles.

Die Interpretation des mediterranen Bioklimas wurde lange Zeit heftig diskutiert. Inzwischen unterscheidet man üblicherweise, insbesondere seit den Arbeiten von Emberger (1930), verschiedene bioklimatische Zonen, im wesentlichen nach hydrologischen Kriterien, die es ermöglichen, einzelne charakteristische Vegetationsgruppen zu definieren. Die am häufigsten verwendeten Werte und Unterteilungen lauten wie folgt:

Bioklima	Jahresniederschläge
Perarid	< 100 mm
Arid	100 – 400 mm
Semiarid	400 – 600 mm
Subhumid	600 – 800 mm
Humid	800 – 1200 mm
Perhumid	> 1200 mm

Die thermischen Kriterien werden der Einfachheit halber global auf den Wert m (Mittel des kältesten Monats) bezogen und führen zu folgender Unterteilung:

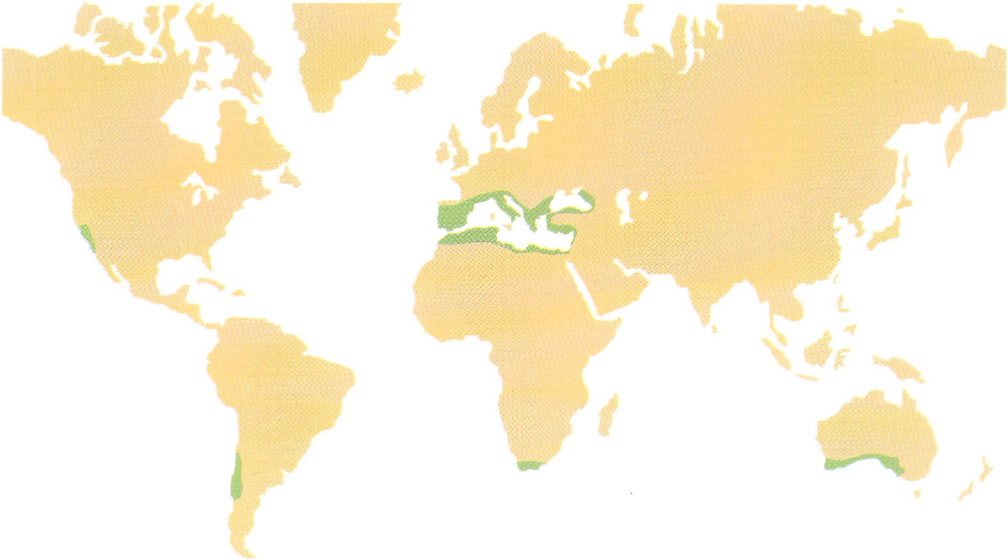

Temperaturbereiche	Temperaturamplitude
Sehr heiß	> 10 °C
Heiß	7 – 10 °C
Gemäßigt	3 – 7 °C
Kühl	0 – 3 °C
Kalt	– 3 bis 0 °C
Sehr kalt	– 7 bis – 3 °C
Extrem kalt	< – 7 °C

Diese beiden Kriterienreihen können in einem Klimadiagramm in Beziehung gesetzt werden und erlauben somit die Schematisierung der ökologischen Voraussetzungen und physiognomischen Charakteristika der mediterranen Hauptwaldgebiete.

Was zunächst einmal die Bioklimate betrifft, so findet man bewaldete Strukturen nur oberhalb durchschnittlich 300 mm Niederschlag an den Wüsten- und Steppenrändern. Sie bestehen aus lichten Wäldern (Vorsteppenwäldern) mit Wacholdergewächsen oder lokal auch Kiefern. Das semiaride Bioklima ist das bevorzugte Umfeld für Kiefern, *Tetraclinis* und sogar für Zypressen. Im subhumiden Bereich findet man vorwiegend Hartlaubwälder, die sich im humiden und perhumiden Klima ansiedeln. Laubabwerfende Wälder überwiegen in mittleren Höhenlagen. Zedern, Mittelmeertannen oder Schwarzkiefern siedeln in der Regel darüber.

Die Höhenzonierung der Wälder rund um das Mittelmeer, die sich im wesentlichen nach thermischen Kriterien richtet, gehorcht einem charakteristischen Schema. Vom Küstengebiet bis zu den Hochlagen können folgende Stufen unterschieden werden:

- *inframediterrane Stufe*: südwestliches Küstengebiet Marokkos (Gegend von Agadir), Zone der *Argania sideroxylon*, wo die *Acacia gummifera* und die kaktusartigen Wolfsmilchgewächse das typische, fast subtropische Landschaftsbild bestimmen;
- *thermomediterrane Stufe* (Mittelwerte von m über 3 °C): weite Gebiete Nordafrikas, aber auch des südlichen Spaniens, Südgriechenlands und des Nahen Ostens; Ölbäume, Johannisbrotbaum, Mastixsträucher, aber auch Aleppokiefern und *Pinus brutia* dominieren das Landschaftsbild; stellenweise erreicht diese Stufe 800 bis 1000 m; an den nördlichen Mittelmeerküsten hingegen findet man sie nur punktuell und wenig ausgeprägt, in Frankreich nur sehr lokal begrenzt im Küstenbereich der Côte d'Azur und auf Korsika;
- *mesomediterrane Stufe* (schematisch bei m-Werten im Bereich zwischen 0 und 3 °C): erstreckt sich z.B. in 300 bis 400 m Höhe entlang dem Küstenbereich Frankreichs, Kataloniens und im kontinentalen Bereich Italiens, aber in 400–500 m bis 800–1000 m im Norden der Maghreb-Länder; sie besteht im wesentlichen aus Hartlaub-Eichenwäldern;
- *supramediterrane Stufe* (Wert m zwischen 0 und – 3 °C): überwiegend laubabwerfende Eichen, zumindest an den nördlichen Ufern des Mittelmeers, wo sie auf 300–400 bis 800–900 m Höhe liegt; im Süden erreicht sie im allgemeinen 1400–1500 m und wird überall dort von Hartlaub-Eichen dominiert, wo die Niederschläge unzureichend sind (semiarides und subhumides Bioklima);
- *montane mediterrane Stufe*: liegt über der zuvor beschriebenen Stufe (Wert m zwischen – 3 und – 7 °C) und entspricht der optimalen Zone für den Wuchs von Zedern, Mittelmeertannen und verschiedenen Schwarzkieferarten;
- *oromediterrane Stufe*: diese Stufe liegt schließlich im mediterranen Hochgebirge (Atlas, Taurus, Libanon) oberhalb 2200–2400 m und besteht aus lichten Wäldern mit überwiegend baumartigem Wacholder.

Die Baumgrenze beziehungsweise die Obergrenze für bewaldete Formationen schwankt natürlich je nach Breitengrad. Sie liegt zwischen 2000 und 2300 m im Norden und zwischen 2500 und 2800 m auf dem Hohen Atlas. Allzuoft wurde diese Obergrenze künstlich durch den Menschen herabgesetzt, allen voran durch die sommerliche Wanderschäferei.

Der Olivenbaum verkörpert geradezu den Mittelmeerraum. Er ist gleichzeitig Symbol des Lebens (dieses Exemplar ist älter als 1000 Jahre), biblischer Baum und, dank der Oliven und dem daraus gewonnenen Öl, auch Erwerbsquelle.

Die vom Menschen hochgeschätzte Korkrinde dient vor allem als Isolator, der die Eiche vor allzu großer Hitze und vor Bränden schützt.

Das mediterrane Klima ist sichtlich ein wichtiger Faktor für die Instabilität der mediterranen Waldformationen. Sein direkter Einfluß wird besonders in klimatischen Randerscheinungen deutlich. So kann eine starke sommerliche Trockenheit die Verjüngung im ariden und semiariden Bioklima stören, während eine unwesentliche Senkung der winterlichen Tiefstwerte, wie 1956, zu erheblichen Veränderungen in der Verteilung mancher Arten führen kann (zum Beispiel Ölbaum oder Aleppokiefer im Süden Frankreichs).

Das mediterrane Klima hat aber auch indirekt Rückwirkungen auf den Wald. Der Rhythmus der Niederschläge und die plötzlichen, sintflutartigen Gewitter und Stürme spielen hierbei eine wesentliche Rolle, da sie die Bodenerosion beschleunigen. Die Auswaschung der humushaltigen Horizonte ist überall dort anzutreffen, wo die Vegetation nur unzureichend den Boden bedeckt, und verbindet sich mit einer Randerosion durch die beschleunigte Furchung durch Viehtritt und Weide. Diese Bodenverarmung führt nicht zur Zerstörung des Waldes, dessen Wurzelsystem unbehelligt bleibt, beeinträchtigt jedoch erheblich die Verjüngung. Die Auswirkungen kumulieren von Jahr zu Jahr: der Wald besteht nur solange, wie seine Bäume stehen. Im besten Fall führt die Verarmung des Bodens zum Ersatz der edlen Arten (Zeder, Tanne, Schwarzkiefer) durch weniger edle Hölzer (Steineiche, Aleppokiefer), deren Erhalt auch ungewiß bleibt. Die lokalen biotischen Bedingungen werden zusätzlich noch durch die zunehmende Verknappung der Wasserreserven des Bodens beeinträchtigt, die wiederum zum einen durch den Abbau der oberen Bodenhorizonte und zum anderen durch die Vernichtung der für einen Wald charakteristischen Pflanzen und deren Ersatz durch häufig für Steppengebiete typische Arten, die unfähig sind, den Humus zu erneuern, bedingt ist. Die Waldböden verwandeln sich so in mehr oder weniger degradierte Rendzinen, schließlich in Erosionsböden, deren Waldeignung gleich Null ist.

Dynamik

Die Forststrukturen oder, genauer gesagt, die bewaldeten Strukturen rund um das Mittelmeer entsprechen drei dynamischen Gruppen sehr unterschiedlicher Bedeutung:

- Die Waldgesellschaften im eigentlichen Sinne sind, trotz stets vorhandener anthropogener Eingriffe, relativ stabile Vegetationsstrukturen mit einer pflanzensoziologisch für einen Wald typischen Begleitflora und mit gut entwickelten Böden. Außer in speziellen ökologischen Situationen bilden sie Klimaxgesellschaften und Endstadien einer Vegetationsentwicklung nach dem untenstehenden dynamischen Schema, wobei sich zeigt, daß dort, wo der Wald ökologisch in der Lage ist, sich ohne einen zu starken Eingriff des Menschen und seiner Herden zu entwickeln, er den Abschluß einer Entwicklungsreihe bildet. Im Mittelmeerraum Frankreichs zum Beispiel beginnt diese Sukzession mit einjährigen Wiesenpflanzen, entwickelt sich weiter über perennierende Wiesenpflanzen, meist *Brachypodium ramosum*, Kermeseichen-Garigue mit Rosmarin und Zistrosengewächsen, Vorwälder mit Aleppokiefern und mündet schließlich in einen Eichenwald: Einjährige Pflanzen – perennierende Stauden – Matorral – Vorwald – Wald.
- Die Vorwaldgesellschaften kommen keineswegs am häufigsten vor. Sie bilden eigentlich zwei verschiedene Einheiten. Im perhumiden, humiden und subhumiden Bioklima bestehen sie im wesentlichen aus stark anthropogen beeinflußten Vegetationsstrukturen und bilden in der Entwicklung ein Übergangsstadium zum richtigen Wald. Hingegen im semiariden Bioklima, aber auch in besonderen ökologischen Fällen der anderen Bioklimate (besonders permanente oder Bodenklimaxgesellschaften), weisen sie Strukturen auf wie die bewaldete Macchie, die bei den herrschenden klimatischen Bedingungen gehemmt sind und dann wahre Klimaxgesellschaften darstellen.
- Die Vorsteppengesellschaften sind im Süden und Osten des Mittelmeerraumes weit verbreitet. Es sind niedrige, lockere Waldformationen, in deren Unterschicht praktisch keine Arten mehr vertreten sind, die zu den phytosoziologisch klassischen Wald- und Vorwaldeinheiten oder -gruppen gehören. Sie sind im Gegenteil von perennierenden Arten der Steppe übersät, deren Böden wenig entwickelt und häufig winderodiert ist. Im ariden und manchmal auch im hochsemiariden Bioklima entwickeln sie sich besonders in den gemäßigten und heißen Temperaturzonen und berühren dort, bedingt durch die hydrologischen Kriterien, die Steppenformationen. In den kalten, sehr kalten und extrem kalten Temperaturzonen reicht diese Vegetation, die häufig die am höchsten wohnenden waldähnlichen Strukturen bildet, bedingt durch die thermischen Kriterien, bis an die Hochland-Steppenformationen.

Die Hauptwaldstrukturen

Es würde den Rahmen dieser Arbeit sprengen, wenn man die gesamten Vegetationsstrukturen der mediterranen Waldarten aufzeigen wollte (Quezel, 1976; Seigue, 1985). Wir beschränken uns auf einen rein physiognomischen Ansatz. Üblicherweise unterscheidet man im Mittelmeerraum immergrüne und laubabwerfende Laubwälder und Nadelwälder. Wir wollen sie kurz ansprechen.

Immergrüne Laubwälder

Hierzu gehören zwei sehr ungleich verbreitete Typen. Die Lorbeerwälder, wie sie noch auf den Kanarischen Inseln häufig zu finden sind, sind heute fast aus der mediterranen Welt verschwunden, obwohl sie dort, besonders im Pliozän, eine wichtige Rolle spielten. Auf sie können dennoch die vereinzelten Vorkommen von Lorbeerbaum (*Laurus nobilis*), sogar *Laurus azorica* in Marokko und besonders die Johannisbrotbaumvorkommen (*Ceratonia siliqua*) zurückgeführt werden. Diese Lorbeerbaumformationen benötigen viel Wasser und verbreiten sich daher nicht über das subhumide und

humide Thermomediterran hinaus. Die Hartlaubwälder sind im mesomediterranen Bereich hingegen sehr viel weiter verbreitet, allerdings im Thermomediterran und besonders im hochmediterranen Bereich im humiden, subhumiden und manchmal auch im semiariden Bioklima nur lokal. Im westlichen Mittelmeerraum bestehen sie aus Steineiche (*Quercus ilex* inklusive *Quercus rotundifolia*), Korkeiche (*Quercus suber*), ausschließlich auf nichtkalkhaltigen Böden auch Kermeseiche (*Quercus coccifera*) und im östlichen Mittelmeerraum vorwiegend aus *Quercus calliprinos* und *Quercus alnifolia* auf Zypern. Neben den Eichen kann der Ölbaum (*Olea europea* Subsp. *sylvestris*) eine gewisse Rolle spielen ebenso wie die *Argania spinosa* im südwestlichen Marokko.

Der vertraute Habitus der Seekiefer erhebt sich über die halbariden Küsten der Mittelmeerregion. Ihr Vorkommen in bestimmten Höhenzonierungen folgt thermischen Gesichtspunkten. Die nächsthöhere, zwischen 300 und 1000 m liegende Zone ist eher der Lebensraum der sklerophyllen Eichen.

Die sommergrünen Wälder

Abgesehen von einigen azonalen Wäldern (hygrophile und Sumpfwälder), sind die laubabwerfenden Arten im Mittelmeerraum sehr stark vertreten. Sie sind überwiegend im humiden oder subhumiden Bioklima und im Supramediterran angesiedelt. Mehrere charakteristische Arten sind weit über den Mittelmeerraum hinaus verbreitet, kennzeichnen dort aber dennoch bestimmte Waldtypen:

- der mediterrane laubabwerfende Wald besteht fast ausschließlich aus Vertretern des Quercus: Portugiesische Eiche (*Quercus faginea*) in Nordafrika und auf der Iberischen Halbinsel, *Quercus infectoria*, aber auch Zerreiche (*Quercus cerris*) und *Quercus aegilops.*
- der submediterrane sommergrüne Wald (insbesondere von Spanien bis Nordanatolien) besteht aus Arten, die ein größeres Verbreitungsgebiet haben, aber besonders im Supramediterran und in den gut bewässerten Zonen eine bedeutende Rolle spielen. Dies ist der Fall insbesondere bei der Flaumeiche (*Quercus pubescens*), der Ungarischen Eiche (*Quercus frainetto*), *Quercus trojana* und Traubeneiche. Zu nennen sind auch die Gebiete mit Gemeinen Hopfenbuchen (*Ostrya carpinifolia*), Orientalischer Hainbuche (*Carpinus orientalis*) und Mannaesche (*Fraxinus ornus*). Stellenweise taucht sogar die Buche (*Fagus*) auf.

Im semiariden Bioklima müssen die laubabwerfenden Strukturen mit Atlas-Pistazie (*Pistacia atlantica*), häufig zusammen mit Zwergjudendorn (*Ziziphus lotus*), von denen es heute nur noch Restbestände in Nordafrika gibt, eine weitaus bedeutendere Rolle gespielt haben, bevor sie dem Einwirken des Menschen und seinen Herden zum Opfer fielen.

Wenn auch die genannten Formationen alle dadurch gekennzeichnet sind, daß sie ihre Blätter in der Winterzeit abwerfen, sind die im Sommer nach dem tropischen Rhythmus laubabwerfenden Arten durchaus auch in der mediterranen Welt vertreten: in diese Gruppe gehören die *Acacia gummifera* in Marokko und einige andere Acacia-Arten der Sahara (*Acacia raddiana, Acacia ehrenbergiana*) von wirklich marginaler Bedeutung im Mittelmeerraum.

Die Nadelwälder

Auch hier unterscheidet man verschiedene Typen:

a) Der thermophile Nadelwald

Er besteht aus verschiedenen Vertretern der deutlich dominierenden Gattung *Pinus* und verschiedener Zypressengewächse: echte Zypresse oder Mittelmeer-Zypresse (*Cupressus sempervirens*), Atlas-Zypresse (*Cupressus atlantica*), Gliederzypresse (*Tetraclinis articulata*) und Wacholder, insbesondere *Juniperus turbinata.*

Die Waldweide ist und war eine der größten Bedrohungen des mediterranen Waldes.

Bei den Kiefern sind im westlichen Mittelmeerraum und im südlichen Nahen Osten die Aleppokiefer (*Pinus halepensis*) und im östlichen Mittelmeerraum die *Pinus brutia* die am häufigsten vertretenen Arten. Sie bilden echte Klimaxvorwaldstrukturen im semiariden Thermomediterran der Maghreb-Ländern und Anatoliens, aber auch auf Grünschiefer und sogar Mergel. Im Mesomediterran stellen sie Paraklimaxstrukturen dar, die zur Ansiedlung eines sklerophyllen Waldes, lokal sogar zum laubabwerfenden Wald notwendig sind. Die Strandkiefer (*Pinus pinaster*) stellt ihrerseits häufig eine Paraklimaxart dar für die Korkeiche (*Quercus suber*); die Pinie (*Pinus pinea*) schließlich siedelt auf Sandstein-Böden besonders im subhumiden Mesomediterran. *Cupressus sempervirens* wächst in der Regel zusammen mit *Pinus brutia*, während *Cupressus atlantica* fast nur im westlichen Hohen Atlas im ariden Thermomediterran vorkommt. *Tetraclinis articulata* spielt eine wesentliche Rolle in den Maghreb-Ländern (südl. Mittelmeerküste), wo sie allgemein als Klimaxgesellschaft im semiariden Thermomediterran vorkommt. Wacholder wächst auf den sandigen Küstenböden (*Juniperus macrocarpa*, *Juniperus lycia*) und *Juniperus turbinata* beherrscht, zumindest potentiell und in Vorsteppenformationen, die gesamte aride, der Sahara vorgelagerte Zone von Marokko bis Jordanien.

b) Der Bergnadelwald

Die Zedern, Mittelmeertannen und Schwarzkiefern nehmen einen beachtlichen Platz ein rund ums Mittelmeer. Sie bevorzugen die südliche Zone, im wesentlichen das humide und subhumide Bioklima und dort überwiegend im montanen Mittelmeer, wobei einige Gattungen sich auch weit in die darunterliegenden Höhenlagen wagen. Atlaszeder (*Cedrus atlantica*) und Libanonzeder (*Cedrus libani*) haben exakt die gleichen ökologischen Ansprüche und bilden nach wie vor wunderschön ausgeglichene und produktive Wälder. Große, weniger wasserbegünstigte und degradierte Hochlagenbestände stehen leider kurz vor der völligen Ausrottung. Die Zypern-Zeder oder Kurznadelige Zeder (*Cedrus brevifolia*) besiedelt interessanterweise nur wenige Dutzend Hektar auf Serpentinitböden im Mesomediterran.

Die Mittelmeertannen sind überwiegend nur noch in Restbeständen auf Dolomit (Kalkgestein) und im humiden und sogar perhumiden Bioklima zu finden. Unter den 9 bekannten Arten sind einige, wie die Spanische Tanne (*Abies pinsapo*), die Marokkanische Tanne (*Abies marrocana*) und die Griechische Tanne (*Abies cephalonica*), besonders trockenresistent im Gegensatz zu *Abies alba* im Bereich des Jura und der Vogesen.

Die verschiedenen Unterarten der Schwarzkiefer (*Pinus nigra*) bedecken besonders in Spanien (Subsp. *salzmanii*), auf Korsika (Subsp. *laricio*), in den Balkanländern und in Anatolien (Subsp. *pallasiana*) oft sehr weite Räume und bilden wunderschöne Wälder. Einige mediterrane Unterarten der Gemeinen Kiefer (*Pinus silvestris*) kommen lokal in Spanien, Frankreich und sogar in Anatolien vor.

c) Der Hochlagen-Wacholderwald

Der Weihrauch-Wacholder (*Juniperus thurifera*) in Spanien und besonders im Maghreb und der *Juniperus excelsa* auf dem Taurus und im Libanon bilden zwischen 2200 und 2700 m eine lichte Waldsteppengrenze, die von stacheligen Xerophyten-Kissen übersät wird und im allgemeinen der oromediterranen Stufe im semiariden und subhumiden Bioklima entspricht. Auch andere niederliegende Wacholderarten erscheinen auf dieser Höhe, insbesondere im nördlichen Mittelmeerraum: im einzelnen *Juniperus hemisphaerica* und Sadebaum (*Juniperus sabina*).

Geschichtliche Entwicklung des Waldes

Die Geschichte des Mittelmeer-Waldes ist heute weitgehend bekannt. Die Pflanzengeographen sind in der Lage, die potentielle Verbreitung der Hauptarten rund um das Mittelmeer, das heißt die nach ökologischen und biogeographischen Kriterien und ohne Einwirken des Menschen für ihre Ausbreitung geeigneten Flächen, zu bestimmen. Diese Situation entspricht letztendlich der Lage, die vor 7 oder 8 Jahrtausenden während der Wiederbesiedelung nach der Würm-Eiszeit und noch bevor das Wirken des Menschen bedeutende Ausmaße annahm, vorgeherrscht haben muß. Infolge der großen damaligen Vorstöße durch die Entwicklung der vorchristlichen Zivilisationen, der Rodung der für die Landwirtschaft notwendigen Flächen, des Bedarfs an Brennstoffen und Nutzholz aller Art, aber auch aufgrund der Bereitstellung der Flächen für die Weidewirtschaft setzte sich diese Degradierung fort bis ins 16. Jahrhundert, allerdings mit einigen durch Kriege und Epidemien verursachten Schwankungen. Die relative Stagnation der Populationen, die mit der progressiven Einrichtung eines Flächenbewirtschaftungsplans, der sich – wie Kunholtz-Lordat bereits 1938 zeigte – auf eine rationelle Teilung des Raumes in Kultur- («ager»), Weide- («saltus») und Waldlandschaften («sylva») stützte, einherging, sorgte weitgehend dafür, daß eine gewisse Stabilität der grundlegenden Landschaften des Mittelmeerraumes gewahrt blieb und daß diese Stabilität immerhin bis Mitte des 19. Jahrhunderts anhielt. Zu diesem Zeitpunkt waren sicherlich bereits die Hälfte der potentiellen Wälder zerstört (Quezel, 1976). Die Zerstörung dieses relativen Gleichgewichts Mitte des letzten Jahrhunderts war zum einen die Konsequenz aus der Bevölkerungsexplosion, zum anderen aber auch die Folge des steigenden Bedarfs an Nutz- und Brennholz durch die Entwicklung des Industriezeitalters. Von diesem Zeitpunkt an entwickelten sich jedenfalls die beiden Ufer des Mittelmeers offenkundig auseinander: vorherrschende Weidewirtschaft im Süden und landwirtschaftliche Nutzung im Norden, aber auch eine Bewußtwerdung der schlimmen Folgen der Rodungen in den europäischen Ländern (Türkei eingeschlossen), die immerhin zu den großen Aufforstungsmaßnahmen gegen Ende des letzten Jahrhunderts führte. Diese gegensätzliche Entwicklung setzte sich infolge der mit der Industrialisierung Europas und auch mit den Kriegen des 20. Jahrhunderts verbundenen Landflucht fort, während sich im Süden die Bevölkerungsexplosion verschärfte und nach und nach die heutige Situation herbeiführte.

Die Nutzung des Waldkapitals durch den Menschen

Zunächst sei betont, daß der mediterrane Wald in seiner Gesamtheit wenig produktiv ist. Das erklärt auch das lange Zeit geringe Interesse der Förster an diesem Wald. Die Produktivität vieler Arten, insbesondere der Hartlaub- oder laubabwerfenden Eichen, übersteigt nicht 1 bis 2 m^3/ha/Jahr. Die Produktivität der Nadelhölzer ist etwas besser, wenngleich die Mittelmeer-Kiefern kaum als Nutzholz verwendet werden. Einzig die Zedern, Tannen und einige Rassen der Schwarzkiefer erreichen eine relativ hohe Produktivität (7 bis 12 m^3/ha/Jahr). Diese Situation, deren Ursache sowohl in der Überalterung des Laubwaldbestands, als auch im fehlenden planmäßigen Waldbau für die Mehrheit der Arten liegt, ist natürlich besorgniserregend. Dies löste, häufig mit sehr unterschiedlichem Erfolg, Aufforstungsmaßnahmen aus, bei denen die Nadelhölzer eindeutig bevorzugt wurden, im Thermomediterran auch der *Eucalyptus*.

Die traditionelle Nutzung durch die einheimische Bevölkerung ist im wesentlichen die Hauptnutzungsart der mediterranen Wälder geblieben.

Die Verschiedenartigkeit der nördlichen und südlichen Länder des Mittelmeers beginnt schon in grundlegenden Dingen. Im Süden hat sich in punkto Holzeinschlag und Holzkohleverarbeitung kaum etwas geändert. Dies gilt besonders für die Gemeinde- und Privatwälder, aber sogar auch für bestimmte kontrollierte Wälder (Eichen und Thuja). Es wird weiterhin regelmäßig Holz geschlagen, und die bestehenden Waldstrukturen bleiben, zumindest theoretisch, erhalten. Dies gilt natürlich auch für die Niederwälder, was in der Regel der Fall ist. Der Exploitationsrhythmus scheint sich nicht wesentlich geändert zu haben. Diese Nutzung nimmt einen bedeutenden Teil der gesamten Holzproduktion ein, insbesondere in den Maghreb-Ländern (mehr als 80%), während im europäischen Mittelmeerraum die Werte weitaus niedriger liegen. Vergessen wir auch nicht, daß in diesen Regionen (Barbero und Quezel, 1990) die unerlaubten Rodungen und Kahleinschläge zur wachsenden Belastung des Waldkapitals werden, dessen Fläche jährlich um 2 bis 3% zurückgeht.

Im nördlichen Mittelmeerraum hingegen beobachtet man immer häufiger einen fast vollständigen Verzicht auf Hartlaubformationen und selbst auf laubabwerfende Wälder, deren Nutzung nur noch lokal nach Bedarf an Brennholz betrieben wird. Die Situation wird am deutlichsten in den am stärksten industrialisierten Ländern: Frankreich und in etwas geringerem Maße Spanien und Italien. In Frankreich, wo man sich speziell mit diesem Problem auseinandersetzte, führte dieser Verzicht, verbunden mit der fast völligen Aufgabe der Waldweide, zu einigen bedeutenden ökologischen Veränderungen. Hierbei handelt es sich insbesondere um den fortschreitenden Ersatz der Steineichen-Niederwäldern durch meist Flaumeichen-Kernwuchsbestände. Dieses Phänomen ist besonders deutlich in der Provence zu beobachten. Darüber hinaus ist die Entfernung des buschigen Unterwuchses, eine unabdingbare Voraussetzung für einen gesunden Waldbau, längst nicht mehr üblich, was zu wichtigen Veränderungen des Milieus und besonders zum Aufbau einer dichten Strauchschicht führt, die, wenn sie nicht abgeweidet wird, das Risiko katastrophaler Waldbrände erhöht.

Probleme durch Waldweide

Seit der Antike ist der mediterrane Wald ein wichtiger Futterlieferant für die Viehherden. Die Waldweide gehört zu den traditionellen Nutzungsarten des Waldes und wird häufig als Wanderschäferei betrieben.

Diese Art der Weidewirtschaft hat heftige Diskussionen ausgelöst. Gegen Ende des letzten Jahrhunderts war die Waldweide tatsächlich überall so stark verbreitet, daß die noch bestehenden Wälder ernsthaft bedroht waren. Durch die Waldweide werden nämlich die jungen Triebe, die niedrigen Äste und Schößlinge und in Trokkenjahren sogar die Blätter und Äste der Bäume, die die Schäfer abschneiden, um das Überleben ihrer Herden zu sichern, aufgefressen. Darüber hinaus hat der Weidetritt einschneidende Wirkungen auf die Böden: Oberflächenverdichtung, Solifluktion, Zertrampeln der Vegetation, etc. ... Angesichts dieser dramatischen Situation wurde die Waldweide in den Staatsforsten von den lokalen Behörden der meisten Mittelmeerländer per Dekret untersagt.

Inzwischen haben sich besonders in den europäischen Ländern sehr viel nuanciertere Positionen durchgesetzt.

Schematisch betrachtet konnte man auf der Nordseite des Mittelmeers zunächst einen Rückgang, schließlich fast das Verschwinden der Waldweide beobachten. Dies ist auf die sehr starke Landflucht zurückzuführen. Das Problem wurde außer in ganz speziellen Fällen sehr schnell zu einem umgekehrten Problem, da der Wald praktisch nicht mehr oder in Gegenden, wo in gewissem Maße noch Schäferei betrieben wurde (Korsika, Italien, Katalonien, etc. ...), zumindest unterbeweidet wurde. Diese Unterbeweidung oder Einstellung der Beweidung, besonders in Privatwäldern, führte zu bedeutenden Veränderungen der Bodenvegetation und schließlich zu einer allgemeinen in vieler Hinsicht negativen Verstrauchung. Aus ökologischer Sicht verringert das Gestrüpp die Artenvielfalt der Flora und häufig auch der Fauna und verhindert die Verjüngung; aus ökonomischer Sicht bedeutet das Gestrüpp ein unverwertbares Vegetationskapital, das im Sommer zu allem Überfluß eine enorme Brennmasse bietet, die die Ausbreitung der Waldbrände fördert.

Auf der Südseite des Mittelmeers führte die nachlässige Kontrolle der Forstbetriebe zusammen mit einer oft explosionsartig in die Höhe schnellenden Zunahme des Viehbestands in wenigen Jahrzehnten zu einem dramatischen und häufig nichtumkehrbaren Rückgang der Pflanzendecke. Diese quasi permanente Überbeweidung hat die Verjüngung völlig zum Erliegen gebracht, viele Wälder in Flächen mit vereinzelt übriggebliebenen Bäumen verwandelt und den dazugehörigen Krautteppich tiefgreifend verändert. Die für die Waldgesellschaft charakteristischen und für die Beweidung häufig hochwertigen Arten haben bestenfalls einem Wald mit niedrigem Annuellen-Teppich oder einem von nichterwünschten Pflanzen überschwemmten Wald Platz gemacht.

Die Auswirkungen menschlicher Siedlungstätigkeiten, wie hier die Beweidung, waren im Mittelmeergebiet von jeher besonders stark. Aufgrund der mehr als achttausendjährigen Ausbeutung hat das Ökosystem Wald hier einen starken Schwund erfahren. Heute wird es durch Touristen, Brände und den Bau von Zweitwohnungen immer mehr beeinträchtigt.

Auswirkungen der Urbanisierung und der Zersiedelung

Die Küstengebiete, aber auch die nähere Umgebung der großen Städte sind zunehmend ganz besonders bedroht. Der Touristenstrom, die Ausweitung der Vorstädte und die Verbreitung der Ferienhäuser tragen wesentlich zur Zerstörung oder zumindest zur Veränderung der Waldökosysteme bei. Dennoch ist es schwer, die von diesen Entwicklungen betroffenen Waldflächen exakt zu beziffern, und selbst wenn die jetzige Gesetzgebung bemüht ist, «natürliche Grünflächen» zu erhalten, wurden doch bereits enorme Flächen tiefgreifend verändert. Einige ganz besonders attraktive Zonen wurden völlig verwandelt. Sie entsprechen sehr häufig außergewöhnlichen Vegetationsstrukturen, deren Erhalt bereits stark bedroht ist. So sind besonders in der thermomediterranen Zone viele Gesellschaften praktisch verschwunden wie die schon vorher erwähnten Ölbaum-Johannisbrotbaum-Formationen mit Zwergpalme (*Chamaerops humilis*) zum Beispiel an der Côte d'Azur.

Wenn nicht kurzfristig eine Kontrolle geschaffen wird, sind die Schäden nicht mehr rückgängig zu machen, um so weniger als die Einführung vieler exotischer Arten, wie *Eucalyptus* und *Acacia*, die sich immer stärker in diesem Milieu ansiedeln, tiefgreifende Veränderungen der Pflanzenwelt herbeiführt.

Es sei auch an dieser Stelle darauf hingewiesen, daß der mit dem Tourismus verbundene häufigere Waldbesuch eine große zusätzliche Gefahr für den Ausbruch der Waldbrände im Sommer bedeutet.

Fauna und Ökosysteme der mediterranen Wälder

Die wichtigsten Waldökosysteme im gesamten Umkreis des Mittelmeers besitzen auch eine bedeutende Tierwelt, die zumindest erwähnt werden sollte. Tatsächlich bieten diese Wälder – oder das, was noch von ihnen übrig ist – sowohl wegen des Lebensraums, als auch wegen der Nahrungsressourcen, die sie zu bieten haben, ein besonders günstiges Umfeld für Wildtiere.

Eine enorme Anzahl Tiere aller Gattungen nimmt am Leben dieser Wälder teil. Eine erstaunliche Vielfalt beobachten wir besonders im Bereich der Insekten und Spinnen, wobei jeder der oben beschriebenen Waldtypen in seinen geographischen Varianten mit einer langen Liste besonderer Arten aufwarten kann, deren nähere Betrachtung jedoch zu weit führen würde. Wenngleich Lurche und Reptilien – mit Ausnahme der Schildkröten (und der Fall Hermann-Schildkröte in den Mauren ist leider allzu gut bekannt) – in den Wäldern eine Seltenheit sind, finden Vögel und Säugetiere hier eines der letzten ihnen freundlich gesonnenen Biotope.

Die Vögel machen einen wesentlichen Teil der Mittelmeer-Waldbewohner aus und bilden dort eine bemerkenswerte ökologische Kette. Die vom Aussterben bedrohtesten Raubvögel finden hier ihre Beute: der Kaiseradler (*Aquila heliaca*), der Wanderfalke (*Falco peregrinus*) und der Lannerfalke (*Falco biarmicus*). Wenn auch viele Sperlingsvögel selten geworden sind, ist doch keiner von ihnen direkt bedroht (Ramade, 1990); übrigens sind nur sehr wenige wirklich mediterranen Ursprungs, im Gegensatz zu denen, die die Macchie und Garigue bewohnen. Dennoch sind freudige Überraschungen immer möglich, wie erst kürzlich bei der Entdeckung eines Numidischen Kleibers in Klein-Kabylien.

Für zahlreiche bemerkenswerte Säugetierarten, die teilweise schon ganz verschwunden sind, bieten die Wälder des Mittelmeerraums die letzte Zuflucht. Der Elefant hat die römische Epoche in Nordafrika, wo der Löwe des Atlas-Gebirges am Anfang dieses Jahrhunderts ausgerottet wurde, nicht überdauert. Der Panther ist nur noch an wenigen Stellen in Marokko, Algerien und Anatolien zu finden; den Luchs traf kaum ein besseres Los, und das Schicksal des letzten Hirschbestands in Numidien ist nach wie vor besorgniserregend. Die Wölfe sind ganz aus dem westlichen Mittelmeerbecken verschwunden, und der Berber-Affe wird aktiv bejagt. Das Mittelmeer-Mufflon scheint, nachdem der Bestand katastrophal zurückgegangen war, jetzt von den in manchen Ländern ergriffenen Maßnahmen zum Artenschutz zu profitieren.

Einige große Säugetiere der südeuropäischen Wälder treten auch in unseren Wäldern auf, sind jedoch alle vom Aussterben unmittelbar bedroht – mit Ausnahme vielleicht des Wildschweins. Zu nennen sind Bären und Hirsche, die fast nur noch in den Balkanländern und Anatolien vorkommen, während zumindest die Rehe in Mitteleuropa häufig sind.

Von den kleineren Säugetieren siedeln viele fast ausschließlich im Wald, wo sie immer seltener werden oder sogar ganz verschwinden, wie die Ginsterkatze.

Auch dieses Tierkapital stellt einen Reichtum dar, den es zu schützen gilt. Es besteht kein Zweifel, daß jeder Versuch, die Mittelmeerwälder zu verjüngen, die beste Garantie dafür ist, wenn gleichzeitig auch wirksame Maßnahmen zum Schutz bestimmter Tierarten ergriffen werden.

Probleme der Erhaltung

Wir wollen kurz die zum Teil dramatischen Probleme ansprechen, die mit dem Erhalt einer gewissen Anzahl Baum- und Straucharten im Mittelmeerraum verbunden sind.

Im mediterranen Europa ist die Nebrodentanne (*Abies nebrodensis*) zu nennen, von der Morandini (1969) nur noch etwa zwanzig Stämme zählte. Auf Kreta ist die Lage der *Zelcova abelica* besorgniserregend, wenngleich auch nicht so dramatisch. Einige andere Arten können zum Problemfall werden wegen des begrenzten Vorkommens und sind Grund zu anhaltender Sorge, auch wenn sie nicht direkt bedroht sind. Dies ist zum Beispiel bei der Spanischen Tanne (*Abies pinsapo*) in Andalusien der Fall sowie der *Pinus nigra* Subsp. *dalmatica* auf den Inseln Dalmatiens.

Im östlichen Mittelmeerraum ist die Lage zumindest allgemein für das Artenareal zufriedenstellend. Einige Sonderfälle sind trotzdem zu erwähnen, insbesondere *Abies equi-trojani*, *Liquidambar orientalis* und *Quercus aucheri* in der Türkei, deren Populationen örtlich sehr begrenzt bleiben, ebenso wie auf Zypern die Zypern-Zeder (*Cedrus brevifolia*).

In Nordafrika ist die Situation am schlimmsten. Innerhalb der Gattung der Zypressen (*Cupressus*) ist besonders die Atlas-Zypresse (*Cupressus atlantica*) infolge von unkontrollierter Abholzung stark bedroht. Der Fall der Tassili-Zypresse (*Cupressus duprezziana*) sei hier erst gar nicht erwähnt. Die Situation der Tannen bleibt sowohl für die *Abies maroccana* als auch für die *Abies tazzaotana* und die Numidische Tanne (*Abies numidica*) kritisch. Auch die *Pinus nigra* Subsp. *mauritanica* ist nur noch in zwei begrenzten Gebieten vorhanden, auf dem kalkigen Rif und dem Djurdjura, wobei die algerischen Bestände einige hundert Individuen nicht übersteigt.

In Marokko ist die relativ bedrohte endemische *Olea salicifolia* aus Ida oder Tanane im westlichen Hohen Atlas zu erwähnen, darüber hinaus aber auch bestimmte zwar nichtendemische, aber biogeographisch hochwertige Arten wie die *Betula font queri* des Rifs, deren Bestand in den letzten Jahrzehnten gefährlich zurückgegangen ist, und die *Laurus azorica*, von der es in Marokko nur noch vereinzelte Restbestände gibt.

Der mediterrane Gebirgszug, der den nordafrikanischen Atlas, den Libanon, das Taurusgebirge, den Appenin und Korsika umfaßt, beherbergt Holzarten, die inzwischen selten geworden sind. Die korsische Schwarzkiefer und die libanesische Zeder wurden zu allen Zeiten als Bau- und Schiffsholz verwendet.

Marcel Barbero
Roger Loisel

Waldbrände

Brände können natürliche Ursachen haben, aber auch ein seit dem Holozän angewandtes Mittel des Menschen sein, um Wälder zu roden. Feuer gehört zu den Umweltparametern, die direkt oder indirekt in die Organisation der Pflanzengemeinschaften und Landschaften eingreifen.

Die großen, wilden Brände, die durch natürliche Faktoren wie Blitz und Vulkanausbrüche ausgelöst werden, sind eine planetare Erscheinung, wenn die Ökosysteme unter Wasserstreß leiden. Der Mensch hingegen hat sich als Hirte oder Urbarmacher der Urwälder des Feuers bedient, um Siedlungsräume für die spätere landwirtschaftliche Nutzung zu schaffen.

Später hat der Mensch den Gebrauch des Feuers im Sinne einer intelligenten und planmäßigen Bewirtschaftung des Raumes rationalisiert. Der Abbrand oder das Abflämmen gehörten zu den Säuberungsmaßnahmen des Bodens nach der Ernte oder dienten der Regeneration einer verstrauchten Weidefläche. Derartige Maßnahmen fielen in die Kategorie der Lauffeuer, die in manchen Situationen außer Kontrolle gerieten und zu ungewollten Großbränden eskalierten, die die Waldökosysteme selbst angreifen konnten. Auch heute ist dies oft der Fall.

Damals und heute

Heute schützen Förster und Feuerwehrmann den Wald gemeinsam vor ungewolltem oder beabsichtigtem Waldbrand. Dies war nicht immer so. Zumindest mußte der Förster bis ins letzte Viertel des 19. Jahrhunderts den Wald vor dem Schäfer verteidigen, der nur ein Ziel vor Augen hatte: den Wald zerstören, um sein Futterkapital zu steigern. So entstand die Forstgesetzgebung, deren Ziel unter anderem das Verbot des Vieheintriebs war.

Dieser Kampf der Förster war schon 1867 ausschlaggebend für den Erlaß umfassender Gesetze zur Wiederaufforstung. Über Jahrzehnte bemühte sich der Mensch um die Wiederherstellung eines Waldes, der im französischen Mittelmeerraum im wesentlichen aus Steineichen-Weißeichen-Niederwäldern, aus Kastanienwäldern und sehr gut gepflegten Strandkiefernwäldern besteht.

Anhand der Waldbrandstatistiken des Departements Var beispielsweise kann man bei den abgebrannten Flächen große Schwankungen von Jahr zu Jahr feststellen. So wird die Vorstellung entkräftet, daß heute mehr Flächen abbrennen als früher. Am Anfang dieses Jahrhunderts erlebte dieses Departement schreckliche Jahre in Bezug auf das Ausmaß der Schäden, die offensichtlich erheblich größer waren als heute: 45 410 ha im Jahr 1919; 22 589 ha im Jahr 1923; 25 239 ha im Jahr 1927; 21 273 im Jahr 1934.

Eine genauere Analyse zeigt jedoch, daß diese Brände überwiegend Heideland, Macchie und Garigue heimsuchten und nur sehr selten die Kiefernwälder und Niederwälder. Es ist daher anzunehmen, daß die Methode der Regeneration der Weideflächen oder Bodenaufwertung der Felder durch Abflämmen Ursache für die vielen Brände war, die in windreichen Jahreszeiten große Flächen erfassen konnten. Insgesamt betrachtet war in den meisten übrigen Jahren der durchschnittliche Umfang der Brände geringer als heute. Ausschlaggebend für die oben genannten sehr großen Flächen ist die Anzahl der Brände.

Heute hingegen geht die Zahl der aktiven Brände, die die Ökosysteme zerstören, stark zurück, während die verbrannten Flächen pro Waldbrand erheblich zunehmen.

Die Entwicklung der Kultur- und Waldlandschaften

Die Unterschiede in der Waldfläche gehen auf Veränderungen im Landwirtschaftssektor zurück. Im Laufe eines Jahrhunderts haben sich die ländlichen Gebiete nach und nach enorm gewandelt. Im alten Agrarsystem bestand die Landschaft überwiegend aus Anbau- und Weideflächen und einigen großen Waldgebieten. Die Aufteilung richtete sich nach topographischen Aspekten und nach der Exposition, was eine sehr abwechslungsreiche Vernetzung ergab. Die dem ungewollten Feuer ausgesetzte Pflanzenmasse war durch die optimale Nutzung durch den Menschen zwangsweise reduziert und das Brandrisiko unter Kontrolle.

Die Auswirkungen der Veränderungen in der Landwirtschaft äußern sich in der spektakulären Entwicklung der Wald- und Pflanzendecke. Während im Laufe eines Jahrhunderts, nämlich zwischen 1878 und 1988, der Laubwaldbestand im Gebiet der Provence (3 164 977 ha) von 376 650 ha auf 440 092 ha anwuchs, stieg der Nadelwaldbestand von 213 070 ha auf 666 294 ha. Diese Zunahme um 453 224 ha entspricht mehr als der Gesamtfläche des Departements Alpes-Maritimes.

Bei dieser Nadelwaldzunahme stieg allein der Bestand der Aleppokiefer und der Gemeinen Kiefer, die mit zu den am leichtesten brennbaren Hölzern gehören, um 387 000 ha. Die Auswirkung des Zusammenbruchs des alten Agrarsystems wird darin deutlich, daß 344 000 ha Koniferen ehemaliges Brach- und Ödland besiedeln und heute der Anteil des Privatwaldbesitzes enorm gestiegen ist.

Diese Nadelhölzer gehören aufgrund ihrer frühen Fruchtbarkeit, ihrer Wuchsleistung und ihrer einzigartigen Fähigkeit, Flächen zu besiedeln, zu den expansionsfreudigen Baumarten. Sie stellen die räumliche Struktur und Organisation einer Landschaft völlig auf den Kopf.

Alle Schätzungen der Ökonomen für die Zukunft stimmen in dem Punkt überein, daß sich in den Gebieten Provence, Alpen, Côte d'Azur (PACA), falls sich die europäische Landwirtschaftspolitik nicht ändert und sie die Rolle der Bauern als Landschaftsgärtner nicht erkennt, der Wald noch weiter ausdehnt und trotz Waldbränden in 20 bis 30 Jahren um 300 000 ha gewachsen sein wird, das heißt um die Fläche, die dem Departement Vaucluse entspricht.

Die Landschaften Südeuropas werden sich in zwei bis drei Jahrzehnten völlig verändert haben, und die Anbauflächen werden wie kleine, verstreute Inseln in einem Meer von Wäldern wirken.

Eine der unmittelbaren Folgen der Waldbrände ist die Verarmung des Ökosystems. Die ursprüngliche Flora und Fauna wird zerstört und durch anspruchslosere, schnellwachsende Baumarten ersetzt, die sich mit einem degradierten, von starken Gewittern ausgewaschenen Boden begnügen.

Konsequenzen der Veränderungen im Landwirtschaftssektor

Die Ausbreitung der Kiefern und der leicht brennbaren Arten, die sie begleiten, wie Zistrose, Rosmarin, Dornginster, Geißklee, Stachelmohn, Thymian, die Verstrauchung des Unterholzes der Niederwälder und die Verholzung der Gebüschformationen (Garigue und Macchie mit Kermeseiche, Kreuzdorn, Terpentinpistazie, Heidekraut) erklären zum großen Teil die Entstehung der spektakulären ungewollten Brände, die in große wilde Naturwaldbrände übergehen und eine beachtliche Biomasse in Flammen aufgehen lassen.

In einigen der letzten Jahre (darunter auch 1990) verlor die Provence auf einen Schlag über 10 000 ha durch Waldbrände. Solche Katastrophen ereigneten sich auch in Italien, Spanien und Griechenland. In den Maghreb-Ländern und in anderen Gebieten des Mittelmeerraumes sind solche Katastrophen die Ausnahme wegen des technologischen und wirtschaftlichen Nord-Süd-Gefälles.

In Nordafrika sind Waldbrände besonders für die Gebiete im nordöstlichen Küstenbereich Algeriens, wo die Schäferei seit der Unabhängigkeit enorm zurückgegangen ist, kennzeichnend.

Die Waldbrandursachen sind im allgemeinen überall gleich: Unachtsamkeit, Fahrlässigkeit und Erschließung der Wälder durch Straßen und Wege, über die eine achtlose Öffentlichkeit, die häufig schlecht über die Risiken

Der europäische Wald der gemäßigten Breiten kann sicherlich als der am wenigsten natürliche des gesamten Erdballs angesehen werden. Seit dem Mittelalter greift der Mensch hier ein, selektiert bestimmte Baumarten (Buchen, Eichen, Ulmen) zu Lasten anderer (Eiben, usw.). Bestimmte Gebiete jedoch bleiben nahezu Urwälder, wie etwa Fontainebleau in Frankreich, Bialowieza in Polen oder Töfsing in Schweden.

Die Wälder der gemäßigten Zone

Paul Arnould

Was ist ein gemäßigter Wald?
Die Bezeichnung «gemäßigt» ist ein in den Naturwissenschaften seit langem häufig verwendeter Begriff. Schon die Griechen benutzten diese mehrdeutige Bezeichnung zur Unterscheidung der großen Temperaturzonen des Globus: Kaltzonen im Norden, die Heißzone im Süden und die gemäßigte Zwischenzone. Im astronomischen Sinn gibt es genaugenommen zwei boreale und australe gemäßigte Zonen zwischen den Polar- und Tropenkreisen. Der Begriff gemäßigt gilt aber auch und besonders für die herrschenden Klimate und die Wälder, die in diesen Zonen wachsen. Der Begriff gemäßigt im klimatischen Sinne entspricht zugleich mittleren, keinesfalls zu ausgeprägten Temperatur- und Feuchtigkeitswerten und definiert sich vor allem negativ: es ist der Bereich, wo Kälte nie eisig und allgegenwärtig ist und Wärme nie das ganze Jahr über sengend heiß ist. Dennoch darf man nicht vergessen, daß gemäßigt nicht gleichbedeutend ist mit *mäßig* oder *gleichbleibend*. Die klimatischen Durchschnittswerte der gemäßigten Zonen verschleiern erhebliche jahreszeitliche Unterschiede. Gemäßigt heißt also nicht mäßig, sondern *mittlere Werte durch Vermischung* von deutlich gegensätzlichen Erscheinungen. In der gemäßigten Zone herrschen daher harte Winter und heiße Sommer mit großem Temperaturgefälle.

Insgesamt aber ist die gemäßigte Zone für die Vegetation günstig. Sie ist die Zone, in der man die größte Vielfalt der Pflanzenformationen findet. Sie umfaßt auf der Nordhalbkugel von Ost- und Westseite des nordamerikanischen und eurasischen Kontinents vier große, sogenannte gemäßigte Waldgebiete: den europäischen Wald, die Wälder der Appalachen auf der Ostflanke Nordamerikas, den Wald des Fernen Ostens und den gewaltigen Wald der amerikanischen Pazifikküste. Diese Waldgebiete werden im Norden begrenzt durch den borealen Nadelwald oder Taiga. Der Übergang besteht aus Laub-Nadel-Mischwäldern. Im Süden werden die gemäßigten Wälder von mediterranen Formationen mit bereits subtropischen Merkmalen abgelöst. Im Zentrum der Kontinente grenzen sie an Wiesen, Steppen und Wüsten.

Auf der Südhalbkugel bedecken die gemäßigten Wälder Chiles, Kaliforniens, Tasmaniens und Neuseelands eine geringere Fläche als auf der Nordhalbkugel, weisen jedoch ganz eigene floristische Zusammensetzungen, Physiognomien, Strukturen und Dynamiken auf.

Die gemäßigten Wälder der Südhalbkugel: Die Wälder im ozeanischen Bereich
Die Südhalbkugel ist der Teil, auf den der Begriff blauer Planet am besten zutrifft, denn sie ist von Grund auf ozeanisch geprägt. Die großen zirkumpolaren Pflanzenformationen der kalten Zonen der Nordhalbkugel, wie Tundra und Taiga, gibt es auf der Südhalbkugel praktisch nicht.

Die gemäßigten Wälder nehmen dort einen viel bescheideneren Platz ein als auf der Nordhalbkugel. Sie sind im wesentlichen durch zwei große Wälder vertreten: den chilenischen Wald, häufig auch valdivianischer Wald genannt nach der Stadt in seinem Zentrum, und den neuseeländischen Wald.

Letzterer, der «Bush», wie ihn die englischen Kolonialisten nannten, die sich Anfang des 19. Jahrhunderts zahlreich dort niederließen, ist von seiner Flora her sehr ursprünglich, und seine Fauna besteht größtenteils aus endemischen Arten. Die berühmtesten großen Bäume sind der *Rimu* oder Gelbkiefer und der *Totara* der Maoris oder Rotkiefer, ein Baum der Gattung *Podocarpus*. Diese Nadelhölzer überragen ein sehr dichtes Unterholz aus Lianen, Epiphyten und Baumfarnen. Auf der Südinsel gedeihen auf moosigem Unterholz im feuchten Klima wunderschöne Buchenwälder mit *Nothofagus*, den kleinblättrigen, immergrünen Buchen der südlichen Hemisphäre.

Die Fauna dieser Wälder ist relativ armselig. Ursprünglich lebte auf diesen Inseln kein einziges einheimisches Säugetier – mit Ausnahme der Fledermaus. Dafür findet man außergewöhnliche Reste von Tieren wie den *Tuatara*, einem Saurier. Viele Vögel, von denen einige nicht mehr fliegen, weil sie keine natürlichen Feinde haben, haben sich in den verschiedenen Schichten des Waldes angesiedelt: so zum Beispiel der blaue *Tui* mit seinem weißen Kragen. Der Kiwi (*Apteryx australis*) ist einer der Symbolvögel Neuseelands. Er hat keine erkennbaren Flügel und seine aschgrauen bis braunen Federn sehen aus wie Fell. Die Papageien *Kaka*, dunkelbraun, oder *Kea*, ganz grün, sind sehr fruchtbar und treten in riesigen Schwärmen auf.

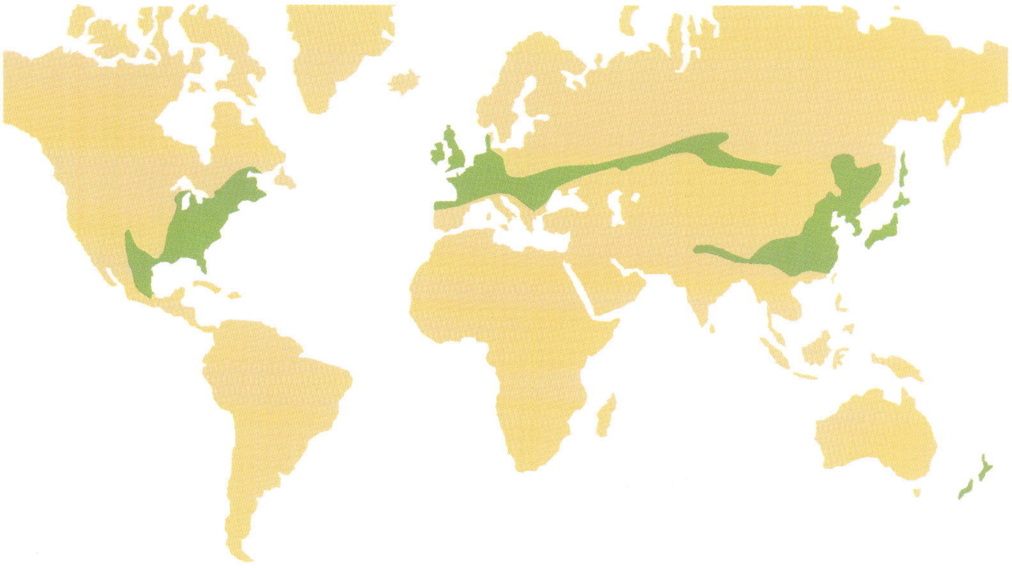

Die Maoris, polynesische Völker, die die Inseln in mehreren aufeinanderfolgenden Wellen zwischen dem 6. und dem 14. Jahrhundert besiedelten, sind große Holzverbraucher und geschickte Handwerker. Sie fällen die Bäume, um damit ihre von Pallisaden umgebenen Festungen, die *Pahs*, zu bauen. Sie schnitzen großartige Skulpturen aus Holz, schmücken ihre Häuser, die *Whares*, sehr originell und konstruieren Kriegspirogen, die von einer riesigen Plattform von 40 Metern Länge zusammengehalten werden, auf der fast 200 Personen Platz haben.

Die Einführung von Flora (Weiden, Pappeln, Koniferen, Ginster) und Fauna durch die Europäer hat zu erheblichen Störungen des ökologischen Gleichgewichts geführt.

Im südlichen Chile sind die Westhänge der Andenkette zwischen dem 38.° und dem 43.° südlicher Breite von einem außergewöhnlich üppigen Wald bewachsen (ähnliche Position wie in Nordamerika). Diese entlang des Meridians ausgerichteten Wälder zeigen gegen ihre Nord- und Südränder hin sowie in Höhenlagen Veränderungen. Im hyperozeanischen Klima mit extrem vielen und konstanten Niederschlägen (mehr als 2m/Jahr) sind die milden Temperaturen und die geringen Höhen sehr günstig für die Vegetation. Die oft stürmischen Westwinde sind einer der einschränkenden Hauptfaktoren für Bäume.

Der sogenannte valdivianische Wald um den 41. Breitengrad ist völlig ursprünglich. Zu den Hauptarten dieses Waldes gehört die Konifere *Fitzroya*, die über 60 m hoch werden kann. Sie verdankt ihren Namen Fitz Roy, dem Kapitän der Beagle, des Schiffs, mit dem Darwin um die Welt segelte. Dieser Baum erinnert durch seine Langlebigkeit und seinen dicken Durchmesser an die Mammutbäume Kaliforniens. Er wächst auf den Hängen der Anden zusammen mit immergrünen *Nothofagus*, *Podocarpus* und *Fuchsia*, alles Bäume beträchtlicher Höhe.

Dieser Wald ist reich an Epiphyten, Moosen und Farnen. Seine Bäume werden von zahlreichen Lianen umschlungen und stabilisiert. Das feuchte und dämmrige Unterholz erinnert an die dichten Wälder des Äquators.

Der außergewöhnlichste gemäßigte Wald: Der Wald der Riesenkoniferen der Pazifikküste Nordamerikas

An der Westseite des nordamerikanischen Kontinents zieht sich von Alaska bis Kalifornien über eine Länge von 3 600 km der außergewöhnlichste azonale Wald unseres Globus. Er liegt überwiegend in der gemäßigten Zone und grenzt geographisch gesehen im Norden an die Kaltzone und im Süden an die subtropischen Breiten. Ökologisch und floristisch scheint er doppelter Abstammung zu sein: die Dominanz der Koniferen, die an die Taiga erinnert, läßt auf eine Zugehörigkeit zur borealen Zone schließen, jedoch deuten die Üppigkeit und die Riesenhaftigkeit auf eine Verbindung zum tropischen Wald. Um also diese ursprüngliche Vegetationsform so vollständig wie möglich zu charakterisieren, ist eine lange Umschreibung notwendig, die alle wichtigen Kennzeichen umfaßt: *feuchter und regenreicher, gemäßigter und kühler Wald mit Riesenkoniferen im Pazifikküstengebiet Nordamerikas.*

Dieser Wald, der sich auf den Karten wie ein schmaler Saum geradlinig am Rand des pazifischen Ozeans entlangzuziehen scheint, ist in Wirklichkeit in der Nähe der amerikanisch-kanadischen Grenze fast 320 km breit. Die Breite seiner Süd- und Nord-Ausläufer liegt bei durchschnittlich 160 km. Im südlichen Alaska liegt er nicht höher als 1 000 m, übersteigt aber in der Kaskadenkette von Colorado und der Sierra Nevada die 3 000-m-Grenze.

Die Begriffe zur Beschreibung dieses außergewöhnlichen Waldes rufen immer wieder seine Fülle, seine Üppigkeit, seine Kraft, seinen Reichtum und seinen zauberhaften Charakter in Erinnerung. Er ist tatsächlich der Wald der Rekorde. Hier findet man die größten Bäume der Welt (mit den Eucalyptus-Bäumen), deren Höhe zwischen 60 und 100 m erreicht. Viele Autoren haben im Zusammenhang mit diesen Bäumen das Gefühl, erschlagen zu werden, angesprochen. In diesem Wald «fühlt sich der Mensch klein». Diese großen Bäume sind auch dicke Bäume. Ein Durchmesser von 5 bis 7 m ist üblich. Die dicksten Bäume der Welt, zwei Arten des *Sequoiadendron giganteum*: «General Sherman» und «General Grant», haben Durchmesser von mehr als 11 bis 12 m. Sie gehören auch zu den ältesten Bäumen der Welt. Ihr Alter schätzt man auf mehr als 2 000 Jahre, wenn nicht sogar auf 3 000 Jahre bei einzelnen Individuen. Die Biomasse eines einzigen dieser Riesen kann 1 500 t, das entspricht der Masse von 3 ha Waldes der gemäßigten Breiten, betragen.

Im Unterholz dieses wahren «irdischen Waldparadieses» herrscht klamme Dämmerung, es ist sehr finster und sehr feucht. Der Boden hat oben eine tiefe Humusschicht, bedeckt mit Farnen und großen Moosgewächsen der Gattung *Polytrichum*. Am Boden verwittern kreuz und quer gigantische Stämme in verschiedenen Zerfallsstadien, die sich mit den Wurzeln anderer Bäume überkreuzen und mit Moosen und Flechten überzogen sind. Viele Bäume stehen immer noch, obwohl sie längst abgestorben sind; der Stamm ist gebrochen und bleibt wie ein Kerzenleuchter stehen, dient aber noch vielen seltenen Vogelarten als Brutplatz.

Die floristische Zusammensetzung dieses ungewöhnlichen Waldes ist relativ einfach. Es gibt wenige dominierende Baumgattungen. Die Douglasfichte (*Pseudotsuga menziesii*) oder wie die Amerikaner sagen: Douglas Fir, die durch das Feuilleton «Twin Peaks» berühmt wurde, die Westliche Hemlocktanne (*Tsuga heterophylla*), englisch: Western Hemlock, der Riesenlebensbaum (*Thuja plicata*), englisch: Western Redcedar, und die Sitka-Fichte (*Picea sitchensis*), englisch: Sitka Spruce, bilden im wesentlichen die Bestände. Sie sind alles große (40 bis 100 m hoch) und dicke (1 bis 5 m Durchmesser) Bäume. Die Douglasie kommt besonders im Zentrum des nordamerikanischen Waldareals vor. Gegen Norden findet man hauptsächlich die Sitka-Fichte und die Hemlocktanne, die die küstennahen Ketten Kanadas besiedeln und die Gletscherzungen einrahmen. Sie bilden auch den Waldbewuchs der unzähligen Inseln vor den Küsten bis Alaska. Gegen Süden wird der Wald noch die Westliche Weymouthskiefer (*Pinus monticola*), englisch: Western White Pine, verstärkt und schließlich durch die berühmte Küstensequoie (*Sequoia sempervirens*), englisch: Redwood, Oregons und Kaliforniens. In höheren Lagen gewinnen die Tannen (*Abies*) mehr und mehr an Bedeutung. Es sind große Bäume (30 bis 70 m), deren lateinische Artenbezeichnungen (*grandis*, *magnifica*, *nobilis*, *amabilis*, d. h. groß, gewaltig, edel, lieblich) die vorzügliche Morphologie widerspiegeln.

In dieser Welt der Riesenkoniferen gibt es zwar auch Laubbäume, jedoch machen sie nur 6% der Arten aus und nur ein Tausendstel des Volumens wurzelnder Bäume. Wie in anderen Wäldern der gemäßigten Zone handelt es sich im wesentlichen um Eichen, Kastanien, Erlen, Weiden und den bunt gefärbten *Acer circinatum*. In diesem Wald lebt eine große Zahl der häufig auf Bäumen hausenden Säugetiere, wie die lebhaften roten und grauen Eichhörnchen, das nordamerikanische Eichhörnchen Tamia und das Opossum. Sie ernähren sich von den Samen der Nadelbäume und legen für den Winter einen Zapfenvorrat an. Große Säugetiere wie der Wapiti-Hirsch, der Schwarzbär und der Fuchs wurden lange Zeit verfolgt und gejagt, stehen jetzt jedoch unter dem Schutz der vielen Naturparks, die zum Erhalt der außergewöhnlichen Lebensräume, die zusammen mit einigen Regenwäldern des Äquators noch am ehesten den Eindruck «unberührter Wälder» vermitteln, geschaffen wurden.

Der Wald an der amerikanischen Pazifikküste wächst in einer ursprünglichen Umgebung, die seine beeindruckende Stärke verdeutlicht. Dort herrscht ein ganz besonderes ozeanisches Klima, dessen relativ gleichförmige Temperaturverhältnisse oberhalb des 27. Grades nördlicher Breite sowohl auf den Einfluß des Pazifischen Ozeans als auch auf die Funktion der Schilder der Rocky-Mountains-Kette zurückzuführen sind.

Die isothermischen Karten der Monate Januar oder Juli zeigen einen parallel zur Küste verlaufenden Nord-Süd-Verlauf. Diese ziemlich ungewöhnliche Lage zeigt deutlich den azonalen Aspekt dieses Milieus unter dem zweifachen Einfluß des Ozeans und der Berge.

Die gemäßigte Zone wird definiert als Gebiet, wo die Kälte niemals unerbittlich und allgegenwärtig, die Hitze niemals das ganze Jahr über unerträglich ist. In der Tat gibt sie einer großen Vielfalt an pflanzlichen Lebensformen Raum, von unseren Eichen- und Buchenwäldern über die Sumpfwälder von Louisiana bis hin zu den Riesensequoia-Wäldern Nordamerikas.

Die Winter sind mild. Der Frost ist nicht besonders hart. Die Sommer sind frisch, Hitze wird kaum spürbar, und die Jahrestemperaturamplituden sind relativ gering. Die Vegetationsperiode dauert in der Regel lange, mehr als 8 Monate. Der erdrückende Einfluß der wasserbeladenen maritimen Luftmassen zeigt sich in der hohen Feuchtigkeit des Klimas. Die Niederschlagsmengen sind sehr unterschiedlich zwischen Kalifornien (etwa 500 mm pro Jahr) und Alaska (2 bis 3 m pro Jahr), dennoch sind, trotz deutlich hervortretender sommerlicher Trokkenheit im Süden, die Niederschläge im Frühling ausgesprochen ausgeglichen und liegen im gesamten Gebiet bei ⅕ der Jahresmenge. Entlang der Küste herrschen starke Nebel, deren Bildung durch die relativ kalten Gewässer begünstigt wird. Schon im Küstenstreifen, besonders aber in den Höhenlagen über 200–300 m, spielt

der Schnee eine große ökologische Rolle. Im Jahr fallen in der Regel mehrere Meter Schnee und versorgen somit riesige Gletscher, deren Zungen, besonders in Alaska, bis ins Zentrum der Wälder reichen.

Dieser eindrucksvolle Wald gedeiht auf tiefgründigen Böden, von Braunerden bis lessivierten Böden mit saurem Humus oder auf Podsol-Böden. An einigen Stellen, in Höhenlagen oder nach Norden hin, wächst der Wald auf weniger entwickelten Böden, die sich auf den zurückgebliebenen Moränenablagerungen der zurückweichenden Quartär-Gletscher entwickelt haben. Ein Teil dieses westamerikanischen Gebietes war einst tatsächlich von Gletschern überzogen, deren Front sich vor etwas über 10 000 Jahren bis zur Breite von Vancouver, dem Puget Sound und der Juan-de-Fuca-Straße vorschob. Während dieser Gletschervorstöße konnten die pazifischen Wälder bequem im Süden Zuflucht suchen.

Dieser Rückzug der Floren war auf der europäischen Seite nicht so einfach. Dort stellten sich das Mittelmeer, die Wüsten und die Ost-West-Gebirgszüge (Pyrenäen, Alpen) der Migration der Floren entgegen. Dies ist sicherlich eine paläoklimatische Erklärung für die Einzigartigkeit und den Reichtum des amerikanischen Küstenwaldes.

Der mächtige amerikanische Koniferenwald war Anfang des 19. Jahrhunderts, als David Douglas, einer der berühmtesten Botaniker und Erforscher des amerikanischen Kontinents, zwischen 1825 und 1834 die Gegend der Olympic Mountains, der Kaskadenkette in Kalifornien und des Columbiabeckens untersuchte, noch intakt. Douglas war es auch, der dafür sorgte, daß die «Douglasie» genannte Fichte, die Sitka-Fichte, die Edeltanne, der Oregon-Ahorn sowie verschiedene Kiefernarten auf dem europäischen Kontinent eingeführt wurden.

Seit dieser Zeit ist die Waldfläche enorm zurückgegangen. Die märchenhaften Wälder des Westens litten besonders stark unter dem Bau der transkontinentalen Eisenbahnlinien (1869, Union Pacific and Central Railway; 1885, Canadian-Pacific-Railway-Linie, die Montreal und Vancouver miteinander verband) und der Öffnung des Panama-Kanals (1914). In wenigen Jahren führte die regelrechte Plünderung der nur mäßig kontrollierten Wälder durch oft große Gesellschaften zur Vernichtung ganzer Waldgebiete. Als Gegenreaktion auf eben diese Zerstörungen wurden auf Anregung des Gründers des National Geographic, G.H. Grosvenor, die ersten und berühmtesten amerikanischen und kanadischen Nationalparks (Yosemite National Park, Olympic National Park, Redwood National Park, etc.) gegründet.

Alle Greifvögel sind heute unter vollkommenen Schutz gestellt.

Der gemäßigte Wald Europas: einer der «unnatürlichsten« Wälder der Erde

Die gemäßigten Wälder Europas sind grundsätzlich sommergrüne Wälder, die die Engländer auch *deciduous forest* oder *summer green forest* nennen. Der jahreszeitliche Rhythmus des Blattfalls leitet einen starken, in der Landschaft gut erkennbaren Kontrast von ökologisch entscheidender Bedeutung ein.

Es sind häufig mehrschichtige Wälder mit blühenden Unterholzgewächsen. Die Abhängigkeit der Lichtverhältnisse erlaubt die Gegenüberstellung von licht- und schattenliebenden Arten. Viele Pflanzen blühen im Frühling, wie die sogenannten *Geophyten* (zum Beispiel Waldanemone und Waldhyazinthe).

Die Laubwaldbestände bestehen häufig nur aus einer Art (Buchenwälder, Eichenwälder, Ulmenwälder ...). Die Nadelwälder nehmen im Flachland einen untergeordneten Platz ein, gewinnen jedoch im Gebirge und an dessen Nordrändern auf den sandigen Böden und den Moränen der großen deutsch-polnischen Tiefebene an Bedeutung (Kiefern, Tannen, Fichten). Es gibt viele Straucharten (Holunder, Haselnuß, Hartriegel, Faulbaum, Stechpalme ...).

Die sehr artenreiche Fauna führt ein sehr stark jahreszeitlich geprägtes Leben. Die Verteilung der verschiede-

Die Fauna der gemäßigten Breite ist oft auf verschiedene Vegetationsschichten verteilt. So leben 29 % der Vögel in der Krone, 31 % bevorzugen die Stammregion, 25 % leben in Sträuchern und 15 % auf dem Boden.

Das Revier des Königs der Wälder – des Hirsches – erstreckt sich über beträchtliche Räume. Jedes Stadium seines Lebens spielt sich an einem bestimmten Ort ab.

nen Tiergruppen nach Vegetationsstraten ist oft sehr klar abgegrenzt. So können beispielsweise die Säugetiere eingeteilt werden in baumbewohnende Tiere (Eichhörnchen, Wildkatze, Luchs ...), am Boden lebende Tiere (Hirsche, Wildschweine, Füchse, Iltis ...) und Wühler (Mäuse, Waldmaus, Spitzmaus, Maulwürfe ...). Auch nach der Ernährung können verschiedene Gruppen unterschieden werden: Nagetiere wie das Eichhörnchen, Allesfresser wie der Bär, Pflanzenfresser wie die Hirsche, Fleischfresser wie der Fuchs und Insektenfresser wie der Maulwurf. Die Vögel bevölkern ebenfalls verschiedene Schichten des Waldes, wobei die oberen bevorzugt werden. In einem slowakischen Eichen-Hainbuchenwald zum Beispiel verteilen sich die Vögel wie folgt: 29% in den Kronen, 31% in den Stämmen, 25% in den Gräsern und Büschen und 15% nisten auf dem Boden. Fauna und Flora tragen unbestrittene Anzeichen der Verarmung. Die einst zahlreichen Bären, Wölfe, Luchse und Europäischen Bisons (heute nur noch im polnischen Reservat Bialowieza zu finden) sind fast völlig verschwunden. 1627 starb der letzte Auerochse in Polen.

Der gemäßigte Wald Europas gedeiht in einem Klima mit ozeanischem Einfluß bei eher frischen Temperaturverhältnissen, weder allzu rauhen, noch zu langen Wintern und kurzen, nicht extrem heißen Sommern. Die Übergangszeiten mit späten oder frühzeitigen Kälteeinbrüchen spielen eine entscheidende Rolle beim Aufbau und Fall der Blätter. Diese Milieus kennen keine klar abgegrenzte Trockenperiode. Die Niederschläge sind in der Regel reichlich und über das ganze Jahr verteilt. Die Palette der Bodentypen reicht von ausgeglichenen Braunerdeböden bis zu mehr oder weniger ausgelaugten Böden.

Die Eichen-Hainbuchenwälder sind die floristisch reichsten (manchmal mehr als 50 verschiedene Baum- und Gräserarten) und produktivsten (fast 10 t/ha/Jahr) Vegetationsgesellschaften. Die Buchenwälder bilden großartige «Waldkathedralen», sind im Vergleich schattiger und haben ein weniger vielfältiges Unterholz.

Seit der «neolithischen Revolution», die sich vom Mittleren Orient bis zu den Küsten des Ärmelkanals und von der Nordsee bis zum Baltikum erstreckte, drang der Mensch systematisch in die Wälder ein. Er rodete und selektierte die Arten, wobei er einige bevorzugte, zum Beispiel die Buche in der Normandie, und andere fast ganz ausrottete, wie zum Beispiel die Eibe. Schon vor einigen Jahrhunderten entwickelte eine Gruppe Forstspezialisten nach und nach in den einzelnen Ländern Europas und speziell in Frankreich und Deutschland Regeln für die

In Europa sind die Bestände der Laubbäume oft Monokulturen. Buchen- und Eichenwälder bilden wunderbare «Kathedralenwälder», die größtenteils im Laufe der vorigen Jahrhunderte von Menschenhand begründet und bewirtschaftet wurden.

Bewirtschaftung der Wälder. Die Gesamtheit dieser Regeln ist heute im Waldbau zusammengefaßt, dessen wichtigstes Ziel die Holzproduktion ist. Seit dem 19. Jahrhundert wird die ökologische Rolle des Waldes mitberücksichtigt: Sanierungs- und Schutzmaßnahmen für die Böden in den Gebirgen, Aufforstung der Küstendünen … In der zweiten Hälfte des 19. Jahrhunderts bestätigte sich mehr und mehr die Notwendigkeit der Be-

rücksichtigung der sozialen Dimension des Erholungswaldes, des Waldes als Grünfläche. In Frankreich dient seit dem 19. Jahrhundert der Wald bei Fontainebleau als eine Art Freiluft-Laboratorium für die Untersuchung der Frequentierung des Waldes.

Der Appalachenwald: ein Mittelgebirgswald

Über die gesamte Ostseite Nordamerikas erstreckt sich ein riesiges Waldgebiet, das man gewöhnlich wie folgt einteilt: Hudson-Wald, ein borealer Nadelwald, dessen Angelpunkt in der Hudsonbay liegt, der laurentische Laub-Nadel-Mischwald, der besonders gut im Becken des Sankt-Lorenz-Stroms und an dessen Rändern wächst, sowie der Appalachenwald, der den gesamten Gebirgszug der Appalachen mit den Piemont-, Blue-Ridge-, Grand Valley-Appalachen in Tennessee, dem Cumberland-Plateau in Ohio und dem Allegheny-Plateau bedeckt, im Nordwesten und Westen aber weit über ihn hinausreicht.

Der Appalachenwald hat vieles mit dem europäischen Wald gemeinsam: den Aufbau in Etagen, sein den Jahreszeiten angepaßtes Leben, die floristische Zusammensetzung aus vielen identischen Arten: Eichen, Buchen, Eschen, Nußbäumen, Ulmen … Allerdings ist der Appalachenwald gemessen am europäischen Gegenstück auf der anderen Seite des Atlantiks ein unvergleichlich größerer und reichhaltigerer Laubwald.

Die Baumgattungen und -arten sind viel zahlreicher: 31 Laubholzgattungen gegenüber 19 in Europa, 28 Eichengattungen gegenüber 7 in Europa. Die Baumfazies dieser Urwälder ist von vielen in Europa heute unbekannten Gattungen geprägt: Hickorynuß (*Carya*), Amberbaum (*Liquidambar*), Tulpenbaum (*Liriodendron*) mit wunderschönen orangefarbenen Blüten und vierlappigen Blättern oder gegen Süden der Amerikanische Amberbaum mit ahornähnlichen Blättern und Magnolien mit auffallend großen Blüten. Während der europäische Wald der gemäßigten Zone sich überwiegend aus einer Art zusammensetzt, besteht der Appalachenwald in der Regel aus 4 bis 6 in gleicher Weise präsenten Baumarten.

Das Unterholz ist unvergleichlich reicher und schattiger als im europäischen Wald. Zahlreiche Lianen wachsen, beispielsweise auch der wilde Wein, der als Rebunterlage zur «Rettung» der europäischen Weinberge nach der Reblauskrise diente.

Viele Bäume des Appalachenwaldes wurden in Europa eingeführt, so die Scheinakazie (*Robinia pseudoacacia*), die der Gärtner Heinrichs IV, Jean Robin, populär machte. Dieser Schmetterlingsblütler mit zusammengesetzten Blättern, mit Dornen bewehrtem Stamm und langen, weißen Blütentrauben hat sich auf nährstoffreichen, nitrathaltigen Böden neben oder statt der Ulme gut eingebürgert. Die Appalachen-Roteiche ist in Frankreich und den Nachbarländern inzwischen zu einer wichtigen Aufforstungsart geworden. Man erkennt sie leicht an ihren großen Blättern und dem im Herbst feuerrot gefärbten Laub.

Der Appalachenwald gedeiht in einem gemäßigten feucht-warmen Klima mit Jahresdurchschnittstemperaturen von 20 °C und Niederschlägen über 1 m. Ein Teil der Niederschläge fällt als Schnee. Dieses Klima kennt jedoch auch ungewöhnliche Kälte- und Hitzewellen (cold waves und hot waves).

In nur dreieinhalb Jahrhunderten erlitt der Appalachenwald enorme Schäden. Die Irokesen praktizierten fast nur das Flämmen, das die Kiefernansamung begünstigte. Mit Ankunft der europäischen Einwanderer Anfang des 17. Jahrhunderts wurden die Wälder für den Bau von Holzhäusern, Eisenbahnbrücken, für Stützpfeiler im Bergbau und zur Papierherstellung zum geregelten Einschlag freigegeben. Allein für die enorme Auflage der Sonntagsausgabe der New-York-Times müssen seitdem 8 ha Wald geopfert werden. Im Süden waren vor allen Dingen die Rodungen für die Baumwollfelder Schuld am Rückgang des Waldes.

Auch die begangenen Tiermorde waren überwältigend. Die Ausrottung der Wandertauben, die in den Eichenwäldern im Norden und östlichen Zentrum der Vereinigten Staaten nisteten und in Schwärmen zu Millionen vorbeiflogen, ist ausgesprochen kennzeichnend für die rücksichtslose Jagdtätigkeit. Dieses zutrauliche Tierchen, das die Franko-Kanadier wegen seines gutmütigen Verhaltens als «Dummerchen» qualifizierten, war 1914 völlig ausgerottet. 1861 zum Beispiel wurden auf den Märkten in Chicago und New York 15 Millionen dieser Vögel verkauft.

Ob Tagvögel, wie der Hühnerhabicht, oder Nachtvögel, wie die Eule, geflügelte Räuber spielen eine entscheidende Rolle bei der Regulierung der Populationen kleinerer Tiere, und dies vor allem seit Wölfe und Luchse verschwunden sind.

Der artenreichste Wald der gemäßigten Zone: der Wald im Fernen Osten Asiens

Der Wald West-Chinas, Koreas und Japans ist der üppigste und artenreichste Wald der gemäßigten Zone.

Dieser Wald geht unmerklich über in den tropischen Wald im Süden und die Taiga im Norden. Er birgt dominante Arten der gleichen Gattung wie in den amerikanischen und europäischen Wäldern: Eiche, Hainbuche, Lorbeerwälder angesehen. Die Bäume haben oft helle Stämme ohne Verstärkungen an der Basis. Die Produktivität erreicht fast 20 t/ha/Jahr.

Diese üppigen Wälder wurden stark reduziert. In dem von einer alten Bauernkultur geprägten China begann die erhebliche Zerstörung dieses Waldes schon vor Jahrtausenden. Häufig ist er nur noch in der Nähe von Tempeln oder als Galeriewald entlang der Flüsse erhalten.

Der Wald ist ursprünglich die Heimat des Braunbärs der Pyrenäen. Er ernährt sich neben Fleisch auch von trockenen Früchten, Beeren, Gräsern und verschiedenen Pflanzen, die den größten Teil seines Kalorienbedarfs decken.

Buche, Linde, Ahorn, Esche, Kastanie, Erle und Haselnuß. Darüber hinaus umfaßt er aber auch besondere Baumarten, wie *Celtis* (Zürgel), *Catalpa* (Tulpenbaum), Gleditschie und *Diospyros*, sowie überreichliche Mengen Bambus, die das Unterholz aus Azaleen, Orchideen und Lilien dominieren.

Viele der Bäume sind die Zierde und der Stolz der Arboreten Europas. Die einjährigen Pflanzen füllen zu Hunderten die Kataloge der Floristen.

Dies ist der gemäßigte Wald mit der vielfältigsten Flora (mehr als tausend Baumarten). Allein die Gattung Ahorn (*Acer*) umfaßt beispielsweise 50 verschiedene Arten. Von ihm könnte man leicht sagen, es sei eine «Arche Noah für Pflanzen». Der laubabwerfende Charakter ist nicht sehr ausgeprägt. Zahlreiche Arten sind tatsächlich immergrün. Die Blätter sind häufig auffallend groß, wie zum Beispiel bei der Japanischen Kaisereiche (*Quercus dentata*), deren Blätter 35 cm und größer werden können. Sie sind den dicken, gewachsten, scharf abgegrenzten Blättern des Lorbeers eng verwandt. Diese Wälder werden übrigens manchmal an ihrem Randbereich als

Das klimatische Umfeld der Ostseite des asiatischen Kontinents ist sehr spezifisch: hier herrscht das sogenannte «chinesische» Klima. Die durchschnittlichen Jahrestemperaturen liegen bei 15 bis 20 °C. Die Niederschläge sind reichlich: 1 bis 2 m pro Jahr. Obwohl an den Nordrändern der Monsune gelegen, sind in Ost-China die Niederschläge über das ganze Jahr gut verteilt. Im Winter bricht häufig eine eisige Kälte ein, wenn der Antizyklon Sibiriens seine Wirkungen zeigt. Der Sommer ist sehr heiß, sehr feucht und sehr lang. Hier ist die Enklave, die die zurückweichende Flora während der Kaltperioden des Quartärs problemlos aufgenommen hat. Der Kontakt zwischen kälteliebenden, gemäßigten und wärmeliebenden Floren riß nie ab. So erklärt sich zum Teil auch der außerwöhnliche floristische Reichtum.

Die erstaunlichen Bambus-«Wälder» bestehen aus über 300 verschiedenen Arten. Die größten dieser «Grasbäume» können bis zu 40 m hoch werden. Viele Bambusarten blühen nur einmal in ihrem Leben, tragen Früchte und sterben. Für die Völker Ost-Chinas ist der Bambus der Träger einer wahren Pflanzenzivilisation.

In China, einem Land mit uralter bäuerlicher Tradition, wurden große Teile des gemäßigten Waldes im Laufe der Jahrtausende vernichtet. Dennoch ist der dortige Wald mit Tausenden von Arten, gegenüber kaum über tausend in Frankreich, einer der reichsten der Welt.

Im Herbst verwandelt die in Japan vorherrschende Gattung Ahorn, die etwa fünfzig verschiedene Unterarten umfaßt, den Wald gemäßigter Breite in einen regelrechten borealen Wald. Der außergewöhnliche Florenreichtum dieser Region ist dadurch zu erklären, daß es nie zu einer Trennung zwischen Wäldern der borealen, gemäßigten und der subtropischen Zone kam.

Antoine Lorgnier

Beeren sammeln

Unsere Vorfahren, so sagt man, waren Sammler. Beeren, Pilze, Samen und Wurzeln waren von jeher eine wichtige Ergänzung zur Jagd. Noch heute bietet das, was von der Natur übriggeblieben ist, dem aufmerksamen Wanderer eine bunte Vielfalt von Köstlichkeiten. Man muß nur ein guter Beobachter sein und die Früchte des Waldes erkennen können.

Ende Juni, Anfang Juli übersäen neben den Pilzen vor allen die Walderdbeeren die sonnendurchfluteten Lichtungen. Die wilden Himbeeren, Heidelbeeren und Preiselbeeren bevorzugen das moosige und kühle Gebirgsunterholz. Schwarze oder blaue Brombeeren findet man überall entlang der Wege und in lichten Wäldern. Im August ist die Auswahl noch größer. Der Sommer ließ die schwarzen Dolden des Holunders reifen, die besonders köstlich als Gelee schmecken. Die kleinen roten Beeren der Eberesche oder Vogelbeerbaum werden überreif geerntet und zu Kompott verarbeitet oder eingekocht. Im Oktober etwa können die ovalen, leuchtend orangen, sehr Vitamin C reichen Beeren der Hagebutte oder Hundsrose gepflückt werden. Zur gleichen Zeit, wenn der erste Frost eingetreten ist, können aus der Pflaume köstliche Marmeladen gewonnen werden, während die rote und mehlige Frucht des Weißdorns ein schmackhaftes Getränk ergibt, das an Birnenmost erinnert. Eine weitere orangefarbene, klebrige Beere produziert der Sanddorn, der gefürchtete Dornen an den Ästen hat und als Strauch auf den Dünen der Küsten wächst. Ein im Mittelmeerbecken weit verbreiteter Baum ist der Erdbeerbaum, dessen etwas fade, als Konfitüre jedoch schmackhafte Früchte an den Adriaküsten zu einem beliebten Schnaps verarbeitet werden. Bleiben wir bei den Steinfrüchten und wenden uns der Wacholderbeere zu. Diese runde, blauschwarze Beere ist ein ausgezeichnetes Gewürz, das nicht vom Sauerkraut wegzudenken ist, und einen gut bekannten Likör oder Schnaps ergibt.

Die Früchte, die den Winter einleiten, sind zum größten Teil Schließfrüchte: Haselnüsse, Bucheckern (Früchte der Buche), Eßkastanien, Roßkastanien, Eicheln und Zirbelnüsse (Samen der *Pinus cembra*). Die Haselnüsse halten sich getrocknet sehr lang und werden so wie sie sind zu Käse und Wein serviert oder im Haselnußkuchen gegessen. Aber frisch schmecken sie noch tausendmal besser zusammen mit Vollkornbrot, Müsli, oder einfach zum Knabbern. Man kann sie auch zerdrücken und zu einem köstlichen Brotaufstrich verarbeiten. Aus Bucheckern kann ein ausgezeichnetes Öl gewonnen werden. Die Bucheckern werden dazu langsam getrocknet und kalt gepreßt. Eßkastanien kann man zur Füllung des Truthahns an Weihnachten verwenden, sie in Milch gekocht, als Mus oder eingelegt servieren oder sie über der Glut grillen. Aber Vorsicht: zunächst muß die Schale eingeschnitten werden, denn sonst zerreißen sie explosionsartig. Noch ein Rat zum Schluß: viele Früchte des Waldes sind nicht eßbar oder sogar gefährlich. So zum Beispiel die Roßkastanie oder die Tollkirsche. Im Zweifelsfall sollte man, wie bei den Pilzen, lieber darauf verzichten.

Unsere Vorfahren lebten, so heißt es, vom Sammeln. Noch heute bietet das, was von der unberührten Natur übriggeblieben ist, dem kundigen Wanderer so manchen Leckerbissen.

Cathy Mespouledes

Die Stadtbäume

Ein Stadtbaum lebt ▷ kürzer als ein Baum in freier Natur. Luftverschmutzung, Verkehrsunfälle, Staub, Hundekot und Streusalz auf den Straßen im Winter verkürzen die Lebenserwartung eines in der Stadt stehenden Baumes auf weniger als ein Jahrhundert.

Wald und Stadt vertragen sich kaum miteinander. Ein besonders gutes Beispiel für diese Inkompatibilität ist Versailles. Vor der Revolution umfaßte der Schloßpark – der zu Zeiten, als Ludwig XIV ein Jahrhundert zuvor entschied, der Hauptstadt zu entfliehen und sich ins Grüne zurückzuziehen, noch erheblich größer war – insgesamt 12 000 Hektar. Heute sind davon nur noch 600 übrig, auf jeden Fall weniger als ein Hundertstel, selbst wenn man das benachbarte Arboretum und verschiedene nahegelegene Brachgebiete hinzuzählt. Der Schluß drängt sich auf – und niemand wird dem heute noch widersprechen wollen: die Stadt verschlingt den Wald.

Wälder in der Nähe großer Stadtzentren sind wichtig als grüne Lunge, als Naherholungsgebiet und als gesellschaftlicher Treffpunkt. Da sie am besten die Natur verkörpern und die sie bedrohenden Gefahren aufzeigen, geben die ökologischen Bewegungen, deren Hauptforen die Städte sind, ihrem Schutz Priorität. ▽

Die Landflucht – Rettung des Waldes

Diese Feststellung betrifft im Kern die heutigen bewaldeten Flächen. Als mathematischen Beweis muß man sich lediglich die in Frankreich durch Wald bedeckte Fläche anschauen. Diese stieg von weniger als 8 Millionen Hektar im Jahr 1789 auf inzwischen mehr als 14 Millionen Hektar. Dies zeigt, daß sich in den letzten zwei Jahrhunderten, die vor allen Dingen von der explosionsartigen Verstädterung geprägt waren, die Waldfläche trotzdem im gesamten Land quasi verdoppelt hat: eine wahre Auferstehung! Und dies – möchte man hinzufügen – trotz der in den ersten Jahrzehnten des aufsteigenden Kapitalismus massiven Nutzung des Holzes als Industriebrennstoff bis zu dessen Ersatz zunächst durch Braunkohle, später durch Erdöl (letztlich wieder Wald, wenn auch in fossiler Form). Das Städtewachstum der modernen Welt – und damit die Verlagerung des demographischen Drucks vom Land weg (massive Landflucht) – kam den Wäldern gewissermaßen zu Hilfe.

Dieses Phänomen trat ohne Absicht und vorherige Planung ein. Dies sollte sich ändern: Die Wälder symbolisieren am deutlichsten die Natur und die sie bedrohenden Gefahren. Deshalb befassen sich die Umweltschutzbewegungen, deren Ausgangszentren weiterhin in den Städten liegen, in erster Linie mit dem Schutz der Wälder. Die Zerstörung des bewaldeten Raumes wird immer schwieriger, wenn nicht sogar unmöglich, während gleichzeitig – um mal bei der Umgebung von Paris zu bleiben – die Zubetonierung der landwirtschaftlichen Anbauflächen sehr viel weniger Anstoß erregt. Dabei handelt es sich oft um die hochwertigsten Böden der Welt mit dem höchsten agronomischen Potential. Das

Wohlwollen der Städter für den Wald, Fauna und Flora zusammengenommen, kann beträchtliche Auswirkungen für den Forstbestand haben. Eines der berühmtesten Beispiele ist der Kampf der amerikanischen Umweltschützergruppen (die übrigens auch alle aus der Stadt kommen) für den Schutz einer Eulenart, ein Kampf der die großen Forsteinschlagsunternehmen des amerikanischen Nordostens zu einer grundlegenden Überarbeitung ihrer Exploitationspläne zwang.

Von Französischen Gärten zu Grünflächen

In der Geschichte findet man schon sehr früh Beispiele für die gefühlsmäßige Bindung der Städter an die Bäume. Der griechische Geograph und Autor einer bedeutenden Beschreibung Griechenlands, Pausanias (2. Jahrhundert nach Christus), schrieb über das heilige Wäldchen neben dem cyrenischen Tempel des Apollo, daß man dort *«früchtetragende Bäume, aber auch andere Bäume findet, die nur wegen ihres Duftes und zur Freude des Auges da sind»*. Auf der Schwelle des Zeitalters der Klassik zögerte der sonst für sein Interesse an den experimentierenden Wissenschaften bekannte Philosoph Francis Bacon nicht zu schreiben, daß ein Garten *«die reinste Freude des Menschen ist, die beste Erfrischung für den Geist; ohne ihn sind Haus und Palast nur plumpe Bauwerke.»*

Der Einzug der Pflanzenwelt in die Städte, den diese stets zu leugnen versuchen, folgt dem allgemeinen Trend der Zeiten. Wenn es auch im Mittelalter an Pflanzen in den Städten nicht mangelte, so war ihr Zweck doch überwiegend rein praktischer Natur. Kräuter- und Gemüsegärten, dürftige Obstgärten – jeder Haushalt tat, was er konnte, um sich ein Minimum an Selbstversorgung zu erhalten. Erst die Renaissance führt die Pflanzenwelt als solche in die Städte ein und zwingt ihr eine Ästhetik auf, die sich in unterschiedlichster Ausprägung und Gestalt bis heute fortsetzt. Die bewaldeten Flächen der Renaissance, eher Waldgärten als Wälder, tragen stolz das Siegel des Menschen, der über sie regiert. Bäume und Büsche werden nach Lust und Phantasie der Könige und Fürsten geschnitten und gestutzt.

Kurze Zeit später wurde eine unbestritten geniale Idee geboren: entlang der Hauptverkehrsadern einer Stadt wurden Bäume gepflanzt, die nach ihrer majestätischen Gestalt und ihrem Habitus ausgewählt wurden. Der klassische Städtebau zerstört nach und nach das mittelalterliche Stadtgefüge. So entsteht im Jahr 1616 in Paris die erste breite Allee, an deren Rändern in regelmäßigen Abständen Bäume gepflanzt werden: der berühmte Cours de la Reine. Die Mode der Französischen Gärten, in der die künstliche Gestaltung der Natur ihren Höhepunkt findet, weicht schnell den parkähnlichen Englischen Gärten. Das ist der Sieg des Hochwalds über die Heckenschererei, der romantischen Natur über die barocke Eleganz. So nahm ein Landschaftspark der Gemeinde Ermenonville den heimatsuchenden Jean-Jacques Rousseau in seinem Schoße auf…

Indes setzte die Stadt ihr Wachstum fort, so daß die aristokratischen Parkanlagen nicht mehr ausreichten. Von da an schalteten sich professionelle Städtebauer ein: ebenso beschlagen im Waldbau wie in der Landschaftsarchitektur, erfanden sie den Stadtpark, dessen Konzept ganz auf die Stadt und ihre Bewohner gerichtet war. Das erste Beispiel ist der Regent's Park in London. Bald darauf entsteht der Central Park in New York, dann die Parkanlagen des Second Empire in Paris, wobei die Buttes Chaumont aus dem Jahre 1867 die vollständigste Anlage sind. Nicht zu vergessen sind auch die Parkanlagen Monceau und Montsouris und der Prado in Marseille.

Parallel zu diesen Schöpfungen entstehen die Naherholungswälder: Bois de Vincennes und Bois de Boulogne, die der Staat 1852 an die Stadt Paris «zu ihrer Verschönerung und Vergrößerung» verkaufte, und später der Forêt de Rambouillet et de Fontainebleau, der zugleich Gesundheit, Erholung und dem gesellschaftlichen Leben dienen soll. Dennoch bleibt die Stadt im 19. Jahrhundert in Stein und Ruß gefangen. Diese Situation entlädt sich in kühnen Utopien, wie die der Gartenstädte, deren erstes Manifest im Jahr 1898 der Feder von Ebenezer Howard entspringt.

Trotz einiger interessanter Vorstöße gelang es auch der Bewegung der Gartenstädte nicht, die Beziehung der Städte zur Pflanzenwelt zu verändern. Nichtsdestoweniger war sie der Vorläufer einer Entwicklung, die sich inzwischen tief in die Lebensauffassung eingegraben hat: Eine Stadt mit ihren Gebäuden ebensosehr wie mit ihren Straßen steht und fällt mit der Anzahl ihrer Parkanlagen (die Bezeichnung Grünfläche ist jüngeren Datums). Gesetze und Verordnungen schreiben heute die Schaffung von Grünflächen verpflichtend vor, wobei die Größen der Flächen nach komplizierten Tabellen berechnet werden, die die Zahl der Bewohner, die zur Verfügung stehende Baufläche, die Höhe der Gebäude, die vorhandenen Grünflächen in der Nähe usw., berücksichtigen. Das französische Gesetz vom 10. Juli 1973 sieht die Klassifizierung und den Schutz der Forste, Parkanlagen und Wälder in den Flächennutzungsplänen vor. Mit anderen Worten und dies ganz im Ernst: der Wald hat nun den Bürgerrechtsstatus erlangt. Man könnte fast meinen, die Bäume nutzten dies dahingehend aus, daß sie sich nun an den unerwartetsten Stellen niederlassen. Denn wer würde schon vermuten, daß der Flughafen Roissy-Charles de Gaulle 192 Hektar Grünfläche umfaßt, wovon 122 Hektar – die Fläche eines großen Stadtparks – bewaldet sind?

Staubfilter und Lärmschutzmauer

Die wiedergewonnene Sympathie der Städter für den Wald ist manchmal ein zweischneidiges Schwert. Die bewaldeten Stadtflächen und Stadtrandgebiete sind genau gesehen nichts weniger als natürlich. In Wirklichkeit bezeichnen die Städter in der Regel eine schön gepflegte Hochwaldgartenanlage direkt vor den Toren ihrer Stadt als Wald. Der künstliche Erhalt dieser höchst majestätischen – und damit sehr alten – Bäume bedeutet jedoch für den Wald eine erhebliche Einschränkung des ökologischen Gleichgewichts und erfordert den ständigen Eingriff des Menschen. Viele eben dieser Bürger wären sicher überrascht zu hören, daß der Wald seinen Preis kostet. Die großen und schönen Staatswälder des Pariser Beckens verdanken – ökonomisch gesprochen – ihr Leben den Zuschüssen, die die Forstverwaltung in anderen Besitzungen erwirtschaftet.

Schon lange spricht man den Grünflächen eine positive Wirkung auf die Gesundheit der anrainenden Bevölkerung zu. Die Wertschätzung der Wälder erfuhr noch eine Steigerung durch die Entdeckung der Begriffe Umweltverschmutzung und der damit verbundenen Belastungen. So heißt es, der Wald sei eine grüne Lunge, die den Schmutz der Stadt verschluckt und gereinigt an sie zurückgibt. Diese allgemein verbreitete Vorstellung verdient eine nähere Betrachtung.

Der Central Park in New York wurde in der Mitte des 19. Jahrhunderts angelegt. Er liegt im Herzen von Manhattan.

Alle Fachleute sind sich einig, daß die Öffentlichkeit dazu neigt, den positiven Einfluß der Wälder auf die Luftverschmutzung der Städte erheblich zu überschätzen. Die Wälder in den Städten und Randgebieten sind nicht das Allheilmittel, das mancher gerne in ihnen sehen würde. Dieselben Fachleute räumen jedoch auch ein, daß die Wirkung der Wälder nicht zu vernachlässigen ist. Am effektivsten scheinen die Pflanzen in ihrer Rolle als Staubfilter. Die Stadtluft ist überlastet mit Staub (zehn Millionen Staubpartikel pro Kubikmeter auf der Champs-Elysées bei schönem Wetter). Es konnte nachgewiesen werden, daß die Bäume zehnmal mehr Staub aufnehmen als einfacher Rasen, der wiederum sehr viel mehr Staub bindet als kahler Boden. Diese Eigenschaft hat jedoch ihre Grenzen. Bäume, deren Blätter am effizientesten Staub binden, sind auch am stärksten dem Verfall ausgeliefert (dies gilt zum Beispiel für die Ulmen und Platanen).

Neben ihrer Wirkung auf Staub reagieren die Bäume auch auf Abgase. Auch wenn die wissenschaftlichen Untersuchungen längst nicht vollständig sind, weiß man heute doch, daß einige Pflanzen, setzt man sie mitten in eine verschmutzte Atmosphäre, Schwefeldioxid (SO_2) binden und sogar umwandeln. Außerdem ist die Zahl der freischwebenden Bakterien in den Grünflächen der Städte deutlich niedriger als auf den Gehsteigen. Eigentlich kommen die Stadtpflanzen aber bei einer ganz anderen Art von Verschmutzung als Gegenmittel erst richtig zum Zuge: dem Lärm.

Die Wirksamkeit eines Pflanzenschirms als Lärmschutz ist bei den höheren Frequenzen größer als bei den tieferen, wobei dieser Wirkungsgrad logischerweise von der Vegetationsdichte einer bestimmten Art abhängt. Die Verstärkung der Lärmschutzmauern durch ein Waldband von nur einigen Metern Breite genügt, um ihre Wirkung zu verbessern. Es ist bedauerlich, daß diese bewährte Technik von den Raumplanern noch so wenig genutzt wird, verliehe sie doch dem akustischen Effekt zusätzlich einen ästhetischen Wert.

Es sei angemerkt, daß die reinigende Rolle der Vegetation durch Bäume ebensogut durch dichte Hecken und Ziergehölze gewährleistet werden kann. Aber wie schon ein Fachmann klug bemerkte, die Hauptfunktion der Wälder als Mittel gegen die Umweltverschmutzung liegt in ihrer Eigenschaft, selbst keinen Schmutz zu verursachen. Dadurch, daß durch sie die Schadstoffquellen auseinandergezogen werden, tragen die Grünflächen dazu bei, daß man in den Städten atmen kann. Allerdings ist die Stadtforstwirtschaft noch eine junge Disziplin, die nur über wenige speziell dafür ausgestattete Forschungsstätten verfügt. So hat in Paris die Park- und Gartendirektion Versuchsanlagen für kleine Blütenpflanzen eingerichtet (die Pflanzen leben in Gewächshäusern unter verschiedenen atmosphärischen Bedingungen, so zum Beispiel in der Luft direkt von der großen Ringstraße um Paris), die Ausdehnung der Forschungen auf Holzgewächse ist zur Zeit jedoch noch in der Planungsphase.

Dies sind Forschungsaufgaben, die sowohl für den Menschen als auch für die Bäume unverzichtbar sind. Der Stadtbaum ist vielen Belastungen ausgesetzt. Neben Abgasen und Staub wird er von Autos und Lastwagen bedroht, die von der Straße abkommen, von Liebesbotschaften, die mit dem Taschenmesser in seine Rinde geschnitzt werden, von Hundekot und Streusalz im Winter (3 500 Bäume starben im Winter 86/87), so daß die Lebenserwartung eines Stadtbaums auf weniger als ein Jahrhundert reduziert ist, was an der Uhr der Natur gemessen sehr wenig ist. Nicht zu vergessen sind auch die Krankheiten, die häufig durch die Konzentration einiger Arten und die Anfälligkeit der einzelnen Bäume begünstigt werden. In Paris sind von 85 000 gezählten Bäumen 40% Platanen, 16% Eßkastanienbäume, 9% Perlschnurbäume (*Sophora*) und 8% Linden. In den siebziger Jahren wurden 22 000 Ulmen Opfer des Ulmensterbens, das durch den Ulmensplintkäfer verursacht wird. Zur Zeit sind die Kiefern des Bois de Vincennes und des Bois de Boulogne (insgesamt 34 000) von einem Pilz, dem *Sphaeropsis sapinea*, bedroht, sowie die Eichen von einer Welkekrankheit, deren Ursache noch unbekannt ist.

Die soziale Wiederaufwertung des Waldes ist also für die Städte selbst von Bedeutung. Wenn auch die Behauptung gewagt sein mag, daß die Städte in Zukunft grüner sein werden, so ist zumindest doch die Hoffnung berechtigt, daß sie weniger grau sein werden. Zum Trost der größten Pessimisten unter uns bleibt zumindest die ewig gültige Lösung, die Städte auf dem Land zu bauen – dort ist die Luft jedenfalls rein.

Im 17. Jahrhundert erscheinen die von Baumreihen gesäumten Alleen. Zu dieser Zeit lockert der klassische Städtbau die Enge des Mittelalters auf. Da sie ausschließlich dekorativen Zwecken dienten, wurden Baumarten aufgrund ihres Habitus ausgewählt.

Henri Daburon

In der Schule des Waldes

Die Evolution der natürlichen Waldgesellschaften, bei der ein Individuum das andere ersetzt, erfolgt innerhalb von Zeiträumen, die ein Menschenleben überdauern. Für breite Bevölkerungsteile ist eine Auseinandersetzung mit diesen Vorgängen völlig neu, denn wir leben in einem Gesellschaftssystem, das den Menschen von der Natur abgeschnitten hat. Die bewußte, verantwortliche Haltung hinsichtlich des Naturraumes erfordert gezwungenermaßen die Wiederaneignung längst vergessener Kenntnisse über die Fauna und die Flora, die Länge der Baumgenerationen, die notwendige Bestandespflege und Bestandesverjüngung, die Bedeutung der Wälder bei der Erzeugung unentbehrlicher materieller Güter (Holz, Papier, Möbel) und immaterieller Güter (Erholungs- und Freizeitmöglichkeiten, Grünanlagen). Als Zielgruppe dieser «Entdeckungsreisen» sind Schulkinder wohl geeigneter als Erwachsene, wenn ihre konkreten Alltagserfahrungen miteinbezogen werden: also Bäume und städtische Parkanlagen für die Kinder in der Stadt, Feldgehölz und Wald für die Kinder auf dem Lande.

In diesem Sinne hat das französische Land- und Forstwirtschaftsministerium (Ministère de l'Agriculture et de la Forêt) in Zusammenarbeit mit dem Bildungs- und Erziehungsministerium (Education nationale) die Aktion «A l'école de la forêt» (In der Schule des Waldes) gestartet.

Wälder oder allgemeiner gesagt baumbestandene Flächen sind das ideale Klassenzimmer, um den Schülern der Unterstufe die planmäßigen Lerninhalte zu vermitteln. Rechnen wird durch Ausmessen der Parzellen, der Abstände zwischen den Sämlingen, der Baumgröße und Stammdicke sowie Zählen der Jahresringe geübt. Darüber hinaus haben Frankreichs Wälder auch in Geschichte und Geographie einiges an Stoff zu bieten. Die Schüler schärfen ihren Orientierungssinn, beobachten den Sonnenstand, sie untersuchen die verschiedenen Bodenschichten und die Auswirkungen des Regens. Last but not least, erwerben sie hier ein ökologisches Basiswissen (Bestimmung der Tierspuren, Achtung vor Natur und Leben, Abfallbeseitigung) und werden litararisch geschult (Lektüre entsprechender Texte, Protokollniederschrift, Wortschatzerweiterung).

Der direkte Kontakt mit der Natur, der bis zum nächsten Waldausflug auch im Stadtpark stattfinden kann, die Durchführung praktischer Übungen in Anwesenheit einer Lehrkraft und eines Forstmannes sind für den Erfolg solcher Aktionen maßgeblich. Der Förster übernimmt die fachliche Kompetenz, die pädagogische Kompetenz verbleibt bei der Lehrkraft. Diese Unterscheidung ist überaus wichtig, um die Fachinformationen aus dem normalen Unterricht herauszuhalten und eine nachhaltige Auseinandersetzung mit dem Lernstoff zu erzielen.

Die Umsetzung erfolgt in drei Phasen:

- Sensibilisierung und Information der Lehrkräfte durch die Forstleute. Die Lehrkräfte müssen soweit fachkompetent sein, daß sie den Stoff in die anderen Unterrichtsfächer integrieren zu können.
- Erarbeitung und Verbreitung geeigneter Unterrichtsmaterialien, in denen die Bedingungen vor Ort berücksichtigt sind.
- Entwicklung entsprechender Projekte durch die Schulen unter Berücksichtigung einer Methodologie mit Modellcharakter für weitere Interessenten.

Das Projekt «A l'école de la forêt» ging im Jahre 1990 in die erste Phase und hat im Verlauf des Schuljahres 1990–91 allmählich Form angenommen. Nach ersten praktischen Erfahrungen mit dem Programm wurde ein Arbeitskreis zur Information und Beratung weiterer interessierter Lehrkräfte ins Leben gerufen. Auf nationaler Ebene untersteht das Projekt der Leitung des «Comité de Pilotage National», während die Betreuung auf regionaler Ebene durch die Bürgermeister in Zusammenarbeit mit den Forstämtern erfolgt. Wenn erforderlich, besteht darüber hinaus die Möglichkeit der Amtshilfe durch die öffentlichen Ämter. Informationen über die betreffenden Schulklassen und Forstleute können dort eingeholt werden.

Der ausgedehnte Wald Kanadas ist die Heimat vieler Laubbäume: Ahorn, Birke, Pappel, Roteiche, Ulme und Esche. Bei den Nadelhölzern sind kanadische Rottanne, Weißkiefer und Balsamtanne die vorherrschenden Arten.

Die borealen Wälder

Paul Arnould

Das größte zusammenhängende Waldgebiet der Erde liegt an der Grenze zu den Polargebieten der Nordhalbkugel. Der große boreale Nadelwald (die Franzosen sagen *forêt boréale de conifères*, die Engländer *needleaf evergreen forest*) macht ein Drittel der gesamten Waldfläche der Erde aus, in Zahlen ausgedrückt sind das 13 Millionen km^2 (1 Milliarde 300 Millionen Hektar). Diese Zahlen nähern sich denen des tropischen Regenwaldes, die Fläche ist allerdings viel mehr zerstückelt.

Der boreale Wald bildet einen breiten Gürtel um den Polarkreis: von Alaska bis zur Labrador-Halbinsel in Nordamerika, von Skandinavien bis zum sowjetischen Fernen Osten in Eurasien. Es ist der Wald mit der global weitesten zonalen Ausdehnung. Dieses Waldgebiet mit letzten Ausläufern im hohen Norden der Nordhalbkugel liefert etwa 40 % des Weltverbrauchs an Industrieholz und macht fast 90 % des Gesamtvolumens der weltweiten Nadelholzbestockung aus. Das spricht für sein enormes Produktionspotential und seine wirtschaftliche Rolle. Die GUS, Kanada, Schweden, Norwegen und Finnland, wo die sogenannten Nadelhölzer des Nordens herkommen, bilden weltweit die Spitzengruppe der Holzproduzenten und -exporteure.

Der Homogeneität in der Verbreitung entspricht die große Eintönigkeit in Bezug auf Physiognomie und Struktur, die auf der Allgegenwart bestimmter Nadelbaumarten beruht. Die Milieubedingungen werden von der gnadenlosen Kälte und der bedeutenden ökologischen Rolle des Schnees diktiert. Eine reiche Fauna mit Vögeln, großen umherziehenden Pflanzenfressern und Pelztieren bevölkert die verschiedenen Straten dieses Milieus. Im geologischen Zeitalter des Quartärs war dieser Wald ständig in Bewegung: während der Vorstöße der Gletscher zog er sich in den Süden zurück und rückte erst wieder in den Norden vor, als die gigantischen Polkappen des Inlandeises schmolzen.

Zur Zeit ist der boreale Wald Opfer zahlreicher Attacken: gigantische Waldbrände, Insektenplagen, Übernutzung des südlichen Teils, den die kanadischen Forstleute auch kommerziellen Wald nennen.

Dieser «*schwarze*» Wald, den manche Russen zum *Wald des Schreckens* stempelten, erscheint in seinen nadelholzreichsten und sumpfigsten Gegenden unbesiegbar. In Wirklichkeit ist er ausgesprochen bedroht.

Das Land der unendlichen Weite

Der «transkontinentale» Wald

Wenn man vom borealen Wald redet, meint man eine Einheit, dessen Markenzeichen die unendliche Weite ist. Es ist der größte zusammenhängende Wald der Erde. In Eurasien erstreckt er sich von der Norwegischen See bis zur Beringstraße über 6 000 km. In Nordamerika, wo Shelford ihm die Bezeichnung «transkontinentaler Wald» verlieh, ist er von Osten nach Westen 3 500 km lang. Zum Vergleich: der Wald der Landes (französische Atlantikregion), einer der größten Nadelwälder Europas, ist an seiner breitesten Stelle vom Atlantik bis zu seinem östlichsten Punkt Nerac nur 120 km breit. Von Norden nach Süden beträgt die durchschnittliche Breite des borealen Waldes 1 500 km, wobei er im sowjetischen Fernen Osten teilweise doppelt so breit ist. Meist wird dieser Wald nur überflogen und sogar von den transkontinentalen Eisenbahnlinien gemieden. Nur Trapper und Pelzjäger durchstreifen diese Wälder. Bewohnt wird dieser Wald nur von wenigen Völkern, die man teilweise als paläarktisch bezeichnet. Die Bevölkerungsdichte ist minimal und liegt unter einem Bewohner pro 2 km^2. Dieser Wald, der an den Rändern der Ökumene liegt, ist im 20. Jahrhundert zu den bedeutendsten Holzlagerstätten der Welt geworden.

Einfache, leistungsstarke Strukturen

In seinem Zentrum macht der boreale Wald den Eindruck eines vor Kraft und Stärke strotzenden Waldes. Die Bäume, aus denen er sich zusammensetzt, erreichen im ausgewachsenen Stadium die beachtliche Größe von

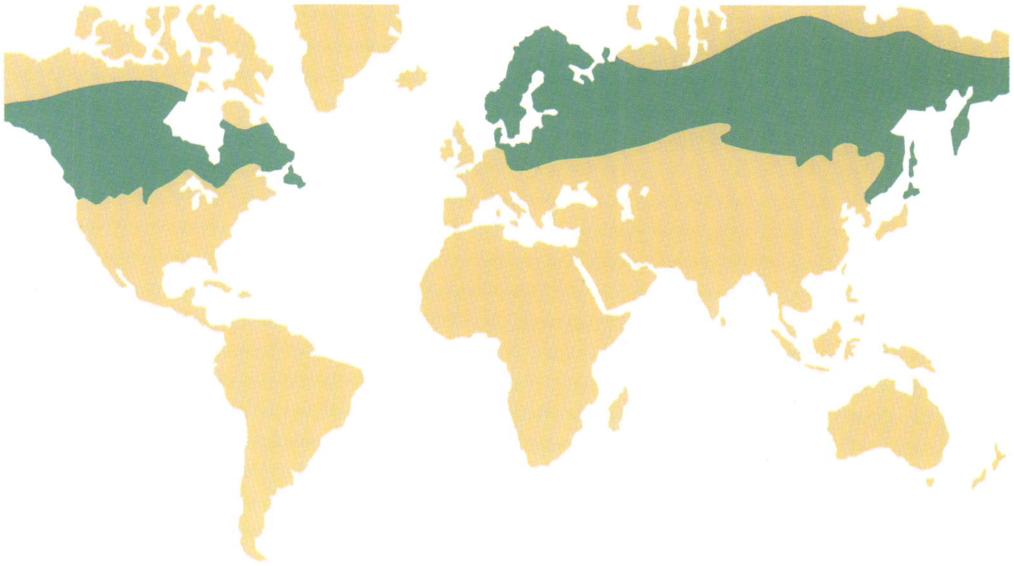

15 bis 30 m. Das sind natürlich erheblich geringere Höhen als die der Riesen des amerikanischen Pazifikküstengebietes (Douglasie oder Sequoia mit 70 bis 100 m Höhe). Aber ihre Höhe ist durchaus vergleichbar mit den Baumhöhen in den Wäldern der gemäßigten Zone. Diese Bäume sind häufig von schlankem, spindelförmigen Wuchs, mit langem Schaft, der meist durch natürliche Schaftreinigung astrein ist, und sehr dicht. Das Ganze ist oft einschichtig, was den Eindruck der Einfachheit und Regelmäßigkeit unterstreicht.

Die Pionierarbeiten der sowjetischen Forscher Rodin und Bazilevitsch des Botanischen Instituts der Akademie der Wissenschaften über die Biomassen und Produktivität der großen Pflanzengesellschaften der Erde, die später durch die kanadischen und skandinavischen Untersuchungen bestätigt wurden, schätzen die Biomassen der zentralen Taigagebiete, abseits der nördlichen und südlichen Randgebiete, auf fast 300 t pro Hektar und die Produktivität auf ungefähr 7 t/ha/Jahr. Diese Zahlen liegen weit über den Werten der reichsten Tundren (mit einer Biomasse von 30 t/ha und einer Produktivität von 2,5 t/

ha/Jahr) und sehr nahe an den Werten, die wir für die Eichenwälder Westeuropas gesammelt haben (400 t/ha und 9 t/ha/Jahr).

Im borealen Wald konzentrieren sich vier Fünftel der Biomasse in den Partien über dem Boden (Laub, Stamm, Streu), in der Tundra hingegen sind Dreiviertel der Biomasse unterirdisch gebunden und stehen so einer Nutzung nicht zur Verfügung.

Der von den Indianern früh besiedelte, seit dem 16. Jahrhundert von Trappern durchquerte nördliche Wald bleibt das Reich von «Derzu Uzala» und «Jeremiah Johnson»: ein Ort, wo Abenteuer noch immer möglich sind.

Das eintönige Reich der Koniferen

Dieser Wald mit den gleichförmigen und mächtigen Pflanzenstrukturen zeigt eine ausgeprägte floristische Einfachheit. Die Nadelhölzer nehmen eine vorherrschende Stellung ein, wobei 87% des weltweiten Gesamtvolumens an Nadelhölzern hier vereint sind. Deshalb wurde dieser Wald, in dem die Koniferen Könige sind, als *Acicusylva* (Nadelwald) bezeichnet. Die Kenntnis von vier Baumgattungen genügt, um den wesentlichen Baumbestand des borealen Waldes zu umreißen: Fichten (*Picea*), Tannen (*Abies*), Kiefern (*Pinus*) und Lärchen (*Larix*).

Die Koniferenwälder sind häufig Reinbestände. Eine Art ist für Tausende, manchmal auch für Millionen Hektar bestandsbildend, was in der Pflanzenwelt relativ ungewöhnlich ist. Normalerweise sind es die Eingriffe des Menschen, die zur Bildung von monospezifischen Pflanzengesellschaften führen, die er für seinen Zweck braucht (Nadelholz-, Pappel-, Eukalyptuspflanzungen …). Im Reich der Koniferen hat trotz allem so mancher Laubbaum ein Plätzchen gefunden: Birke (*Betula*), Weide (*Salix*), Erle (*Alnus*) und Zitterpappel (*Populus*). Das sind schlichte, anspruchslose Baumarten, die idealen Pioniere, die dank ihrer raschen Reproduktionsstrategien (viele, leichte Samen, intensive Wurzelbrut und rege Ausläuferbildung, Symbiose mit Mykorrhizapilzen für die Stickstoffbindung, etc.) die kältesten und ärmsten Milieus zu besiedeln.

Tatsächlich ist das floristische Repertoire der borealen Wälder sehr reduziert, sogar sehr verarmt für ein Territorium dieses gigantischen Ausmaßes. Deshalb strahlt der boreale Wald auch diese Monotonie aus. Über Hunderte von Quadratkilometern bietet sich stets das gleiche Landschaftsbild: eine Art, eine Farbe, eine Schicht – alles ist gleich in diesem Biom. «*Das ist einer der zwei oder drei Ausnahmefälle auf unserem Globus, bei denen zur getreuen Beschreibung der gesamten Landschaft die Beschreibung der Pflanzenlandschaft genügt*», schrieb G. Rougerie zu Recht über diesen Wald.

Ein Biom mit einer bemerkenswert angepaßten Fauna

Der boreale Wald ist Zuflucht für viele Säugetierarten, deren Verbreitungsgebiet sich exakt mit dem Wald deckt. Dies gilt in Kanada für den Kanadischen Elch, den Luchs und den Amerikanischen Hasen. Die Pelztiere waren lange Zeit die Haupteinnahmequelle der Wälder. Silberfuchs, Marder, Nerz, Wiesel, Hermelin, etc. wurden in Kanada von indianischen Fallenstellern und Trappern gefangen und durch die berühmte Hudsonbay-Company vermarktet. Während des kurzen Sommers wimmelt es in den Sumpfgebieten von Insekten, im wesentlichen der Gattung *Aedes*. Sie werden von vielen Vögeln wie Tannenhäher oder Kreuzschnabel gefressen, deren Hauptnahrung eigentlich aus Nadeln, Knospen und den Samen der Nadelbäume besteht.

An der Klimagrenze zum Permafrost stellen die Bäume die Pioniere der Vegetation dar. Fichten und Birken bilden das größte zusammenhängende Waldgebiet, vom fernöstlichen Sibirien bis Skandinavien, von Kanada bis Alaska.

Der kanadische Teil

Soweit es sich um das Gebiet rund um die Hudsonbay handelt, nennt man diesen Teil des borealen Waldes seit Henri Baulig auch Hudson-Wald. Dieses sehr homogene Waldgebiet erstreckt sich von Neufundland bis Alaska. Der boreale Wald Kanadas ist nicht so groß und ausgedehnt wie das eurasische Gebiet, dafür aber etwas artenreicher.

Sechs Nadelhölzer dominieren die Waldlandschaft. Sie tragen französische, englische und manchmal indianische Namen und lateinische Bezeichnungen, die sich nach den Empfehlungen der botanischen Kongresse manchesmal änderten. Dieses «Babel« der Bezeichnungen für die bestandsbildenden Hauptarten trägt für den Laien nicht gerade zur Vereinfachung bei.

Zwei Fichten besetzen die nördlichen Posten: die Schwarzfichte, englisch: Black Spruce, (*Picea nigra* oder *Picea mariana*) und die Weißfichte, Schimmelfichte oder Kanadische Fichte, englisch: White Spruce, (*Picea alba* oder *Picea canadensis* oder *Picea glauca*). Die Franko-Kanadier nennen sie liebevoll Epinette oder Sapinette. Im Süden hält die Balsamtanne, englisch: Balsam Fir, (*Abies balsamea*) das Zepter in der Hand. Sie hat eine aschgraue Rinde mit vielen Harzbeulen. Die Bankskiefer, Kanadische Kiefer, Felsenkiefer oder Sandkiefer, englisch: Jack Pine oder Close Pine, (*Pinus banksiana*), die der englische Botaniker Sir Joseph Banks im Jahre 1766 in Labrador entdeckt hat, gedeiht besonders gut auf abgebrannten Böden. Sie ist auf trockenen Sanden und steinigen Böden eine Pionierholzart. Die Lärche, englisch: Tamarack oder Eastern Larch, (*Larix laricina*) und die Rotfichte, englisch: Red Spruce, (*Picea rubens* oder *Picea rubra*) sind von sekundärer Bedeutung. Einige Laubhölzer mischen sich unter die Nadelbäume. Die Zitterpappel oder Espe, englisch: Aspen, (*Populus tremuloïdes*) ist an ihrem zitternden Laub zu erkennen, das schon beim leisesten Windhauch raschelt. Die Papierbirke, englisch: Paper Birch, (*Betula papyrifera*) fand bei den Indianern vielfache Verwendung.

Ein dichter und reicher Unterwuchs von beerentragenden Zwergsträuchern (Heidelbeere, Preiselbeere, Schwarze Johannisbeere, Himbeerstrauch, etc. …) wächst besonders üppig auf Lichtungen.Sie tauchen im Herbst die Fläche in ein herrliches Rot. Gegen Norden gewinnen Moose der Gattung *Hypnum* und Rentier-Flechten (*Cladonia rangifera*), die einen auffälligen weißen, dicken Teppich auf der Bodenoberfläche bilden, langsam die Vorherrschaft.

Von allen Wäldern der Welt ist der boreale Nadelwald sicherlich der ärmste an Arten. Als Lebensraum der Pioniere unter den Baumarten (Nadelhölzer, Haarbirke, Espe, Erle) sind beispielsweise nur 2 000 Sporenpflanzen (Kryptogamen) in ihm heimisch, gegenüber 12 000 in den Ländern des gemäßigten Europa.

Dieser Wald wird, insbesondere im Umkreis der Hudsonbay, von unzähligen feuchten Bodensenken und Moorgebieten durchbrochen, den sogenannten *Muskegs*. Fast ein Drittel der Fläche des borealen Waldes in Kanada ist Sumpfgebiet, in dem die Torfmoose wachsen. Diese Pflanzen bauen besondere Moore auf, die nach ihrer uhrglasförmigen Wölbung Hochmoore oder saure Torfmoore genannt werden.

einer sonderbaren Verflechtung abgestorbener und lebender Bäume gekennzeichnet. In Lichtungen und Schneisen, die durch Waldbrände und Windbruch entstanden sind, zeichnen sich die typischen Umrisse der Birken ab (*Betula verrucosa* und *pubescens*): pyramidenförmige Gestalt, grauer bis glänzend weißer Stamm und zierliches, zartgrünes Laub, das im Frühjahr bald austreibt.

Der Biber, einst sehr verbreitet in gemäßigten Gebieten, zog sich in die unermeßliche Weite der kanadischen Wälder zurück. Früher wegen seines Fells stark gejagt, ist er nunmehr Gegenstand eines strengen Naturschutzes. Der Biber baut aus Bäumen Dämme und Wohnburgen. Die dadurch hervorgerufenen Überschwemmungen bieten ihm eine gute Sicherheitszone.

In diesen Wäldern finden die Karibuherden Schutz, die hier ihr Winterquartier aufschlagen und die Flechten abweiden. Anfang dieses Jahrhunderts zählte man noch 2 Millionen Rentiere. Heute besteht die Herde nur noch aus etwa 200 000 Tieren.

Die eurasische Taiga

Mit einer Breite von 6 000 km von Westen nach Osten zwischen dem 15. ° und 25. ° Breite und einer Fläche von etwa 9 Millionen km^2 ist dies der größte zusammenhängende Wald der Erde. Üblicherweise werden zwei große Gebiete in dieser gigantischen Zone unterschieden.

Im Westen herrscht der Kiefern-Fichten-Wald, der Skandinavien, Nordrußland und Westsibirien bis Jenisej bedeckt. Er überschreitet nach Norden kaum die Grenze des Polarkreises, außer in Lappland, wo er bis zum 69. Breitengrad reicht. Schematisch betrachtet sind die Kiefernwälder, die auf Russisch *Bors* heißen, eher lichte Wälder mit Heidelbeer-Preiselbeer-Unterholz.

Im Gegensatz dazu sind die Fichtenwälder, der *Urman* Sibiriens, düstere Wälder mit *Oxalis*-Unterwuchs. Die Taiga des Westsibirischen Tieflands liegt in riesigen Sumpfgebieten, wo Torfmoose und Laubmoose der Gattung *Polytrichum* wachsen. Ihr Landschaftsbild ist von

In Ostsibirien beherrscht die Dahurische Lärche (*Larix dahurica*) die Taiga. Sie ist eine ganz andere Facette des borealen Waldes durch die Koniferen, die im Winter ihre Nadeln verlieren. Im Frühling leuchten sie hellgrün und im Herbst wunderschön gelblich. Es sind häufig lichte Wälder mit kleinwüchsigen Bäumen und relativ schwacher Wuchsleistung in der Größenordnung von 1 m^3/ha/Jahr.

Kälteregierte Milieus

Große Ebenen

Die borealen Waldgebiete bedecken topographisch überwiegend riesige Tieflandgebiete (Westsibirien, Mackenzie-Tiefland, Umkreis der Hudsonbay …) und Plateaus (kanadische Ebenen, Quebec und Labrador, Ostsibirien usw.). Die Gebirgszüge ragen relativ isoliert heraus (Skandinavien, Ural, Gebirgsketten des sowjetischen Fernen Ostens, Alaskakette …) und bilden eine Reihe von relativ schmalen, in der Regel parallel zum Meridian verlaufenden Scheiden, die einen peripazifischen Kreisbogen von den Aleuten bis Kamtschatka formen.

Die Struktur entspricht den alten Landschilden aus granitischem und metamorphem Gestein (Labrador,

Skandinavien, Angararücken) und den Sedimentdecken. Erst rund um den Pazifik, im Osten Eurasiens und im Westen Nordamerika, tauchen jüngere Bergketten auf und stören die abgeflachten Formen, auf denen der boreale Wald gedeiht.

Solche kontrastreichen, strukturmorphologischen Anordnungen sorgen für grundlegende regionale Unterscheidungsfaktoren, anhand derer die einzelnen Aspekte der Taiga einmal auf granitischem, hügeligem, hartem Gesteinsuntergrund mit wenig entwickelten Böden und einmal auf ganzjährig lockeren und vernäßten Böden gegenübergestellt werden können.

Immer diese Kälte!

Der boreale Wald liegt im wesentlichen im Bereich des kontinentalen Klimas. Die Winter sind hier besonders hart. Hier gedeiht an Standorten Wald, an denen mit die tiefsten Temperaturen der Erde (mit Ausnahme der Polkappen) gemessen wurden: bei Oimekon und Werchojansk um – 70 °C. Die mittleren Minima im kältesten Monat sind nicht weniger beeindruckend: oft zwischen – 10 und – 50 °C. Der Baum paßt sich aber diesen extrem harten Temperaturen an. Er erträgt auch die enormen Temperaturschwankungen, die mit den heißen Sommern zusammenhängen, wo die Durchschnittstemperaturen zwischen + 15 und + 20 °C liegen, wobei absolute Höchstwerte durchaus + 30 °C übersteigen können. Die durchschnittliche Temperaturamplitude liegt bei etwa 60 °C, die absoluten Amplituden können 100 °C übersteigen.

Neben dieser hyperkontinentalen Klimavariante, die besonders im Zentrum Sibiriens gut zu beobachten ist, existieren in Norwegen und Alaska auch weniger extreme kontinentale Klimate und ozeanische Fazies mit deutlich geringeren Temperaturunterschieden nebeneinander. Die Sommer sind kurz und warm; die Vegetationszeit, die häufig mit verspäteten Eisschmelzen im Frühling und verfrühten Herbsteinbrüchen zu kämpfen hat, dauert selten länger als 120 Tage, meistens nur zwischen 80 und 100 Tagen.

Dieser junge Schwarzbär hat sieben Monate Zeit, um sich den Winterspeck anzufressen, der ihn gefahrlos überwintern läßt. Um sein übliches Nahrungsspektrum (Lachse, Rehe, Beeren, kleine Säugetiere) zu ergänzen, wagt er sich sogar in die Nähe der Städte, um dort die Mülleimer zu durchsuchen.

Schneebedeckte Weite

In dieser riesigen Waldwelt fällt selten Regen. Die Niederschläge sind gering, wenn nicht sogar minimal, und liegen zwischen 100 und 500 mm. Die Wasserzufuhr ist also extrem niedrig. Mit 100 mm herrscht in inter- und subtropischen Regionen die Wüste. Hier, am Rande der gemäßigten und kalten Zonen, gibt sich der Wald mit sehr geringen Niederschlägen zufrieden. Man kann wohl sagen, daß die Niederschläge hier einen ganz eigenen Rhythmus haben und von besonderer Art sind. Die Hauptzufuhr atmosphärischen Wassers erfolgt in Form von Schnee. Diese Eigenschaft verleitete die englischen Autoren zur Bezeichnung des borealen Waldes als *Snowforest* (Schneewald).

Die winterlichen Niederschläge fallen also im wesentlichen in Form von Schnee. Sie stellen in der Regel nur einen geringen Anteil der Jahresniederschläge dar (der Schneefallkoeffizient liegt bei 25 bis 30 %). Aber die Schneedecke bleibt lange liegen, 7 bis 8 Monate in Yakutat und 5 bis 6 Monate in Quebec. Es ist die Dauer, weniger die Höhe, durch die dem Schnee eine so grundlegende ökologische Rolle zukommt. Er übt einen direkten mechanischen Einfluß aus, wenn nämlich schwere Schneemassen, die teilweise im Herbst verfrüht fallen, die Äste und überladenen Wipfel abbrechen lassen und auf den am Hang wurzelnden Baum einwirken, dessen Fuß henkelförmig verformt wird. Sein indirekter Einfluß ist vielschichtig und nicht immer ganz einfach zu erkennen: Schutz des Bodens vor direkter Sonneneinstrahlung und Energieverlusten, Schutz gegen die Einwirkungen der oft stürmischen Winde an den Polargebieten (Orkane und Stürme). Die Verteilung des Schnees am Boden im borealen Wald auf, unter und zwischen den Bäumen ist zweifelsohne einer der wichtigsten ökologischen Faktoren, allerdings noch ziemlich unerforscht. Das Biom ist einfach zu riesig für die wenigen Klimabeobachtungsstationen. Die Schneeschmelze im Frühling führt zu einer plötzlichen Veränderung der Strahlungs- und Wasserbilanz. Die Albedo der Oberfläche verändert sich erheblich, die Böden versinken plötzlich im Wasser. Der Übergang von Winter zu Sommer geschieht häufig extrem abrupt. Die sommerlichen Regen, die auf die Schneeschmelze folgen, führen zur Wassersättigung im Boden, während gleichzeitig die Temperaturen steigen.

Diese Verbindung von Wärme und Feuchtigkeit während des kurzen Sommers ermöglicht den Bäumen, sich in einem Umfeld anzusiedeln, wo die Wasserzufuhr aus der Atmosphäre relativ gering ist, das Wasser aber im Boden festgelegt, im Schnee gespeichert oder durch das Grundwasser, das hoch ansteht und riesige Sümpfe speist, allgegenwärtig ist.

Der beanspruchte Boden: Frost, Säuregrad, Wasserüberschuß

Zur Untersuchung der Substrate, auf denen der boreale Wald wächst, müssen drei große Limitierungsfaktoren berücksichtigt werden, die viel wichtiger sind als die in südlicheren gemäßigten Zonen so bedeutenden Daten Substrattiefe, Gefüge und Struktur.

Im Norden des borealen Waldes und in seinen kontinentalsten Gebieten wird die Bodenentwicklung vom Frost durch ein binares Temperaturregime bestimmt, wo Gefrieren und Tauen sich abwechseln. Der gefrorene Boden oder Dauerfrostboden ist in der letzten Kaltzeit des Quartärs entstanden. Die Vereisung bleibt häufig über große Dicken im Boden bestehen. Oberflächenformationen und anstehendes Gestein (bis zu 500 m Dicke) bilden eine gerade (Yakutat) oder linsenförmige (Kanada, Rußland ...) Platte. Das oberflächliche Auftauen der Böden im Sommer erreicht nur eine Schicht von 1 bis 2 m. Die Schmelzwasser, die nicht in der Tiefe versickern können, bewegen sich langsam seitwärts und stoßen dabei häufig auf Gegenhänge, die durch die Arbeit der Gletscher entstanden sind. Diese Weichböden (auf Russisch: Rasputitza) sind nicht unbedingt günstig für die Bäume, da sie häufig zu viel Wasser an ihrem Standort vorfinden. Wasserüberschuß erzeugt die gleichen Anpassungsvorgänge wie Wassermangel: Xeromorphie, Zwergwuchs, kugelförmiger Wuchs ...

Mehr noch als der Frostboden ist der Podsolboden oder Ascheboden symbolisch für den borealen Wald. Podsol ist von dem slawischen Wort *zola*, das Asche bedeutet, abgeleitet. Es ist einer der am leichtesten zu beschreibenden Böden, da der Farbenkontrast der einzelnen Horizonte sehr deutlich ist. Unter einer dicken Humusschicht, dem Rohhumus, der aus mehreren organischen, sich langsam zersetzenden Horizonten, (Auflage, fermentierte Schicht und Humus) brauner bis schwarzer Färbung besteht, erscheint ein aschgrauer Horizont, der sich durch seine Farbe, aber auch durch sein sandiges Gefüge und seine Einzelkornpartikel deutlich von den ihn umgebenden Horizonten absetzt. Diese pulverförmige Schicht, in dem das mineralische Bodenskelett dominiert, ist ein Durchgangs- und Verarmungshorizont. In den darunterliegenden Horizonten sammeln sich Tone, Eisen und organische Materie zu häufig verbackenen, harten, zu Ortstein verhärteten Strukturen in vielen warmen Farbtönen von schokoladenbraun bis rostbraun. Dieser Boden, dessen Entwicklung überwiegend von einem sehr sauren Humus abhängt, die Pedologen sagen Rohhumus, wird sowohl von der Kälte gesteuert, die den Zerfallsprozeß hemmt oder verlangsamt, als auch von einer säurezuführenden, langsam zerfallenden und ligninreichen Vegetation. Die Fulvosäuren, die als Aggressoren bezeichnet werden, greifen die Mineralteilchen des aschfahlen Horizonts an, zersetzen die Aluminiumsilikate und lassen nur die Quarzkörnchen intakt. Die Koniferen der Taiga versuchen, mit Hilfe ihres Wurzelsystems diese sehr kontrastreichen Bodenschichten so gut wie möglich zu nutzen. Die oberen Horizonte werden von den sich vorkämpfenden Wurzelsystemen intensiv genutzt, während der podsolierte Horizont nur von Pfahlwurzeln senkrecht durchstoßen wird, denn das Nahrungsangebot ist dort sehr mager.

Kennzeichnend für den dritten Bodentyp ist schließlich der Überschuß an Wasser. Dies ist die große Gruppe der hydromorphen Böden. Charakteristisch für all diese Böden ist ein langandauernder Sauerstoffmangel, der durch einen vorübergehenden oder andauernden Sättigungszustand der Poren hervorgerufen wird. Das Ergebnis ist eine Reduktion oder teilweise Mobilisierung des Eisens, die zu blaugrauen oder weißen Flecken führt. Dabei entstehen Gleye, das heißt kompakte, tonhaltige und undurchlässige Böden mit organischer Materie, die sich schlecht und wenig zersetzt. Je nach Dauer und Höhe des Grundwasserstands an der oberen Bodenschicht unterscheiden die Pedologen Pseudogley bei vorübergehend hohem Grundwasserstand, Stagnogley bei einem Grundwasserstand bis knapp unter die Oberfläche und Gley bei einem ständig hohen Grundwasserstand. Letzterer kann zur Torfbildung neigen.

Die enorme Verfilzung der Torfmoose ist eines der grundlegenden Bestandselemente des Untergrundes des borealen Waldes: *Mires, Bogs, Muskegs*. Diese gefährlichen Milieus fürchtet und meidet der Mensch. Auf den sehr sauren Böden (pH-Wert zwischen 3 und 3,5) wachsen die Torfmoose auf ihren eigenen Verwesungsresten und bilden einen schwammartigen Teppich, wie eine Art schwimmendes Floß, das immer mehr die freien Wasserschichten abdeckt. Die unzähligen Teiche, Pfützen und Seen, die sich in den vielen Bodensenkungen des glazialen und periglazialen Reliefs gebildet haben, werden so nach und nach aufgefüllt. Auf dem Wasser sammeln sich Moose an, und wenn der Torf dick genug ist, siedeln sich Bäume an. Der boreale Wald tritt nach und nach an die Stelle der Wasser- oder Amphibienareale.

Ein nur scheinbar starrer Wald

Die großen Migrationen der Bäume

Um das jetzige Aussehen und die Dynamik des borealen Waldes begreifen zu können, muß man sich stets vor Augen halten, daß es sich um einen zugleich sehr jungen und sehr alten Wald handelt. Er ist jung, weil er den Nordrand der gemäßigten Zone erst seit etwa zehn Jahrtausenden wieder besiedelt, was in der geologischen und biologischen Zeitrechnung einen extrem kurzen Zeitraum darstellt. Tatsächlich war ein großer Teil der jetzigen Biotope des borealen Waldes von enormen Eismassen bedeckt, die während der letzten Eiszeit des Quartärs das mächtige Inlandeis bildeten. Millionen von km^2 der Labradorhalbinsel und des fennoskandischen Raumes wurden erst durch die Klimaerwärmung im Laufe des Holozäns vom Eis befreit. Die Bäume des borealen Waldes haben also von Süden nach Norden die vom abschmelzenden Eis befreiten Flächen neu besiedeln müssen. Topographie und Landschaftsbild tragen deutliche Spuren der einstigen Gletscher: überall geschrammte, gefurchte, «gekräuselte» Felsen, Moränenablagerungen, die eine reiche Palette glazialer Aufschüttungsformationen schufen, viele Mulden, Bodensenkungen, die durch glazialen Vorschübe oder durch das hydrographische Durcheinander, verursacht durch die Moränenwälle, entstanden sind. Der boreale Wald wächst also auf kaum verwittertem anstehenden Gestein und auf Oberflächenformationen aus übereinandergeschichtetem glazialem Gesteinsmehl und mächtigen Felsblöcken, die von den Geologen als sogenannter Geschiebelehm bezeichnet werden. Die Böden sind also grundsätzlich junge Böden, kaum entwickelt, die keine 10 000 Jahre alt sind.

Die Wiedereroberung der vom Eis befreiten Flächen wurde ganz besonders von den kanadischen, skandinavischen und sowjetischen Autoren erörtert. Anhand der Pollenanalyse und der Datierung der organischen Ablagerungen, die sich in den Seen und Torfmooren angesammelt haben, können wir exakt die Stufen, den Rhythmus und die Frequenz der Waldzeiten nachvollziehen. Nach den Forschungsarbeiten von Richard und Payette folgte in Labrador auf eine fast wüstenhafte Anfangsphase eine grasbewachsene Tundra, später eine Tundra mit dichtem Strauchbewuchs aus *Betula glandulosa* und *Alnus crispa*, und noch später die Ansiedlung des Fichtenwaldes mit *Picea mariana*. Die kanadischen Autoren beschreiben sehr bildhaft die Kraut- und Waldflora, die an der Gletscherfront «in den Startlöchern kniet», um endlich die vom Eis befreiten Flächen in Beschlag nehmen zu können. Während des gesamten Pleistozän herrschte in dem Gebiet des heutigen borealen Waldes ein ständiges floristisches Kommen und Gehen, was entsprechend der sich ändernden ökologischen Bedingungen zu einer wahrhaft bunten Pflanzenmischung führte.

Wenn der boreale Wald auch «jung» ist, zumal er erst seit einigen Jahrtausenden die jetzigen Böden besiedelt, so ist es doch insofern ein alter Wald in Bezug auf die Pflanzengeschichte, als die bestandsbildenden Hauptarten, die Koniferen, zu den ältesten Bäumen der Erde zählen. Sie gehören schließlich zu einer Seitenlinie der Gymnospermen mit sehr typischen biologischen Merkmalen. Die Fruchtknoten dieser Bäume sind frei, das Holz besteht aus langen Fasern, den Tracheïden, die Bäume bilden in der Regel keinen Stockausschlag, ihre Früchte sind konisch geformt, daher auch ihr Name Koniferen. In den Kanälen ihres Holzes enthalten sie sehr viel ätherische Öle, weshalb sie in manchen Sprachen auch einfach harzbildende Bäume genannt werden.

Unter dem physiognomischen Gesichtspunkt sind es Bäume mit nadelförmigen Blättern, mit immergrünem Laub, die häufig Reinbestände bilden. Diese Gruppe von Koniferen, die gewaltige Waldflächen abdeckt und räumlich so bedeutend erscheint, ist in Wirklichkeit eine abgeschlagene, dezimierte und langfristig vom Untergang bedrohte Truppe. Tatsächlich sind heute auf der ganzen Welt nur noch zwischen 400 und 600 Nadelholzarten übrig, während es zwischen dem Devon und der ältesten Kreide noch rund 48 000 Arten der Gruppe *Gymnospermae* gab, die anhand Fossilien identifiziert werden konnten. Das Hoch der Koniferen lag in der Jurazeit. Seither verlieren sie regelmäßig mehr und mehr Vertreter. Dieser gigantische boreale Wald ist also ein wahres Konservatorium für Bäume, die geologisch gesehen langsam aussterben.

Der brandgefährdete Wald

In dem gewaltigen Biom des borealen Waldes gibt es drei bioökologische Phänomene, die in unterschiedlicher Stärke und zu verschiedenen Zeiten eine wesentliche Rolle spielen: Waldbrand, Insektenmassenvermehrungen und Nutzung des Rohstoffs Holz durch den Menschen.

Der boreale Wald wird von gigantischen Waldbränden heimgesucht, gegen die die von den Medien hochstilisierten Waldbrände des europäischen Mittelmeerraums nur Nebenschauplätze sind. Diese Waldbrände sind in den nördlichen Randgebieten größtenteils durch Blitzeinschlag natürlich entstandene Brände. Im Süden des borealen Waldes, nahe der wenigen Verkehrswege oder in der Nähe von Siedlungen, ist es der Mensch, der durch Unachtsamkeit oder Fahrlässigkeit zum auslösenden Faktor wird.

Die gnadenlosen Insekten

Eines der wichtigsten ökologischen Probleme des borealen Waldes sind die verheerenden Insektenschwärme, die periodisch riesige Waldflächen heimsuchen. Das bekannteste und meistuntersuchte Insekt ist der Tannentriebwickler (*Choristoneura fumiferana*), eine Raupe, die die Knospen sämtlicher Fichten und Balsamtannen zerstört. Die Larven dieses winzigen Schmetterlings der

Der Elch mit seinem großen, schaufelförmigen Geweih ist eines der wenigen großen Säugetiere, die den borealen Wald bewohnen.

Die Einflußfaktoren für die Ausbreitung der Lauffeuer, die sich mit 1 bis 5 km/h ziemlich schnell auf der Bodendecke fortsetzen, oder der Erdfeuer, die sich sehr langsam ausbreiten und nur die Humusschicht des ersten Bodenhorizonts schädigen, sind ausgesprochen zahlreich. Die Bedeutung des holzigen Unterwuchses, des Totholzes an den Bäumen und am Boden, der trokkenen Nadeln und Zapfen an den Bäumen, des Reinbestandes und des großen Harzreichtums der Bäume – das Zusammenspiel all dieser Elemente führt zu dem gewaltigen Ausmaß der Waldbrände. Im Norden ist die Waldbrandbekämpfung unmöglich. Im Süden hat Kanada die Tanklöschflugzeuge Canjo der Canadair zum Einsatz gebracht. Sie sind zum Symbol geworden für den «modernen» Kampf gegen das Feuer, doch stehen auch sie oft hilflos dem Flammenmeer gegenüber.

Familie der Wickler (*Tortricidae*) sind der größte Feind der kanadischen Wälder. Sie fressen die jungen Nadeln, zehren am alten Laub und verspeisen die Jungtriebe, sobald die Knospen aufbrechen. Angesichts dieses erschreckenden Kahlfraßes hält sich die Balsamtanne keine 3 Jahre, die Fichte höchstens 4 bis 5 Jahre. Am resistentesten ist noch die Schwarzfichte, die bis zu 10 Jahre den aufeinanderfolgenden Angriffen standhält, bevor sie schließlich auch aufgeben muß. Die Epidemien verlaufen periodisch in Abständen von etwa 30 Jahren. Die letzte große Plage des 20. Jahrhunderts ereilte Quebec. Sie begann 1967 und rückte von Westen nach Osten vor, ausgehend von mehreren Infektionsherden an den südlichen Rändern des borealen Waldes. 1975 waren 35 Millionen ha betroffen, das heißt eine Fläche mehr als doppelt so groß wie der gesamte Wald Frankreichs. Der biologische Kampf gegen die Raupen mit Hilfe von der Bakterie *Bacillus thurigensis* brachte zwar gute Einzelerfolge, war jedoch insgesamt ungeeignet zur wirksamen Eindämmung einer so großen Epidemie. Deshalb versprühten die Kanadier per Helikopter oder Flugzeug Unmengen chemischer Insektizide. Die Behandlung mit DDT hatte katastrophale direkte und sekundäre Auswirkungen durch Verseuchung der Gewäs-

ser, Vernichtung der Insekten und Dezimierung des Lachsbestands. Diese intensive chemische Bekämpfungsmethode wurde mit dem gewaltigen Ausmaß der Verluste im borealen Wald, dem sogenannten «kommerziellen Wald», gerechtfertigt (5 bis 6 Millionen m^3 Holz pro Jahr). Zwischen 1970 und 1979 wurden fast 2 Millionen Hektar jährlich mit Insektiziden besprüht. Der Mensch, der in Kanada, der GUS und Skandinavien die Wälder intensiv forstwirtschaftlich nutzt, bemüht sich auch um ihren Erhalt, allerdings mit einer Philosophie, in der die wirtschaftliche Komponente Vorrang hat vor der ökologischen.

In den gemäßigten Wäldern Mitteleuropas, wo das enge Miteinander von Wald und Mensch den Einsatz von solchen Mitteln verbietet, werden andere Wege zur Bekämpfung gesucht:

Die halbzahmen Rentiere ernähren sich im Sommer von Flechten, Heidelbeeren und Wasserpflanzen, im Winter von Rinde, Moosen und Flechten.

Bei der biologischen Bekämpfung werden Lebewesen kurzzeitig gegen die Schädlinge eingesetzt (z.B. Parasiten), bei der biotechnischen Bekämpfung soll mit Entwicklungshemmern oder Fortpflanzungsregulation eine Massenvermehrung ausgeschlossen werden.

Der boreale Wald und die großen angrenzenden Pflanzenformationen

Angrenzer des borealen Waldes mit anderen großen Pflanzenformationen ist im Norden nur die Tundra. Im Süden, in der gemäßigten Zone, wo die Taiga in Mischwälder, Fallaubwälder, Grasland oder Steppen – je nach dem, ob ein ozeanisches oder kontinentales Klima herrscht – übergeht, sind die Zusammenhänge komplexer. Die Nordgrenze des borealen Waldes zeigt insgesamt gesehen Unregelmäßigkeiten und teils besondere Eigenheiten, die die Rolle ökologischer Begrenzungsfaktoren verdeutlichen.

Der erste Kontrast wird an den Grenzen des borealen Waldes zu beiden Seiten des Atlantischen Ozeans, auf der Ostseite Amerikas und der Westseite Europas, deutlich. Während in Labrador der boreale Wald schon südlich des 60.° nördlicher Breite endet, reicht die Taiga in Skandinavien weit über den Polarkreis hinaus: wesentlicher Faktor zur Erklärung dieser Asymmetrie ist die Rolle der Meeresströme (kalter Labradorstrom auf der Atlantikseite, Verlängerung des warmen Golfstroms auf norwegischer Seite) und der mit der Bewegung der enormen Wassermengen verbundenen klimatischen Bedingungen.

Auf regionaler Ebene treibt der boreale Wald regelrechte Waldzungen in die Tundra, begünstigt durch die Täler der großen Flüsse: Mackenzie, Yukon, Ob, Jenisej, Lena ... In den von vielen Hochwassern gezeichneten riesigen Flußtälern herrschen besondere ökologische Bedingungen. Diese Flüsse sind entweder unter Eis, dann geht nichts mehr, oder sie tauen auf, dann läuft alles kreuz und quer. Die Schneeschmelze beginnt im Süden. Die lauen Schmelzwasser stauen sich vor den Eisbarrieren im Norden und schieben wie ein gewaltiger Bulldozer riesige Massen von Eisblöcken, Steinen, Bäumen und den Uferböschungen entrissenen Pflanzen, die in jedem Frühling neu ein noch größeres Flußbett abstecken, vor sich her. In diesen eingegrabenen Flußniederungen mit feinstem Schwemmaterial, guter Wasserversorgung aufgrund des hohen Grundwasserspiegels und besserem Schutz vor dem Wind als auf den umliegenden Plateaus gelingt es der Taiga, sich zu halten und sogar in die Gebiete der Tundra vorzustoßen.

Die Grenze zwischen borealem Wald und Tundra ist ein interessantes Ökoton insofern, als der Übergang von einer Formation in eine andere sich sehr langsam, selten abrupt vollzieht. Über zig-, ja Hunderte von Kilometern ziehen sich Übergangsformationen, die die franko-kanadischen Autoren Strauch- oder bewaldete Tundren nennen. In diesem breiten Band werden die Bäume nicht größer als 5 m und passen sich morphologisch auffällig an: asymmetrischer Windfahnenwuchs, gekrümmte Formen, am Boden niederliegend, kugelförmig. Dies brachte ihnen den Namen Krummholz ein, ein Begriff, der auch die Waldgrenzen im Hochgebirge charakterisiert.

Um das Verschwinden der Bäume gegen Norden zu erklären, suchten die Ökologen nach klimatischen Grenzlinien, die sich mit dem Verlauf der biologischen Grenzlinie decken. Die Linie, die der biologischen Grenzlinie am nächsten kommt, ist die + 10 °C-Juli-isotherme. Auch über die Bewertung der Durchschnittsdauer der jährlichen Wachstumsperiode (tägliche Durchschnittstemperatur von Frühling bis Herbst über + 5 °C) lassen sich Korrelationen zwischen den Nord- und Südgrenzen des borealen Waldes feststellen.

Alles in allem ist der boreale Wald durch seine Gleichmäßigkeit und Kontinuität das eindrucksvollste Waldgebiet der Erde. Am Rande der Eisgebiete, härtesten ökologischen Bedingungen ausgesetzt, davon am beeindruckendsten sicherlich die Diktatur der Kälte, ist dieser Wald kaum bevölkert und trotzdem sehr begehrt, denn er stellt ein sagenhaftes Reservoir an überaus homogenem Holz dar. Die Kenntnis und die Bewirtschaftung dieses gewaltigen Waldgebietes gehören zu den wichtigsten Herausforderungen des 20. Jahrhunderts. Sie sind von mindestens ebenso großer Bedeutung wie der Schutz der tropischen Regenwälder.

Die Nebelwälder sind gekennzeichnet durch eine ungeheure Vielzahl von Pflanzenformen. Gesättigt mit Feuchtigkeit dank der Wolken, die durch das Relief aufgehalten werden, überziehen Moose die ganze Bodenfläche. Flechten schmücken Girlanden gleich jeden Ast und jeden Stamm.

Besondere Wälder

In den vorhergehenden Kapiteln haben wir die fünf großen Waldtypen der Erde beschrieben. Sie decken zusammen fast die gesamte globale Waldfläche ab. Man hätte sie auch noch weiter unterteilen können in immergrüne Wälder der gemäßigten Zone, in Mischwälder der gemäßigten Zone, usw. ... Allein den tropischen Regenwald hätten wir in fast vierzig verschiedene Typen unterteilen können (Auwälder, Lichtwälder, feuchte laubabwerfende Wälder ...). Wir haben davon abgesehen, da die Unterteilungen für den Laien nicht immer einfach zu erkennen sind. Hingegen gibt es andere Wälder besonderer Art, die lokal sehr begrenzt und bei einem Auslandsaufenthalt leicht zu erkennen sind. Es handelt sich dabei um Bergwälder, Inselwälder, Mangrovenwälder, Bambuswälder und durch Waldbau künstlich geschaffene Wälder. Mit Ausnahme der letzten Gruppe sind dies alles Pflanzenformationen, die unter bestimmten klimatischen Bedingungen und in einer natürlichen Umgebung entstanden sind, die wiederum das Vorkommen dieser und jener Baumart oder Tierart beeinflussen. Nicht alle Wälder sind dabei Wälder im engeren Sinne: dies betrifft beispielsweise Bambus und Mangrove, deren Formation, Dichte und Reichtum dennoch eine nähere Betrachtung verdienen.

Henri Puig

Bergwälder

Bergwälder der gemäßigten Zone

Die Vegetationszonen lassen sich in allen Gebirgen der Welt beobachten: steigt man bergauf, so durchwandert man mehrere aufeinanderfolgende Gürtel oder Zonen. Bei einem sowohl biologischen als auch klimatischen Wechsel kann der Übergang von einer in eine andere Zone abrupt erfolgen, zum Beispiel vom Eichenwald in einen Buchenwald. Die Höhenstufung hängt mit dem Temperaturgefälle zwischen Tal und Gipfel zusammen. Sie ist vergleichbar mit der Zonierung aufgrund der zunehmenden Abkühlung vom Äquator zu den Polen. Diese oft gezogene Parallele berücksichtigt allerdings nur die Durchschnittstemperaturen. Die Klimate der Höhenlagen und der oberen Breiten sind jedoch sehr unterschiedlich, sowohl in Bezug auf ihre Temperaturamplitude als auch auf die Tageslänge. Deshalb unterscheiden sich die Bergnadelwälder erheblich von den Nadelwäldern der Tiefebene trotz ihrer scheinbar ähnlichen Physiognomie. Die Vegetationsstufen sind auch von Gebirge zu Gebirge verschieden, eben weil regionale Klimaunterschiede existieren oder die Entstehungsgeschichte und die Verteilung der Floren anders ist.

Jedes Gebirgsmassiv besitzt eigene Arten, die man nirgends sonst findet. Das nennt man Endemismus. Man ist sich mehr oder weniger einig, daß der Endemismus im Gebirge sehr viel ausgeprägter ist als anderswo.

Die dominierenden biologischen Formen des Bergwaldes sind natürlich die Bäume, die von den Forstwissenschaftlern in zwei Gruppen eingeteilt werden: Laubbäume und Nadelbäume. Die Laubbäume, die in unseren Wäldern Eichen, Buchen, Linden, Birken sein können, verlieren zum Teil ihre Blätter in der kalten Jahreszeit, andere hingegen, so zum Beispiel die Stechpalme, die in den Bergen Westeuropas vorkommt, behalten ihre Blätter und werden daher «immergrün» genannt. Immergrüne Pflanzen sind in den Höhenlagen die Ausnahme. Bevor die Blätter fallen, färben sie sich sehr schön bunt: in den amerikanischen Wäldern besonders Roteiche, Amberbaum (*Liquidambar*) oder Ahorn (*Acer*).

Die Nadelbäume wurden die Könige der Berge genannt. Im Nordwesten der Vereinigten Staaten erreichen Bäume wie die Sequoia oder der Mammutbaum Höhen von 80 m. Im Jura wachsen die etwas bescheideneren, jedoch mindestens ebenso schönen Tannen und Fichten. Mit steigender Höhe wird das Klima feindlicher. Die Bäume wehren sich dagegen durch niedrigeren Wuchs: die laubabwerfende Lärche in den Alpen; die Hakenkiefer in den Alpen und Pyrenäen.

Kennzeichnend für die montane Stufe sind in den feuchten Regionen die Buchen-Tannen-Wälder. Die Buche entwickelt sich zunächst zwischen Adlerfarn und Besenheide (*Calluna*) und bietet später, im reifen Alter, Schatten für die Entwicklung junger Tannen. Falls der Mensch nicht steuernd eingreift, kann man irgendwann einmal einen phantastischen Wald bewundern, dessen geradlinige Stämme an die Säulen einer Kathedrale erinnern.

Das Unterholz ist arm. Lediglich einige verstreute Waldmeisterblütenstände lockern den Heidelbeer- und Hainsimsenteppich auf. Die Früchte des Traubenholunders und des Himbeerstrauchs verleihen dem ganzen einige Farbtupfer. In den Vorgebirgen der Alpen mischen sich Fichten unter die Buchen und Tannen, ebenso in Jugoslawien. Durch eine vernünftige Waldwirtschaft kann der Mensch solche Wälder über Jahrhunderte erhalten.

In Spanien, in der Serrania de Ronde, findet man wieder einen Tannenwald, der sich jedoch von den Tannenwäldern der Pyrenäen oder der Alpen stark unterscheidet. Dies ist der Wald der Spanischen Tanne (*Abies pinsapo*), die eine ganz andere Abstammung hat als die der Wälder Westeuropas. Leider wurde dieser Wald sehr reduziert und wäre beinahe sogar ganz verschwunden.

In den trockeneren Regionen wächst in der montanen Stufe die Gemeine Kiefer oder Föhre (*Pinus sylvestris*). Das Heideland, in dem sich dieser Wald ansiedelt, besteht aus Ginster und Wacholder. Bevor sich die Gemeine Kiefer ansamt, wachsen hier echte Bärentraube und Haselnußstrauch. In den spanischen Pyrenäen beeinträchtigen Unmengen von Buchsbaum die Lebenskraft der Kiefern, die nur mittelgroß werden.

Oberhalb der montanen Stufe folgt die subalpine Stufe mit ihren üppigen Matten hochwachsender Krautge-

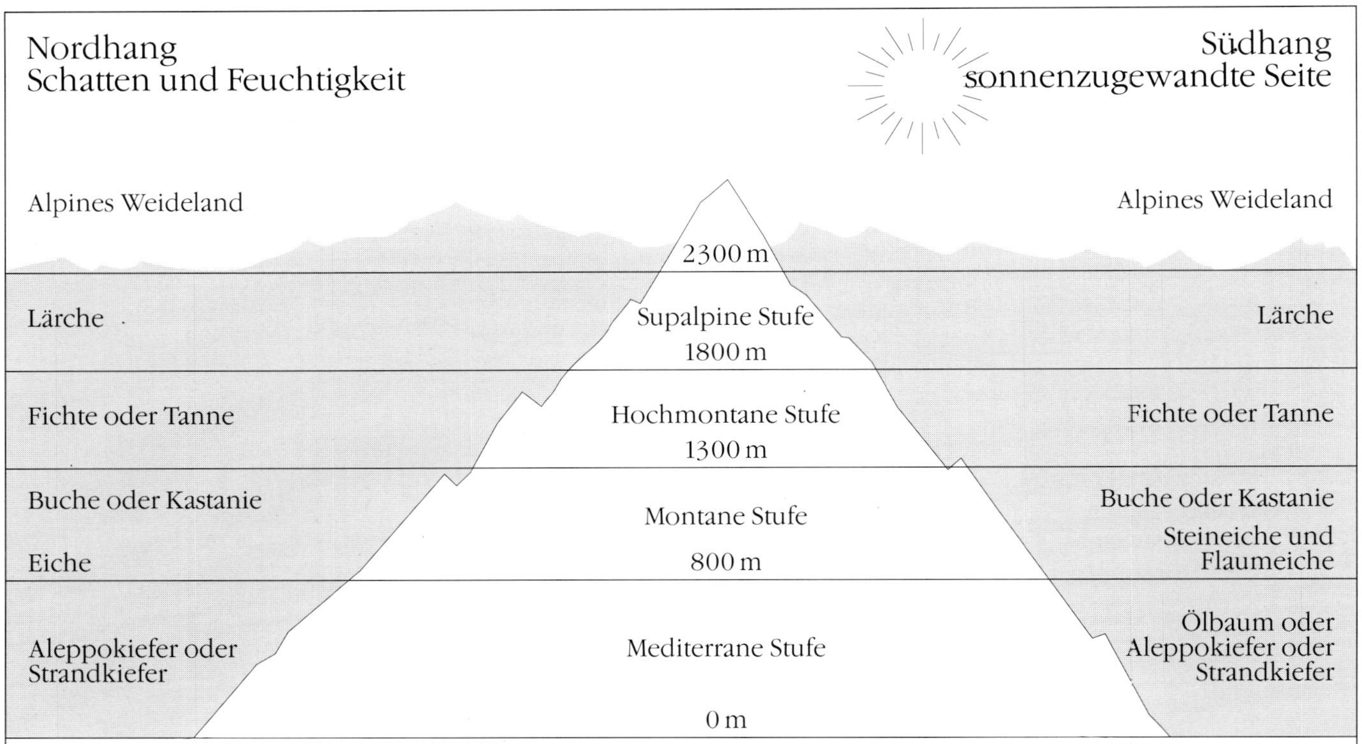

Vegetationsgliederung nach Höhenstufen im Mittelmeerraum

wächse. Dies ist die Zone der Weidewirtschaft. Wird sie vor dem Weidevieh geschützt, entsteht hier durch die natürliche Vegetationsdynamik Wald. Besenheide, Wacholder und Rhododendron folgt der subalpine Birken-Vogelbeer-Hakenkiefern-Lärchen-Zirbenwald. In den Alpen siedelt sich der Lärchenwald gerne dort an, wo es an Wasser nicht mangelt. Auf podsoligen Böden sorgt der Zirbenwald (*Pinus cembra)* für einen dichteren Schatten. In Tirol wächst der eigenartige Latschenwald (*Pinus mugo*): dieser Baum kriecht über den Boden und schützt ihn so wirksam vor Erosion. In der Gegend von Briançon und weiter noch in den Pyrenäen wachsen Hakenkiefernwälder bis in 2 400 Meter Höhe und bedecken schön anzusehende Flächen. Diese Kiefern können bis zu 30 Meter hoch werden, unter ihnen können sich Rhododendren, Ginster oder Bärentrauben entwickeln. Zum Schluß seien die Grünerlenbestände der Alpen und Korsikas genannt. Vogelbeere, Mehlbeerbaum und Birke findet man ebenfalls in den Wäldern der subalpinen Stufe.

Auf der anderen Seite des Mittelmeers wächst in der feucht-montanen Stufe die berühmte Atlas-Zeder (*Cedrus atlantica*). In den Gebirgsketten des Atlas finden sich auch europäische Bäume: Steineiche, Mehlbeerbaum, Französischer Ahorn, Phoenizischer Wacholder und Weihrauch-Wacholder (*Juniperus thurifera*).

Die tropischen Bergwälder

Die Höhenstufung der Vegetationseinheiten ist keine Eigenheit der gemäßigten Zone. Sie ist auch in der intertropischen Zone zu beobachten, wo die Temperaturgradienten kältere Klimate hervorrufen. Die Böden sind immer weniger tropischen Verwitterungen unterworfen, die Vegetationstypen überlagern sich mit zunehmender Höhe. In den tropischen Bergwäldern findet man eine erstaunliche biologische Vielfalt, obwohl ihr Artenreichtum geringer ist als der der riesigen Waldgebiete des warmen und feuchten Tieflands. Die abnehmenden Temperaturen bremsen die Entwicklung der Pflanzen. Die biologische Produktion ist geringer, ein Zeichen für die Anforderungen einer härteren Umwelt, die sich auch in der Zusammensetzung und Physiognomie der Wälder ausdrückt.

Es besteht überdies ein deutlicher Kontrast zwischen den jahreszeitlichen Temperaturklimaten der hohen und niedrigen tropischen Breiten. In Höhenlagen, wo Nacht- und Tagfrost fast das ganze Jahr über vorkommen können, ist der nächtliche Frost der für Bodenentwicklung, Tier- und Pflanzenwelt und sogar für die Landwirtschaft entscheidende limitierende Faktor.

Wenngleich das Milieu auch aufgrund der gleichen ökologischen Bedingungen der tropischen Gebirge eine relative Gleichförmigkeit von Struktur und Form schafft, so gibt es doch nicht weniger grundlegende floristische Unterschiede. So sind die neotropischen Bergwälder der Gebirgsketten Mexikos und der bolivianischen Anden physiognomisch vergleichbar, floristisch jedoch sehr unterschiedlich. Erstere sind reich an borealen Elementen (Nadelbäume: Kiefern, Fichten, Tannen, … oder Laubbäume: Eichen, *Liquidambar*, Buchen …), letztere kennen dergleichen überhaupt nicht. Diese Unterschiede sind selbstverständlich eine Folge der geologischen Geschichte und der Entwicklung der Floren, die in beiden neotropischen Gebieten unterschiedlich verlaufen sind. So liegen in Lateinamerika Tierra caliente, Tierra templada, Terra fria und Tierra helada übereinander, wobei deren Untergrenzen jeweils mit abnehmender Breite steigen, wie an folgender schematischer Darstellung von Mexiko bis Bolivien ersichtlich ist:

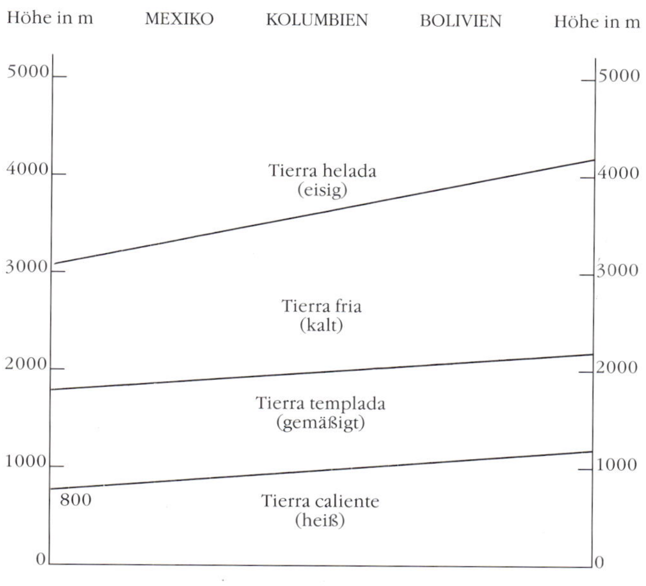

In der Literatur werden für die Bezeichnung der (einstimmig akzeptierten) Höhenstufen der Pflanzenformationen die Begriffe Zone, Stufe und Gürtel beliebig verwendet.

Ostafrika

In diesem Teil der Welt unterscheidet Hedberg (1951) einen Bergwaldgürtel in etwa 1700 – 2300 m und 3 000 – 3 300 m Höhe, der das Ruwenzori-Massiv in Ruanda (Zentralafrika), den Mount-Kenia und den Kilimandscharo (Tansania) bedeckt und sich in drei Vegetationszonen aufteilt.

a) Ombrophile Nebelwaldzone (1 700 bis 3 000 m)

Charakteristisch für diese ständig in Wolken gehüllten Wälder sind Baumfarne, wilde Bananenstauden (*Musa ensete*), *Podocarpus milanjianus*, *Ilex* und gelbblühende *Hypericum*-Sträucher. Die Bäume sind alle von oben bis unten mit Bartflechten (*Usnea sp.*) überzogen, Boden und Gestein sind von unglaublichen Mengen Moos bewachsen. Die *Impatiens* wachsen neben Begonien, Orchideen und Johanniskraut. Pflanzen und Boden sind ständig wassergesättigt.

Der Auerhahn verschwand gegen Ende des 17. Jahrhunderts aus vielen Gegenden Frankreichs infolge der beinahe restlosen Zerstörung der Hochwälder. In unseren Tagen hat der Wald mit der Landflucht und Entvölkerung der Berge wieder an Terrain gewonnen, und der Auerhahn konnte in den Cevennen erfolgreich wieder heimisch gemacht werden.

In 2500 m Höhe etwa, der Obergrenze der ombrophilen Waldzone, treten an die Stelle der Bäume sehr dichte und kompakte Bambusbestände (*Arundinaria alpina*). Diese Wälder am Ruwenzori sind der bevorzugte Lebensraum des Berggorillas (*Gorilla grilla beringei*). Man findet dort manchmal noch Büffel, Hylocharis und Afrikanische Elefanten. Interessanterweise fehlt diese Bambuszone am Kilimandscharo.

b) Ein Ericaceae-Gürtel

In 3 000 m Höhe löst das Heideland mit blühenden, verholzenden Sträuchern (*Erica arborea*, *Philippia* sp.), Riesen-Johanniskraut und *Helicrysum* den Wald ab. Nicht zu vergessen sind der Silberbaum und die Fackellilie (*Kniphofia thomsonii*), die ihre schönen orangefarbenen und gelben Blüten entfaltet. In etwa 3500 m Höhe wachsen Lobelie und Riesengreiskraut.

In Europa ist das Gemeine Greiskraut (*Senecio livorum*) eine kleine gelbe Blume, die nicht höher als 30 cm wird (Familie der *Compositae*), Lobelien sind bescheidene Zierpflanzen, die wegen ihrer kleinen blauen Blüten gezüchtet werden. Die afrikanischen Lobelien werden hier etwa 1,50 m hoch, manchmal höher. Ihre Blüte übt durch ihre Form Signalwirkung auf Kolibris aus, die mit ihren großen gebogenen Schnäbeln den Nektar aus den kleinen blauen Blüten saugen und somit auch die Befruchtung gewährleisten. Um den extremen Temperaturen in 3500 m Höhe standzuhalten, geben die Lobelien ein flüssiges Sekret ab, das nur an der Oberfläche gefriert und somit das Innere der Blume vor der Kälte schützt.

Das Greiskraut erreicht an den Hängen des Kilimandscharo fast fünf Meter Höhe. Es verdankt seinen botanischen Namen *Senecio*, aus dem Lateinischen: «senex» (Greis), der weißfilzigen Behaarung der Hüllblätter seiner Früchte. Die jungen Greiskrautsträucher sehen aus wie riesige Kohlköpfe mit fleischigen Blättern, die mit silbernen Härchen überzogen sind, die sie vor Hitze und Kälte schützen. Während der kurzen Blütezeit bilden sie große, grünlich-gelbe Blütenstände. Ein weiteres Zeichen ihrer Adaption sind die hohen Stiele des Greiskrauts, die als Reservoir und Wärmeisolator dienen. Viele Senecio-Arten wachsen auf den Hängen von Vulkanen, so zum Beispiel das *Senecio kilimandjari* mit den zitronengelben Blüten, das *Senecio cottonii* mit den senffarbenen Blüten und den flauschigen Blättern und das *Senecio meyeri johannis*. Der riesenhafte Wuchs ist auf die große Tages-Temperaturamplitude dieser Höhenlage zurückzuführen (mehr als 30 Grad), wobei der Tag sozusagen den Sommer und die Nacht den Winter darstellt. Dieser tägliche «Jahreszeitenwechsel» wird durch die besonders intensive Sonneneinstrahlung in diesen Breiten verstärkt.

c) Krummholzgürtel

Ein ebenfalls nicht bewaldeter alpiner Gürtel beginnt in 3500 m Höhe und reicht bis 4 000 m. Dies ist die Zone der kleinen, mehr oder weniger krummwachsenden, baumartigen Pflanzen.

Amerika
In Amerika beziehen wir uns auf die tropische montane Stufe Ost-Mexikos der Sierra Madre Orientale zwischen 800 und 2 500 m Höhe. Sie ist durch folgende ökologischen Merkmale gekennzeichnet:

Eine große Tagesamplitude und eine jahreszeitliche Amplitude zwischen 5 und 7 °C; kühles Klima; Temperatur des kältesten Monats unter 15 °C; starke Nebelbildung; humides oder semihumides Klima. Jahresniederschläge über 1 200 mm, manchmal über 2 000 mm. Die Trockenzeit kann ganz ausbleiben und dauert selten länger als 5 oder 6 Monate im Jahr; über 1 000 m ist Frost möglich; Schnee im Winter ist unbekannt.

In verschiedenen Höhenlagen können optimale biologische Bedingungen für die Entwicklung der Vegetation herrschen. Sie hängen jedoch nicht allein von der Temperatur, sondern auch vom Regen und seiner Verteilung übers Jahr.

a) Die Flora:
Die geographische Lage der Sierra Madre Orientale am Übergang zum großen amerikanischen Florenbereich ermöglichte das Eindringen tropischer und borealer Elemente sowie die Bildung einer abwechslungsreichen Flora, die eine bedeutende Zahl endemischer Bergpflanzen umfaßt. Endemische Arten finden sich nicht nur unter den Kräutern- oder Epiphyten, sondern auch unter den Bäumen: *Abies vejari, Disopyros riojae, Fagus mexicana, Quercus xalapensis, Ilex pringlei.*

b) Die Vegetation:
Die Höhenstufung der Vegetation gliedert sich wie folgt:

800 – 1 800 m	humider regengrüner Bergwald (Nebelwald)
800 – 2 500 m	semihumider Laubwald (Eichen)
1 500 – 2 500 m	humider oder semihumider Nadelwald (Kiefern), Laub- und Nadelmischwald
1 800 – 2 500 m	trockener Hartlaubwald (sklerophyler Trockenwald), offener und trockener Kiefernwald
2 200 – 3 200 m	kalter und humider Tannen- und Kiefernwald

Die mosaikähnliche Verflechtung dieser Wälder in gleicher Höhe hängt von der Verteilung der ökologischen Charakteristika ab.

In Mexiko liegt die untere Höhengrenze der montanen Stufe, wie wir gesehen haben, zwischen 800 und 1 000 m. In diesem Höhenbereich liegt auch die Frostgrenze, wodurch einerseits boreale Elemente in diese Stufe «herabsteigen» können und andererseits ein «tropischer» Artenreichtum verhindert wird. Deshalb findet man oberhalb 1 000 m überhaupt keine «tropischen» Familien mehr, wie *Bombacaceae, Dilleniaceae, Myristicaceae, Sapotaceae, Simaroubaceae* und *Sterculiaceae*, oder wenn, dann nur sehr verarmt. Hingegen werden Familien, wie die *Aceraceae, Betulaceae, Cornaceae, Ericaceae, Fagaceae, Hamamelidaceae* und *Staphyleaceae*, die in den unteren Höhenlagen nicht vertreten sind, in den feuchten regengrünen Bergwäldern vorherrschend. Dieser wenn auch allmähliche floristische Bruch ist nicht zu leugnen.

Asien
Am Mount Kinabalu liegt die montane Stufe zwischen 1 500 und 2 400 m. Der Wald ist niedriger als die Dipterocarpus-Wälder des Tieflands und der submontanen Stufe. Die Fagaceae (*Quercus, Litocarpus, Castanopsis*) halten sich bis 2 000 m. Ab hier werden sie nach und nach durch *Ilex, Clethra* und *Ericaceae* (*Vaccinium*) ersetzt. Die australen Nadelbäume, wie *Podocarpus* und *Agathis*, sind noch vorhanden. Die Moosdichte am Boden und auf den Stämmen nimmt zu. Fleischfressende Pflanzen (*Nepentes*) und Farne sind noch reichlich vertreten, aber die Baumfarne (*Cyathea* und *Dicksonia*) haben die Obergrenze ihres Lebensraumes erreicht.

In der subalpinen Stufe (2 400 – 4 100 m) haben Kälte und Feuchtigkeit zugenommen, und in dieser Höhe löst sich der Nebel praktisch nicht mehr auf. Das ist der typische Mooswald mit ebenso vielen Flechten und epiphytischen Farnen.

Die Zahl der Holzgewächsarten und ihre Höhe nehmen ab. Die *Lauraceae* und *Fagaceae* verschwinden ganz. Vorherrschende Arten sind die *Ericaceae* und die *Myrtaceae*. Die Strauchschicht wird von Ericaceen und vielen wunderschönen Rhododendron-, *Vaccinium*- und *Gaultheria*-Arten überflutet. Über 3 000 m ist die Krautschicht gut entwickelt: bodenlebende Orchideen, ganz ungewöhnliche Blumen, bilden richtig dichte Teppiche. Die Baumgrenze liegt bei 3 700 m.

Die Berge Sumatras sowie die Javas sind überwiegend vulkanischen Ursprungs. Einige Vulkane sind sogar noch aktiv. In den niedrigeren Höhenlagen sind Berge, deren Vegetation nicht durch den Menschen gestört wurde, selten.

Im Süden Sumatras besteht die submontane Stufe (1 000 – 1 800 m) aus einem noch ziemlich hohen (40 – 50 m), mehrschichtigen, an Laubbäumen mit zusammengesetzten Blättern reichen Wald (*Meliaceae, Burseraceae, Leguminosen*). Die herausragenden Bäume sind die *Dipterocarpaceae*. Über 1 500 m sind die Fagaceae vorherrschend (*Quercus, Castanopsis*). Es wuchern Moose und epiphytische Farne, Kletterpflanzen sind reichlich vorhanden.

Die montane Stufe (1800 – 2700 m) gestaltet sich unterschiedlich, je nachdem, ob es sich um aktive oder erloschene Vulkane handelt. Durch die Schwefeldämpfe der aktiven Vulkane erscheint die stark kriechende Vegetation schon in sehr geringen Höhen, wo der *Pandanus* dominiert zusammen mit *Ericaceae* und Farnen (Südseite des Mount Sinabung). Auf dem Mount Pesagi ist der Wald in 2 000 m Höhe noch sehr gut entwickelt, wenngleich die herausragenden Arten (*Casuarina, Podocarpus*) kaum größer als 25 m werden.

Wenige Berge Sumatras sind höher als 2700 m. Die subalpine Stufe (> 2 700 m) ist daher kaum vertreten. Auf dem Mount Kerinci wachsen die Bäume erst kriechend, bevor sie sich – manchmal – aufrichten. Die

Tropische Bergregenwälder sind auch unter dem Namen Nebelwald bekannt. Auf 1800 bis 2 700 Metern Höhe gelegen, sind sie ständig von Wolken umhüllt, und die Luftfeuchtigkeit übersteigt 90 %. Der bekannteste Nebelwald ist der des Ruwenzori-Gebirges in Zaire.

Stämme sind stark verzwieselt, bemoost und sehr krumm. Die dominierenden Gattungen sind *Symplocos*, *Ilex*, *Rapanea*, *Ardisia* und *Meliosma*. Undurchdringliche Dickichte mit Farnen entwickeln sich lokal (*Gleicheniazeen*) oberhalb der Ericaceae-Formation (*Rhododendron*, *Vaccinium*, etc.), die noch 6 m hoch werden kann. Die immer stärker verkrüppelte Vegetation reicht nur bis 3 400 m.

Fagaceen (Buchen). Diese Wälder sind forstwirtschaftlich uninteressant, weil Nutzhölzer selten vorkommen. Das Unterholz ist reich an verschiedenartigsten *Acanthaceae* (Bärenklaugewächse).

Seit Ende des letzten Jahrhunderts wurden Versuche unternommen, exotische Arten anzubauen. Dabei wurden interessante Ergebnisse mit *Eucalyptus globulus* und *Acacia mearnsii* erzielt.

Neuguinea ist interessant, weil hier australe und boreale Arten aufeinandertreffen. Zum Beispiel findet man dort die borealen Gattungen *Castanopsis* und *Lithocarpus* neben den australen *Nothofagus*. Die *Ericaceae*, eine boreale Familie, stehen Seite an Seite mit den *Epacridaceae* der Südhalbkugel.

In Indien liegen die Bergwälder auf 1800 bis 2 500 m Höhe, die Niederschläge liegen zwischen 1500 und 5 000 mm, die Trockenzeit dauert zwischen 1 und 4 Monaten. Die Wälder sind niedrig (10 bis 20 m), immergrün und zweischichtig. Sie liegen im Talboden und bilden mit niederen Savannen eine mosaikähnliche Struktur. Die dominierenden Familien sind die Myrtaceae (*Syzygium*) und die Lauraceae (*Litsea* spp., *Cinnamomum* spp.). Die Bäume sind klein, krumm und bemoost. Überraschenderweise gibt es weder Nadelbäume noch

Nepal liegt eingezwängt zwischen den indischen Subkontinent und die Grenze zu China. Es liegt inmitten des Himalaya-Gebirges an privilegierter Stelle, nimmt jedoch nur einen kleinen Teil des Himalayarückens ein. Auch hier tritt die Vegetation im Gebirge zoniert auf, wobei nach der kollinen Stufe die montane und schließlich die subalpine Stufe folgt.

Die kolline Stufe (1700 bis 2 500 m) ist die Verlängerung des Alpensystems, dessen östlicher Ausläufer der Himalaya ist. Dies ist der Lebensraum der immergrünen Fagaceen (*Quercus*, *Lithocarpus*, *Castanopsis*), deren Arten ursprünglich aus Südchina stammen. Diese 30 m hohen Wälder sind hydrophilere Pflanzengesellschaften als die der Westalpen. In dieser Stufe stellen die *Cedrus-deodora*-Wälder die Fortsetzung der Wälder Afghanistans und Kashmirs dar.

Das Gleichgewicht dieser Bergwälder ist leicht störbar. Rodung führt an den Hängen schnell und unwiderruflich zu Erosion, die Wasserreserve, die der Wald für die umliegenden Täler darstellt, geht verloren. In Madagaskar befinden sich die abgeholzten Hochebenen bereits auf dem besten Weg zur Desertifikation.

Die montane Stufe (2 500 bis 3 000 m) wird ebenfalls von Hartlaubeichen dominiert, jedoch von anderen Arten. Tropische Floraelemente, wie *Lauracea* (Lorbeergewächse), verschwinden ganz. Andere Laubhölzer, z. B. Ahorn bei den Bäumen oder Rhododendron bei den Sträuchern, nehmen zu. Die Nadelbäume treten auf, unter anderem die berühmte fünfnadelige Himalaya-Kiefer (*Pinus excelsa*). Andere Nadelbäume der Gattungen *Picea*, *Taxus* und *Tsuga* können begleitend auftreten. Diese Wälder sind noch sehr hoch, die Mittelhöhe der Bestände liegt noch bei über 30 Metern.

Der Berggorilla lebt nur noch an den Vulkanabhängen von Ruanda und Zaire. Seine Population wird auf weniger als 400 Individuen geschätzt, und sie ist durch Wilddiebe stark bedroht. Der Gorilla ist standorttreu; Blätter, Knospen und Triebe von etwa vierzig verschiedenen Pflanzenarten sind seine einzige Nahrung.

Ein Stück weiter oben beginnt die alpine Stufe (3 000 bis 4 200 m), die bis zur Waldgrenze reicht. *Abies spectabilis* siedelt in der tiefsubalpinen Stufe. Es ist ein lichter Wald, bei dem manche Tannen noch 30 m hoch werden können. In dieser Stufe treffen Lärchen des Himalaya mit Lärchen Asiens zusammen. Die Artenzahl und Wuchsleistung nehmen mit zunehmender Höhe ab. In der hochsubalpinen Zone sind nur noch einige Holzgewächsarten übrig, die nicht höher als 3 bis 4 m werden. Hier dominiert die endemische Birke des zentralen Himalayas (*Betula utilis*), die manchmal von zwei weiteren Holzgewächsarten begleitet wird: *Rhododendron campanulatum* und *Sorbus foliosa*.

Antoine Lorgnier

Inselwälder

Inseln – allein das Wort beflügelt unsere Fantasie und führt uns in eine tiefgründige, geheimnisvolle Welt fernab unseres Alltags, wo wir träumen und uns vergessen können. Dieser Zauber der Inselwelt konnte sich bis heute fortsetzen, weil die Natur hier ihre Geheimnisse hütete und Menschen, Tiere und Pflanzen aufgrund ihrer Abgeschiedenheit eine ganz eigene Entwicklung aufweisen.

So mancher Seefahrer mag beim Anblick eines erschöpften Vogels, der sich auf einem Mast ausruht, oder einiger Zweige, die auf den Wellen treiben, wieder Hoffnung geschöpft haben. «Land in Sicht», diese Botschaft bringen sie. Sie ist nicht nur für den herumirrenden Seefahrer bedeutsam. Vögel und Zweige bringen diese Botschaft mit den Samen, die eine Besiedelung der Inseln, verloren zwischen Himmel und Meer, erst ermöglichen.

Je nach geologischem Ursprung sprechen wir von Kontinental-, Vulkan- und Koralleninseln. Fauna und Flora sind entsprechend verschieden.

Kontinentale Inseln

Ile de Ré, Belle Ile, Korsika und Madagaskar, Neuseeland und die Seychellen bezeichnet man als kontinentale Inseln, weil sie von einem nahen Mutterkontinent abgespalten wurden. Durch Kontinentaldrift oder Gebirgsauffaltungen aus dem Meer aufgetaucht, haben sie allmählich unter Einfluß der ungebremsten Meereswinde ihre ganz spezifische Morphologie ausgebildet. Fauna und Flora wurden zwar direkt vom Festland übernommen, doch die Trennung vom Rest der Welt bewirkte eine inselspezifische Evolution.

So hat auf den Galapagos-Inseln, Wiege der Darwin'schen Evolutionstheorie, jede Insel eine endemische Finkenart, obwohl sie derselben Abstammung sind. Und die Seychellen-Insel Praslin erfreut sich einer besonderen Berühmtheit, die sie der denkwürdigen Doppelform ihrer Seychellennuß verdankt. Diese «Doppelkokosnuß» gibt es nur hier, im «Vallée de Mai» Nationalpark.

Auch jene Gebiete, die vor vielen Millionen Jahren durch tektonische Verschiebungen vom alten Kontinent Gondawalandes abgetrennt wurden (Madagaskar, Australien, Neuseeland), entwickelten sich fernab von Einflüssen der restlichen Welt, so daß wir hier noch primitive Arten finden, die überall sonst verdrängt wurden. Als Beispiele seien hier die Warane von Komodo in Indonesien und die Lemuren in Madagaskar genannt.

Die Struktur und Verschiedenheit der Palmenblätter entspricht den von den örtlichen Gegebenheiten gestellten Anforderungen. Sie müssen stürmischen Winden die Stirn bieten, Regenwasser auffangen und sammeln, um den Baum zu versorgen, und die Verdunstung gering halten.

Auf der Insel Madagaskar, die vor 50 Millionen Jahren vom afrikanischen Kontinent abgetrennt wurde, haben sich Fauna und Flora dank ihrer Insularität erhalten. Da die evolutionär später auftauchenden Affen, Katzenartigen und großen Herbivoren Afrikas die Straße von Mozambique nicht überwinden konnten, blieben die ursprünglichen Arten ungestört, und ohne Konkurrenz. Ein Beispiel dafür sind die Lemuren, die aus dem restlichen Afrika verschwunden sind.

Auch die madegassische Flora zählt zur artenreichsten der Welt. Allein auf Madagaskar gibt es mehr Pflanzenarten als auf dem ganzen afrikanischen Kontinent. Und 85 % der 12 000 bekannten Blütenpflanzen (Orchideen, Baobab, Kannenpflanzen, Neodypsis, Dideraceen und Liliaceen) sind endemische Arten. Leider sind auch sie durch den starken Waldrückgang in ihrem Bestand bedroht.

Einen ähnlichen Artenreichtum finden wir in Neuseeland, das seit 80 Millionen Jahren ein Inseldasein führt. Die Urwälder im Fjordland beheimaten über 700 Farnarten, Koniferen und Blütenpflanzen, davon 35 endemische Arten. Unter *Podocarpus*, König der Koniferen auf dem Gebiet der südlichen Hemisphäre, wächst der Federfarn «Prince de Galles», das bei Vögeln beliebte Lianengewächs *Paullinia* und *Metrosideros*, bekannt für

die herrlich roten Blüten. Im Schutz einer dichten Moos- und Flechtendecke am Boden wachsen Heidelbeeren, Fuchsien, *Pittosporum* und Toussockbüschel. Da sie keine natürlichen Feinde haben, haben viele Vögel das Fliegen verlernt und sind zu Fußgängern geworden (z. B. der Kiwi, das Wahrzeichen Neuseelands, *Notornis* und bestimmte Papageienarten wie der Kakopo).

Vulkaninseln

Die vom tellurischen Feuer geformten Vulkaninseln tauchen als nacktes, vegetationsloses Urgestein aus den Tiefen des Ozeans hervor. An einem relativ aktuellen Beispiel konnten die Wissenschaftler erforschen, wie eine Vulkaninsel mit Pflanzen kolonialisiert wird. Gemeint ist die Insel Krakatau, die 1883 nach dem Ausbruch des Vulkans Pertuaban von einer bis zu 60 Meter dicken Ascheschicht bedeckt wurde.

Die Inseln, seien sie nun aus Korallenriffen oder durch Abtrennung vom Festland entstanden, tauchen zunächst bar jeder Vegetation aus den Meeren auf. Pflanzen erscheinen dort erst nach und nach, von Wind, Vögeln oder Meeresströmungen hingetragen.

Die Spinne war das erste Tier, das die Insel ein Jahr nach dem Vulkanausbruch neu besiedelte. Drei Jahre danach war der Boden mit Farnen und Blaualgen (*Cyanophyceae*) bedeckt, und innerhalb 50 Jahren hatte sich ein Sekundärwald entwickelt. In einer Untersuchung aus dem Jahre 1979 wurden die drei natürlichen Besiedlungsmethoden durch Pflanzen in der Reihenfolge ihrer Bedeutung aufgezeigt:

- Wind (über 50 %),
- Vögel (rund 30 %),
- Ozean, z. B. Pflanzenteppiche, schwimmende Samen (der Rest).

Diese Anteile schwanken je nach Entfernung zum Kontinent. Der Wind kommt als Samenverbreitungsfaktor nur dann in Frage, wenn die Insel in der Nähe des Festlands liegt (Krakatao befindet sich rund 40 Kilometer von Java entfernt). Bei einer Entfernung von 100 Kilometer ist die Bedeutung des Windes gering, und der Großteil der Samen wird durch Vögel und Wellen transportiert.

Vulkaninseln haben eine überaus üppige Vegetation, was die besonders nährstoffreichen Böden und reichen Niederschläge bewirken. Die Spitze des Vulkans, die oftmals Höhen von eintausend Metern erreicht, bremst außerdem die vom Ozean heranziehenden prall gefüllten Regenwolken ab und bewirkt dadurch reiche Niederschläge. Sonne, Feuchtigkeit und fruchtbarer Boden bilden die Grundlagen für prächtige Regenwälder mit ihrer Fülle seltener Arten, Blüten und Früchte, beispielsweise auf den Inseln Martinique, Guadeloupe, Tahiti, Marquesas und Hawaii. Dieses Paradies veranlaßte den englischen Seefahrer Captain Cook zu der Bemerkung: *«Die Verpflichtung des Menschen, sein Brot im Schweiße seines Angesichts zu verdienen, scheint diesen Leuten unbekannt zu sein.»*

Koralleninseln und Atolle

Sie verdanken ihre Entstehung einem Korallenriff und sind durch eine artenärmere Flora gekennzeichnet (Malediven, Tuamotu). Obwohl die Vegetation auch hier durch Vögel, Wind und Meer angesiedelt wird, können nur einige rudimentäre Pionierpflanzen überleben, da der Nährstoffgehalt der Böden niedrig ist.

So setzt sich die Flora vornehmlich aus Kokospalmen, Vacoas, Mangrovenbäumen und Pandang zusammen, weil nur ihre Samen die lange Seereise unbeschadet überstehen und unter den nährstoffarmen Bedingungen überleben können.

Vor 50 Millionen Jahren wurde Madagaskar vom afrikanischen Kontinent abgeschnitten und damit auch von der weiteren Evolution der Arten. Der Inselcharakter schützt und bewahrt eine urtümliche Flora und Fauna. Dieser Larven-Sifaka (Propithecus verrauxi) ist auf der Insel endemisch, ebenso wie 80 % aller dortigen Tier- und Pflanzenarten.

Die Kokospalme (*Cocos nucifera*) ist der «Baum für alles» der Inseln. Sie stammt ursprünglich aus Indonesien und wurde im pazifischen Gebiet durch die Maori verbreitet, inzwischen aber hat sie sich auf fast allen tropischen Inselstränden der Welt angesiedelt. Ihr Samenkorn, die berühmte Kokosnuß, kann lange Monate im Meer überdauern, bis sie schließlich auf einer Insel strandet und keimt.

Einfluß des Menschen

Bei der Verbreitung der Arten ist der Mensch der vierte Faktor geworden, der ohne Rücksicht auf Nutzen oder Schaden des jeweiligen Landes vorging.

Als die Maoris beschließen, von Indonesien aus den Pazifik zu erobern, nehmen sie folgende Dinge mit: den Brotfruchtbaum, den Taro, die Banane, die Ananas und die ... Kokospalme. Daher können wir diese Pflanzen heute auf allen Inseln der Region antreffen. Louis-Antoine de Bougainvillie sorgt für die Verbreitung der *Bougainvillea*, während der Botaniker Pierre Poivre Zimt, Vanille, Nelken und Kardamom auf den Inseln Mauritius und Réunion anpflanzen will. Und der nach Réunion gebrachte wilde Wein artet in eine wahre Plage aus. Dann aber lassen die Menschen sich nieder und beginnen, die Vegetation ihren wirtschaftlichen Bedürfnissen anzupassen.

Einst war Kopra die Haupteinkommensquelle der Inselbewohner. Heute sind die Inseln eine einzige Kokospalmenplantage. Die Kautschukpflanzungen in Indonesien, die Nadelwälder in Neuseeland (amerikanische Kiefer), die Zuckerrohrfelder auf den Antillen und den Maskarenen haben die ursprüngliche Flora verdrängt. Das Abholzen der Wälder, das früher auf den großen Holzbedarf für Haus- und Schiffsbau zurückzuführen war, wird heute durch den erhöhten Bedarf an Brennholz und Agrarland aufgrund der ständig wachsenden Bevölkerung noch beschleunigt (Madagaskar).

Viele Millionen Jahre lang waren die Inseln isoliert vom Rest der Welt. Das geschwächte Ökosystem ist mittlerweile ernsthaft bedroht. Jede neue Pflanzenart ist gefährlich, denn auf so engem Raum hat jede noch so geringe Erschütterung des Gleichgewichts unweigerlich fatale Folgen. Innerhalb nur eines Jahrhunderts sind nahezu fünfzig endemische Arten aus Neuseeland verschwunden: Opfer von Ratten, Katzen, Schweinen und Hirschen, die die Menschen eingeführt haben.

François Blasco

Mangroven

Mangroven sind «tropische Küstenwälder, die auf den schlammigen, überfluteten Böden von Meeresküsten, Lagunen und in Brackwasser- und Gezeitenzone der Flußmündungen wachsen». Diese Definition (Aubréville, 1970) gibt bereits Aufschluß über die geographische Verbreitung der Mangrove.

Mangroven bedecken ungefähr 100 000 Quadratkilometer der tropischen und subtropischen Zone. An der Ganges-Mündung (Indien und Bangladesh) erstreckt sich die Mangrove über eine durchgehende Fläche von 6 000 Quadratkilometer. Rund 60% der gesamten Weltvorkommen sind auf nur drei Länder konzentriert: davon entfallen 25 000 Quadratkilometer auf Brasilien, 21 000 Quadratkilometer auf Indonesien und 11 000 Quadratkilometer auf Australien. In der Karibik sind Mangroven nur mit 19 000 Quadratkilometern auf Martinique und mit 80 000 Quadratkilometern auf Guadeloupe vertreten. In Französisch-Guyana ziehen sie sich über 50 Quadratkilometer an der Küste entlang. Gemessen an den Vorkommen, die wir an den Mündungen des Niger (9 000 Quadratkilometer) und des Orinoco (6 000 Quadratkilometer) antreffen, sind diese Zahlen gering.

Wie wir sehen, wächst die Mangrove hauptsächlich in der Gezeitenzone. Einige Standorte liegen außerhalb des Tropengürtels, subtropische Kuriositäten, die als Überbleibsel vergangener Zeiten auf wenige Quadratkilometer begrenzt sind, z. B. in Auckland/Neuseeland (37° südlicher Breite), auf der Insel Kyshyu in Japan (35° nördlicher Breite), im Persischen Golf bei Qatar (6 Quadratkilometer). Ganz offensichtlich gedeiht die Mangrove gleichermaßen in den sehr feuchten Klimaten Borneos und den ariden Klimaten am Persischen Golf, am Roten Meer und im Nordosten Venezuelas.

All diesen Gebieten gemein sind die salzhaltigen Schlammböden, auf denen nur sechzig Baumarten gedeihen können. Die bekanntesten Mangrovenarten sind *Rhizophora* und *Avicennia. Rhizophora* erkennen wir an den bemerkenswerten Stelzwurzeln. Dagegen hat *Avicennia* sogenannte Atemwurzeln entwickelt, die aus dem Schlamm herausragen, um Sauerstoff aufzunehmen. Diese «Lungen» werden *Pneumatophoren* genannt. Ihre Dichte kann auf einem Quadratmeter Fläche mehrere hundert betragen. Sie sind überaus robust, erreichen eine Höhe von 50 bis 100 Zentimeter und machen die Fortbewegung hier extrem schwierig.

Die hohe Luftfeuchtigkeit, die fast durchgehend den Sättigungspunkt erreicht, die fehlenden Straßen und die Klimaeinbrüche in Form periodisch auftretender Zyklone und Orkane machen die Mangrove zu einem menschenfeindlichen Ort.

Ungeachtet dessen hat der Mensch sich aber auch hier niedergelassen. Er hat den salzigen Sumpfboden dräniert und ihn in Reisfelder verwandelt; er hat das Holz geschlagen (Werk-, Papier-, Konstruktionsholz) und die zahlreichen Produkte der Mangrove abgebaut, vom Tannin über die reichen Fischvorkommen bis hin zu den Medizinalpflanzen, die namentlich bei Hautkrankheiten eingesetzt werden.

Durch diese gewaltsamen Eingriffe wurde das Ökosystem der Mangrove, das bis in die Anfänge des Tertiär zurückreicht, schwer erschüttert. Einige Autoren (Ellison, 1989) haben sich die Frage gestellt, ob man ihm überhaupt noch Überlebenschancen einräumen könne. Nachfolgend eine Aufzählung der Hauptursachen für das Aussterben der Mangrove. Die einzelnen Faktoren sind in der Reihenfolge ihrer Bedeutung aufgeführt:

Länder der Dritten Welt:

Feuchtregionen:
- Holzexploitation (z. B. Indonesien)
- Landwirtschaft (z. B. Indien, Bangladesh)
- Fischzucht (z. B. Ekuador, Philippinen)

Semi-aride und aride Regionen:
- Umlenkung der Wasserläufe (z. B. Kolumbien)
- Überweidung (z. B. Nordostindien, Pakistan)
- Salzextraktion (dito)

Industrialisierte Länder:

- Verstädterung
- Umgestaltung der Küstenregionen
- Industrialisierung, Umweltverschmutzung (z. B. Florida, Venezuela, Neu-Kaledonien)

In allen Ländern und Regionen konnte jedoch festgestellt werden, daß die Mangrove bei einer traditionellen Nutzung (Produkte wie Tannin, Holz, Medizinalpflanzen, Fischerei usw. ...) den geringsten Schaden erleidet.

Bis etwa 1975 wurde die Mangrove überall, besonders im Umkreis großer Städte (Bombay, Kalkutta, Saigon usw.) und ohne Rücksicht auf Verluste im «Trockenverfahren» ausgebeutet. Dann entdeckten amerikanische Wissenschaftler an der Universität Florida, daß diese Wälder zu den produktivsten Waldformen überhaupt gehören (d. h. Produktion von Biomasse) und daß sie darüber hinaus bei der Fortpflanzung und Ernährung von

Fischen, Krebsen und anderer kommerzialisierungsfähiger Tierarten eine wichtige Rolle spielen. Um dieses in seiner Bedeutung verkannte Ökosystem vor dem Untergang zu bewahren und zu sanieren, wurden daraufhin von den Regierungen der betroffenen Länder, zum Beispiel Australien, entsprechende Schutzmaßnahmen erlassen, deren Erfolg unterschiedlich war. So kam es, daß Forstwissenschaftler, internationale Organisationen, die Weltbank u. a. umfassende Programme für die Wiederaufforstung der Meere durch Mangroven entwickelten. Das bemerkenswerteste Projekt dieser Art findet in Bangladesh statt. Hier arbeitet man seit zehn Jahren daran, die ungeschützten Küstengebiete durch das Anlegen eines dichten Waldgürtels (*Sonneratia apetala*) am Meer vor den Verwüstungen durch Zyklone und Überflutungen zu bewahren. In Vietnam kommt zu der ökologischen noch die wirtschaftliche Bedeutung der Mangroven. Als Folge der im Vietnam-Krieg eingesetzten Entlaubungsmittel wurden in den Mangroven im Mekong-Delta schwere Schäden angerichtet, so daß die Bevölkerung von Saigon Holzmangel zu leiden hatte. Mittlerweile haben die Vietnamesen rund 20 000 Hektar mit *Rhizophora apiculata* angeforstet und im Schirm dieser künstlichen Verjüngungen eine einträgliche Krebszucht entwickelt. Doch trotz weit zurückreichender Erfahrungen ist die Bewirtschaftung der Mangroven auch heute noch eine überaus mühselige, delikate und komplexe Aufgabe.

Im allgemeinen hat die Naturverjüngung dieser Waldform an ihren ursprünglichen Standorten gute Erfolge gezeigt. Die meisten Arten haben robuste Keimlinge, die unbeschädigt in Meerwasser transportiert werden können. Manche Samen keimen bereits auf der Mutterpflanze (diese Lebendgebärenden findet man bei *Rhizophora*, *Kandelia*, *Ceriops*, *Brugeria*), so daß sie leicht im Schlick Fuß fassen können. Andere Samen bohren sich nach der Trennung vom Mutterbaum in den Boden, was durch die Lanzenform der Samen erleichtert wird. Auf neueren Alluvionen dagegen geht der Verjüngungsprozeß langsamer und mühevoller vonstatten, weil er von Wellenschlag und Bodenneigung abhängig ist. Deshalb hat man in Bangladesh die Keimlinge der Art *Sonneratia apetala* in Baumschulen aufgezogen.

Diese Baumschulen werden so angelegt, daß sie bei Flut vom Meer bedeckt sind. Die ersten 24 bis 36 Stunden wird die Saat jedoch vor dem Wasser geschützt, bis sie Keimwurzeln bildet, mit denen sie sich im Boden verankert. Dann läßt man die Flut herein und die Säm-

Die Mangroven besiedeln Meeresstrände und Lagunen tropischer Länder, dringen entlang der Flußufer vor, solange das Wasser noch brackig ist. Sie lassen sich auf schlammigem Grund nieder, der bei Flut von Meerwasser bedeckt ist. Ihre weltweite Ausbreitung wird auf 100 000 Quadratkilometer geschätzt.

linge knapp überspülen. Nach 9 bis 10 Monaten haben die jungen Pflänzchen eine Höhe von 45 bis 60 Zentimeter erreicht und werden an ihre endgültigen Standorte verpflanzt. Der Pflanzvorgang muß innerhalb von zwei Tagen stattfinden, da die Mangrovenbäume schnell welken und absterben. Häufig sind es Kinder, die das Verpflanzen übernehmen, weil sie nicht so tief im Schlamm einsinken.

An die sechzig Baumarten leben im salzigen Schlamm der Mangrovensümpfe. Die bekanntesten sind die Mangroven der Gattung Rhizophora, erkenntlich an ihren Stelzwurzeln, und die Avicennia, deren Wurzeln Pneumatophoren entwickeln – Atemorgane, die sich über dem mit Wasser gesättigten Boden ausbreiten.

Die Fauna der Mangroven zeichnet sich durch ihren Artenreichtum an Vögeln, Fischen und Krustentieren aus, von denen die meisten auch in anderen Ökosystemen vorkommen. Einige jedoch finden nur hier die für sie spezifischen Entwicklungsbedingungen, zum Beispiel die merkwürdigen Fischamphibien der Gattung *Periophtalmus* (Schlammspringer). Vor drei bis vier Millionen Jahren gab es noch andere Fische, die sich wie sie an Land wagten. Ein weiterer Vertreter der Vorzeit ist der Molukkenkrebs mit seinem zweigeteilten schaufelförmigen Panzer unter dem fünf Gliedmaßenpaare und ein langer Pfeilschwanz zum Vorschein kommen. Nicht zu vergessen sind die zahllosen farbigen Krabben, die sich bei Ebbe auf Nahrungssuche begeben. Im Ganges-Delta, in den «Sunderbans», hat der bengalische Tiger in der Mangrove Zuflucht gesucht, wobei ihm dieses Leben im nassen Element offensichtlich gut zu bekommen scheint.

Betrachten wir die Mangrovenbaumarten in Abhängigkeit von den Umweltparametern, dann können wir nach dem heutigen Wissensstand sagen, daß die Mangrove ihr Dasein drei Hauptfaktoren verdankt:

– Regelmäßige Versorgung mit Salz- und Süßwasser
Wachstum und Regeneration der Mangroven setzen voraus, daß sie mit bestimmten Mengen Natriumchlorid ver-

◁ ▷ Die Mangroven sind voller Leben. Unzählige Krebse (Mondkrebs, Geigerkrebs usw.), Meereskrokodile, Pfeilschwänze, Periophtalme, Vögel aller Art (Fregattvögel, Ibis, Reiher, Silberreiher, Löffelreiher) und allerlei Fische verbergen sich im Gewirr von Wurzeln und Ästen.

sorgt werden. In ariden Klimaten erhöhen sich durch Verdunstung die Salzkonzentrationen im Boden, und überall dort, wo das Klima zunehmend arid wird, äußert sich diese Entwicklung in einer geringeren Artenzahl und stark rückläufiger Produktivität.

Der optimale Salzgehalt beträgt je nach Art zwischen 2 und 30 ‰. Bei den Arten *Heritiera fomes, Nypa fruticans* und verschiedenen *Sonneratia* liegen die Optimalwerte im unteren Bereich (10 ‰). *Avicennia, Phoenix paludosa* u. a. haben ihr Optimum bei 30 ‰ und ertragen noch weit höhere Salzkonzentrationen.

Eine regelmäßige Süßwasserzufuhr ist für die Mangrovenbestände lebenswichtig, weil dadurch die Salzkonzentration reguliert wird. Außerdem muß der Rhythmus der alltäglichen Überflutung (Gezeiten) gewahrt werden, sonst stirbt die Mangrove innerhalb weniger Wochen.

– *Nährstoffzufuhr*
Die Mangrove bildet ein zum Ozean hin offenes Ökosystem, so daß ein Großteil ihrer primären Produktion von der Flut davongespült wird. Als Ausgleich dafür erhält das System durch kontinentale Gewässer, Meeresströmungen und Wind gewisse Mengen an Kationen, die ihm entweder in gelöstem Zustand oder an Sedimente gebunden zugeführt werden. Durch den Bau von Talsperren werden die Nährstoffzyklen der großen Flüsse der Tropen daher stets in ihrem Gleichgewicht gestört (Kohlenstoff, Stickstoff, Kalium, Kalzium, Magnesium u. a.).

– *Stabilität des Substrats*
Allzu hohe Sedimentablagerungen können die Gezeiten soweit beeinflussen, daß die Mangrove von der Bildfläche verschwindet. In manchen Mündungsgebieten, wie am Ganges auf der indischen Seite, kann es auch zu allmählichen tektonischen Veränderungen kommen. Die Überflutungen werden seltener, die Salzkonzentrationen nehmen zu, und die Mangrove verkümmert und verarmt an Arten, bis sie endgültig ausstirbt.

Mangelnde Kenntnisse der ökologischen Grundlagen können also weitreichende Folgen für die Praxis haben. In den meisten Regionen der innertropischen Zone ist das Aussterben der Mangrove unmittelbar auf die Unkenntnis und Nichtbeachtung überaus einfacher Fakten zurückzuführen, z. B. die Erhaltung einer regelmäßigen Süßwasserzufuhr.

Am 23. August 1990 wurde die International Society for Mangrove Ecosystems gegründet. Die Gesellschaft hat ihren Sitz in Japan, an der Universität Ryukyus (Okinawa).

Vorläufer waren entsprechende nationale Schutzgesellschaften, die in zahlreichen Ländern mit Hilfe der UNESCO (Abteilung Meereswissenschaften) und des UNO-Umweltprogramms (UNEP) eingerichtet wurden.

Unsere Zivilisation ist sich mittlerweile bewußt, daß dieses noch vor wenigen Jahren als nutzlos angesehene Ökosystem für Millionen Menschen lebenswichtig ist. Mit großem Aufwand wird versucht, die Mangrove vor dem Aussterben zu retten. Hoffen wir, daß es noch nicht zu spät ist.

Antoine Lorgnier

Bambuswälder

Rein wissenschaftlich gesehen, ist die Bezeichnung Bambus«wälder» sachlich nicht richtig: Der Bambus ist kein Baum, sondern ein buschig wachsendes Grasgewächs mit verholzten Halmen, das vermutlich vor 150 Millionen Jahren auf der Erde erschienen ist. Aufgrund der großen Artenzahl, der hohen Dichte der Population und der besonderen Ökosysteme können wir diese Vegetationsform aber durchaus in die Kategorie der Wälder einreihen.

Verteilung

Bambus bevorzugt die heißen, feuchten und windgeschützten Zonen. Er wächst auf fast allen Kontinenten, wobei er gleichermaßen an Flußufern wie in Hochgebirgslagen auftreten kann. Es gibt nahezu eintausendfünfhundert Bambusarten, die in fünfundsiebzig Familien untergliedert und hauptsächlich über die tropischen, subtropischen und gemäßigt warmen Gebiete verteilt sind. Die größten Bestände befinden sich in Asien (rund 5 Millionen Hektar) und Südamerika. Madagaskar vereinigt auf sich allein so viele Arten wie der ganze afrikanische Kontinent, wo Bambus vor allem in den Nebelwäldern Kenias, Ruandas, Zaïres und Zentralafrikas (Ruwenzori-Massiv) vorkommt. In Nordamerika und Europa wurden die Bambuspopulationen häufig von landwirtschaftlichen Nutzflächen verdrängt. Die erfolgreiche Wiedereinführung zahlreicher asiatischer Arten hatte einerseits kommerzielle Gründe (USA), andererseits waren auch ästhetische und wissenschaftliche Motive ausschlaggebend. Der Bambuswald im französischen Anduze (Gard) versorgt sämtliche Zoos Europas mit Bambussprossen für den Großen Pandabären.

Physiologie

Bambus besteht aus einem hohlen, langen Halm, der durch Knoten in Teilabschnitte untergegliedert ist. Bei den *Monopoden* (eine Hauptachse) erfolgt die Vermehrung durch lange, starkwüchsige Rhizome, der junge Bambussproß erscheint einige Meter vom Mutterstamm entfernt. Ist die Hauptachse verzweigt *(Sympodium)*, so sind die Rhizome kurz, und es bilden sich büschelartige Knospen dicht um den Mutterstamm. Durch diese vegetative Vermehrung verdichten sich die Bambusbestände vielerorts zu unüberwindlichen, natürlichen Barrieren, die jeden anderen Vegetationstyp verdrängen. Noch undurchdringlicher wird das Dickicht durch den Umstand, daß in Oberflächenzellen der Stengelglieder manchmal Kieselsäure eingelagert ist, die Machete und Beil, die den Weg bahnen sollen, in kürzester Zeit stumpf werden läßt.

Eine weitere Fortpflanzungsart besteht in einem wissenschaftlich noch ungeklärten Phänomen, dem Effekt der «Übersättigung» (saturation des prédateurs): Alle fünf bis sieben Jahre steht der gesamte Bambusbestand in Blüte und lockt die hungrigen Vögel, Nagetiere und Insekten aus der Umgebung an. Doch die Tiere können diese Massen an Samen gar nicht alle verzehren. Sie fressen sich rasch satt, und die übrigen Samen können dann neue Populationen begründen.

Wenn der junge Sproß die Erde durchstößt, hat er bereits seinen endgültigen Durchmesser erreicht. In Asien ist es üblich, die junge Pflanze viereckig zu formen, um ein Bauelement zu erhalten, das sich bequemer zum Hausbau verwenden läßt. Einige Bambusarten werden beeindruckend hoch. Der aus Malysia stammende *Dendrocalanus-giganteus* erreicht fast 35 Meter und wächst 90 Zentimeter pro Tag. Die in der Jugend vollständig kahlen Triebe entwickeln Blätter und Zweige, sobald sie ausgewachsen sind. Danach benötigen sie noch zwei weitere Jahre, um sich zu einem widerstandsfähigen, hochwertigen Bambusrohr zu entwickeln.

Bedrohte Fauna

In der Obhut dieser natürlichen Festung lebt eine ganz eigentümliche Tierwelt. Der bekannteste Vertreter ist der Große Pandabär, den der WWF zu seinem Wahrzeichen gemacht hat. Er lebt im Gebirge Südwestchinas, in der Provinz Sichuan, und ernährt sich ausschließlich von den Sprossen der Familie *bambusa* und *dendrocalamus*. Vom Aussterben bedroht, findet der Panda hier nicht nur die Nahrung, sondern auch Schutz vor dem Menschen. Ein weiteres Tier hat sich in den Bambuswald geflüchtet: Der afrikanische Berggorilla. Er findet hier einen wichtigen Bestandteil seiner Nahrung. Die Bambuswälder Madagaskars wiederum beherbergen die Lemuren. Der erst vor knapp sechs Jahren entdeckte Goldene Bambuslemur *(Hapalemur aurens)* bricht die zwanzig Meter hohen Stengel des *Cephalostachum vigueri*, schält das Mark heraus und verzehrt obendrein die blausäurehaltige Außenschale. Im Ranomafana-Reservat lebt der Halblemur *simus*, der die Halme verspeist, während der kleine *Hapalemur bambus* nur die Blätter verzehrt. Seltsamerweise gibt es in Südamerika kein Säugetier, das sich speziell vom Bambus ernährt.

Die Bambuszivilisation

In Asien finden wir eine wahre «Bambuszivilisation», die aus dem Glauben, Mann und Frau seien aus einem Wur-

Der Bambus ist kein Baum, sondern eine strauchartige, verholzte Grasart, die vermutlich vor etwa 150 Millionen Jahren auf der Erde auftauchte. Ihr Verbreitungsgebiet liegt in der Hauptsache in den tropischen, subtropischen und warm-gemäßigten Regionen und umfaßt 65 Familien.

zelstock geschaffen, hervorgegangen ist. Hier steigt der Bambuswald nicht höher als 1500 Meter, so daß er für den Menschen leicht erreichbar bleibt. Leicht, stabil und unverwüstlich, ist der Bambus in Indien das «Holz der Armen», in China der «Freund des Volkes», in Vietnam der «Bruder». Im Alltag ist er allgegenwärtig, ein Begleiter des Menschen von der Geburt bis zum Tod: aus Bambus ist die Wiege, aus Bambus ist der Sarg, aus Bambus sind alle notwendigen und alle überflüssigen Dinge des Lebens. Hans Sporry nennt in seinem Reisebericht aus dem Jahre 1903 allein für Japan 1546 verschiedene Verwendungsarten. Ungefähr 30% der Weltproduktion entfällt auf die Agrarindustrie, 25% auf das Bauwesen. Mit den Stämmen baut man Häuser (Mauern, Pfeiler). Zweigeteilt dienen sie als Fliesen, geflochten werden sie zu Dächern und Matten. Die Chinesen verwenden Bambus für den Brückenbau (z.B. die 200 Meter lange Min-Brücke). In Hongkong hat der Bambus den Stahl aus dem Gerüstbau verdrängt. Die Halme werden von den Bauern als Bewässerungssystem und Spalier benutzt. Im Vergleich zur Kiefer enthält der Bambus die doppelte Menge Zellstoff und wird daher zur Herstellung von Cellulose verwendet (70% der indischen Papierproduktion). Wir finden ihn als Küchengerät, Waffe (Gewehre und Kanonen im China des 12. Jahrhunderts, Pfeil und Bogen in Japan, Blasrohre in Malaysia), Transportmittel (Schiff, Flugzeug, Fahrrad, Karren), medizinisches Instrument (Akupunktur) und Musikinstrument (Flöte und Trompete auf Java, Valiha auf Madagaskar, Percussions), Angeln aus Bambus in China, Gefäße aus Bambus in Sulawesi, Körbe aus Bambus auf Bali, Mühlen aus Bambus auf den Philippinen. Und selbst Thomas Edison, der 1803 die Glühbirne erfand, verwendete Bambus, nämlich als Glühfaden. Die Vielfalt der Anwendungsbereiche ist unendlich. Obendrein schmeckt Bambus gut. In China, Japan und Java sind die jungen Sprossen von *Gigantochloa* und *Phyllostachys pubescens* überaus beliebt, und die Samen haben Indien bereits zweimal vor einer Hungersnot bewahrt.

Die Bambuswälder beherbergen Gäste besonderer Art. Der bekannteste ist zweifellos der große Panda, Emblem des WWF, der in den Berghängen des westlichen Sichuan in China vorkommt. Seine Nahrung besteht fast ausschließlich aus Bambustrieben der Familie «Bambusa» und «Dendrocalamus».

In Asien ist das Bambusrohr ein wahres Kultobjekt. Für viele Religionen sind Mann und Frau aus einem Wurzelstock hervorgegangen. Als «Armenholz» in Indien, «Freund des Volkes» in China, «Bruder» in Vietnam, begleitet der Bambus den Menschen von der Geburt bis zum Tod, liefert ihm Wiege und Sarg. In Japan wurden 1546 unterschiedliche Verwendungsweisen von Bambus erhoben.

Cathy Mespouledes
Georges-André Morin

Waldwirtschaft

Während die Landwirtschaft, d. h. die Gesamtheit der Techniken zur Erzeugung nutzbringender Tiere und Pflanzen zur menschlichen Ernährung, erst mit dem Seßhaftwerden des Menschen ihren Anfang nahm, wurden die Ressourcen der Wälder lange Zeit als ein unerschöpfliches Reservoir der Natur betrachtet.

Doch bereits im 14. Jahrhundert wurden in Westeuropa Maßnahmen zum Schutz der Wälder getroffen, um gegen die Auswirkungen der Übernutzung anzukämpfen. Durch Urkunden und Erlasse versuchte man, den Holzeinschlag mit Hilfe gesetzlicher Vorschriften zu reduzieren und Güteklassen festzulegen. Unter dem Druck des ständig wachsenden Bedarfs der Bevölkerung gestaltete sich die praktische Umsetzung dieser Bemühungen als schwer durchsetzbar und ineffektiv. So kam es im Verlauf des 16., 17. und 18. Jahrhunderts in Europa zu einer Verringerung und Degradierung der Waldbestände, und im 18. Jahrhundert wurde die Waldwirtschaft als «Lehre der menschlichen Einflußnahme auf die Waldproduktion» durch die französischen Wissenschaftler R. A. Réaumur und H. L. Duhamel du Monceau entwickelt.

Die Waldwirtschaft befaßt sich also mit der Gesamtheit der Maßnahmen zur Bewirtschaftung der Wälder, wobei der Wald als ein Bestand verholzter Gewächse betrachtet wird. Beim Gartenbau dagegen werden einzelne Bäume zu Frucht- oder Ziergewächsen herangezogen. Aber wie die Landwirtschaft ist auch die Waldwirtschaft an die Erwirtschaftung von Erträgen gebunden.

Noch im 19. Jahrhundert war die Holzproduktion das oberste Ziel waldwirtschaftlicher Maßnahmen. Erst mit W. Pfeil, der über alles Buchwissen das unausgesetzte scharfe Beobachten der Natur setzte, K. Gayer und K. Vanselow trat eine neue ökologische Betrachtungsweise zu diesen alten Maximen. Die Erkenntnis, daß der Wald nicht denselben wirtschaftlichen Gesetzen unterstellt werden kann, die für die übrigen Produktionsgewerbe maßgebend sind, führte zu dem Prinzip der Nachhaltigkeit nicht nur hinsichtlich der Holzproduktion, sondern auch der Schutz- und Erholungsfunktionen.

Die Verjüngung

In jedem Waldbestand werden die älteren Bäume ganz allmählich durch jüngere Pflanzen ersetzt. Ein Mischbestand, in dem alle Alter gleichzeitig vorkommen, ist jedoch eine Idealvorstellung, die nur durch behutsame und sorgfältig durchdachte Eingriffe des Menschen zu erreichen ist.

Um die Entwicklung und Reproduktion des Waldes zu fördern, hat der Forstmann die Wahl zwischen zwei Verjüngungsmethoden: natürliche und künstliche Verjüngung.

Die Naturverjüngung besteht darin, aus den Beständen bestimmte Bäume als Samenbäume auszuwählen. Ihr Fruktifizieren in bestimmten Jahren begründet die neue Generation.

Obwohl es gegenteilige Auffassungen gibt, setzt die natürliche Methode die einfühlsame, sorgfältige und aktive Mitwirkung des Menschen voraus. Dies gilt sowohl für die Vorbereitung des Bodens als auch für alle nachfolgenden Schritte.

In einer Vorbereitungsphase werden zunächst innerhalb des vorhandenen Baumbestandes eine bestimmte Anzahl Samenbäume gut verteilt ausgewählt. Die Zahl der Bäume muß hoch genug sein, um die Verjüngung gleichmäßig über die ganze Parzelle zu verteilen. Dann folgt eine leichte Bodenvorbereitung, die für die Keimung, also die Ansamung, von grundlegender Bedeutung ist.

Die Samenjahre treten in unregelmäßigen Abständen auf. Deshalb müssen die Samenbäume in der Vorbereitungsphase aufmerksam beobachtet werden, um dann bei erfolgter Samenbildung rasch und effizient die notwendigen Maßnahmen durchzuführen. Ein Vorbereitungshieb erhält – und bewahrt – die Samenbäume und sorgt für den ausreichenden Lichteinfall am Boden. Zu wenig Licht hemmt den Ansamungsprozeß, während ein zu starker Hieb dagegen nur die Verunkrautung fördert. Eine nachfolgende Ansamung wäre unter solchen Bedingungen nur mit größeren Bodenvorbereitungen möglich.

Nach der Ansamung werden die Samenbäume nach und nach entfernt. Der höhere Lichteinfall wird nun aber auch die Entwicklung anderer Pflanzen, z. B. Dornengewächse, begünstigen, so daß die Sämlinge vor der Konkurrenzvegetation geschützt werden müssen.

Und schließlich muß auch der Konkurrenzkampf zwischen den Jungbäumen im Rahmen der sogenannten Jungwuchspflege durch den Eingriff des Menschen gelenkt werden.

Diese Methode ist namentlich für schattenliebende Bäume wie Buchen und Tannen ideal, die im Schutz der Älteren heranwachsen können. Das Verfahren ist auch gut für Arten geeignet, die in Konkurrenz mit ihresgleichen leben können. Der Nachteil der Naturverjüngung besteht darin, daß sie weder nach Zeit noch nach Umfang beeinflußbar ist, weil sie in Abhängigkeit von den Samenjahren erfolgt. Des weitereren erfordert sie großes Fingerspitzengefühl und eine gute Beobachtung des Wirtschafters.

Die bewirtschafteten Wälder, die weltweit kaum 3 % der gesamten Waldfläche ausmachen, tragen mehr als 25 % zur weltweiten Holzernte bei. Für viele Länder ist die planmäßige Waldbewirtschaftung die einzige Lösung gegen den Brennholzmangel.

Die künstliche Waldverjüngung wird häufig bevorzugt, weil sie einfacher, schneller und von weniger Zufällen abhängig ist. Hier wird der Wald nach einem mehr oder weniger großen Kahlschlag durch Saat oder Pflanzung erneuert. Die Wirkung auf das Waldbild ist wenig vorteilhaft, besonders in der Jugendphase.

Bei diesem Verfahren wird der Samen selektiv ausgewählter Bäume gesammelt und entweder ausgesät oder in Baumschulen zu Jungbäumen gezogen und später verpflanzt.

Die künstliche Verjüngungsmethode ist erforderlich, wenn nacktes Gelände aufgeforstet wird, oder wenn ein Bestand in so schlechtem Zustand ist, daß Samenbäume in genügender Menge und Qualität nicht vorhanden sind. Das Wort «*Qualität*» ist hier besonders hervorzuheben: In dem Glauben, das natürliche Verfahren sei in jedem Fall das bessere, kommt es vor, daß unbefriedigende Bestände verjüngt und erhalten werden. Daß die schlechte Qualität ebenfalls das Ergebnis menschlicher Fehlentscheidungen war, daran denkt nach all den Jahren dann niemand mehr.

Die Wahl der Verjüngungsmethode sollte deshalb stets unter Berücksichtigung der Qualität der vorhandenen Bestände getroffen werden.

Der Nachteil des künstlichen Verfahrens besteht darin, daß der vorhergehende Kahlschlag einen gewaltsamen Eingriff in das Biotop Wald darstellt. Das gleiche gilt für die Bodenbearbeitung, die z.T. die Bodenschichten auf den Kopf stellt.

Bei der Naturverjüngung kann der Forstmann das genetische Ausgangsmaterial der Verjüngung bestimmen. Das ist ein sehr wichtiger Punkt. Die standortsgemäße Auswahl und die Festlegung von Auslesekriterien sind entscheidende Faktoren. Überhöhte Ansprüche führen dazu, daß man an Stabilität verliert, was man an Güte zu gewinnen hoffte. Und schließlich sollte die Einführung neuer Arten nicht ohne eine sorgfältige vorherige Prüfung des Standorts erfolgen.

Nach einer gewissen Zeit, wenn die Jungbäume das Stadium der Durchforstung erreichen, entwickelt sich der Nachwuchs aus beiden Verfahren auf identische Weise. Im Wald von Compiègne z.B. ist der Unterschied nur noch dem geübten Auge sichtbar.

Nach den Regeln der Forsteinrichtung wird ein Wirtschaftswald in Bestände gleicher Altersgruppen gegliedert. Um stabile, qualitativ befriedigende Pflanzen zu erhalten, sind folgende Pflegemaßnahmen erforderlich:

Eventuelle Unkrautbekämpfung bei Sämlingen und im Jungwuchs, Läuterung der Dickungen, Durchforstung im Stangenholz und im Hochwald.

Diese Maßnahmen begünstigen die vielversprechenden Bäume und erleichtern das Eliminieren zu dicht stehender oder schlecht geformter Teile.

Zur Durchführung dieser Pflegemaßnahmen sind hochentwickelte Evaluations- und Zählverfahren notwendig, über deren Effizienz erst die Güte der Hölzer Aufschluß geben wird (Breite der Jahresringe, Gefüge und Dichte). Das Problem besteht also darin, die Anforderungen der Holzindustrie zu erfüllen und gleichzeitig die zunehmend an Bedeutung gewinnenden sozialen und ökologischen Funktionen des Waldes zu erhalten.

Zur Wahrung dieses Gleichgewichts ist es erforderlich, die Bedrohungen des Waldes mitzuberücksichtigen: Erosion, Brände, Klimaveränderungen, Luftverschmutzung und Parasitenbefall sind Beispiele.

Geeignete Maßnahmen können das Ausmaß dieser Gefährdung eindämmen. Schädlingsbekämpfungsmethoden bestehen zum Beispiel darin, Wundstellen begrenzt zu halten, die befallenen Stellen zu entfernen und den Boden zu düngen. Die Überstellung von Kulturen mit Erlen oder Pappeln kann ein guter Schirm gegen Kälte und Wind sein. Brandverhütungsmaßnahmen erreicht man durch Beseitigung des Unterholzes, Anlage von Feuerschutzstreifen oder landwirtschaftlich genutzter Flächen zur Feuerverhütung oder -eindämmung.

Die Biologen dagegen arbeiten an der Entwicklung rauchharter Arten.

Die Wiederaufforstung führte in Frankreich zur Verdoppelung der Waldfläche in weniger als zwei Jahrhunderten. Allerdings ersetzt ein gepflanzter Wald niemals einen natürlich gewachsenen Wald, ein in stabilem Gleichgewicht befindliches und artenreiches Ökosystem. ▽

△ Die künstlich begründeten Wälder sind sehr oft Monokulturen, was sie besonders anfällig gegen Krankheiten und Parasiten macht. In Frankreich führt man Simulationen von Insektenbefall durch, um besonders resistente Bäume ausfindig zu machen.

Häufig werden im Rahmen waldbaulicher Maßnahmen schnellwachsende Pflanzen verwendet, deren Verpflanzung allerdings nicht immer sachgemäß erfolgt. Das hat bereits zu schweren Mißerfolgen geführt. Die Schwarzkiefer z. B., die in der Sologne angepflanzt wurde, fiel 1879 den harten Winterfrösten zum Opfer, und in den bayerischen Alpen wurden gleichartige Bestände durch Schädlingsbefall vernichtet.

Einige Länder, z. B. Neuseeland, haben nahezu drei Viertel ihrer ursprünglich überaus artenreichen Wälder durch den Anbau karibischer Kiefern, Fichte, Monterreykiefern und Eukalypten ersetzt. So kommt es vor, daß man sich aus rein wirtschaftlichen Erwägungen zuweilen über alle forstwirtschaftlichen Grundsätze hinwegsetzt. Zur Wahrung einer harmonischen Entwicklung und Verjüngung der natürlichen Bestände müssen waldbauliche Maßnahmen jedoch wirtschaftliche Interessen und biologisch-ökologische Belange miteinander in Einklang bringen.

Die Waldbauregeln berücksichtigen den gegebenen Bestand, die standörtlichen Gegebenheiten und Erkenntnisse der Forschung. Maßnahmen zur Förderung gesunder, kräftiger Bestände müssen die Sorge um Rentabilität bisweilen in den Hintergrund drängen. Dies aber ist nur in den reichen Ländern der Erde möglich. Dort erhält der Wald große Aufmerksamkeit, anderswo ist das nicht der Fall.

In vielen Entwicklungsländern liegt der Anteil von Holz am Gesamtenergieverbrauch bei 90 %, während die Desertifikation mancher Gebiete hauptsächlich auf die Abholzung zurückzuführen ist. Hier könnte man durch geeignete waldbauliche Maßnahmen den Holzbedarf der Bevölkerung decken und die natürlichen Grundlagen sichern.

Die Bedeutung solcher Maßnahmen wird offensichtlich, wenn wir uns dem Beispiel Frankreich zuwenden: Hier wurden in einem Zeitraum von etwas mehr als hundert Jahren durch Anwendung geeigneter Maßnahmen die Forstbestände nach Fläche und Stammzahl um das Doppelte erhöht. Damit verbunden war eine regelmäßige Steigerung der Erträge, sowohl quantitativ als qualitativ.

Außerdem sei an dieser Stelle noch erwähnt, daß 25 % der Weltproduktion an Hölzern in Kulturwäldern erwirtschaftet wird, obwohl ihr Anteil an den Wäldern der Erde nur 3 % beträgt.

Eine sinnvolle Ausweitung dieser Techniken würde es ermöglichen, die Holzproduktion unter zufriedenstellenden ökologischen Bedingungen erheblich zu steigern und damit den ständig zunehmenden Druck auf die Naturwälder zu verringern.

◁ Als weltweit größter Zelluloseerzeuger schlägt Kanada jedes Jahr mehrere tausend Hektar Wald ein, hinzu kommen dann noch 15 Millionen Weihnachtsbäume, die jährlich in die Vereinigten Staaten exportiert werden. Nur Waldbau von hohem Niveau kann diesen Bedarf decken, ohne die bestehenden Wälder zu gefährden.

Eine komplexe Beziehung

Der Wald scheint unbewohnt, aber man spürt verborgenes Leben. Der Spaziergänger kommt sich hier stets als Eindringling vor. Unwillkürlich verstummt er, horcht auf, sieht sich um, wach mit allen Sinnen. Wie einst seine Vorfahren hat er das unbestimmte Gefühl, daß er sich an einem geweihten Ort befindet.

Der Wald in der Dichtung

Chantal de Rosamel

In einem ausgesprochen hübschen Buch mit dem Titel «La proximité folle du paradis» («Fast wie im Paradies»), einem Sammelband einiger seiner Artikel, macht Alain Hervé, der Palmendichter, die schlichte Feststellung: *«Auf den Spuren des Baumes trifft man den Menschen. Die beiden halten sich an den Händen. Der eine bereitet die Ankunft des anderen vor. Er hält Sauerstoff für ihn bereit, Schatten, Schönheit, Gefühl, Ruhe und Holz, um Feuer zu machen. Was braucht man mehr?»* In der Tat, was?

Die Erde, wie sie uns gegeben wurde, ist ein fürstliches Geschenk mit ihrem Bestand an Bäumen, der Schmuck und Schutzmantel zugleich ist und Nahrung bietender Zufluchtsort fürs Leben. Der Wald existiert seit grauer Vorzeit. Er ist schützender Arm, Sauerstofflunge, Wasserturm. Er bildet Humus, Erde und Bodenschätze. Er enthält unerschöpfliche Ressourcen an Holz, Pflanzen, Beeren und Samenkörnern. Mit seiner Allgegenwart und Unverzichtbarkeit für die physische Existenz und das mentale Gleichgewicht des Menschen hat er tief und einschneidend die menschliche Seele geprägt. Überall in der Welt spielt der Wald eine zentrale Rolle in Mythologie, Literatur und Kunst. Und trotzdem sägt man diesen unentbehrlichen und Nahrung spendenden Wald in Stücke, zündet ihn an, quält ihn zu Tode oder sperrt ihn in einen Käfig.

Wald als Refugium

Nichts ist eindrucksvoller als ein großer, weiter Wald, diese Pflanzenwelt mit ihrem seltsamen Eigenleben; dieses geheimnisvolle, wohlstrukturierte und -geregelte Universum mit seinen Hierarchien und seinen Revieren, in denen Tiere frei umherstreifen. In der Zeit, als die Wälder noch den größten Teil Europas bedeckten, bedeuteten sie die Wildnis, «silva», vom lateinischen «salvaticus», d. h. «der Fremde». Die Zivilisation setzte buchstäblich mit der Kultivierung ein, d. h. mit der Rodung des Waldes. So entfachten die Portugiesen, als sie auf Madeira, einer waldreichen Insel, landeten, dort ein Feuer, das dann sieben Jahre brannte und, wo es hinkam, nur Verwüstung hinterließ. Der Wald wurde so gründlich zerstört, daß man bis heute nahezu nichts über die dort früher endemische Fauna und Flora weiß. An seine Stelle pflanzte man Wein und Bananen. Diese barbarische Vorgehensweise ist noch immer in Afrika und Lateinamerika üblich, wo die Bevölkerung ständig bemüht ist, ihr Ackerland zu vergrößern, um es dann nachher wieder aufzugeben.

Unermeßlich und zu weitläufig, als daß man nicht Angst haben müßte, sich zu verirren oder unangenehme Begegnungen zu machen, häufig undurchdringlich, wie heutzutage der Amazonas-Dschungel, ohne Orientierungsmarken oder Straßen, ist der Wald lange Zeit dieser unbekannte Ort geblieben, der einem auf irrationale Weise Furcht einflößt. Gleichzeitig ist er ein Refugium für Menschen im Abseits der Zivilisation: für den Banditen, der sich versteckt, den Räuber, den Geächteten, die Hexe und die Heilige, den Einsiedler, ja sogar den Wilderer, den Köhler, den Holzfäller oder den Widerstandskämpfer, Personen, die ein gewisses Geheimnis umgibt und die aufgrund ihrer Außenseiterrolle suspekt erscheinen. Sie sind schreckerregend und faszinierend zugleich, vielleicht gefährlich, sie sind andersartig und gezwungen, ihren eigenen Gesetzen zu gehorchen, wenn sie überleben wollen, wie Robin Hood im Wald von Sherwood und andere sagenhafte Figuren, die in der Literatur so häufig vorkommen.

Im tiefen Inneren dieses Waldes verbergen sich auch die merkwürdigsten Gemäuer und Verstecke: das Haus des Menschenfressers aus der Geschichte des Kleinen Däumlings, die Behausungen der Sabbat veranstaltenden Hexen, die Höhle des Ali Baba, das Refugium des Zauberers Merlin, der Apfelbaum Iduns, das Häuschen der Sieben Zwerge, in dem sich Schneewittchen versteckt, die Grotten der Heiligen, die Dornröschenschlösser, die Schlupfwinkel der Feen, der heilige Baum Gilgameschs und Zarathustras, Werwölfe verstecken sich dort und King Kong. Alles, was im Verborgenen bleiben muß, ob gut oder böse. Und im Herzen eben dieses Waldes geht Rotkäppchen seiner Wege und begegnet dem Wolf ... Kaum ein Ort ist besser, um jemanden anzugreifen, aber kaum ein Ort versetzt einen auch in solches Entzücken. Man spürt dort mehr den Schatten Satans als die Hand Gottes. Morde werden dort begangen und böse Zauber verhängt. Man denke nur an «Die Jungfrauenquelle», den Film von Bergman. Und wieviel Verbrechen wurden begangen für ein göttliches Zeichen, das dem Arm des heiligen Hubertus Einhalt gebot?

Ein atemberaubendes Pflanzenreich

In der heutigen Zeit schrumpft der Wald fast überall. Die Förster haben ihn von allen Richtungen durchkämmt, ihn mit Markierungen und Wanderwegen versehen. Ein bißchen zuviele Straßen führen hindurch. Aber er wird erhalten und geschützt. Man fürchtet dort keine Elfen mehr, keine guten oder bösen Geister, keine Räuberbanden. Trotzdem kann man sich im Wald noch immer verlaufen oder unliebsame Begegnungen machen. Wie dem auch sei, er hat seinen magischen und poetischen Zauber behalten und ist noch immer geheimnisvoll. Weit entfernt vom verrückten Treiben der Menschen, ihrer auf den Augenblick ausgerichteten Geschäftigkeit, ist der Wald Sinnbild für den Fortbestand und die Dauerhaftigkeit der Natur. Der Wald ist geduldig. Er wächst langsam, aber er treibt Eichen in den Himmel, die mehrere hundert Jahre alt sind, und Sequoias, die noch Christi Geburt erlebt haben. Läßt man ihn in Frieden, erobert er, wenn es nicht zu spät ist, im Laufe von ein paar Generationen sein Terrain zurück. Man muß die Aztekenstädte in Zentralamerika sehen und die Khmer-Tempel in Laos, die von den riesigen Wurzeln der gigantischen Ceibas dem Erdboden gleich gemacht wurden, um sich von dieser unbezähmbaren Kraft eine Vorstellung zu machen. Man muß den Amazonaswald überflogen haben, von einem Ende zum anderen. Und man muß die Sahara durchqueren, um zu wissen, wohin das völlige Verschwinden des Waldes führt. *«Deshalb»*, folgert Alain Hervé, «*wird der Himmel letzten Endes gestern wie heute von den Bäumen getragen. Und ohne sie (ein Zustand, der in Amazonien bald erreicht sein wird), wird uns der Himmel auf den Kopf fallen*».

Es ist gar nicht so leicht, in den äquatorialen Wald vorzustoßen; die einzigen Wege hindurch sind die Wasserläufe. Von ihnen aus kann man am besten sehen, wie sich an jedem Ufer riesige Pflanzenmauern erheben. Der Vorhang aus Lianen verbirgt die Bäume, aber manchmal kann man einen Blick auf die einzelnen Arten mit ihrem bunten Blattwerk erhaschen. Ein Loch im Wald gibt den Blick frei auf einen Pfad, der von den Eingeborenen oder Tieren benutzt wird. Man fühlt, wie einem die Brust eng wird und das Atmen Mühe macht. Die Füße versinken in einem schwammigen Boden. Bäume mit wundervollen Namen wie «Gayak», «Kaori», «Takamaka», «Balasa» und «Okoumé» recken sich kerzengerade nach oben, auf der Suche nach Licht, sie erreichen 40 bis 50 Meter Höhe, und ihre Kronen sind so dicht, daß kein Himmel mehr durchscheint. Man sieht nur den Stamm, von dem Lianen herabhängen wie Taue, und die Epiphyten, Bromeliaceen und Orchideen, die auf den Ästen sitzen, tropfend vor Feuchtigkeit. In diesem feuchtschwülen Halbdunkel wachsen vor allem baumartige Farne, hohe Gewächse mit harten, glänzenden Blättern, aber auch ein paar leuchtende Blumen. Hier keimen gewaltige Samen, mit harter Schale oder mit Flügeln, dazu ausersehen, in weite Fernen aufzubrechen, getrieben vom Wind oder wie kleine Schiffe, getragen vom Ozean. Die größte Baumfrucht der Welt ist die seltsame Seychellennuß. Die wundersamsten Legenden ranken sich um diesen Wald im Nationalpark «Vallée de Mai» auf den Seychellen, in dem (und zwar ausschließlich dort) diese Seychellennußpalmen wachsen, die männliche und weibliche Früchte entwickeln, die den menschlichen Geschlechtsorganen ähneln.

Es scheint keine Tiere zu geben, aber manchmal trifft man auf eine Schlange, eine schauderhafte und gefährliche Vogelspinne, oder man sieht einen Morpho flattern, einen azurglänzenden Schmetterling. Kein Geräusch und kein Schrei ist zu hören. Die Stille ist beklemmend. Man konzentriert sich auf den Weg und achtet darauf, nicht auf ein Reptil zu treten und nichts zu berühren, was sich als gefährliches Insekt oder giftiges Blatt entpuppen könnte. Nirgendwo ist eine Lichtung. Und man weiß, daß ein Mensch, der sich in solch einem Wald verläuft, keine Überlebenschance hat, weil er nichts zu essen findet.

Ort des Träumens und der Mythologie

Der europäische Wald ist ganz anders. Er vibriert regelrecht. Immer wieder stößt man auf einen unvermittelten Lichtstrahl oder einen Sonnenflecken. Es herrscht Ruhe, aber gleichzeitig rauschen die Blätter und murmeln die Bäche, und plötzlich ist da der Laut eines Tieres. Es ist kühl, die Luft ist frisch, als wehte ständig eine leichte Brise, die hier und da die erregenden Düfte von feuchter Erde, zerriebenen Blättern und Kiefernharz mit sich trägt. Und plötzlich steht man vor einer Quelle, von Farnen überwachsen. Im Herbst hört man die Bucheckern auf den Boden hageln. Man findet Eicheln, Maronen und Kastanien, manchmal auch von Eichhörnchen oder Spitzmäusen angenagte Nüsse. Der Wald scheint unbewohnt, aber überall spürt man eine unsichtbare Gegenwart. Manchmal läßt sich ein Tier aufspüren: ein Reh oder ein Hirsch. Eine kurze Bewegung, und schon springt es ab. Am Waldrand und an lichten Stellen, an die mehr Sonnenlicht dringt, sprießt das Unterholz, wachsen Haselnußsträucher, Brombeerbüsche und Heckenkirschen. Vögel nisten dort. Man hört den Kuckuck rufen, das Klopfen des Spechts und am Abend den Schrei der Eule. Wilde Himbeeren gedeihen dort, Blaubeeren, Preiselbeeren, Pilze, Immergrün und Narzissen. Der Wald riecht gut. Er ist schön, vom Frühling bis in den Winter hinein, egal ob er kahl ist, Knospen treibt oder in vollem Laub steht. Man kann verstehen, daß er Dichter und Maler inspiriert hat. Manche Wälder sind Mischwälder, andere nicht. Aber die reinen Eichenwälder, Kiefern-, Kastanien- und Buchenwälder, jeder für sich versetzt einen in Entzücken.

Nichts lädt mehr zum Träumen und Meditieren ein als ein Spaziergang durch einen unserer Wälder. Ob man Pfade entlangschlendert, die sich unter Spitzbögen aus Blättern und einem Gewölbe aus Ästen winden, auf einem Boden wandert, der durch seinen Moosteppich oder die dunkle Erde die Geräusche der Schritte schluckt, ob man das verborgene Leben der Tiere studiert, ihre Fährten, ihre Trampelspuren am Ufer von Bächen oder an Quellen, die Markierung ihrer Reviere: von den Geweihen abgeriebene Rinde, Exkremente, ein zur Zeit der Mauser umgestürzter Baum – aus allem kann man etwas lernen, alles reizt zur Beobachtung. Man hat den Eindruck, wie ein Dieb in eine geheime Welt, ein merkwürdig geschlossenes, verborgenes Universum eingedrungen zu sein, das einem Ruhe und Andacht aufzwingt. Instinktiv schweigt der Spaziergänger. Er spitzt die Ohren, sein Blick ist scharf, alle Sinne sind wach. Wie seine Ahnen, Kelten, Gallier, Sachsen, empfindet er das unbestimmte Gefühl, daß ihn da etwas Heiliges umweht.

Zu jeder Jahreszeit ist der Wald herrlich, aber häufig sind wir im Herbst ganz besonders ergriffen. Die Blätter färben sich braun und rot, der Nebel läßt die Umrisse der glatten feuchten Stämme zerfließen, weiße Nebelschleier steigen auf. Grandios ist der Hochwald Korsikas: riesige Kiefern mit roten Stämmen, rosafarbene oder goldene Kastanienwälder auf knackendem Boden. Oder die bretonischen Wälder: der «Forêt de Paimpont» oder Brocéliande, wie er früher hieß, Ort von allerlei Zauberei und Phantasmen. Oder die tiefen, dunklen Zitadellen des Schwarzwaldes und des Sherwood Forest. Die Bäume sind alt und schön. Dort ist das Königreich der Druiden, die mit ihrer goldenen Sichel Misteln schneiden, die Wiege des Zauberers Merlin, der Fee Viviane, der Gralsritter aus der Artussage. Fontainebleau, der berühmteste Wald Frankreichs, ist wundersam und eigenartig mit seinen glatten Felsen, die monströsen schlafenden Tieren ähneln. Die Wälder von Chambord und Tronçais mit ihren dreihundert Jahre alten Eichen, die Ardennen oder die Bialowieczer Heide in Polen ... Von dem, was wir an Wald geerbt haben, sind noch einige schöne Reste übrig, auf die es ein schützendes Auge zu werfen gilt.

Komplizenschaft

«Die Natur ist ein Tempel, wo aus lebendigen Pfeilern zuweilen wirre Worte dringen.» Baudelaire hat in sei-

Blutrotes Gummiharz liefert ein Baum der Gattung Erythrina (Korallenbaum), er ist mit Dornen bedeckt. In diesen geheimnisvollen Bäumen sahen unsere Ahnen ein Abbild des Heiligen, Geheimen oder Dämonischen.

nem Gedicht «Correspondances» (Entsprechungen) das enge Verhältnis zwischen Mensch und Baum in Worte gefaßt, diesem Baum, der ein gutes Stück älter ist als er, schon im Paradies vorhanden, der wie ein älterer Bruder ist, größer, weiser, ein Vorbild. Deshalb hat der Mensch das Gefühl, eine Sünde, ja fast so etwas wie ein Verbrechen zu begehen, wenn er ihn fällt oder verstümmelt. Er ist für ihn Halt, Stütze, Zufluchtsort.

Eine ganze Philosophie und eine komplette Symbolik wurden rund um den Baum kreiert. Dieser Baum gilt in vielen Religionen als Vorfahre des Menschen und stellt ein Bindeglied zwischen Himmel und Erde dar. Er erhebt sich gerade nach oben, aus einem Geflecht unterirdischer Wurzeln heraus in das Astwerk in den Lüften, einer des anderen Gegengewicht. Er bremst den Wind und strebt nach Licht. Er bietet Schutz vor Sonne und Regen. Sein Wipfel kann zu einem Lieblingsplatz werden, wo man sich eine Hütte baut, eine erhöhte Aussichtsterrasse, bestens als Beobachtungspunkt geeignet, weil man sieht, ohne gesehen zu werden. Daher auch der Erfolg eines Hotels wie des «Treetops» in Kenia. Man erlebt dort noch einmal seine Kindheit. Wer erinnert sich nicht an diese fest in den Astgabeln verkeilten Hütten, in die man sich zurückziehen konnte, um in Ruhe zu lesen. In die man sich bei Regen hineinkauerte, vom Wind gewiegt, und sich eins mit der Natur fühlte, den Eindruck hatte, dem kosmischen Rhythmus folgend selbst zum Baum geworden zu sein? Ich erinnere mich an eine gefällte Buche. Am Boden liegend, ähnelte sie auf verwirrende Weise dem Körper einer Frau: Der Bauch, die Schenkel gespreizt, dazwischen ein Nest aus Moos. Glatte, helle Haut. Man hätte sich mit dieser Baumriesin paaren mögen. Es war erregend und unschuldsvoll zugleich.

Die Macht des Baumes ist enorm. Sein Bild prägt das Unterbewußtsein und die Phantasie. Vom Persönlichkeitsprofil her ist er eine dynamische Kraft und verbindet eine große Geradheit mit Tiefe und Breite. Er ist das Symbol des völligen Einsseins mit den Quellen des materiellen und spirituellen Lebens. Eine Haltung, der man folgen sollte, ein Symbol der Weisheit: Ludwig der

Fromme hielt unter einer Eiche Gericht. Und noch heute finden im gesamten afrikanischen Busch die großen Palaver unter dem heiligen Baum, zumeist einem riesigen Kapokbaum, statt, auch regelt man dort die Probleme der Gemeinschaft. In China und Japan sind die Bäume gar Götter. Die Wurzel, *«dieser umgekehrte Baum, dieses unterirdische Astwerk, ist der Ursprung all dessen, was an Dauerhaftem wächst und besteht. Ein Element, auf das der Mensch sein Leben gründen, mit dem er sich identifizieren kann»*, schreibt Bachelard und zitiert dabei Virginia Woolf: *«Orlando warf sich zu Füßen der Eiche auf die Erde. Er liebte es, unter all der Flüchtigkeit des Sommers das Rückgrat der Erde unter sich zu fühlen; denn als solche empfand er die harte Wurzel der Eiche; oder, denn Bild folgte auf Bild, sie war der Rücken eines großen Pferdes, auf dem er ritt ...»*

Man spürt diesen Elan, diesen gestreckten Freiheitsgalopp. Bäume sind für den Menschen ein solcher Quell der Hilfe und des Trostes, daß die Nazis sie rund um ihre Lager gefällt haben. Gefangene denken an nichts anders als an Bäume. Ebenso empfinden Schüler, die den Bewegungen der Äste und Blätter eines Kastanienbaumes im Schulhof folgen. Früher flogen dann im Frühjahr durchs Fenster Maikäfer, ein Insekt, das völlig verschwunden ist. Zum Glück ist aber der Baum noch da. Wie stolz ist ein Kind, zu dessen Geburt man einen Baum gepflanzt hat. Es ist als Erwachsener nicht mehr ganz allein. Wir sollten noch viele Kinder in die Welt setzen. Algerien schickt die seinen inzwischen aus, die Wüste mit einem Grüngürtel zu umgeben. Ein Wiederbeginn ist möglich.

In vielen Naturreligionen ist ein Waldstück dem Kultischen vorbehalten. Dorthin hat nur der Medizinmann Zutritt. An diesem Ort spielen sich alle wesentlichen Ereignisse des Stammeslebens ab, die Initiation der Heranwachsenden ins Erwachsenenstadium, Behandlung von Wunden und Beschneidung, Begräbnisse und Hochzeiten.

Bäume – Quelle der Inspiration

Der Wald und der Baum, eng verzahnt mit den menschlichen Erlebnissen, sind seit jeher eine Quelle der Inspiration für Künstler, Schriftsteller und Dichter. Die Architekten waren vielleicht die ersten, die dieses geistige und seelische Feuer verspürt haben, die in den emporgereckten Stämmen und ihren kreuzrippenartigen Verästelungen den Ansatz einer Kathedrale geahnt haben. Dieser Vergleich drängt sich beim Anblick jeder majestätischen Allee auf. *«Es ist nahezu sicher, daß der Mensch im Wald die Idee für das Kirchenschiff und seine Kreuzbögen (eine vieldiskutierte Frage) gefunden hat. Die erstaunlichste Kathedrale, welche die Natur selbst gebaut hat, mit einem verschwenderisch gestalteten Giebelbogen aus Ästen, ist in Jumièges ... Drei riesige Alleen, bepflanzt mit uralten Bäumen, erstrecken sich in gerader Linie. Die mittlere ist sehr breit, die beiden anderen, die parallel zu ihr entlanglaufen, sind schmaler; sie geben exakt das Bild eines Hauptschiffs und seiner Seitenschiffe wieder, mit schwarzen Stützpfeilern und einem Gewölbe aus Blättergeflecht ...»*, schreibt Huysmans.

Aber man verlieh den Regungen, die man beim Anblick dieser Schönheit der Natur empfand, dieser inneren Aufgewühltheit angesichts der ländlichen Einsamkeit, erst zur Zeit der Romantik ungehemmt Ausdruck. Mit Ausnahme von La Fontaine, dem Forstmeister und späteren Fabelschreiber, den sein Metier durch die Wälder streifen ließ und der sich dort weitaus wohler fühlte als am Hof. Dies läßt sich in einer seiner berühmten Fabeln («Des Moguls Traum»), deren Melancholie uns berührt, nachlesen:

«Möcht hier die Einsamkeit vor aller Welt ich preisen:
Sie schafft dem, der sie liebt, ein Glück, das ohne Reu,
Ein Pfand des Himmels, rein und schön und
immer neu.
Wo seid ihr Orte, die ich liebte, mit dem leisen
Geheimnisvollen Wehn, wo, fern dem Lärm der Welt,
Nur kühler Schatten mich und Duft umfangen hält,
Und wo's melodisch klingt aus dunkler Bäume Nestern?»

se in den herrlichsten Farben, ebenso wie Bernard de Saint-Pierre die Tropen in «Paul und Virginie».

Man kann nicht alle Dichter und Romanciers aufzählen, die den Wald beschrieben oder besungen haben, ihre Zahl ist natürlich Legion. Zu ihnen gehört André Theuriet, bei dem sich in «Les enchantements de la forêt» ein paar wunderschöne Geschichten über seine Kindheit auf dem Lande finden. Henri Boscos Romane spielen fast alle auf dem Land, aber es seien auch Henri Pourrat, Giono, Prévert erwähnt, Thomas Mann, Verhaeren, Genevoix, Conrad, Shakespeare und die Gebrüder Grimm ...

Bei Stammesfesten ahmen die Papuas auf Neuguinea den Hochzeitstanz des Paradiesvogels nach. Dieser Vogel lebt im Dschungel und macht sich seinen weiblichen Artgenossen mit seinem bunten Gefieder und seinen Gebärden bemerkbar. Die einheimischen Stämme bedienen sich seiner Signale, um sich untereinander zu verständigen. (Photo links)

Mensch und Baum haben eine enge Beziehung zueinander entwickelt. Der Baum, als der ältere von beiden, verbirgt als Bindeglied zwischen Himmel und Erde Geheimnisse, die der Mensch ihm entreißen will. Die Krieger des Asaro-Stammes in Neuguinea schmücken sich mit Blättern, um in den Besitz der geheimnisvollen, in den Pflanzen verborgenen Kräfte zu kommen. (Photo rechts)

Erst zwei Jahrhunderte später wagt Sénancour in seinem Roman «Obermann» die Gefühle zu beschreiben, die er angesichts von Fontainebleau empfindet. Zu eben dieser Zeit findet der enttäuschte Jean-Jacques Rousseau Erholung nur noch in seinen Spaziergängen: *«Es scheint mir, daß ich im Schatten des Waldes meine Ruhe habe, mich frei und friedlich fühlen kann, als hätte ich keinen Feind mehr. Das Blätterwerk schützt mich vor ihren Angriffen und vertreibt sie aus meinen Gedanken.»* Und Victor Hugo ruft aus:

«Wenn ich unter euch weile, ihr Bäume dieser großen
Wälder,
die ihr mich umgebt und zugleich verbergt,
in eurer Einsamkeit, bei der ich zu mir finde,
dann fühle ich, daß irgend jemand Großes mir
zuhört und mich liebt.»

Der Wald, der einen aufnimmt, in dem man sich wohlfühlt und der wie geschaffen ist für die Meditation, spielt auch im Werk Chateaubriands bereits eine große Rolle und bildet den Rahmen seiner Romane «Atala» und «Die Natchez». Er schildert diese hochromantische Kulis-

Bemerkenswerte Wälder

Zwei berühmte Wälder sind Brocéliande und Fontainebleau, und zwar aus unterschiedlichen Gründen. Aber über beide wurde viel geschrieben, und beide wurden häufig dargestellt. Der erste der beiden, Brocéliande, bedeckte früher die ganze Armorika (Bretagne und ein Teil der Normandie). Dort war die Hochburg der Druiden. Viele Megalithe und Menhire wurden dort errichtet, von denen heute nicht mehr viel übrig ist. Die Römer bekämpften, um Herren des Landes zu werden, diese heiligen Stätten und Riten und zerstörten die Tempel und Heiligtümer, fällten die Bäume und damit die Götter, verfolgten die Druiden. Dieser weite, stürmische, vielgesichtige Wald mit seinen wundervollen Eichen, denen man eine Seele zuschrieb, seinen Kastanienbäumen und Buchen, dieser Wald voller Geheimnis und Mysterium war der geheiligte Ort par excellence, Refugium für den Geist. Dann wurde er zum Wald des Imaginären: Man bevölkerte ihn mit übernatürlichen Wesen, Feen und Hexen, von denen man sich im Abendlicht die tollsten Geschichten zuflüsterte. Er war die Wiege für die Artussage, obwohl sie in den walisischen Wäldern entstanden ist, und es trugen sich dort viele Heldentaten von Lanzelot und vom Schwarzen Ritter zu; er war Zufluchtsort für die Amouren des Zauberers Merlin und der Fee Viviane. *«Brocéliande geistert im Unbewußten und in der Phantasie des Menschen seit dem Beginn aller Zeiten umher ... Er ist unser auserwählter Wald, unser bewaldetes Königreich, wo wir unsere Initiation als Beobachter erfahren haben»*, schreibt Philippe Le Guillou.

Fontainebleau verbindet man vor allem mit Malern. Sein wilder, strenger Charakter hat immer schon eine Menge exzellenter Künstler inspiriert, so zum Beispiel Oudry und Corot, noch bevor Théodor Rousseau, der sich 1847 in Barbizon niederließ und die berühmte «Ecole de Barbizon» gründete. Diese Schule vereinigte eine kleine Künstlergruppe, die sich bewußt an einen ruhigen, die Inspiration und die Kreativität anregenden Ort zurückgezogen hatte. Die Impressionisten bemühten sich dann, die Lichteffekte dieses Waldes einzufangen, die Bewegungen der Blätter, das Kräuseln des Wassers. Heutzutage haben die Vielfalt der herrlichen Landschaft, der mannigfaltige Baumbestand, die wunderbaren, zum Klettern einladenden Felsen den «Bleau» zum Ziel unzähliger Ausflüge gemacht. Denn der Wald ist und bleibt für den Menschen auf der Welt der einzige Anblick, der sein Herz und seine Sinne nie ermüden läßt.

Der Schwarze Ritter Lancelot oder der Zauberer Merlin könnten jeden Moment inmitten dieser nebelumwobenen Eßkastanienbäume auftauchen. Der Wald mit seinem Eigenleben, ein geheimnisvoller Kosmos mit besonderen Gesetzen und Regeln, hat viele Religionen, Mythen und Märchen, Dichter, Maler und Musiker inspiriert.

Dominique Juhé-Beaulaton
Bernard Roussel

Die heiligen Wälder in Westafrika

In der Vorstellungswelt der meisten Kulturen Westafrikas nehmen Pflanzen, insbesondere Bäume und Wälder, einen zentralen Platz ein. Die Pflanzen sind ganz offensichtlich der wesentliche Faktor des Lebens. Unzählige Märchen und Mythen erzählen davon, wie die Vegetation am Anfang der Zeiten durch die Vermählung von Himmel und Erde oder verschiedener anderer Gottheiten entstanden ist. Die Tiere und der Mensch kamen erst später. Das menschliche Wesen empfindet sich zwar als schwächste unter den Kreaturen, aber gleichzeitig ist es durchdrungen von einem starken Willen zu dominieren und von dem Wunsch, sich das Universum untertan zu machen. Es muß die göttlichen Mächte für sich gewinnen und um ihren Schutz bitten: Und die Pflanzen erscheinen als unersetzliches Bindeglied zwischen den Menschen und den Göttern. Selbstverständlich spielen sie in allen religiösen Bräuchen eine zentrale Rolle, stellen Opfergaben dar, finden in Ritualen Verwendung, versinnbildlichen die Gottheit, dienen als Altar oder Kultstätte.

Heilige Wälder gibt es oder gab es bis vor gar nicht langer Zeit nahezu in gesamt Westafrika, im Süden, dem Gebiet der tropischen Regenwälder, wie im trockeneren Norden mit seinen grasbewachsenen Savannen.

Zu allen Zeiten haben sie die Beobachter, vor allem die europäischen, stark beeindruckt. Beschreibungen der heiligen Wälder finden sich immer wieder, in den Erzählungen der ersten Reisenden an die Westküste und der Erforscher des Landesinneren sowie in den Missionsberichten der Kolonialbeamten. Die Autoren bezeichnen ihre topographische Lage, machen auf ihr relativ isoliertes Dasein in den einzelnen Landschaften aufmerksam und verwundern sich über die außerordentliche Rolle, die sie in den afrikanischen Gesellschaften spielen. So schreibt der Holländer Bosman Ende des 17. Jahrhunderts über die Küste Guineas (wo er sich 13 Jahre lang aufhielt), *«daß es kaum ein Dorf gibt, das nicht einen kleinen heiligen Wald hätte, wo die Oberhäupter ihre Opfer erbringen zum Wohle der Gemeinschaft oder ihrer selbst. Sie halten diese Wälder für geheiligt, und es gibt ausdrücklichste Verbote, sie zu verunreinigen oder ihnen durch das Knicken von Ästen Schaden zuzufügen.»*

Im Archiv von Aix-en-Provence findet sich das Tagebuch eines anonymen Reisenden aus dem frühen achtzehnten Jahrhundert, in dem über die Völker aus dem Süden von Benin und des heutigen Togo zu lesen ist: *«Baumgruppen von unglaublicher Höhe, die einen kleinen Wald bilden, sind ihre Tempel. Das ganze Land ist voll davon, und jedes Dorf hat mindestens einen. In solch einem Wäldchen steht ein kleines turmförmiges Haus. Mindestens einmal im Jahr versammelt sich alles aus der Gegend jeweils bei der wichtigsten Baumgruppe, die sie einen Fetisch nennen.»*

In Wirklichkeit sind die «heiligen Wälder» häufig nur kleine Baumgruppen – manchmal sogar nur simples Buschwerk, wie es etwa die Gottheiten des Bori-Kults in den Sahel-Savannen in Niger, bei den Hausa, umgibt. Die in der Nähe jedes Senufo-Dorfes gelegenen, Kultzwecken dienenden kleinen Wälder in der Region von Korogho an der Elfenbeinküste erreichen nicht die Größe eines Hektars. In den Gebieten der Mossi, Samo, Gurunsi, Bissa und Gurmantche, in den trockenen Savannen von Burkina Faso, handelt es sich im allgemeinen um mehrere Hektar große offene Wälder. Die geschlossenen Waldinselchen bei den Yoruba Nigerias und in den Gebieten der Anhänger des Voudou-Kults – in Benin: Fon, in Togo: Ewe und Mina – sind von unterschiedlichster Ausdehnung, von einigen hundert Quadratmetern bis zu vielen Hektar. In den Waldgebieten Guineas, in der Region von Man und darüber hinaus bei den Agni im Südosten der Elfenbeinküste, sind die religiösen Bräuchen vorbehaltenen Waldstücke gelegentlich sehr ausgedehnt.

Die Heiligkeit der Wälder Westafrikas kann unterschiedliche Formen annehmen und mehrere Stufen haben, was in der Praxis durch den verschiedenartigen Umgang mit ihnen zum Ausdruck kommt.

In manchen Fällen wird der Wald als vorübergehender oder ständiger Wohnsitz der Gottheiten betrachtet. So sitzt Aziza, der mächtige Voudou und enge Freund und Kenner der Pflanzen, in den Termitenhügeln im Herzen der Savannenwälder. Er wendet sich unvermittelt an die Vorübergehenden, spielt ihnen üble Streiche, führt sie in die Irre, hält sie als Gefangene. Bei den Hausa bewohnen bestimmte Gottheiten Büsche oder Bäume: Die Gläubigen begeben sich dorthin, um sie besser anrufen zu können. Solche Orte haben also einen gewissen geheiligten Charakter, aber im allgemeinen unterscheiden sie sich in der Behandlung wenig von ihrer Umgebung. Diese Waldflecken werden nicht anders genutzt als die umliegenden, nur daß man in ihnen Kultstätten – zu erkennen an einigem Tongeschirr, Stoffstücken, kleinen Statuen – einrichtet, an denen die Opfergaben niedergelegt werden.

Wenn gewisse Riten eingehalten werden, ist es möglich, Produkte des Waldes wie Früchte und Blätter zu ernten, und Bäume dürfen gefällt werden. Wenn man zum Beispiel die Früchte in den Sträuchern Azizas pflückt, ist es unerläßlich, ein wenig Geld auf den Boden zu legen, um nicht seinen Zorn heraufzubeschwören.

Bestimmte Pflanzenarten können einer strikten Protektion unterliegen und werden manchmal als die Erscheinung eines Gottes angesehen. So betrachten vor allem die Yoruba besonders herausragende Irokos (*Milicia excelsa*), die entweder sehr groß sind oder eine bemerkenswerte Position, wie etwa auf einem Termitenhügel, innehaben, als irdische Materialisierung eines Gottes, dem man regelmäßig Opfer bringen muß. Eine bestimmte Art von Ölpalmen (*Elaeis guineensis*) ist für die Yoruba, die Ewe, die Mina und die Fon die Reinkarnation des Gottes Fa, des Herrn über das Schicksal der Menschen: Diese Bäume dürfen nicht gefällt werden, und ihre Früchte – ölhaltige Nüsse – werden niemals verzehrt. Sie werden sorgfältig von den Priestern geerntet und während ritueller Weissagungszeremonien so manipuliert, daß geomantischen Figuren entstehen, die dann gedeutet werden.

Die Vorstellung vom sakralen Charakter der Wälder kann aber noch eine viel ausgeprägtere Form annehmen, so daß das ganze Ensemble als Heiligtum gilt. Es herrschen dort strikteste Maßregeln, die sich gänzlich an den dort ausgeübten religiösen Praktiken orientieren.

Im Süden von Togo und Benin sind die heiligen Wälder Voudou-Heiligtümer. Zahlreiche Zeremonien finden dort statt: Opfer, Gottesurteile, Formen von Ahnenkult, Inthronisierungen politischer oder religiöser Oberhäupter. Sie dienen ausschließlich den zahlreichen rituellen Aufgaben. Mitten durch die Vegetation hindurch werden Wege geschlagen, um sich einen Zugang zu den lichteren Stellen zu verschaffen, an denen die Altäre errichtet sind. Sie werden von schützenden Gegenständen bewacht, kleinen Statuen, Tonfiguren oder besonderen Pflanzen, welche die Aufgabe haben, einen Eindringling aufzuhalten und seine feindlichen Kräfte zu bannen. Man sorgt dafür, daß die Pflanzen, die für die Riten gebraucht werden, leicht zugänglich sind, und pflanzt sie in der Nähe der Kultstätten an, an denen sie Verwendung finden. So findet man dort immer einen Strauch (*Newbouldia laevis*), dessen Blätter für die Reinigungsbäder der Priester und Gläubigen vor jeder Zeremonie benötigt werden. Die Wälder, die den Voudou Hebiesco, den Gott des Donners, schützen, sind büschelweise mit *Dracaena* bepflanzt, deren Blätter obligatorischer Bestandteil aller kultischen Vorbereitungsrituale sind.

In manchen Fällen will es der Initiationsritus, daß die Anhänger des betreffenden Kultes sich in die heiligen Wälder zurückziehen, manchmal für Jahre. Man trägt daher Sorge dafür, daß der jeweilige Wald auf das tägliche Leben eingerichtet ist: Man findet dort Brunnen, Schutzdächer, Ruhe- und Versammlungsorte.

In ganz Westafrika stehen die heiligen Wälder unter der Verantwortung von hierarchisch organisierten religiösen Autoritäten, deren vorrangige Aufgabe darin besteht, die Einhaltung eines Verbotskatalogs zu überwachen. In die Wälder der Voudous dringen nur Priester und Eingeweihte vor. Sie müssen ihre Schuhe ausziehen, sich vollständig entkleiden oder bestimmte Gewänder und priesterlichen Schmuck tragen und sich den Körper mit rituellen Zeichen bemalen. Sie sind in einem gewissen Zustand spiritueller Reinheit, nach stundenlangen Gebeten, sexueller Enthaltsamkeit und Fasten. Die heiligen Orte dürfen nicht beschmutzt werden, man darf dort kein Feuer anzünden, Holz schlagen oder den Wald roden. Allein die Priester und einige Eingeweihte haben das Recht, dort Pflanzen zu sammeln, aber nur zu rituellen Zwecken.

Die religiösen Bräuche in den heiligen Wäldern variieren sehr stark: Bei den Senufo kommt der «poro« zur Anwendung, ein obligatorischer Initiationsritus für Frauen, die in das Alter der Menopause kommen, und erwachsene Männer. Bei den Serer im Senegal wird dort die Beschneidung der Männer vorgenommen. Bei den Akan an der Elfenbeinküste und in Ghana spielt sich dort ein Teil der mit der Landwirtschaft verbundenen Riten zur Zeit der Jamswurzel-Ernte ab. In Benin sind Wälder allein dem Kult der großen geomantischen Gottheit Fa geweiht, die von der gesamten Bevölkerung der Region verehrt wird. Andere dienen der Verehrung von Vorfahren, Gründern von Dörfern oder von Königreichen. Diese Pflanzen-Heiligtümer spielen dort also im täglichen Leben eine ganz wesentliche Rolle, wo religiöse und gesellschaftliche Belange aufs engste miteinander verschmelzen und eine historische Dimension annehmen.

Botaniker, Ökologen, Forstwirtschaftler haben schon lange auf die heiligen Wälder aufmerksam gemacht. 1937 schrieb der Botaniker Aubreville nach seiner Rückkehr von einer ausgedehnten Rundreise durch Französisch-Westafrika, daß diese zweifellos die Überreste ehemals bewaldeten Landes darstellten und deshalb von «gewaltigem wissenschaftlichen Interesse» seien. Häufig sind dort noch Pflanzenarten vorhanden, die man in der Umgegend, in die der Mensch mit Ackerbau und Viehzucht stark eingegriffen hat, nicht mehr findet. Darüber hinaus läßt die Flora dieser heiligen Wälder Rückschlüsse auf die ursprüngliche, vor der Urbarmachung des Landes vorhandene Baumvegetation zu.

Diese Meinung muß allerdings erheblich differenziert werden. Ohne Zweifel sind einige dieser Wälder identifizierbare Relikte ehemaliger natürlicher Waldformationen, die dank ihrer Sakralität einer Rodung entgangen sind. So können die von Burkina Faso mit Sicherheit als wenig veränderte Überreste der Klimax-Wälder aus *Antiaris africana* (Upas-Baum) und *Anogeissus leiocarpus* angesehen werden. Aber in den meisten Gegenden haben die heiligen Wälder schon seit frühester Zeit sakralen Charakter, und ihre Nutzung zu rituellen Zwecken hat die Zusammensetzung und das Gefüge der Flora grundlegend verändert. Wie wir durch mündliche Überlieferung und Berichte früher Reisender wissen, wurden vor mehreren Jahrhunderten im Süden von Togo und Benin und auch bei den Senufo an der Elfenbeinküste

Der im Wald lebende Mensch ist eng verwurzelt mit seiner natürlichen Umgebung. Um die mystische Verbindung mit dem Baum zu bewahren, ahmt er die Formen der Pflanze nach, indem er sich mit Pflanzen- und Holzmasken schmückt; er huldigt ihr, indem er ihr Tänze weiht.

bestimmte Wälder schon in dem Moment sakralisiert, in dem sich dort eine Bevölkerung ansiedelte und ein Dorf gegründet wurde. Daher kann ihre heutige Natur – Resultat wiederholter menschlicher Eingriffe – schwerlich als mit der der ursprünglichen Wälder identisch angesehen werden.

Generell kann man feststellen, daß in ganz Westafrika die heiligen Wälder stets in ausgesprochen zivilisierten Zonen zu finden sind, also in der Nähe von Straßen, Äckern, Siedlungen, Gegenden, die stark vom Menschen beeinflußt sind. Es kommt nicht selten vor, daß man dort Haustiere herumlaufen sieht. In der trockenen Jahreszeit sind am Waldrand auch Buschfeuer häufig.

Manche Wäldchen bedecken so wenig Fläche, daß leicht die Pflanzenarten aus ihrer Umgebung in sie eindringen. Wenn ein alter Baum stirbt, wird der dadurch freie Raum häufig von einer Pflanzenart eingenommen, die normalerweise nicht im Wald, sondern im Freiland vorkommt, deren Samen aber aus dem Umland zugeflogen ist. So findet man in den Wäldern des Golf von Guinea zahlreiche Baobabs und Exemplare von *Parkia* (oder Dourabäumen), Bäumen, die in der Savanne üblich sind. Außerdem sind sie durchzogen von Nimbäumen (*Azadirachta indica*), Bäumen von ursprünglich indischer Abstammung, die durch die Kolonisation eingeführt wurden.

Manchmal sind die heiligen Wälder nicht der Überrest eines früheren Waldvorkommens, sondern wurden mehr oder weniger vollständig vom Menschen geschaffen. Am Golf von Guinea, so wird durch mündliche Tradition überliefert, geben bestimmte Götter ihren Priestern durch Traumerscheinungen, Stimmen von Besessenen oder Zeichen während der Weissagungszeremonien zu verstehen, daß ein Wäldchen gepflanzt und ein neues Heiligtum geschaffen werden soll.

Die zu diesem Zweck gewählten Orte weisen bestimmte Eigenschaften auf: Sie zeichnen sich im allgemeinen durch einen Termitenhügel und einen oder mehrere große Bäume (Upas-Baum, Ficus) aus, die dann später das Zentrum des heiligen Wäldchens bilden, in dem die Altäre errichtet werden. Umliegend wird angepflanzt, was man für die einzelnen rituellen Bräuche benötigt, was je nach den zu verehrenden Göttern unterschiedlich sein kann. Die restliche Flora ergänzt sich nach und nach auf natürliche Weise ganz von selbst durch Pflanzenarten, die von dem Schutz, den der nunmehr sakrale Ort erfährt, profitieren. In diesen Gegenden fördern also religiöse Praktiken die Wiederaufforstung und verlangsamen ein wenig die rasante Zerstörung der Wälder, die überall zu beobachten ist.

Allerdings werden solche Neuschaffungen heiliger Wäldchen zunehmend seltener. Die traditionellen Religionen verlieren an Bedeutung. Der extreme Bevölkerungsdruck, den Westafrika gegenwärtig erlebt, und das Vordringen der Wüste machen den zur Verfügung stehenden Raum immer wertvoller. Die von heiligen Wäldern bewachsenen Böden sind häufig für landwirtschaftlichen Anbau sehr geeignet. Außerdem sind sie Brennholzreserven und heftig begehrt von den Händlern, welche die sich rapide ausdehnenden afrikanischen Großstädte versorgen.

Die Masken werden aus einem Stamm- oder einem Rindenstück geschnitzt und stellen eine Brücke zwischen dem Menschen und den geheimnisvollen, die Natur und damit auch das Stammesleben beherrschenden Mächten dar.

ce est. et si cest chose q̄ li plaise si po[ur]suiue de son limier senz aler aulq̄s avant q̄l lait toute au fort. et face aller briseez et se retraye.

Cy devise comment on doit aler en queste es haultes forests.

Encore puet il querir es forests et clanaux et haultes boys especiaument quant il aura pleu la nuyt. et au matin et ou temps que les cerfs ont leurs testes moles quilz demeurent voulentiers aux forests et hault boys. car le fort pays leur feroit par aventure mal a leurs testes quilz ont tendres. et sil encontre ou temps de pluye comme iay dit. ou quant ilz ont les testes molles. de chose qui li plaise. il ne doit pas poursuivir de son limier. car ilz demeurent ou cler pays comme iay dit en cellui temps et len pourroit!

Im Mittelalter bedeckten die Wälder noch 60 % des französischen Bodens. Der König, der Adel und die Kirche besaßen davon nahezu alles und behielten sich die gesamten Nutzungsrechte am Wald vor. Die Jagd war bis zur französischen Revolution das Vorrecht des Adels.

Geschichte des französischen Waldes

Louis Bourgenot

Ein Drittel Europas ist von Wald bedeckt. Mit einer Fläche von 175 Millionen Hektar repräsentiert dieser vorwiegend aus borealen Nadelwäldern und sommergrünen Laubwäldern bestehende Gürtel nur 4% der Waldflächen auf der Erde, liefert aber 15% des weltweit produzierten Holzvolumens. Der französische Wald ist, verglichen mit anderen, nicht der flächenmäßig größte. Seine 14 Millionen Hektar sind wenig im Vergleich zu den 74 Millionen Hektar in Finnland, aber seine Vielfalt und sein Reichtum machen ihn zu einem der schönsten auf dieser Welt. Er erstreckt sich über ein größeres Gebiet als die Wälder in Deutschland oder England, und er besteht sowohl aus sommergrünen Laubwäldern und Bergwäldern als auch aus Küstenwäldern und Wäldern mit mediterranem Charakter. Seit jeher ist er eng mit Mensch und Staat verbunden. Deshalb haben wir ihn als Beispiel gewählt: denn seine Geschichte ist die ganz Europas.

In Europa hat die Klimaerwärmung am Ende der letzten Eiszeit (vor rund zehntausend Jahren) die Bildung des heutigen Waldes ermöglicht. Wenn sich auch seine Ausdehnung und Struktur im Laufe der Zeit allmählich gewandelt haben, sind doch die Pflanzenarten, aus denen er besteht, eindeutig noch dieselben. Eichen, Buchen und andere Laubbäume finden sich im Flachland, auf den Hügeln und auf den Hochebenen. In den Bergen herrschen Nadelhölzer vor, Kiefern, Tannen, Fichten und Lärchen. In südlicheren Regionen, in der mediterranen Küstenregion, wechseln sich Flaumeichen, immergrüne Eichen und Korkeichen mit Aleppokiefern und Strandkiefern ab.

Das Mittelalter

In Frankreich bedeckt der Wald bis ins Mittelalter hinein nahezu 80% des Landes. Seine wirtschaftliche Bedeutung ist enorm. Der Mensch bezieht von dort das Holz, das er zum Heizen und zum Bauen braucht, sammelt Bucheckern, Kastanien, Eicheln, Nüsse und verschiedenste Beeren, findet Honig, Pilze, weidet dort seine Herden. Seit dem 6. Jahrhundert schaffen die mit der Landnahme beauftragten Mönche, Zisterzienser und Benediktiner, durch radikale Abholzung riesige und reiche Domänen, so zum Beispiel die Abtei von Clairvaux. Mit dem Pflug gewinnen die Bauern neues Land. Was nicht gerodet wird, macht man sich anderweitig nutzbar, und der Wald wird domestiziert. Eiche und Buche werden favorisiert wegen der Eicheln und Bucheckern für die Schweine, und gleichzeitig verbreitet sich die Waldweide. Holz wird für immer mehr Dinge benötigt: für Bauten (Fachwerkhäuser haben Grundgerüste aus Holz), Gatter, Körbe, Schiffe, Werkzeuge, Schuhe, Wagen ... das Holz nicht zu vergessen, das bei der Eisenverhüttung gebraucht wird, die man schon in Zeiten weit vor der Antike kannte, als Kupfer und Bronze entdeckt wurden.

Der Wald wird vorwiegend als Niederwald genutzt, mit periodischen Abholzungen – im Schnitt alle 10 bis 15 Jahre – des ganzen Waldes, auf die dann eine Neubildung des Baumbestands durch Stockausschlag folgt. Manchmal versucht man dabei, beim Fällen der Bäume die schönsten Stämme zu erhalten (man nennt diese Laßreidel oder Laßreis), damit sie wachsen und als Nutzholz dienen können. Im 19. Jahrhundert bezeichnet man das als «Mittelwaldbetrieb». Diese Behandlung des Waldes, entstanden aus dem Bedarf an Brennholz für die Menschen und Futter für die Tiere, beschränkt sich allerdings auf die zugänglichsten Teile des Waldgebietes, und weite Abschnitte bleiben als natürlicher Hochwald erhalten.

Das Mittelalter ist durch seine feudale Gesellschaftsstruktur charakterisiert; die Wälder kennen daher nur drei Arten von Eigentümern: den König, die Adligen und die Kirche. Die Verwendung des modernen Terminus «Eigentümer» erzeugt hier allerdings leicht falsche Vorstellungen, denn es gibt für die Landbevölkerung zur Befriedigung ihrer Bedürfnisse zahlreiche Nutzungsrechte, die das Eigentumsrecht überlagern. Diese Rechte, die der Waldeigentümer den dort Ansässigen gewährt, erlauben das Weiden von Tieren, das Sammeln von Brennholz und das Pflücken von Beeren. Die Jagd ist hingegen strikt verboten. Manche dieser Rechte haben Bestand bis ins 19. Jahrhundert, in einigen besonderen Fällen sogar bis heute (in den Bayerischen Alpen besteht heute noch das Waldweiderecht auf großen Flächen).

Die Anfänge der Forstverwaltung

Nach dem, was uns an Archivmaterial zur Verfügung steht, ist es unmöglich, die Waldflächen abzuschätzen, welche die verschiedenen Eigentümer früher besaßen. Mit die ersten gesicherten Zahlen liefern Berichte an die Verfassungsgebende Nationalversammlung vom Jahre 1790:

Wälder im Besitz des Königs:	925 000 Hektar
Wälder im Besitz des Klerus:	949 000 Hektar
Wälder im Besitz der Gemeinden:	1 024 000 Hektar
Wälder in Privatbesitz:	3 800 000 Hektar

Man schätzt im allgemeinen, daß unter Ludwig dem Frommen die königliche Walddomäne etwa 200 000 Hektar umfaßt hat. Durch Eheschließungen und Konfiskationen (wenn ein Vasall seine Lehnsdienste nicht erfüllte, entzog man ihm das Land) vergrößerte sie sich immer mehr und erreichte unter Franz I. eine Dimension von 500 000 Hektar. Aber diese Schätzungen sind ungenau. Denn zur gleichen Zeit, in der sich das Gebiet vergrößert, mindern die Könige seinen Umfang auch wieder ständig durch die vielfältigsten Schenkungen an Prinzen von Geblüt oder ausländische Adlige, die Frankreich im Krieg beigestanden haben. Der Wald ist in der Tat eine nicht zu unterschätzende Einnahmequelle wegen der Holzwirtschaft, der Steuern und der diversen anderen Rechte. Unter Ludwig dem Frommen machten die Einnahmen aus dem königlichen Waldbesitz etwa ein Viertel des Gesamtbudgets der Krone aus.

In jedem königlichen oder adligen Wald gibt es im Prinzip drei Instanzen: Justiz, Verwaltung und Polizei. Die untere Beamtenschicht bilden die kleinen Waldaufseher, die «sergeants». In den großen Wäldern, die sich in einzelne Lehen aufteilen, haben diese einen weiteren Aufsichtsbeamten über sich, den «sergeant à garde», der seinerseits der Autorität eines «verdier», «gruyer» oder «maître» (Forstmeister) untersteht. Die Befugnisse dieser Beamten sind äußerst vielfältig und beinhalten Wächteraufgaben, die Verfolgung von Wilddiebereien, die Regelung von Rechtsstreitigkeiten mit den Anwohnern, die

◁ *Im Jahr 1066 bricht Wilhelm der Eroberer nach England auf. Seine Flotte wurde von einem Heer von Holzfällern, Sägern und Zimmerleuten, die den normannischen Wald nach den besten Hölzern durchsuchten, gebaut.* ▷

Die Schweinemast im Eichenwald ist für den Bauern bis zur Entwicklung des Futteranbaus, vor allem im Winter, eine Notwendigkeit. Die Schweine werden in den Wald getrieben, um die auf den Boden gefallenen Eicheln, Buchecken und Eßkastanien zu fressen. ▽

Überwachung der Nutzungsrechte und die Kontrolle der Abholzungen. Die königliche Forstverwaltung kennt noch weitere Rangstufen. Die «maîtres enquêteurs», «maîtres particuliers» und «soverains maîtres» sind von 1346 an allein zuständig für die Polizeigewalt, was Waldangelegenheiten betrifft, und nicht mehr der Offizier der regulären Polizei.

Jagd und Krieg

Zu Beginn des 16. Jahrhunderts ist der Wald für Haus, Handwerk und Gewerbe noch immer von enormem Wert. Wo er zugänglich ist, wimmelt es buchstäblich von Menschen. Die mißbräuchliche Ausbeutung hat bereits ernsthafte Folgen für die Umwelt. Aber vor allem folgt ein Krieg auf den anderen, und die europäischen Nationen plündern ihre Wälder, um große Handels- und Kriegsflotten zu bauen, echte «Bollwerke aus Holz». Für Ankersteven und Seitenwände verwendet man Eiche, für die Kiele Ulme und für die Mastbäume Tanne. Für ein Kriegsschiff mit 74 Kanonen müssen 700 Eichen gefällt werden. Der große Mast allein benötigt einen Baum von 36 Metern Höhe. In Schweden hat die Konstruktion der «Vasa», des Flaggschiffs der Flotte Gustav Adolfs II., das bereits bei seiner ersten Fahrt sinken sollte, die Abholzung von tausend Eichen erfordert. Der Wald ist bald in einem Maße dezimiert und das Holz so knapp, daß die Bauern in bestimmten Regionen gezwungen sind, sich für Begräbnisse einen Sarg auszuleihen.

Und dies alles in den Regierungszeiten von Franz I., einem großen Liebhaber der Jagd, Karl IX. und Heinrich III., die doch einiges für den Wald getan haben. Eine allgemeine Vermessung der königlichen Wälder, Nutzung des Waldes durch geregelte Einschläge und Wiederaufforstung eines Drittels der Kahlschlaggebiete stopfen aber keine Löcher im Finanzsäckel der Krone. Und auch der Frieden kostet viel Geld, und Heinrich IV. plündert nach dem Edikt von Nantes die Kassen, um das Land wieder auf die Beine zu bekommen. Der Verkauf von im Übermaß geschlagenem Holz, die Geldbesteuerung der adligen Wälder und die Käuflichkeit der Forstbeamtenstellen sanieren zwar wieder die Finanzen, lassen aber den Wald zusehends schwinden.

Die Reformen Colberts

«Frankreich wird aus Waldmangel untergehen.» Dieser lapidare Satz ist das Resümee Colberts im Blick auf das Ausmaß des Desasters und die Aufgabe, die auf ihn wartet. Beauftragt von Ludwig XIV., die Finanzen des Königreiches zu sanieren, sucht er das Geld dort, wo es sich befindet, nämlich im Wald. Pragmatisch wie er ist, will er sich zunächst ein genaues Bild vom französischen Waldbestand verschaffen und benennt zu diesem Zwecke eine gewisse Anzahl von «Reformkommissaren». Deren Aufgabe ist es, die königlichen und manchmal auch die adligen Wälder zu durchkämmen, Mißbräuche zu bekämpfen, usurpierten Wald an die Krone zurückzuführen und die Amtsführung des Personals neu zu organisieren. Darüber hinaus weist Colbert nachdrücklich auf die Notwendigkeit hin, sich auf kartographisches Material zu stützen. Eine bemerkenswerte Arbeit wird daraufhin begonnen, die von 1661 bis 1683 dauert. Die königlichen Wälder sollten dabei nicht nur kartographiert, sondern auch mit Grenzgräben, Eck- und Grenzsteinen versehen werden. Als Fläche der königlichen Waldländereien werden auf diese Weise 670 000 Hektar ermittelt.

Im Anschluß an diese Reformen arbeitet Colbert die Verordnung für Gewässer und Wälder von 1669 aus, die sich das spätere Waldgesetz, der «code forestier» von 1827, zum Vorbild nehmen wird. Ergebnis auf der Höhe der Bemühungen: 35 000 Hektar königlicher Wald können zurückgewonnen werden, zwei Millionen Livres werden durch Geldstrafen eingezogen (die Kosten für die Reform belaufen sich auf 1,3 Millionen), und ein spektakulärer Anstieg der Einkünfte (1,3 Millionen 1683 im Vergleich zu 169 000 im Jahre 1661!) ist zu verzeichnen. Von 1667 an wird der Bedarf an Holz für die königliche Marine, an deren Wiederaufbau Colbert viel liegt, in vollem Umfang durch die nationale Holzproduktion gedeckt.

Das Zeitalter der Aufklärung

Das letzte Jahrhundert des Ancien Régime (1689–1789) erlebte, wie die vorangegangenen, Höhen – allerdings wenige – und Tiefen. Nach den endlosen Kriegen Ludwigs XIV. und seinen Prestigeausgaben, welche die Staatskasse belasteten, war die Zeit der Regentschaft Philipps von Orléans eine Periode des Friedens und der Konsolidierung staatlicher Einrichtungen. Die Käuflichkeit der Ämter, die man für kurze Zeit abgeschafft hat, wird wieder eingeführt. Dann, am Ende des 18. Jahrhunderts, gerät der Wald in eine lange Krise, für die es mehrere Gründe gibt.

Frankreich erlebt zu diesem Zeitpunkt ein enormes Anwachsen der Bevölkerung (27 Millionen Einwohner 1789 im Vergleich zu 19 Millionen im Jahre 1700). Die aufstrebenden Städte haben einen immer größeren Bedarf an Bau- und Heizmaterial, der nur durch Holz zu decken ist. Paris verdoppelt seinen Verbrauch in den Jahren zwischen 1720 und 1778, und die Industrie verschlingt in ihren Glashütten, Salinen, Ziegeleien und Eisenhütten unglaubliche Mengen an Holz. Die Landwirtschaft tut ihr übriges. Aufeinanderfolgende schlechte Ernten aufgrund harter Winter führen zu Rodungen weiter Gebiete, um die Fläche an Ackerland zu vergrößern. Die Kartoffel ist noch nicht bekannt, und es wird hauptsächlich Getreide angebaut. Man schätzt die zwischen 1776 und 1780 allein für die Zwecke der Landwirtschaft urbar gemachte Fläche auf 400 000 Hektar. Nun tritt Frankreich in einen Krieg mit England ein und baut für viel Geld eine Flotte, die in der Lage sein soll, die Besitzungen in Amerika zu schützen. So beträgt die Waldfläche in Frankreich am Vorabend der Revolution nur noch 7 Millionen Hektar, das sind 13 Prozent der Landesfläche (das Bewaldungsprozent im heutigen Frankreich beträgt 26%). Darüber hinaus ist weniger als eine Million Hektar Hochwald. Dazwischen, unterbrochen von unproduktiven Rodungen, liegt das Reich des Niederwaldes, in dem die Umlaufzeit gelegentlich bereits nur fünf Jahre beträgt.

Das Werk der Revolution

In Hinblick auf den Wald zeichnet sich die Revolution sicherlich dadurch aus, daß die Forstüberwachung als unpopuläres und verhaßtes Symbol des Ancien Régime abgeschafft wird. Die Bemühungen der Forstbeamten, den Wald zu schützen, standen in der Tat häufig im Widerstreit mit den unmittelbaren und vitalen Interessen der örtlichen Bevölkerung. Eine weitere wichtige Maßnahme ist die Konfiskation der Kirchengüter durch den Staat, gefolgt von der Beschlagnahmung von Besitztümern der Emigrierten. Von jeglicher Überwachung befreit, werden die königlichen, adligen und kirchlichen Wälder in Bergen und Tälern buchstäblich ausgeplündert. Und es dauert bis zum 29. September 1791, bis man erneut daran denkt, wieder eine Forstverwaltung einzurichten. Neue Dienstgrade wie «conservateurs» (Aufsichtsbeamte), «inspecteurs» (Inspektoren) und «gardes» (Wächter) ersetzen auf dem Papier die «sergeants» und «maîtres». Aber die «Bodenpolizei» bleibt dank ihrer Erfahrung dieselbe, und es sind dieselben Beamten wie vorher, die über die Bäume wachen. Die zentrale Forstverwaltung geht nach und nach auf Dienststellen über, die direkt dem Finanzministerium unterstehen, wie den Ausschuß für nationale Einnahmen (1794–1795) und die «Régie de l'enregistrement et des domaines» (Verwaltung indirekter Staatseinkünfte, u. a. aus Grundbesitz), die bis ins Jahr 1801 besteht. In Deutschland ist eine ähnliche Entwicklung festzustellen.

Inzwischen haben die enormen Kriegsausgaben und die prekäre Versorgung von Paris und von anderen großen Städten eine Vermehrung des unerlaubten Holzeinschlags herbeigeführt, und es findet eine ungeheure Verschwendung der Ressourcen statt. 1794/95 droht eine Hungersnot, und der Nationalkonvent erlaubt den Bürgern das Sammeln von Eicheln und Bucheckern und geht sogar so weit, das Weiden von Schweinen im Wald zu verbieten. Jeder nimmt sich im Wald, was er braucht, ohne sich um die Zukunft des Baumbestandes zu kümmern.

Das Direktorium versucht zwar, Gesetze zu verkünden, um die Vorschriften der Verordnung von 1669 zur Anwendung zu bringen, aber umsonst. Die Verstöße im Wald hören nicht auf, die Übergriffe mehren sich, und die widerrechtliche Inbesitznahme öffentlicher Wälder findet nahezu am hellichten Tag statt.

Der kaiserliche Wald

Im Jahre 1800 ist der französische Wald an seinem Tiefpunkt angelangt. Die übrig gebliebenen 6 bis 7 Millionen Hektar sind in einem bedauernswerten und heruntergekommenen Zustand. Es bedarf daher der ganzen Energie eines Bonaparte, damals Erster Konsul, um die Situation wieder in den Griff zu bekommen. Da er sich zum Erben Colberts proklamiert und wie dieser eine Marine aufbauen will, die seinen Ambitionen entspricht, ruft er am 6. Januar 1801 die Allgemeine Forstverwaltung ins Leben und führt die «conservateurs», «inspecteurs» und «arpenteurs» (Feldmesser) wieder ein.

Als Kaiser regelt Napoleon Rodungen gesetzlich, organisiert die Beaufsichtigung der Gemeindewälder und der Wälder in Privatbesitz und die Überwachung der Nutzungsrechte im Staatsforst. Wahrscheinlich von Deutschland inspiriert, wo 1760 die ersten Forstschulen aufmachen und die Forstwirtschaft begründet wird, wendet sich die Administration nun der Berufsausbildung des Personals zu. Die Untersuchungen und Schriften von Buffon, Réaumur, Varenne de Fenille, Guiot oder Antoine Pecquet fallen auf fruchtbaren Boden, und die ersten Aufforstungsarbeiten im forstwirtschaftlichen Sinne beginnen. Aber hier wiederholt sich die Geschichte. Auf der einen Seite kommt man mit seinen Bestrebungen weiter, auf der anderen aber stehen die Bedürfnisse der Bevölkerung, der Krieg (der Massen an Menschen und

Bäumen verschlingt) und die Finanzen. Mit dem Sturz des Kaiserreiches und der Restauration werden die Besitzverhältnisse hinsichtlich des Waldes von neuem über den Haufen geworfen. Ludwig XVIII. gibt den Emigranten 400 000 Hektar des während der Revolution konfiszierten Waldes zurück und den französischen Fürsten ihre einstmaligen Apanagen, das heißt 175 000 Hektar. Das hundert Tage dauernde Intermezzo der erneuten Herr-

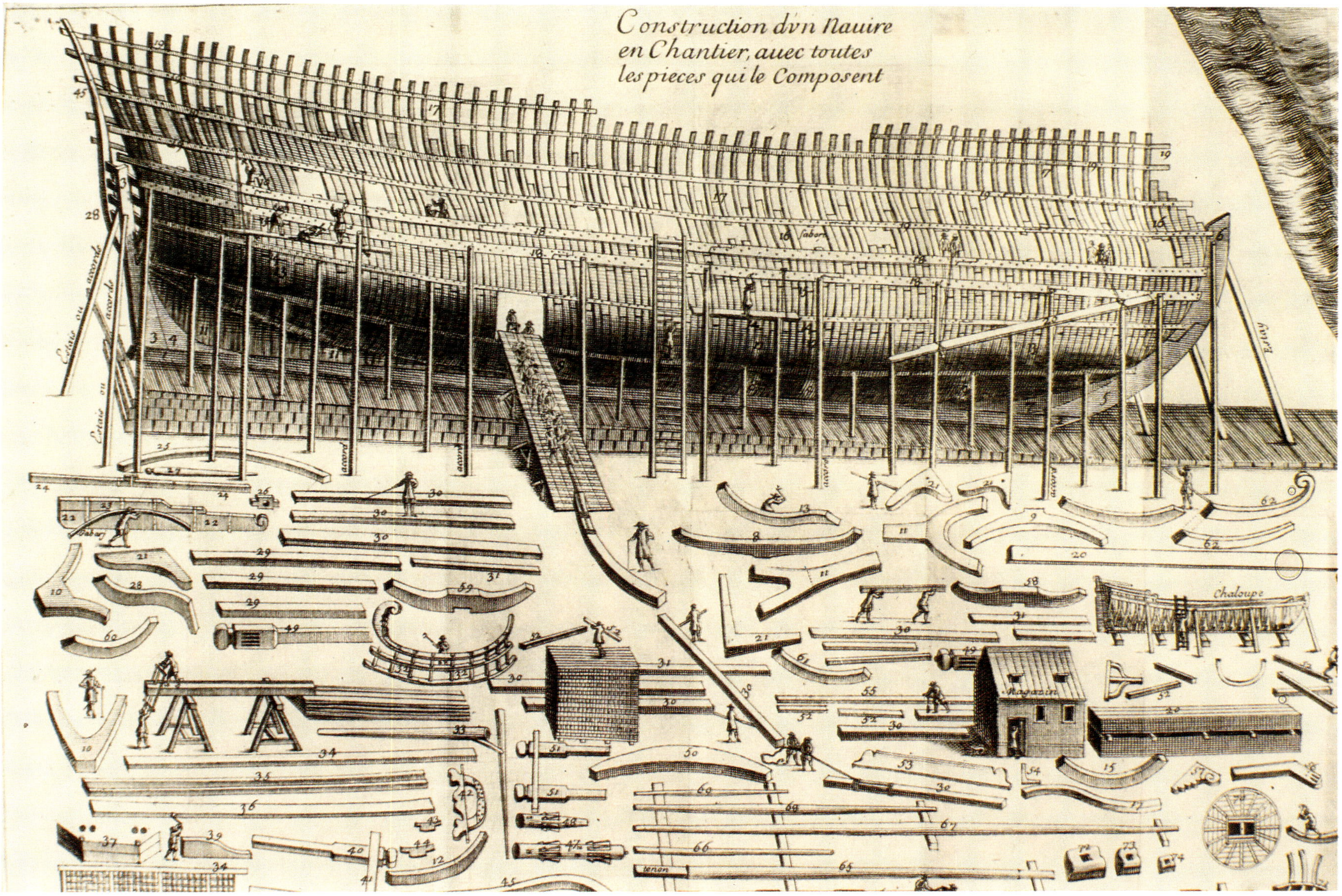

schaft Napoleons hat neben anderen Dingen wilde Abholzungen durch die Besatzungsarmeen und erhebliche, durch Plünderer verursachte Feuersbrünste zur Folge.

Die Bilanz des Empire ist daher nicht gerade glänzend. Der Schuldenberg von 700 Millionen Gold-Francs zieht die Veräußerung von 300 000 Hektar Staatswald nach sich. Die Staatskasse weist ein Defizit auf; Viehfutter, das von den Besatzungstruppen beschlagnahmt worden ist, fehlt in äußerstem Maße, und die Tiere sind von einer Hungersnot bedroht. Was noch übrig ist vom Wald, wird im Übermaß abgeholzt, und niemals wurde das französische Waldgebiet derart degradiert. In dem Versuch, diese Entwicklung aufzuhalten, gründet Karl X. 1824 die Königliche Forstschule von Nancy und verkündet 1827 den ersten «code forestier», also das erste Gesetzbuch für den Wald.

Im 16. Jahrhundert bauen die europäischen Völker große Kriegsflotten. Für ein Kriegsschiff mit 74 Kanonen mußten 700 Eichen, das sind 24 ha Wald, abgeholzt werden.

Die Begründung der modernen Forstwirtschaft

Mit Beginn des eben genannten Datums etabliert sich die moderne Forstverwaltung endlich definitiv. Sie registriert die öffentlichen Wälder, setzt Grenzsteine und kümmert sich um den Wald, bisweilen zum Leidwesen der örtlichen Bevölkerung. In den Staatsforsten werden beispielsweise die Nutzungsrechte abgelöst, die noch ein Erbe aus dem Mittelalter sind und jede ernsthafte Reform behindern. Im Gegenzug hierzu wird den anliegenden Gemeinden das Eigentum an einem Teil des Waldes übertragen, was eine Purifikation der Nutzungsrechte im Wald bedeutet.

Danach beginnt eine lange und schwierige, aber notwendige Anpassung der Belange des Waldes an die industrielle Revolution. Gegen die Interessen der Schwerindustrie, deren hauptsächliches Brennmaterial noch immer Holz und Holzkohle sind, nimmt die Administration die Umwandlung von Niederwald in Hochwald in Angriff. Die Hochöfen, die häufig mitten im Wald stehen, verschlingen vier Tonnen Holz, um eine Tonne Eisen zu produzieren. Und die Situation ändert sich fühlbar erst Ende des 19. Jahrhunderts mit der Steinkohle. Die Privathaushalte benötigen für die Umstellung ihrer Heizungen allerdings weit länger. Im Jahre 1900 müssen für den privaten Verbrauch der Stadt Paris an Heizmaterial noch 5 000 Hektar Wald pro Jahr abgeholzt werden, Holz, das im wesentlichen aus dem Morvan über die Yonne und die Seine geflößt wird.

Das zweite Kaiserreich, das Second Empire, ist eine glückliche Zeit für den Wald dank der Anstöße, die Napoleon III. selbst in Hinblick auf die Wiederaufforstung und Sanierung erodierter Landstriche gibt. Abgeholzte Berghänge (in den Alpen, dem Zentralmassiv und den Pyrenäen) werden wieder mit Bäumen bepflanzt, um die galoppierende Erosion aufzuhalten. In Küstengebieten werden im Hinterland der Dünen, deren Befestigung mit Hilfe von Strandhafer man schon seit dem Ende des 18. Jahrhunderts verfolgt, Strandkiefern angesät (Landes), und die Umwandlung von Nieder- in Hochwald wird fortgesetzt. Die Purifikation der Nutzungsrechte und die Waldverteilung an die Kommunen kommt zu ihrem Abschluß. Privatbesitzer haben bei diesem Reformwerk eine wesentliche Rolle gespielt. In achtzehn Jahren haben sie mehr als zwei Millionen Hektar brachliegendes Land neu begepflanzt, eine Million davon allein in der Gascogne. Die Regierung selbst forstet mehr als 100 000 Hektar in den Staatswäldern des Flachlands wieder auf. Die Gesetze von 1860, 1882 und 1914 zur Wiederherstellung der Bergwälder gestatten eine Wiederaufforstung von mehr als 250 000 Hektar.

Das 20. Jahrhundert

Die beiden Weltkriege stoppen diese Entwicklung jäh. Die Mobilmachung macht auch vor den Förstern nicht halt, und der Wald leistet seinen Beitrag zu den Kriegsbemühungen der Nation. Die Verwüstungen sind beträchtlich. Unabhängig von den üblichen Rodungen werden ganze Regionen, die daraufhin den Namen «zones rouges» erhalten (Argonne, Elsaß, Verdun ...), durch Artilleriefeuer abrasiert. Ein Gesetz aus dem Jahre 1923 überträgt 14 000 Hektar Land, zum einen aus den «zones rouges», zum anderen aus dem Département Meuse, privaten Eigentümern mit dem Ziel, es wiederaufforsten zu lassen. 40 000 Hektar werden auf diese Weise in der Zeit zwischen den Kriegen wieder bepflanzt, zu denen nach dem Ersten Weltkrieg die 450 000 Hektar Wald aus dem Elsaß und Lothringen hinzukommen. Eine Reihe von Maßnahmen nach dem Zweiten Weltkrieg bringt neuen Schwung in den französischen Wald.

1946 wird der «Fonds Forestier National» gegründet, also ein Nationalfonds zum Schutz des Waldes. Finanziert durch Steuern, die für (auf dem Stock verkauftes) Holz erhoben werden, ermöglicht er die Wiederaufforstung von mehr als zwei Millionen Hektar, die Ausstattung zahlreicher kommunaler und privater Wälder mit Straßenverbindungen und die Finanzierung forstwirtschaftlicher Studien. 1963 verbessert das Gesetz zum Privatwald, das die Erstellung eines Nutzungsplanes für Wälder von mehr als 25 Hektar vorschreibt, die Verhältnisse für zwei Drittel des französischen Waldes. 1966 wird dann das «Office National des Forêts» (ONF), also eine nationale Forstdirektion, ins Leben gerufen. Diese Einrichtung ist finanziell selbständig, untersteht dem Landwirtschaftsministerium und dem Finanzministerium und hat die Aufgabe, sich um das nationale Erbe der Wälder, ihren Schutz und ihre Instandhaltung zu kümmern. Auf diese Weise hat sich der französische Waldbestand innerhalb von eineinhalb Jahrhunderten mehr als verdoppeln können. 1990 erstreckt er sich auf eine Fläche von mehr als 14 Millionen Hektar. Darüber hinaus hat die Tatsache, daß an zahlreichen Stellen wieder Hochwald begründet wurde, die durchschnittliche Qualität des Waldbestandes deutlich verbessert. Zu zwei Dritteln aus Laubhölzern und zu einem Drittel aus Nadelbäumen bestehend, sind die französischen Waldlandschaften vielfältigster Natur: Die Strandkiefern der Landes, die Tannen der Alpen, die herrlichen Eichen- und Buchenwälder des «Forêt de Troncais» und des «Forêt de Bercé» und die Fichten des Jura machen den französischen Wald zu einem der gewaltigsten überhaupt. Zu gut zwei Dritteln ist er in Privatbesitz, 30 % sind staatlich, wobei die größere Hälfte hiervon (18 %) den Gemeinden gehört. Er produziert 40 bis 45 Millionen Kubikmeter Holz jeder Art. Aber weiterhin hat Frankreich ein Defizit an Nadelbäumen zu verzeichnen. Die Aufforstungsarbeiten der letzten 40 Jahre lassen allerdings die Prognose zu, daß dieses Defizit noch im ersten Viertel des 21. Jahrhunderts ausgeglichen sein dürfte.

In Deutschland führte die Agrarkrise ab der Mitte des 19. Jahrhunderts schon zur Vermehrung der Waldfläche. Standörtlich und klimatisch ungünstige landwirtschaftliche Betriebe wurden aufgegeben. Diese Entwicklung setzte sich auch in diesem Jahrhundert fort. Rodungen finden v. a. in den Ballungsgebieten statt. Im großen und ganzen hat die Waldfläche in Deutschland einen Gleichgewichtszustand erreicht, der aber weiterhin durch die wechselnden Bedürfnisse der Gesellschaft gewissen fluktuellen Schwankungen unterliegt.

Im Forêt de Névache, Region Brionçonnais.

Um die Mitte des 19. Jahrhunderts wird es leichter, Forschungs-expeditionen durchzuführen. Die Kenntnisse und Methoden verbessern sich und ermöglichen Expeditionen in schwer zugängliche Gegenden. Zu Anfang des 20. Jahrhunderts waren die meisten Tropenwälder kartographiert.

Die Erforschung der tropischen Wälder

Valérie Trichon

Die ersten Erforschungen tropischer Wälder erfolgen parallel zu den großen Entdeckungsreisen, also im 15. Jahrhundert. Die Seefahrer, die sich in die Tropen wagen, sind sicher zunächst einfach abenteuerlustig, aber ihre hauptsächliche Motivation besteht darin, den Arabern ihr Gewürzmonopol streitig zu machen und neue Länder zu erobern, sagenhafte Gegenden, von denen man erzählt, daß sie reich an Edelmetallen, Edelsteinen und wertvollen Raritäten sind. Zu dieser Zeit glaubte man fest daran, daß die sonneverwöhnten Länder vor Gold geradezu überflossen.

Auf der Suche nach Eldorado

Die Portugiesen sind die ersten, die ihre Schiffe startklar machen. Sie wollen von Osten her nach Indien gelangen, machen Entdeckungsfahrten entlang der afrikanischen Küste und studieren die Wälder am Ufer der Flüsse. Wer versuchte, weiter in den Dschungel vorzudringen, wie Vallarte im Jahre 1448 und Cao im Jahre 1485, kehrte niemals zurück.

Die Spanier versuchen ihr Glück von Westen her. Als Columbus den Wald im Delta des Orinoco entdeckt, im Süden dieses Kontinents, den er nur für eine Insel hielt, ist er der *«Überzeugung, daß sich dort das Paradies auf Erden befindet»*. Jedoch wurde für die ersten Konquistadoren, die hinter Reichtümern herjagten und sich im Gefolge von Francisco de Orellana in das angebliche Paradies hineintrauten, der undurchdringliche südamerikanische Wald schnell zur wahren Hölle. Legenden wurden geboren. In der Gegend des Orinoco erzählen die Indianer von einem verborgenen Königreich, von einer Stadt mit silbernen Dächern und mit Gold gepflasterten Straßen, die im Dschungel versteckt liegt: Manoa. Und es gab daher im 16. Jahrhundert zahlreiche Männer, die dem Fieber, den Giftpfeilen und anderen Gefahren zu trotzen versuchten in ihrer Versessenheit auf Gold. Nur sehr wenige kehrten wieder, mit leeren Händen und krank, aber reich an Geschichten vom Abenteuer in einem unberührten und feindlichen Dschungel. Manche berichteten von furchterregenden langhaarigen Kriegerinnen, deren Existenz niemals bewiesen wurde, denen aber nichtsdestotrotz der größte Fluß der Welt seinen Namen verdankt: der Amazonas. Und Eldorado wurde zum Mythos, einem Mythos, der noch immer lebt.

Zweihundert Jahre später, also im 18. Jahrhundert, entwickelt man eine starke Passion für die Wissenschaft. Die Seefahrt hat inzwischen enorme Fortschritte gemacht, und jedes Schiff, das ausläuft, hat einen regelrechten Generalstab von Gelehrten an Bord: Geographen, Astronomen, Physiker, Mediziner, Naturforscher, Kartographen und Botaniker. Die ersten wissenschaftlich zu nennenden Untersuchungen der tropischen Wälder beginnen hauptsächlich in Lateinamerika. Die spanischen Konquistadoren waren des Goldes wegen gekommen, die Missionare im Zeitalter der Inquisition waren auf die Seelenrettung aus, aber niemand hatte sich bisher ernsthaft mit den Eigenarten der Wälder oder der Pflanzenwelt überhaupt beschäftigt.

Im Namen der Wissenschaft

Im Jahre 1735 sät die neue Theorie Newtons über die Bahn der Erde (seiner Meinung nach ein abgeplattetes Ellipsoid) Zwietracht unter den Pariser Gelehrten. Die Akademie der Wissenschaften beschließt deshalb, eine Expedition nach Peru zu schicken, um einen Teil der Erdbahn messen und die Behauptungen des englischen Physikers verifizieren zu lassen. Unter den Wissenschaftlern, die an Bord gehen, befindet sich der Botaniker Joseph de Jussieu.

Er durchstreift den Dschungel zu Fuß oder zu Pferde von Ecuador bis Peru und nimmt die Chinarinde mit (Rinde des Quina-quina-Baumes), aus der man Chinin gewinnt, das unverzichtbar ist beim Kampf gegen die Malaria, aber auch Zimt, das Coca der Indianer, die Brechwurzel und herrliche Orchideen und schickt nach Paris Samen und Pflanzen für die Sammlung des «Jardin du Roy», des späteren «Jardin des Plantes». Aber er wird von Fieberanfällen gequält, die ihn völlig erschöpfen, und als man ihn 36 Jahre später holen kommt, hat er den Verstand verloren. Bei seiner Rückkehr nach Paris ehrt man ihn als Märtyrer der Wissenschaft.

Nach dem Ende der Mission, die ein Großteil der Beteiligten nicht überlebt hat, unternimmt der Chemiker und Vermessungsingenieur Charles-Marie de la Condamine 1743 die erste wissenschaftliche Fahrt den Amazonas flußabwärts. Er macht dort die fundamentale Entdeckung des Kautschukbaumes und des Curare. Fasziniert vom Dschungel und seinen Lianen verlängert er seinen Aufenthalt – um zehn Jahre!

Im Zeitalter der Aufklärung macht man sich auch daran, den Pazifik, den gewaltigsten unter den Ozeanen, zu erforschen, auf der Suche nach einem südlichen Kontinent, von dem man annimmt, daß er für das Gleichgewicht der Erde nötig sei. Die Pracht und die Schönheit der insularen Wälder lassen die an Bord befindlichen Naturforscher völlig aus dem Häuschen geraten.

Tahiti, das der Franzose Bougainville 1767 entdeckt, wird als grüne, verschwenderisch schöne Insel beschrieben. Die Bilanz dieser drei Jahre dauernden Reise: eine bessere Kenntnis der Position der Inseln dank der Astronomen, zahlreiche botanische Entdeckungen durch den Naturforscher Philibert Commerson und ein «neues Kythera». Nach 1768 treten die berühmten englischen Expeditionen unter dem Kommando von Captain Cook auf den Plan. Im Verlauf von drei Durchquerungen des Pazifiks, bei denen er von dem Botaniker Joseph Banks und zahlreichen naturalistischen Malern begleitet wird (Buchan, Parkinson und Hodge), zerstört James Cook endgültig den Mythos des südlichen Kontinents und erstellt eine detaillierte Kartierung vom Pazifik, den dortigen Inseln, der Fauna, Flora und den vorgefundenen Zivilisationen. Insbesondere entdeckt er Neuseeland und Australien und verleiht der heutigen Bucht von Sydney den Namen «Botany bay» aufgrund des unglaublichen Reichtums der dortigen Vegetation. Wie Cook auf Hawaii, so wird der Franzose Lapérouse auf den Samoainseln getötet, nachdem er das Chinesische und das Japanische Meer erforscht hatte.

Die Anziehungskraft des Amazonas

Gegen Ende des Jahrhunderts beginnt man ganz allmählich, auch das Innere Afrikas zu ergründen. Die Küstengegenden kannte man schon seit den portugiesischen Seefahrern, aber aufgrund der sprachlichen, ethnischen und politischen Zersplitterung des Landes, wegen der dort drohenden Krankheiten, der Unwegsamkeit und der zahlreichen schrecklichen Legenden über eine angeblich menschenfressende Bevölkerung, war man vor einer Erforschung des Hinterlandes lange zurückgeschreckt. 1778 gründet der Botaniker Joseph Banks die Afrika-Gesellschaft. Seine Absicht ist es, die Gelehrten mit verläßlichen Daten über die Geographie, Ethnographie und Biologie dieses Kontinents zu versehen, der bis dahin eine «Terra incognita» war.

Trotz alledem ist es noch immer der Wald des Amazonas, der bei den europäischen Wissenschaftlern die größten Leidenschaften weckt: De Jussieu, danach La Condamine und später Dombey hatten sich an eine langwierige Arbeit gemacht und in anderen die Lust erweckt, ihnen zu folgen.

Ganz am Anfang des 19. Jahrhunderts unternehmen der deutsche Gelehrte Alexander von Humboldt und der französische Botaniker Aimé Bonpland eine vierjährige Rundreise durch Venezuela, Chile, Peru, Kolumbien, Ecuador, Mexiko und Brasilien. Zehn Monate lang erforschen sie per Kanu die gewaltigen Flüsse Amazoniens und den Urwald zu ihren Ufern. Allein Bonpland erweitert den weltweiten Schatz der zu dieser Zeit bekannten Pflanzen um 5–6%. Humboldt, berühmt für seine enorme Bildung, ebenso Physiker wie Philosoph, Astronom, Botaniker und Vulkanologe, befaßt sich auch begeistert mit Studien über verschwundene Zivilisationen. Zusammen erfahren sie bei den Indianern eine Menge über die erstaunlich vielfältige Pflanzenwelt und wie man die Pflanzen gleichermaßen als Nahrungsmittel, Medizin oder für Kleidung verwenden kann. Sie begründen damit die Basis einer Wissenschaft, die wir heute Ethnobotanik nennen. Als großer Geist der Synthese und überzeugt davon, daß die Lösungen für die Geheimnisse der Naturgeschichte aus der Konvergenz und der Einheit der wissenschaftlichen Disziplinen erwachsen würden, sehnt Humboldt sich nach der Universalität des Wissens und verwirklicht erstmals ökologische Landschaftsforschung. Zum ersten Mal in der Geschichte der wissenschaftlichen Erforschung tropischer Wälder gibt es so etwas wie eine «Internationalität» der Ergebnisse. Die Vereinigten Staaten, Deutschland, Frankreich und England tauschen ihre Forschungen aus und vergleichen sie mit denen der beiden Gelehrten, die mittlerweile weltberühmt sind.

Der Chinarindenbaum, der Zimtlorbeer, der Kaffeestrauch (Coffea), der Pfefferstrauch, der Kautschukbaum, der Kakaobaum, die Kurare enthaltenden Pflanzen, der Brechwurz und der Kokastrauch sind alle von den Botanikern des 17. Jahrhunderts entdeckt worden. Und sie alle haben der Menschheit seither überaus große Dienste erwiesen.

Die Geschichte der Botanik und der Erforschung der tropischen Wälder ist geknüpft an so große Namen wie Joseph Banks, Aimé Bonpland, Charles-Marie de la Condamine, Frederick Albert Cook, Charles Darwin, Alexander von Humboldt, Joseph de Jussieu, Pierre Poivre, Sir Thomas Stamford Bingley Raffles und Alfred Russel Wallace, um nur die bekanntesten zu nennen.

Ein Garten namens Erde

Dieser gewaltige Schritt ist der Startschuß für das neunzehnte Jahrhundert mit seiner Fülle von Forschungsreisen in die ganze Welt und seinen Entdeckungen, die für die Entwicklung der Biologie fundamental sind. Auch hier spielen die lateinamerikanischen Tropenwälder eine wesentliche Rolle.

Denn 1832 taucht ein englisches Militärschiff mit Namen Beagle auf, mit dem Auftrag, die südamerikanische Küste zu kartieren. An Bord ist der junge Charles Darwin. Fünf Jahre Beobachtung der Vielfalt von Flora und Fauna tropischer Wälder sowie ein zwischenzeitlicher Aufenthalt auf den Galapagos-Inseln ermöglichen dem Naturforscher, seine Theorie über die Entstehung der Arten zu entwickeln, die das biologische Denken seiner Zeit auf den Kopf stellt.

1848 wählen, unabhängig von Darwin, zwei andere Engländer, die Naturforscher Henry Walter Bates und Alfred Russel Wallace, für ihre Forschungen ebenfalls Südamerika, genauer gesagt das Amazonasbecken, um das Problem der Entstehung der Arten zu lösen. Nach einer zweijährigen gemeinsamen Expedition auf dem Amazonas macht Wallace eine Forschungsreise auf dem Rio Negro, sammelt 700 verschiedene Schmetterlingsarten (das Dreißigfache aller bis dahin bekannten Arten) und fährt anschließend nach England zurück, um die Früchte seiner Forschungen niederzuschreiben. 1858 stellt er auf einem wissenschaftlichen Kongreß als Koautor zusammen mit Darwin die Theorie von der natürlichen Selektion vor. Bates, der vom Verkauf seiner Insektensammlung lebt, bleibt insgesamt elf Jahre in Brasilien, während derer er mehr als 8 000 neue Tierarten verzeichnet. Er ist auch der erste, der das Phänomen der Mimikry bei den Schmetterlingen beobachtet und beschreibt. Zur gleichen Zeit durchkämmt ein anderer englischer Botaniker, Richard Spruce, siebzehn Jahre lang den Regenwald im Norden des Kontinents und erstellt eine phänomenale Studie der dortigen Flora.

Auf den Meeren laufen inzwischen die Wettrennen nach Gewürzen. Jede Nation versucht, einen möglichst großen Nutzen aus den Entdeckungen zu ziehen, und es entwickelt sich der reinste Pflanzentransfer. So wurde beispielsweise der Kautschukbaum von den Engländern in Brasilien gestohlen, um ihn in Indonesien heimisch zu machen, mit dem bekannten Erfolg, nicht zu vergessen Kaffee, Kakao, Pfeffer und Zimt. Es war im Verlauf einer solchen Reise nach Polynesien, daß die Besatzung der Bounty, die an Land gegangen war, um Setzlinge des Brotbaumes zu sammeln, meuterte. In Frankreich versucht der Botaniker Pierre Poivre mehr als dreißig Jahre lang, auf den französischen Überseeinseln Mauritius und La Réunion Zimt, Gewürznelken und Muskat zu akklimatisieren, die er selbst aus den holländischen Kontoren gestohlen hat.

Zur Mitte des 19. Jahrhunderts hin verlagert sich bei den Erforschern der Wälder der Interessenschwerpunkt nach Südostasien, in eine Region, die schon seit langer Zeit bekannt ist, aber nur unter Handelsaspekten. So inventarisiert Sir Thomas Stamford Bingley Raffles, Gouverneur von Java, die Arten, die in den indonesischen und malaysischen Wäldern vorkommen, und entdeckt die größte Blume der Welt, die daraufhin seinen Namen erhält und *Rafflesia* genannt wird. Später, im Jahre 1854, verläßt Alfred Russel Wallace den Amazonas, um die verschiedenen Inseln des malaysischen Archipel zu bereisen. Er legt ungefähr 45 000 km in acht Jahren zurück, zu Fuß und per Boot, und ist streckenweise der

erste Europäer, der den Boden der jeweiligen Gegend betritt. Seine Arbeit ist von unschätzbarem Wert. Abgesehen von einer Sammlung von mehr als 125 000 Tierarten, vor allem Insekten, nimmt er eine Einteilung der Inseln in fünf verschiedene Gruppen vor, wobei sich seine Differenzierung darauf gründet, welche Menschen, Tiere und Pflanzen die jeweilige Insel bevölkern. Der Italiener Beccari macht um 1865 herum eine Bestandsaufnahme der Flora von Borneo, und im Jahre 1875 wagt sich Captain J. A. Lawson ins Landesinnere von Papua-Neuguinea.

Treffpunkt Afrika

In Afrika folgt eine Mission auf die andere. Pioniere sind dabei zweifellos die Engländer, deren Expeditionen von der Königlichen Geographischen Gesellschaft, der «Royal Geographic Society», finanziert werden, die 1828 in London gegründet wird und direkte Nachfolgerin der «African Association» (Afrika-Gesellschaft) ist. Aber wie die Reisenden auch jeweils heißen – an Berühmtheiten seien stellvertretend Richard Burton, John Speke, James Grant, Samuel Baker, Henri Morton Stanley und David Livingston genannt –, sie kümmern sich hauptsächlich um die geographische Erschließung des Kontinents und die Lokalisierung der mysteriösen Nilquellen. Man verdankt ihnen die Entdeckung der Wasserfälle des Sambesi (u. a. die Victoriafälle), des Rift Valley, der großen afrikanischen Seen und der Nebelwälder des Ruwenzori. Als akribische Forscher machen sie eine Reihe von Aufzeichnungen über alles, was ihnen auf ihrer Rundreise auffällt, und ganz besonders über die unergründlichen Wälder, die sie durchqueren. Der Wettlauf um Kolonien gibt diesen Forschungsreisen ganz besondere Impulse. Savorgnan de Brazza ergründet das Kongobecken und Mitchener das heutige Zentralafrika. Fast überall begeistern sich Herrscher und Wissenschaftler für die Pracht der vorgefundenen Flora, und zahlreiche botanische Gärten werden angelegt. So begründet beispielsweise in Belgien Leopold II. den nördlichsten Urwald der Welt in den Treibhäusern seines Schlosses in Laeken.

Kein Ort entgeht der Wißbegierde der Botaniker. Amazonien wird seit 1743 erkundet, Afrika, die «Terra incognita», um 1828 und Borneo sowie die Inseln von Papua-Neuguinea gegen 1865.

Eine wirklich wissenschaftliche Erforschung der tropischen Wälder findet erst mit dem Botaniker E. Jardin statt, der sich von 1845 an mit dem Wald von Gabun befaßt. Er beginnt hiermit eine französische Tradition, die bis ins 20. Jahrhundert von Chevalier und Aubreville fortgeführt wird und ihren konkreten Niederschlag 1961 in der Veröffentlichung der «Flora in Gabun» findet.

Welcher Teil der Welt ist zu Beginn des 20. Jahrhunderts noch nicht erkundet? Ausgedehnte Forschungsarbeiten haben zur Lokalisation der tropischen Wälder auf dem ganzen Globus geführt und ihre erstaunliche Vielfalt entdecken lassen. Und noch immer haben sie den Biologen Erstaunliches zu bieten. Mit der allgemeinen Weiterentwicklung der Wissenschaften vervielfachen sich auch die Studien über den tropischen Wald. Dabei wird eine Intensivierung und Spezialisierung der Forschungsgebiete ebenso nötig wie die Konzentration auf einzelne Regionen. Diese Tendenz läßt sich jedenfalls im Verlauf des 20. Jahrhunderts ausmachen: Spezialisten ersetzen die eher universellen Naturforscher von einst. Gleichzeitig arbeiten sie nicht mehr isoliert, sondern bilden Gruppen von komplementär arbeitenden Forschern, um das Ökosystem des Waldes besser in seiner Globalität erfassen zu können. Man nimmt immer häufiger an interdisziplinären Forschungsexpeditionen teil und installiert feste Camps im Wald, was auch die Arbeit der Wissenschaftler erleichtert. An manchen Orten lassen sich hintereinander verschiedene Forschungsteams nieder. In solchen Fällen hat man besonders gute Kenntnisse über den Wald der jeweiligen Umgebung und eine Langzeitstudie der Gegebenheiten in der Hand. So im Falle von Barro Colorado in Costa Rica, El Verde in Puerto Rico und Pasoh in Malaysia.

Die Eroberung der Kronenschicht

Mit zunehmender Erfahrung gestaltet sich die Erforschung des tropischen Waldes immer systematischer und perfekter. Und es wird vor allem klar, daß das Leben im Inneren des Waldes ganz unterschiedlich aussehen kann.

Man hat sich lange damit begnügt, den Wald vom Boden aus zu untersuchen, an Stellen, wo die größten Bäume 30, 40, 50 Meter hoch sind. Bereits auf der Höhe eines Menschen bietet das Unterholz eine Fülle aufregender Aspekte. Aber die untere Etage eines Waldes liefert uns, obwohl sie selbst schon in sich ein kleines Universum aus Schattenpflanzen, am Boden lebenden Tieren und zahlreichen anderen Organismen darstellt, eine Vielzahl an Informationen über das Leben in den höheren Schichten, nach dem Motto: Ihr Früchte, die ihr da auf den Boden gefallen seid, woher kommt ihr? Ihr Lianen, deren Spur sich zum Wipfel hin verliert, womit seid ihr zuletzt verbunden? Ihr riesigen Bäume mit dem undurchsichtigen Blätterwerk, welche Gäste habt ihr auf euren Ästen aufgenommen?

Der Tropenwald bietet wenig Behaglichkeit. Doch hohe Luftfeuchtigkeit, Wurzeln, über die man stolpert, Blutegel, die vollgesogen von den Bäumen fallen, Schlamm und Insekten haben nicht genügt, um die Forscher fernzuhalten.

Es gibt zunehmend mehr Techniken, um an die oberste Baumschicht der tropischen Wälder heranzukommen, die man Kronenschicht nennt und die als sehr verschieden vom Unterholz und als besonders prachtvoll gilt. Man glaubt inzwischen, daß mehr als die Hälfte der Tier- und Pflanzenarten unseres Planeten dort repräsentiert sind.

Für punktuelle Untersuchungen der Kronenschicht ist immer noch die schnellste Lösung, auf die Bäume hinauf zu klettern. In Indonesien werden Makaken dressiert, die an Äste herankommen und einsammeln können, was für den Menschen unzugänglich sind. Aber wenn es auch leicht ist, das agile Tier auf den Baum hinaufzubekommen, so hängt doch die Motivation, die von ihm verlangte Aufgabe zu verrichten, von seiner Laune ab. Deshalb empfiehlt es sich, falls man kann, sich der Hilfe der Eingeborenen zu bedienen, die durch ihr Leben im Wald darin geübt sind, mit Hilfe der Lianen oder indem sie auf kleineren, daneben stehenden Bäumen Halt suchen, an den Stämmen emporzuklettern. Schließlich kann man selbst hinaufsteigen, mit einem Paar Steigeisen an den Füßen, die man in die Rinde schlägt, und indem man sich mit einem Seil absichert, das man um den Stamm herumschlingt. Mit dieser vergleichsweise anstrengenden Technik kann man, falls man ein wenig trainiert ist, am Tag mehrere Bäume erklimmen. Es lassen sich mit dieser Vorgehensweise wunderbar Dinge sammeln und ernten, weil man zu jeder Zeit innehalten, sich an den Stamm lehnen und Proben von Blättern oder Rinde entnehmen kann, nicht nur von dem Baum, an dem man sich befindet, sondern von jeglichem Gewächs in der Nähe.

Aber um das Leben in der Kronenschicht zu studieren, ist eine feste Einrichtung vonnöten, die eine zusammenhängende und regelmäßige Observation erlaubt. Die erste seriöse Studie dieser obersten Baumschicht fand 1929 in Britisch-Guayana statt. Man legte dort waagrecht Leitern in die Wipfel der Bäume, um die am höchsten gelegenen Äste erforschen zu können. Auch zog man zuweilen eine Art Sessel aus Holz, der extra zu diesem Zwecke angefertigt worden war, mit einem Seil bis in den Baumwipfel. Die Expedition war ein großer Erfolg. Aber es sollte dennoch ungefähr dreißig Jahre dauern, bis man regelrechte Plattformen aus Holz verwendete, die an den Hauptästen der Bäume angenagelt wurden und zu denen man im allgemeinen über eine Leiter am Stamm gelangte. Diese Plattformen erlaubten die ersten kontinuierlichen Beobachtungen der Tier- und Pflanzenwelt der Kronenschicht.

Die Initiative geht auf Adriaan Kortlandt zurück, einen holländischen Wissenschaftler, der im Wald von Zaire das Verhalten der Schimpansen in ihrem natürlichen Umfeld studieren wollte. Diese Idee einer Baumhütte – für Kinder im übrigen eine ganz geläufige – wurde seither wiederholt von anderen Forschern im tropischen Wald übernommen. Die Hütte, die Elliot McClure in Malaysia bauen ließ, dreiundvierzig Meter über dem Erdboden, machte es ihm möglich, drei Jahre lang jede Woche den Verlauf der Blüte und der Fruchtbildung der Bäume, auf denen die Hütte angebracht war, zu verfolgen. Danach wurden seine Studenten auf diese Weise mit der Kronenschicht vertraut.

Eine Weiterentwicklung dieser simplen Plattformen sind Türme aus Holz oder aus Stahl, die in den 60er und 70er Jahren in bestimmten Wäldern errichtet wurden. Obwohl auch diese nur punktuelle Beobachtungen zulassen, gestatteten sie doch eine abgestufte Observation in vertikaler Richtung. Denn man konnte in verschiedenen Höhen Meßinstrumente (für Licht, Luft, Regen, Temperatur) installieren und anschließend die auf den einzelnen Stufen erhaltenen Werte miteinander vergleichen. Danach traten die ersten «Hängebrücken» oder «walkways» in Erscheinung, die zumeist eine Verbindung zwischen dem Turm und mehreren nahegelegenen Bäumen schufen und auf diese Weise eine horizontale Erforschung der Kronenschicht möglich machten. Der «walkway» von Bukit Lanjan im Osten von Malaysia, bestehend aus einer dreihundert Meter langen Aluminiumleiter, war nahezu zehn Jahre lang in Funktion, bis die Bäume, die ihn stützten, abstarben. In Französisch-Guyana steht seit fünf Jahren der «walkway» von Nouragues in einem Urwald, der unberührt von jeglichem menschlichen Leben ist, während der von Saint-Elie seit fünfzehn Jahren Beobachtungen darüber ermöglicht, was der Mensch für die äquatorialen Wäldern an Folgen mit sich bringt.

Um die zu große Unbeweglichkeit dieser schwerfälligen Konstruktionen zu beseitigen, die zwar regelmäßige, aber – wenn man die Variationsbreite der obersten Baumschicht selbst bedenkt – doch nur sehr punktuelle Beobachtungen möglich machten, erfanden A. Mitchell und S. Sutton in den 70er Jahren ein verstellbares und leicht zu demontierendes Hängebrücken-System. Auf diese Weise konnte das zu erforschende Gebiet nach Belieben erweitert werden.

Das Wipfelfloß

Doch trotz dieser offenkundigen Fortschritte der Techniken bleibt der Forscher doch immer unterhalb der obersten Vegetationsschicht, die wegen ihrer allzu dünnen Zweige und der zahlreichen Verästelungen unzugänglich

Im Jahr 1989 hat ein Team von französischen Forschern unter der Leitung von Francis Hallé das Wipfelfloß erfunden.

ist. Es mußte also ein Mittel gefunden werden, sich ganz oben auf die Bäume zu setzen, wenn man die biologische Nahtstelle zwischen der Kronenschicht und der Atmosphäre untersuchen wollte, also die Stellen, an denen die Blätter dem vollen Licht ausgesetzt sind, die Lianen blühen und das Leben sich am hellichten Tag abspielt, in völligem Gegensatz zu den Gegebenheiten im Unterholz ... die Stellen, an denen man noch so viel über den Wald erfahren kann.

Was wie ein verrückter Traum erschien, wurde Wirklichkeit durch drei Männer: den Botaniker Francis Hallé – der davon überzeugt war, daß man nicht behaupten könne, über das Ökosystem des tropischen Waldes umfassend Bescheid zu wissen, ohne seine Austauschbeziehung mit der Atmosphäre studiert zu haben –, den Architekten Gilles Ebersolt, einem Spezialisten für pneumatisch betriebene Fahrzeuge aller Art, und den Heißluftballon-Piloten Dany Cleyet-Marrel. Das «Wipfelfloß», wie es genannt wurde und dessen Erfinder sie sind, ist eine Apparatur, die zwei verschiedene Geräte kombiniert. Die Plattform, die auf den Baumwipfeln aufliegt, besteht aus einem sechseckigen Gerüst mit Luft gefüllter Schläuche, die durch ein stabiles Netz miteinander verbunden sind. Mit ihren 600 Quadratmetern Fläche sitzt sie nur leicht auf den Bäumen auf und verursacht trotz ihres Gewichts von 750 kg nur ein Minimum an Perturbationen. Sie dient den Wissenschaftlern, die vom Boden her mit einer klassischen alpinistischen Ausrüstung Zugang haben, als Arbeitsplatz und Aufenthaltsort. Wie ein Luftschiff kann diese Plattform nach Belieben von einem Ort zum anderen bewegt werden.

Zwischen zwei solchen «Baumreisen» – die Abstände betragen im Durchschnitt eine Woche – wechseln sich auf der Plattform Wissenschaftler der unterschiedlichsten Disziplinen (Botaniker, Bioklimatologen, Ökophysiologen, Ornithologen, Entomologen, Arachnologen – also Vogel-, Insekten- und Spinnenkundler – usw.) ab. Während dieser Zeit kann das Luftschiff für so unterschiedliche Aufgaben genutzt werden wie Luftaufnahmen, Messungen von Wärmestrahlungen, Luftproben in großer Höhe, oder es lassen sich damit Insekten im Flug fangen. Eine erste derartige wissenschaftliche Mission fand im Oktober und November 1989 in Französisch-Guyana statt.

Die Erforschung der Wälder ist noch lange nicht beendet. Tausende von Tier- und Pflanzenarten sind schon entdeckt worden, aber weitere Tausende kennt man noch nicht, wobei manche davon für den Menschen sicher von Nutzen sein könnten. Aber für weitere derartige Arbeiten ist es unumgänglich, daß das Niederbrennen des Waldes oder andere Arten der Entwaldung endlich ein Ende finden. Denn wenn der tropische Wald auch nur 6% der Landfläche auf der Erde bedeckt, so leben in ihm doch mehr als 50% aller Lebewesen. Jeder zerstörte Wald reißt seine Fauna und Flora mit sich in den Untergang. Manche Forscher gehen davon aus, daß auf diese Weise inzwischen täglich 50 Arten vom Erdboden verschwinden, die Mehrzahl davon, ohne daß man je Kenntnis von ihnen besessen hätte.

Das Wipfelfloß hat im Rahmen seiner Expeditionen (in Französisch-Guyana 1989 und in Kamerun 1991) die Entdeckung einer Welt von erstaunlichem Reichtum möglich gemacht. Epiphyten, Farne, Orchideen, Bromeliengewächse, Amphibien, Fledermäuse und Myriaden von Insekten leben in 40 Metern Höhe, ohne je den Boden zu berühren.

Antoine Lorgnier

Das Herbarium

Ein Herbarium ist eine Sammlung getrockneter, gepreßter und auf einem Papierbogen befestigter Pflanzen. In der Botanik stellt es ein unerläßliches Arbeitsinstrument dar. Denn die Herbarien sind regelrechte Archive und legen Zeugnis ab von der Existenz einer Pflanze in einem bestimmten Moment an einem bestimmten Ort und erinnern an manchmal bereits verschwundene Arten. Der erste Reflex eines Botanikers ist es bei der Erforschung eines Geländes daher, Gräser, Blätter, Früchte oder Schalen und Rinden zu sammeln. Jedes Fundstück wird dann in der Reihenfolge, in der man es aufgesammelt oder gepflückt hat, eingeordnet und beschrieben (ebenso wie sein Untergrund und seine Unterlage), beschriftet, gepreßt und getrocknet. Es gilt dabei bestimmte Regeln einzuhalten: Gräser werden, soweit möglich, mitsamt den Wurzeln gesammelt; den Blättern legt man eine umfassende Beschreibung des entsprechenden Baumes sowie ein Stück Rinde bei, oder man macht eine Skizze; im Falle von Blumen muß die Farbe genannt werden (die Farben verändern sich nämlich, wenn man die Blüten trocknet) ebenso die Höhe des Fundortes, wenn es sich um Gebirgspflanzen handelt. Grundsätzlich muß natürlich immer der genaue Fundort möglichst mit Angabe der Höhe über dem Meer genannt werden.

Im allgemeinen sammelt man von einer Pflanze mehrere Exemplare, um mit anderen Botanikern in der ganzen Welt Stücke austauschen und auf diese Weise auch die Chance einer Identifikation erhöhen zu können. Wenn man die Verbreitung einer bestimmten Art erfahren möchte, kommt man nicht umhin, sogenannte Generalherbarien zu konsultieren, die eine Vielzahl kleinerer Sammlungen verschiedener anderer Forscher in sich vereinigen. Ein solches Herbarium gibt es zum Beispiel am Botanischen Institut von Montpellier, und es besteht aus 800 Einzelherbarien und -kollektionen.

Die Idee, auf solch eine Weise Pflanzen zu konservieren, datiert aus dem 16. Jahrhundert. In Frankreich ist das älteste Herbarium das von Girault aus dem Jahre 1558 (das älteste deutsche mit 746 Pflanzen stammt von C. Ratzeburger – um 1550). Ursprünglich waren Herbarien bebilderte Kräuterbücher, und zwar sowohl allgemeine als auch spezielle. Eines der berühmtesten ist das «Arbolayre», das 1495 in Paris publiziert wurde und seitdem mehrfach unter dem Titel «Le grand herbier en français» neu aufgelegt wurde.

Heutzutage beinhalten manche große Herbarien Hunderttausende von Pflanzenarten. Das umfassendste ist das des Königlichen Instituts für Botanik in Kew Garden (England) mit seinen etwa sechs Millionen Exponaten. Danach folgen das der Akademie der Wissenschaften in Leningrad (fünf Millionen Exemplare) und das des Nationalmuseums für Naturgeschichte in Paris, dessen Sammlung ebenfalls etwa fünf Millionen Pflanzen umfaßt.

Das Herbarium ist für die Botaniker ein unverzichtbares Arbeitsmittel. Es bezeugt das Vorhandensein einer Pflanze zu einer bestimmten Zeit an einem bestimmten Ort. Es ist auch das Andenken an eine ausgestorbene Art.

Nicole Viloteau
Serge Bruna-Rosso

Leben im australischen Busch

Meine erste Entdeckungsreise durch Australien sollte sechs Monate dauern. Sie dehnte sich aus zu einer zwei Jahre dauernden Abenteuerreise quer durch den Busch, die Wüsten, den «open forest», die Mangroven- und Regenwälder. Der überwältigende Reiz dieser Kontinentalinsel hatte alle Erwartungen übertroffen! Sie ist seither mein bevorzugtes Territorium. Dieses grenzenlose rote Land des Never-Never, in dem ich Ängste und Glücksmomente gleichermaßen intensiv erlebe und es noch so viel zu entdecken gibt. Dort wäre ich gerne zur Welt gekommen, dort würde ich gerne meine Tage beenden ...

Durch diesen Dschungel hier streife ich noch lieber als durch Äquatorialafrika, Amazonien oder Indonesien. Was ist heute nach zwei Jahrhunderten intensiver Holznutzung und intensiven Zuckerrohranbaus davon noch übrig geblieben? Ein langer bergiger Grüngürtel, der die Meeresküste von Queensland säumt. Kaum ein Drittel der ursprünglichen Fläche.

Der älteste Kontinent der Welt, die «Terra australis», birgt eine auf der Welt einzigartige Fauna und Flora, deren biologische Kreisläufe seit Jahrtausenden unverändert bestehen. Hölle oder Paradies, je nach den Jahreszeiten, bleibt er für mich das Symbol für Kontrast und Maßlosigkeit schlechthin. Ich bin immer wieder überwältigt, wenn ich die rote Erde des Out-Back betrete, diese wilden, unzugänglichen Landstriche des Hinterlandes. Buschland, so weit man schaut. Nur selten gibt es Wasserstellen. Die Einförmigkeit dieser Landschaft führt die Reisenden in die Irre und fordert jährlich ihre Opfer ...

Diese Gluthitze der Luft und der ausgedörrten Erde, diese aggressiven Mückenschwärme, gegen die man stets ein Moskitonetz vor dem Gesicht tragen muß, sonst würde man verrückt werden. Ein weiterer Alptraum ist der «bull dust», ein feiner, roter oder grauer Staub, der sich wie ein Film auf die Haut legt und in die Lungen dringt, wenn man bei Wind in ermüdendenden Märschen dem schmalen Saum der Pisten folgt. Sengendheiße Tage, eiskalte Nächte im Zelt. Und als Entschädigung für all diese Strapazen die plötzliche Begegnung mit wilden Tieren und Blumen: ein Dingo, der im Schatten einer Mimose schläft, ein Riesenwaran, der sich durch ein Felslabyrinth windet, ein Emu, der gemächlich zu einer der seltenen Wasserstellen wandert ... Die flüchtige Erscheinung einer Wüstenrose, ihres blutroten Kelches, der keinen Duft enthält. Das großartige Schauspiel der von langen Streifen feuerroter Wolken durchfurchten, grünschimmernden Morgendämmerung, die verblüffenden Farborgien der Sonnenuntergänge. Mit dem Einfall der Nacht flammt das Kreuz des Südens auf, fünf herrliche Sterne, die den Reisenden leiten. Eine magische Einsamkeit, in der mein Ur-Instinkt wieder zum Vorschein kommt und mir die Richtung weist in diesen unendlichen Weiten, in denen sich der Blick verliert ...

Welch berauschendes Gefühl, sich ganz vom «feeling» leiten zu lassen, in aller Freiheit von einem Tag in den anderen zu leben und ganz nach Belieben seine Reise ohne Ziel den Eigenheiten des Landstrichs und den Lockungen der Fauna anzupassen. In Tarnkleidung tief ins Land des Känguruhs, der Schnabeltiere, der Leierschwänze, der Kasuare, der Komodowarane und der schwarzen Orchideen vordringen. Sich dem wahren Rhythmus der Natur anpassen, um desto besser in deren geheime Mechanismen einzudringen.

Ob ich meinen Arbeitsplatz nun am Rande eines sumpfigen Sees aufschlage, wie in dem weiten Nationalpark von Lakefield auf der Halbinsel York, in dem vorwiegend Eukalyptus, Myrtenheide oder Akazienbäume wachsen, oder aber in den Regenwäldern, die das Korallenmeer überragen, ändert kaum etwas an meiner Arbeitsweise – höchstens an meiner Ausrüstung. Ich wähle sorgfältigst den Ort aus, an dem ich mein Zelt aufbaue. Am besten auf einem Vorgebirge, das mich vor den Regenfluten schützt und von dem aus ich, gut hinter der Vegetation versteckt, die nahe Fauna nach Belieben beobachten kann. Systematisch reinige ich den Bereich um das Zelt, indem ich Zweige, Steine und totes Laub entferne, unter denen sich mancherlei giftiges Getier verstekken kann: Skorpione, Asseln, Krebsspinnen, «red-back» (das sind kleine, giftige Spinnen, die mit der Schwarzen Witwe verwandt sind), und Schlangen (die allerdings sind mir willkommen). Danach spanne ich mein großes Moskitonetz auf, unter dem ich gegebenenfalls meine Mahlzeiten einnehme, meine Feldnotizen zusammenfassen oder mich nach einem Gewaltmarsch ausruhen kann. Ich lege mir einen Vorrat an trockenem Holz, heruntergefallenen Zweigen, Ästchen und trockenem Laub an, die ich in verschiedene Plastiktüten sortiere. Auf diese Weise können mich auch Regen und Tau nicht am Teekochen hindern. Ich mache dagegen niemals Feuer, sobald es Nacht geworden ist, aus Angst, meine Nachbarn, die Tiere, zu stören oder die Aufmerksamkeit eventueller Wilderer auf mich zu ziehen.

Das Zelt dient als Basis-Lager, in dem ich die getrockneten Lebensmittel, die Kleidung und das Feldmaterial lagere. Obwohl es mir nicht sehr darauf ankommt, was ich esse, so habe ich doch nach jedem Aufenthalt diese Müslis, Nudeln, chinesischen Suppen, Trockenfrüchte und Sesamkrokanttafeln entschieden satt ...

Ich breche stets zu Erkundungsmärschen auf, die vier oder fünf zusammenhängende Tage dauern ... Mein Rucksack ist sehr schwer, obwohl ich nur das Notwendigste mitnehme: einen Wasserkanister, ein Moskitonetz, eine Taschenhängematte, einen Schlafsack, eine Rettungsdecke, Garnknäuel, eine Rolle Stoffklebeband, das für alle Arten von Flickarbeiten im Feld nützlich ist. Durch die große Thermoskanne für den Tee, den Arzneibeutel und das Fotomaterial bin ich schließlich über das wünschenswerte Maß hinaus bepackt, vor allem wenn ich unwegsames Gelände durchquere.

Der älteste Kontinent der Erde, die «Terra Australis», birgt eine jahrtausendelang unverändert gebliebene Natur. In diesen wilden und trockenen Landstrichen sind die Palmen der Gattung Livistonia eine erfrischende Oase und bergen eine Flora und Fauna, die aus der Urzeit stammt.

Häufig bringe ich von diesen Erkundungsgängen, die von langen Beobachtungsphasen unterbrochen sind, eine Schlange, eine Eidechse oder sogar eine Fledermaus mit, die den Schlafsack mit mir teilen, sich an mir wärmen oder meinen Schlaf stören. So habe ich einmal ein Pythonweibchen von mehr als drei Metern Länge gefangen und bei mir beherbergt. Was die Warane, meine Lieblingstiere, anbelangt, so bin ich manchmal gezwungen, ihnen ihre rasiermesserscharfen Krallen zu stutzen. Eines Nachts habe ich sogar einmal durch Massagen einem dieser Tiere dabei geholfen, mühevoll etwa ein Dutzend Eier zu legen. Am nächsten Tag habe ich sie geschwind zum Schutz vor möglichen Räubern verscharrt.

Sobald ich mich in meinem Basis-Lager wieder mit Lebensmitteln versorgt habe, breche ich in eine neue Richtung auf, wobei ich vom Zelt ausgehend sternförmig das Feld durchkämme und mich mit einem Kompaß und detaillierten Landkarten behelfe. Wenn man alleine auf Erkundungsgänge auszieht, birgt das zwar mehr Gefahren als in einer kleinen Gruppe, andererseits werden so weder meine Anmärsche noch die Observationsarbeit, die ich auf Band aufzeichne, durch menschliches Versehen oder die lästige Gegenwart anderer gestört. Auf diese Weise kann ich in einer völligen Osmose mit der Natur leben, so feindlich sie auch immer sein mag.

Als Entschädigung für die Anstrengung bietet mir jeder Tag sein Päckchen an Entdeckungen, Ängsten und Überraschungen. Sowohl bei Tage wie bei Nacht sind meine Erkundungsgänge im Busch immer sehr lehrreich. Dennoch wage ich mich in der Nacht nie an Orte, die ich nicht kenne, deren Topologie ich nicht zuvor am hellichten Tag studiert habe. Ich gehe prinzipiell davon aus, daß immer irgendwo irgend etwas Bedrohliches lauert, das meiner Aufmerksamkeit entgeht.

Moorgebiete, Sturzbachschluchten, mit Schlammwasser angefüllte Spalten und Löcher, die unter der undurchdringlichen Vegetation versteckt sind; Wespen- oder Bienennester, Spinnennetze, deren Eigentümer in der Mitte auf der Lauer liegen, Vorhänge aus feinen Lianen mit Widerhäkchen, die einem beim Hindurchgehen das Gesicht zerkratzen; fürchterlich brennende Pflanzen, die sich unter ein paar andere, harmlose Gewächse gemischt haben; Blumen, denen ein süßer, tödlicher Duft entströmt, der eine einschläfernde oder hochtoxische Wirkung hat; «wait-a-while»-Büsche, die mit Hakenstacheln besetzt sind und die man erst eine Weile mit Heckenschere und Machete bearbeiten muß, bis man sich aus ihrer blutigen Umarmung lösen kann. Dann diese Überfülle überall herumkrabbelnder grüner Ameisen, die sich, falls man versehentlich in ihr Nest tritt, in eine aggressive Flut verwandeln, aus der es nur schwer ein Entrinnen gibt. Schließlich muß man sich sehr in acht nehmen vor dem Angriff von Wildschweinen, Büffeln und wilden Rindern, die man im Schlaf gestört hat. Bleiben nur noch die unsichtbaren oder winzigkleinen Geschöpfe zu erwähnen, die ebenfalls ein Bedrohung für die Gesundheit darstellen: die Stechmücken und «sandflies» (das sind kleine Fliegen, deren Stich brennt), die für alle Arten von tropischen Fiebern und Krankheiten verantwortlich sind: Denguefieber, chronisches Asthma oder Arthritis. Vor diesen Gefahren ist man in keinem Busch der Welt sicher.

Mehrere Aufenthalte im australischen Busch haben es mir gestattet, in Kontakt mit Stämmen traditioneller Ureinwohner, die in den abgeschiedenen Landstrichen des Arnhemland (Nord-Territorium) und im aus Eukalyptusbäumen bestehenden «open-forest» am Carpentariagolf und in Mapoon leben, das Überleben zu lernen. – Will man wirklich die substantiellen Ressourcen des Buschlands auskosten, dann muß man unbedingt seine Vorurteile ablegen. Die «wichetty-grubs», dicke gelbe Larven, die man aus Baumstümpfen, Wurzeln und bestimmten Akazienbäumen herauszieht, schmecken ganz hervorragend nach Haselnuß. Doch bevor man das cremige und zappelnde Tierchen herunterschluckt oder kaut, muß man ihm mit einem Biß den Kopf abreißen. Andere tierische Leckerbissen sind die ebenso eßbare wie köstliche Honigbiene, die mit herrlichem Nektar vollgesogen ist; der Falkenapfel ist ein Insekt, das sich in die Zweige der Bäume einkapselt, unter deren Rinde es wächst, nistet und die wenig appetitliche Form eines krebsartigen Pflanzenballs annimmt: teilt man ihn in zwei Hälften, so ist diese Pseudo-Frucht, die man ganz verzehrt, vollgesogen mit dem Saft des Wirtsbaumes und reich an Geschmack durch Hunderte von feinen rosa Larven mit Kokosnußgeschmack. Auch die eßbaren Blumen sind einen Umweg und die Mühe des Sammelns wert. Die gelben oder leicht orangefarbenen Blumentrauben der *Grevillea* werden ganz gegessen, zusammen mit ihren je nach Gattung glatten oder flaumigen Blütenblättern, die einen köstlichen farblosen Saft haben.

Die zarten grellrosa Flöten der *Eremophila latrobei*-Blumen, die nur im Winter wachsen und reichlich Nektar besitzen, werden roh gegessen. Um vom Roseneibisch *(Hibiscus heterophyllus)* mit seinen saftigen blaßrosa Blütenblättern eine gute Salatschüssel zu füllen, müßte man zuviel Energie vergeuden, während der Kleefarn *(Marseilia drumondii)*, eine Art falscher vierblättriger Klee, der nach Kresse schmeckt, überall an den Ufern der Seen und des Sumpflandes wuchert. Die blauen, rosa oder weißen Lotuspflanzen verzehrt man ganz, von den Wurzeln bis zur Blüte, mit Stengel, Blättern und Samen. Ein Festschmaus! Von der australischen Mistel sind alle Arten eßbar, auch wenn die Haut der kleinen, klebrigen und durchsichtigen Beeren auf unangenehme Weise am Gaumen kleben bleibt und man zunächst eine mühsame Zungengymnastik vollbringen muß, bevor man sie hinunterschlucken kann.

Der Reiz des Buschlands von Lakefield liegt in der Vielfalt seiner Landschaften! Es ist schon vorgekommen, daß ich mich im Moorland verirrt habe, wenn zu viele Hindernisse mich gezwungen haben, Umwege zu machen, die jede Fährte verwischen. Eines Tages hatte ich meinen Kompaß im Zelt vergessen und das Lager schließlich wiedergefunden, indem ich mich vom Stand der untergehenden Sonne und dem Widerschein der Gewässer leiten ließ, die bis weit hinter die Sumpfwälder leuchten. Schließlich haben mir die Schreie der Enten, die in den Binsengewächsen nisten, die richtige Richtung gewiesen.

Wie viele Fallen einem doch bei einem solchen Marsch gestellt werden! Ich mußte vermeiden, in die Nähe der tiefen Gewässer zu gelangen, da sich dort menschenfressende Seekrokodile tummeln. Das sind Monster von bis zu 7 Metern Länge, die dank der Mangrovenwaldflüsse weit ins Landesinnere vordringen. Ich mußte oft im Schlamm verdächtiger Sumpflöcher herumpatschen und schlickige Flüsse überqueren, deren Grund aus Algenflechten jeden Augenblick nachgeben konnte. Als ich mir einen Weg durch die dichten Wälder von *Dillena* und *Malaleuca* bahnte, hat mir der «Salzige

Der Kasuar hat sich an die Primärwälder von Nord-Queensland angepaßt. Sein schwarzes Gefieder fällt im Dunkel der Dickungen kaum auf, und der hornartige Helm auf seinem Kopf schützt ihn vor Dornen, wenn er durch das Unterholz läuft.

Fluß» eine zehn Tage lange aufregende Entdeckungsreise beschert. Dort konnte ich Regenbogenpythons und Halskragenechsen fangen und fotografieren. Manchmal brachte ein leichter Wind aus dem Landesinneren eine seltsame Mischung von Gerüchen mit sich: Gärungsgase von verfaulendem Moos und Algen, die leichten und süßlichen Ausdünstungen des Sonnentaus, einer blutroten fleischfressenden Pflanze in Form einer Rosette, den merkwürdigen Duft der weißen oder grünen Eukalyptusblüten, den muffigen Geruch der nachtblauen Hyazinthen, den Moschusduft der wilden Rinder auf dem Weg zu ihren Wasserstellen. Wenn auch die schwarzen Orchideen auf der Halbinsel York nur im Oktober blühen, so schlängeln sich die Taipane und die «kingbrown», nach den Seeschlangen die giftigsten Schlangen der Welt, zu allen Jahreszeiten durch die hohen Gräser. Daher ist es unbedingt erforderlich, hohe Stiefel aus bißfestem Leder zu tragen.

Jede neue Nacht, die man im Busch verbringt, bedeutet ein anderes Quartier. Die Geräusche, Gesänge und Schreie der Tiere sind von einer Gegend zur anderen verschieden. Die Stimmung ist düster, wenn der rötliche Vollmond über den schwarzen Wäldern aufgeht und die Dingos zu heulen beginnen. Davon bekomme ich jedesmal Gänsehaut und bedaure es nicht, mich hinter einer Burg aus Astwerk verschanzt zu haben, die von einem Kilometer Garn zusammengehalten wird ... Braune, primitive Hühner mit orangefarbenen Füßen laufen herum, und die Großfußhühner im Unterholz lärmen im Chor. Extreme Nervenanspannungen, irrsinnige Lachanfälle und romantische Träumereien wechseln einander ab. Wenn der Tag anbricht, dann beginnen die grauen Honigfresser mit dem türkisfarbenen Hals ihren Alltag, indem sie ihre durchdringenden Schreie loslassen, die wie Amboßschläge klingen. Dann sind die Kookaburras, eine Art großer Eisvogel (auch Lachender Hans genannt), mit ihrem dreisten Gelächter an der Reihe, das die anderen Geräusche des Waldes überdeckt, mit Ausnahme des widerlichen Lärms der Schwärme weißer Kakadus. Die Haubenturteltauben gurren im Geäst, die schwarzen und weißen Ibisse meckern ohne Unterlaß, während die Jabirus mit dem langen nachtblauen Schnabel kehlige Laute von sich geben. Die Brolgas, herrliche Kraniche mit rotem Kopf, stolzieren in Höhe des Waldsaums umher und stoßen dabei ihre heiseren, pathetischen Schreie aus; die Kolonien der Pelikane sehen aus, als strampelten sie am Himmel, während Raben von einem toten Baum herab ironische Kommentare geben.

Kaum daß die Sonne den Horizont überschritten hat, brennt sie schon wie Höllenfeuer. Daher stehe ich vor Morgengrauen auf, solange die Temperatur noch erträglich ist, um eine größtmögliche Strecke zurückzulegen. Häufig zieht mich die extreme Anstrengung in den Schatten eines blühenden Mimosenbaumes, und ich schlafe ein Stündchen, eingewiegt vom Gesumm der Bienen. Schon der Anblick eines Reptils genügt, um meine Kräfte wiederzufinden, ja zu verdoppeln. Dann mache ich mich wieder an die aufregende Durchquerung dieser unberührten Weiten, deren abenteuerlichen Wegen ich folge. Schattige Wälder, Lichtungen mit Grasbäumen (*Xanthorrhea johnsonii*), mysteriösen schwärzlichen, kurzen Stämmen, die mit einem dichten Flausch langer, feiner Gräser bedeckt sind und in einem Jahrhundert kaum mehr als zehn Zentimeter wachsen. Hin und wieder bieten die rauschenden Palmenhaine der *Corypha elata* und der *Livistona* dem «bush-walker» eine wohlverdiente Oase. Mich fasziniert an der Natur vor allem, daß ich all dem beim Leben zuschauen kann, was der Mensch schon lange vergessen hat. Langeweile droht mir hier nicht!

In Nord-Queensland, zwischen Cairns und Cardwell, kundschafte ich verschiedene Hochlanddschungel aus. Hier herrscht der dunkle und geheimnisvolle Urwald, in dem sich die *Dawsonia* entfalten, riesige blaue Moospflanzen, die die Schritte dämpfen. Wie die hier lebenden Kasuare und die Wallabies schleiche ich durch die von den wilden Tieren geschaffenen Trampelpfade. Ich klettere in den Bergen durch schmale, steinige Rinnen, in denen in der Regenzeit Sturzbäche und Wasserfälle brausen.

Mit zunehmender Höhe sinkt die Temperatur. Es bilden sich Wolken und Nebel, die die obersten Gipfel verdeckt halten. Im tropischen Regenwald von Nord-Queensland gibt es die verschiedenartigsten Lebewesen in Überfülle, deren Namen zum Träumen anregen: den *Waratah*, eine Art rosafarbener Eiche, den *Quadong* mit seinem rauhen Stamm und seinen grellblauen Früchten, die eßbar sind und nach denen die Ureinwohner und die Kasuare ganz verrückt sind, *Regenschirmbäume*, *Korallenbäume*. In diesen grünen Labyrinthen tummelt sich eine ebenso seltene wie unauffällige Fauna: Pademelons, Opossums, Langnasenbeutler, Schnabeligel, Sumpfwarane, Amethystpythons, Warane der Gattung timorensis, tristis, varius und gouldii ... Diese entlang der Küste verstreuten Paradiese erinnern nicht wenig an die Wälder Neuguineas. Das überrascht nicht, denn vor der Kontinentalverschiebung bildeten Australien und Neuguinea ein Land. In ihrer Flora und Fauna haben Reptilien, Beuteltiere, bestimmte Vögel und Orchideen einiges gemein.

Der Grasbaum (Xanthorrhoea johnsonii) ist in den lichten Wäldern Australiens anzutreffen. Dieser Busch mit schwarzem schwammartigem Stamm und starker Behaarung wächst nur 10 cm in hundert Jahren.

Der Mangrovenwald, der im Wechsel der Gezeiten liegt, ist ein ganz widerwärtiger pestilenzartiger Schlammpfuhl: Wenn man ihn erforschen und durchqueren will, ist man zu einem heldenhaften Nahkampf mit den Stelzenwurzeln der Wurzelbäume gezwungen, deren lateinische Namen wundersam klingen: *Rhyzophora*, *Brugiera*, *Avicennia*, *Halophila* und *Lumnitzera*. Als Anpassung an die langen Überflutungen atmen sie mit ihren Atemwurzeln, die sich je nach Ebbe und Flut der Gewässer öffnen oder schließen.

Ich liebe diese Sümpfe mit ihrem himmlischen goldfarbenen Lichtspiel, in denen eine ganz spezifische und nirgends sonst zu findende Fauna lebt. Der *Periophtalmus*, ein laufender Fisch mit großen Kugelaugen, auf dessen Rücken sich eine geschmeidige Zotte sträubt, ist ein Geschöpf, das nur in den Mangrovenwäldern existiert. In diesem schweigsamen Totenhaus, in dem Pflanzen und Tiere verwesen, leben Fische, Mollusken, Krabben, Krokodile und bestimmte Vogelarten. Die Mangrovenwaldkomplexe sind für das ökologische Gleichgewicht des Planeten unentbehrlich: Dort vermehren sich alle Arten von Fischen und Schalentieren. Ohne die Mangrovenwälder wären Meere und Ozeane schon bald ihrer tierischen Ressourcen beraubt.

Die Dschungel der Küste sind häufig gegen den Ansturm der Meere durch eine dichte Mauer aus Mangrovenwald geschützt. Ich konnte entlang der Küsten von Arnhemland, Nord-Queensland sowie um die Insel Elcho und die Hichinbrook-Inseln (Brook, Orpheus, Dunk und Garden) verschiedene Formen des Mangrovenwaldes untersuchen. Eine sehr mühselige Feldforschung. Doch trotz der unendlichen Wolken von sand-flies, Bremsen und Steckmücken und des Risikos, zu ertrinken oder im Sumpf zu versinken, auch trotz der gefährlichen Haie, Seewespen (aus der Gattung der Würfelquallen), Steinfische und vor allem der Seekrokodile, habe ich nie den geringsten Überdruß verspürt.

Meine gefahrvollsten Erlebnisse hatte ich zweifellos im Jahre 1982 auf der Insel Hichinbrook, die zu dieser Zeit noch nicht von Tourismusorganisationen ausgebeutet wurde und auch noch nicht wie heute mit Ausflugswegen durchzogen war. Diese Insel mit ihrer herrlichen Fauna und Flora, die ich zur Zeit meines mißglückten Abenteuers für «verflucht» hielt, befindet sich gegenüber von Cardwell und Halifax im Korallenmeer. Von den Ureinwohnern, die bis Anfang dieses Jahrhunderts dort lebten, Injun Borr Rorr genannt, richtet die Insel ihre dunkelgrünen Kordilleren über den tiefen Mangrovenwaldgürtel empor, der ihn vom Kontinent trennt. Die kahlen, schwarzen Gipfel des Mount Bowen (1100 m), des Straloch (992 m) und des Diamantina (900 m) ragen einsam aus dem dichten Mantel des Dschungels, der sich über fast 40 000 Hektar erstreckt und 1975 zum Nationalpark erklärt wurde. Die darunter befindlichen riesigen Granitgeröllhalden und beeindruckenden Felsklippen hatten meinen Vorsatz, den Mont Bowen zu besteigen, völlig zunichte gemacht. Tatsache war, daß eine Zecke mit tödlichen Gift, die *Ixodes holocyclus*, sich in meine Haut gebohrt und mich in einen Zustand kurz vor dem Koma versetzt hatte.

Die Vegetation verdeckt zahllose Fallen: Brunnen, die mit einem schleimigen Wasser gefüllt sind, wacklige Felsen, die durch Kletterfarne getarnt sind. In der Regenzeit fangen die Berge der Insel zu grollen an, ein dumpfes Geräusch, das den ganzen Raum einzunehmen scheint. Die zahlreichen Abgründe und Felsspalten vibrieren, hallen wider von dem höllischen Lärm der Sturzbäche und Wasserfälle, die in wenigen Stunden anschwellen und in ihrem Lauf alles verwüsten. Die wilden Tiere retten sich auf die gegenüberliegenden Hänge, die am besten geschützt sind.

In diesem hermetisch abgeschlossenen Universum, das zugleich Furcht und Faszination auslöst, habe ich den Hunger, den Durst, die Krankheit und die Angst vor dem Tod kennengelernt. Besser als je zuvor habe ich dort gelernt, mich den Schwierigkeiten des Geländes, des Klimas und den unvorhersehbaren und plötzlich auftretenden Hindernissen anzupassen. Trotz der Verwünschungen durch Injun Borr Rorr, der Stechmückenschwaden, dem schleppenden Kriechen der Phytonschlangen und Warane, der Mauern feindlicher Vegetation, die den Zugang zu den Gipfeln versperren, habe ich das Herz des australischen Urwaldes entdeckt.

Ob man nun alleine loszieht oder nicht, solch eine Forschungsreise bedeutet niemals, daß man bloß Projekte, die man anhand von Büchern und detaillierten Karten ausgearbeitet hat, in die Praxis umsetzt. Vor allem ist es eine Frage des Instinkts und darüber hinaus der Intuition. Jeder Augenblick führt einem vergangene Konfrontationen mit anderen Buschland-, Wüsten- oder Dschungelarten neu vor Augen ... Wer weite Reisen machen will, und zwar nicht, um den Abenteurer zu spielen, was stets eine zwiespältige Angelegenheit ist, sondern um bei der Erforschung der komplexen Mechanismen der Natur seinen Geist zu bereichern, der muß die Ressourcen des Umlandes kennen. Das ist unerläßlich und lebenswichtig, und die Ureinwohner sind ganz sicher am besten geeignet, den Reisenden einzuweihen. Denn hat auch der zivilisierte Mensch in seinem freiwilligen Exil fern der «wilden» Welt viele der Möglichkeiten seines Körpers und seines Verstandes verlernt, so kann er doch, wenn er durch höhere Mächte dazu gezwungen wird, sehr schnell wieder zu seinen alten Wurzeln zurückfinden. Wenn es ums Überleben geht, so wird seine größte Stärke und sein bester Verbündeter sein Lebenswille sein!

Der Wald erobert sich seinen Platz zurück: Kaum noch zu sehen ist die riesige Statue des Tempels von Angkor Vat in Kambodscha unter den wuchernden Wurzeln.

Das Verhältnis des Menschen zum Wald

Georges-André Morin

Die Bedeutung des Waldes im Alltag

Der zentrale Platz, den der Wald in der menschlichen Vorstellungswelt einnimmt, ist ein guter Indikator dafür, wie eng der Baum bzw. der Wald mit der Menschheit verknüpft ist. Der Glaube, daß der Mensch aus dem Wald hervorgegangen ist, findet sich in zahlreichen Mythen.

Jüngste Forschungen haben, um es summarisch und überspitzt auszudrücken, ergeben, daß die ersten Hominiden, also menschenartigen Wesen, von Primaten abstammten, die in den Wäldern auf Bäumen lebten – genau wie ihre Vettern, die Affen – und die nach einer klimatischen Veränderung gezwungen waren, sich auf die Lebensverhältnisse der Savanne einzustellen und sich auf ihren Hinterbeinen aufgerichtet fortzubewegen. Auf diese Weise wurde der gängige Mythos in gewisser Weise bestätigt und bekräftigt.

An einem Faktum läßt sich jedenfalls nicht rütteln: Holz war für den Menschen die erste Energiequelle (und lange Zeit die einzige).

Zum zweiten ist mit dem Holz dem Menschen ein Werkstoff in die Hand gegeben, der ihm, entweder allein oder in der Kombination mit Stein, die Herstellung seiner ersten Werkzeuge, Bauten oder auch Waffen ermöglichte. Das Holz und die Produkte des Waldes waren also die ersten Grundlagen für die Entwicklung der Menschheit.

In unserer heutigen Gesellschaften übersieht man häufig, welch herausragende Bedeutung Holz noch immer hat. Aber umgewandelt zu Papier ist es wesentlicher Bestandteil unseres täglichen Lebens, selbst bei einer höchst naturfernen städtischen Lebensweise.

Im Laufe der Jahrhunderte hat der Mensch gelernt, in die Geheimnisse des Waldes einzudringen, seine vielfältigen Ressourcen zu erschließen und sie sich nutzbar zu machen: Früchte, eßbare Wurzeln, gerbstoffreiche Rinden, Heilpflanzen, Kautschukmilch, Gummi usw. … Traditionelle Gesellschaften, die weiterhin ausschließlich im und vom Wald leben, verfügen noch immer über eine tiefgehende Kenntnis seiner Schätze, eine Kenntnis, die an sich zum menschlichen Erbe zählt.

Die drei Formen der Zerstörung des Waldes durch den Menschen

Durch seine geheimnisvolle Weite hielt man den Wald lange für unerschöpflich. Daher hat der Mensch, wenn er irgendwo seßhaft geworden war, über Jahrtausende hinweg nicht gezögert, den Wald zu roden, um den Boden zu kultivieren. Bemerkenswert ist dabei, und dies muß unterstrichen werden, daß solche Begriffe wie «urbar machen» etc. meistens positive Wendungen sind (und nicht davon reden, daß zunächst einmal etwas zerstört wird).

Gleichzeitig hat der Mensch aber auch den Wald da, wo er sich niederließ, zu häufig rückhaltlos ausgebeutet. Diese Form der Ausbeutung – etwa, um seine unmittelbaren Bedürfnisse nach Feuerholz zu befriedigen –, die auf den Wald keine Rücksicht nimmt, kann in schnellster Zeit seine Produktionsfähigkeit schwächen. Dieser Prozeß kann dazu führen, daß am Ende kein Baum mehr steht.

Schließlich mußte der Mensch sich in letzter Zeit eingestehen, daß selbst Aktivitäten, die überhaupt nichts direkt mit dem Wald zu tun haben, die Umwelt so verändern können, daß dies auch für den Wald negative Auswirkungen hat, wie die Verschmutzung der Erdatmosphäre oder der Treibhauseffekt.

In den hochentwickelten Ländern sind diese Angriffe auf den Wald, wie sie eben beschrieben wurden, in gewisser Weise zeitlich gestaffelt gewesen. Ihr simultanes Vorkommen in der heutigen Welt ist in erster Linie die Konsequenz des unterschiedlichen Entwicklungsstandes. In Ostafrika bewirkt die fortdauernde Expansion der Bevölkerung zusammen mit den dort noch immer vorhandenen traditionellen Formen der Landwirtschaft das stetige Ansteigen des Bedarfs an Acker- oder Weideland. In der Sahelzone führen neben der Überweidung die unmittelbaren Bedürfnisse an Feuerholz zur Rodung jeglichen Gehölzes in der Umgebung der städtischen Zentren.

Die Gewinnung von Neuland – die Rodungen

Natürliche Ökosysteme sind nicht ausschließlich Wälder. Aber die ursprüngliche Ausdehnung des Waldes ging sicherlich weit über die heutigen Waldflächen hinaus. Es gibt Schätzungen, daß der Waldgürtel auf unserem Planeten durch den Menschen um 30% reduziert wurde, sogar noch vor der gegenwärtig in immer größerer Geschwindigkeit erfolgenden Waldzerstörung in den tropischen Regionen. Lange Zeit galt die Urbarmachung von Neuland als ein Akt der Besitzergreifung, bei dem die Natur vom Menschen unterworfen, beherrscht und zivilisiert wurde, wobei diese Eroberung des Bodens aus den Bedürfnissen des beginnenden Ackerbaus heraus erfolgte.

Die Entwicklung der Landwirtschaft und die Seßhaftwerdung des Menschen gehen parallel einher. Nach Vergil entstand die Landwirtschaft in dem Moment, *«als in den heiligen Wäldern bereits die Eicheln und Beeren ausgingen»* (Georgica I, Vers 147–149). Daß immer mehr Land urbar gemacht wird, hat also immer zwei simple und offen zutage liegende Gründe gehabt: Der eine war, daß das Bevölkerungswachstum, die Geburt neuer Münder, die gestopft werden wollen, die Erschließung neuen Ackerlandes nötig werden ließ. Der zweite, nämlich die Müdigkeit der Böden, macht es für die gesamte betroffene Bevölkerungsgruppe notwendig, sich Neuland zu suchen, wenn nicht eine Hungersnot als Regulativ herhalten soll …

Betrachten wir einmal das Beispiel Frankreich. Das 12. Jahrhundert ist eine Epoche relativen Wohlstands, die Städter erleben eine erste Blütezeit, es ist ein deutlicher Anstieg der Bevölkerung zu verzeichnen, und es ist das Zeitalter der mit der Landnahme befaßten Mönche, deren Tätigkeit sich noch heute auf unseren Landkarten verfolgen läßt.

Neue Weiler werden damals am Rande einer Gemeinde gegründet, und der Wald hat immer mehr die Tendenz, zu einer Pufferzone zwischen den jeweiligen Territorien zu werden.

Die extreme Dezimierung der Bevölkerung durch den Hundertjährigen Krieg und, mehr noch, durch die große Pestepidemie, ist der Ausgangspunkt für eine lange Periode, in der sich der Wald wieder erholen kann.

Im 17. und dann im 18. Jahrhundert hat das erneute Anwachsen der Bevölkerung natürlich wieder den Rückgang der Waldbestände zur Folge. Dies führt jedoch schließlich dazu, daß sich die Verantwortlichen der Nation Gedanken darüber machen, wie sie ihre künftige Versorgung mit Holz sichern können. Katastrophale Überschwemmungen und Erdrutsche tragen ein übriges dazu bei, daß man sich auch der Schutzfunktion des Waldes für die Natur bewußt wird.

Eine der ersten Auswirkungen der industriellen Revolution ist die Verbesserung der Kommunikation zwischen den einzelnen Regionen mit dem Bau des Eisenbahnnetzes. Durch den vereinfachten Personen- und Güterverkehr (was auch für landwirtschaftliche Erzeugnisse sowie Düngemittel und andere Produkte, die den Boden fruchtbarer machen oder sonst seiner Bearbeitung dienen, gilt) erzielt man eine beträchtliche Steigerung der landwirtschaftlichen Produktivität. Die dadurch überschüssig gewordenen landwirtschaftlichen Arbeitskräfte wandern in die Industrie oder den Dienstleistungsbereich ab, was einen Exodus der Landbevölkerung bedeutet. Eine geringere Population auf dem Lande, die ausschließlich vom Ackerbau abhängt, und eine verbesserte Ertragsfähigkeit ... das Einsetzen dieser wirtschaftlichen Entwicklung mindert den jahrhundertealten Druck auf den Wald. Dieser nimmt wieder an Fläche zu, einem Prozeß gemäß, der seit anderthalb Jahrhunderten dazu tendiert, sich zunehmend zu beschleunigen.

Das Gleichgewicht zwischen Landwirtschaft und Wald betrifft zwei Aktivitäten, die das Ziel verfolgen, das agronomische Potential eines Landes zu verbessern (was nicht heißen soll, daß unter gewissen Bedingungen der Bodenbearbeitung und bei jedem Klima dieses Potential zwingend erhalten werden könnte, wir kommen darauf zurück). Die Nutzung des Lebensraumes für die Urbanisierung und den Aufbau einer hochentwickelten Wirtschaft zieht im Gegenteil eine mehr oder weniger irreversible Veränderung der Umwelt nach sich, deren Umwälzung total ist. Diese zunehmende Form der Nutzung entspricht jedoch den nicht weniger angewachsenen ökonomischen Bedürfnissen, hinter denen ein starker gesellschaftlicher Druck steht. In diesem Fall ist das Problem (und zwar für das Ackerland wie für den Wald gleichermaßen) so schwerwiegend, daß tendenziell die vorgenommenen Veränderungen nicht mehr umkehrbar sind.

Die Übernutzung des Waldes

Eine exzessive Ausbeutung der Ressourcen des Waldes kann ebenso zu dessen Zerstörung führen – man spricht dann von einer «indirekten Rodung» – oder aber in jedem Falle zu einer Verringerung seines Potentials. Mehrere Beispiele können diese Aussage veranschaulichen:

Ein unvorsichtiges Abschöpfen der schönsten Bäume auf einer Parzelle führt häufig vom natürlichen Wald, dem Primärwald, zu einem Sekundärwald, dessen Baum- und Holzbestand von minderer Qualität sind.

Der Bedarf an Feuerholz, der mit dem Beginn der Industrialisierung am Ende des 18. Jahrhunderts durch die Nachfrage der ersten Eisenhüttenbesitzer enorm gestiegen ist, führt zu einer zunehmenden Nutzung des Waldes als Niederwald, wobei die Umläufe in immer kürzeren Abständen erfolgen, zu kurzen jedenfalls, als daß die Stämme ordentlich nachwachsen könnten, und mit der Zeit wachsen sie schließlich überhaupt nicht mehr. Die Waldweide ist ein anderes Beispiel. Wenn diese in exzessiver Weise erfolgt und nicht auf die Schonung der jungen Triebe, der jungen Pflanzen – in denen die Zukunft des Waldes liegt – achtet, erhalten wir einen zunehmend gelichteten Wald, bei dem nur noch die höchsten und, vom ästhetischen Gesichtspunkt her betrachtet, schönsten Bäume überleben. Sobald diese gefällt werden (oder aber mit der Zeit einfach absterben), steht an der Stelle, die bis dahin ein Wald schien, nur noch eine Wiese. Wenn wir uns mit der Waldwirtschaft befassen, werden wir sehen, daß die Kunst des Försters darin besteht, einen funktionstüchtigen Wald zu bewahren, der einerseits Holz abwirft, aber andererseits seine Produktionskapazität sowie sein Potential zur Wiederherstellung und Regeneration behält.

Die Veränderungen der Umwelt durch den Menschen

Dadurch daß sie die gesamte Umwelt verändern, können Handlungsweisen des Menschen, selbst wenn sie überhaupt nichts mit dem Wald zu tun haben, für diesen nachteilige Auswirkungen haben.

Schon seit langem weiß man, daß Kellerausschachtungen auf Baustellen das Siechtum von Bäumen in einiger Entfernung herbeiführen können. Die Emissionen bestimmter Industriezweige haben ebenfalls wohlbekannte negative Auswirkungen, wie etwa die fluorhaltigen Dämpfe aus den Aluminiumfabriken (z. B. im Maurienne-Tal) oder die Staubwolken aus den Zementfabriken.

Was man aus den schädlichen Folgen der Verschmutzung der Atmosphäre und den Problemen mit dem Treibhauseffekt gelernt hat, ist, daß man die Konsequenzen der vom Menschen verursachten Umweltverschmutzung global betrachten muß. Kein Wald, egal wo er sich geographisch befindet, kann heutzutage sicher sein, von Schäden frei zu bleiben.

Bäume und Wälder sind ein Grundbestandteil des Lebens auf der Erde. Durch ihre lange Lebenszeit, die häufig weit über die Dauer eines menschlichen Lebens hinausreicht, und ihre Immobilität sind sie Wachposten und Zeitzeugen. Ihr Verfall, die irreversiblen Schäden, die sie erleiden, ihre Fähigkeit, sich zu erneuern und die Spuren menschlicher Aggression zu verwischen, sind ebenfalls Zeugnisse, belastende Beweise für die Schwierigkeiten des Menschen, im Einklang mit der Natur zu leben.

Wald und wirtschaftliche Entwicklung

Um diese Probleme anzugehen, wurden erste gesetzliche Regelungen zum Schutz des Waldes getroffen (Beschränkung und Kontrolle von Rodungen). Aber es kann keine Lösung sein, solche Reglementierungen quasi im polizeilichen Sinne Völkern aufzuzwingen, die ums nackte Überleben kämpfen, und das Wohl der Bäume über das der Menschen zu stellen.

Man hat leicht sagen, was die richtige Vorgehensweise ist, nur ist sie schwierig umzusetzen. Denn man hat es mit weit mehr als nur den Problemen des Waldes zu tun. Es geht darum, den betreffenden Bevölkerungen die Befriedigung ihrer elementaren Bedürfnisse zu garantieren. Nur dann können Begrenzungs- und Schutzmaßnahmen wirksam sein, und wenn es nicht schon zu spät ist, eine wirksame Wiederaufforstung angegangen werden.

In den überzivilisierten Gesellschaften führen Unachtsamkeit, Gleichgültigkeit, Profitgier, Oberflächlichkeit, mangelnde Perspektive, Gewissenlosigkeit und mangelnde Zukunftsvisionen allzu häufig dazu, die langfristigen Konsequenzen einer derartigen Umweltverschmutzung, die auf den ersten Blick – lokal, isoliert und momentan betrachtet – unbedenklich erscheint, außer acht zu lassen.

In den armen Ländern beschränkt sich das Verhältnis Mensch – Wald auf die Rodung. Bevölkerungsexplosion, steigender Bedarf an landwirtschaftlicher Nutzfläche und an Brennholz drängen den Wald täglich mehr zurück.

Die römischen Legionen erschraken vor dem erdrückenden und endlosen Bollwerk des gallischen Waldes. Zu dieser Zeit verkörperte der Wald eine wilde und feindliche Welt. Die Zivilisation kam mit der Rodung des Waldes.

Der Begriff der Irreversibilität

Der Wald weiß sich gegen die Angriffe des Menschen zu wehren, er versteht es, seine Rechte geltend zu machen, er erstaunt uns durch seine Vitalität und seine Fähigkeit, Terrain zurückzuerobern, was anschaulich die vielen Spuren früherer Zivilisationen vor Augen führen (Mayas, Inkas oder die Tempel von Angkor), die mitten im Wald entdeckt wurden. Dies gilt solange, wie der Druck des

Menschen auf die Umwelt nicht die Schwelle des Irreversiblen überschritten hat, hinter der es nur noch Wüste gibt. Dann wird dem Menschen auch klar werden, daß er letztlich selbst der Verlierer ist. Denn es heißt schon in der Fabel, daß der Habgierige alles verliert, weil er alles will.

Die Steinwüste, die bisweilen das Ergebnis der Umweltzerstörung ist, ist der Abschluß einer Entwicklung, die nicht mehr oder quasi nicht mehr rückgängig gemacht werden kann. Haben wir kommenden Generationen gegenüber das Recht, ihnen auf einem räumlich begrenzten Planeten, dem einzigen Ort, an dem unseres Wissens nach menschliches Leben möglich ist, nur noch immer neue Wüsten zu hinterlassen? Wer die Frage stellt, muß auch darauf antworten. Der Begriff der Irreversibilität scheint wesentlich in Bezug auf die Konsequenzen menschlicher Eingriffe in die Natur.

Der Wald hält Dienstleistungen und Güter bereit. Bewirtschaftet und korrekt gepflegt, kann er sich in seinem Wachstumsprozeß unendlich erneuern, und der Mensch kann diesen Prozeß lenken und verstärken.

Betrachten wir einen Moment die Unterschiede, die sich aus der geographischen Lage ergeben. Zweifellos machen die klimatischen Bedingungen bestimmter Regionen, vor allem in tropischen Gegenden, die Umwelt anfälliger als anderswo. Das heißt, daß dort ein irreversibler Zustand noch schneller erreicht ist. Sicherlich rührt in diesen Regionen die Waldvernichtung von dem enormen Bevölkerungsdruck auf dem Land her, der mit dem vergleichbar ist, den wir in unseren gemäßigten Breiten am Ende des 18. und zu Beginn des 19. Jahrhunderts kannten. Aber die Situation ist deshalb eine andere, weil die Schwelle der Irreversibilität, eine Ausweitung der Wüsten, die eine Erholung der Natur nicht mehr möglich macht, dort viel schneller erreicht ist. Dieselbe Feststellung kann seit der römischen Antike für den gesamten Mittelmeerraum getroffen werden.

Die Entwicklung einer Forstwirtschaft

Der Wald war für den Menschen zunächst wichtig, weil er ihn nutzen konnte, und zu diesem Zweck hat er ihn dann bewirtschaftet, was per definitionem die Aufgabe eines Försters ist. Der Wald hat Güter und Dienstleistungen anzubieten, aber er unterscheidet sich von anderen Gütern und Dienstleistungen durch zweierlei Dinge: Zunächst einmal kann der Mensch anhand einer überlegten Ertragsregelung ein erneuerbares Gut produzieren, und er kann auch, durch entsprechende Eingriffe, den Bestand verbessern und den Güteraustoß erhöhen. Man spricht hier vom nachhaltigen Ertrag, was aber voraussetzt, daß stets nach dem Prinzip gehandelt wird, daß «*man der Natur nur befehlen kann, wenn man ihr auch gehorcht*».

Zum zweiten ist der Wald ein Lebewesen, das sich verändert, sich verändern muß, selbst wenn sein Lebenszyklus, der viel länger als der unsere ist, uns häufig statisch vorkommt, im Gegensatz zum Jahreszyklus der Ackerkulturen. Wir dürfen also nicht den bei normaler Nutzung notwendigen Wandel mit den Zerstörungen verwechseln, die es zu verhindern gilt.

Eine sinnvolle Waldnutzung muß zwei Dinge vereinen, die zunächst nicht vereinbar scheinen. Zum einen muß sie der Menschheit die natürlichen und erneuerbaren Ressourcen des Waldes besser verfügbar machen. Zum anderen muß sie das gegenwärtige Potential an Reichtum für künftige Generationen erhalten, die eines Tages ihrerseits die Verantwortung dafür übernehmen müssen. «*Eine vernünftige Forstwirtschaft besteht darin, gegenwärtige Bedürfnisse zufriedenzustellen und künftige zu sichern.*»

Den Wald völlig zu schützen, wie es manchmal angestrebt wird, kann nur im Einzelfall in Frage kommen, wenn es um ganz spezielle Ziele geht, die nur auf diese Weise erreicht werden können: etwa um den Schutz der genetischen Vielfalt oder der Mannigfaltigkeit des Ökosystems.

Bevor forstliche Maßnahmen beschlossen werden, müssen ihnen notwendigerweise Entscheidungen über die Zweckbestimmung des Bodens vorausgehen. Nachdem es dabei um lange Zeiträume geht, muß garantiert sein, daß die Aufforstung sich mit den in der Raumordnung verfolgten Zielen vereinbaren läßt, auf der anderen Seite aber auch der Wald nicht nur als Flächenreserve betrachtet wird.

Bewirtschaftungspläne erstellen, die Bodennutzungsform auf lange Sicht hin festlegen, das sind ganz konkrete politische Aufgaben. Deshalb sollte die Forstpolitik auch immer in die allgemeine Raumordnung integriert sein, damit die Entscheidung, wie der Boden genutzt werden soll, überlegt getroffen werden kann, da es sich ja um eine Entscheidung handelt, die für lange Zeit irreversibel ist.

Die weltweite Verbreitung dieser Probleme

Noch vor dem Krieg formulierte Paul Valérie: «*Das Endzeitalter der Welt beginnt.*» Eine einfache, aber scharfsinnige Bemerkung. Im Grunde weiß man seit der Erkenntnis, daß die Erde rund ist, daß wir nur begrenzten Raum zur Verfügung haben. Aber noch vor sechzig Jahren, als die Transport- und Kommunikationsmittel, die für uns heute Alltag sind, noch in den Kinderschuhen steckten, war dieses Wissen nur abstrakter Natur und war nicht wirklich ins alltägliche Bewußtsein vorgedrungen. Dasselbe gilt für das Verhältnis des Menschen zu seiner Umwelt, die heutzutage überall als gemeinsames menschliches Erbe angesehen wird. Massive Umweltzerstörungen, wie die Vernichtung des Waldes ganzer Regionen in den Tropen oder das in den gemäßigten Breiten der nördlichen Hemisphäre konstatierte Waldsterben, gehen deshalb inzwischen die ganze Menschheit an und sind zu einer gemeinsamen Sorge geworden.

Dieses inzwischen weltweit verbreitete Bewußtsein bezieht sich natürlich nicht allein auf den Wald, aber der Wald ist zweifellos eines der Gebiete, bei dem sich dieses Bewußtsein am frühesten und am deutlichsten entwickelt hat.

Aus diesem Grund liegt es auf der Hand, daß die Fragen und Sorgen, was aus dem Wald wird, all diejenigen beschäftigen, die sich Gedanken über die Zukunft machen, und vor allem die, welche sich ihrer Verantwortung hierfür bewußt sind.

Der Wald ist geduldig. Alles wächst hier langsam, aber gewaltig zum Himmel, wie hier die Sequoiabäume, die schon zu Zeiten der Geburt Christi existierten. Die Azteken-Städte Mittelamerikas wurde Opfer dieser unbezähmbaren Kraft, wurden von den Wurzeln riesiger Bäume niedergedrückt, zerquetscht, aus den Grundfesten gehoben. △

Die industrielle Nutzung für Bauholz und Zellstoff war lange Zeit gleichbedeutend mit massenhafter Vernichtung dieser Wälder. Heute hat die Waldwirtschaft in Kanada und Skandinavien den Druck auf die noch ursprünglich gebliebenen Waldgebiete beträchtlich verringert. ▷

Paul Arnould

Bedrohungen des Waldes

Ungefähr vier Milliarden Hektar der Landflächen auf den Kontinenten sind nach Schätzung der FAO (Food and Agriculture Organization) von Wäldern bedeckt, und sie sind von allen Seiten bedroht. Während des zehnten Weltforstkongresses, zu dem im September 1991 dreitausend Spezialisten aus einhundertsechzig Ländern nach Paris kamen (das Thema lautete: «Der Wald, Erbe der Zukunft») wurden bei den verschiedensten Diskussionen und Gesprächen derartige Befürchtungen untermauert und eine Flut neuer alarmierender Zahlen vorgelegt. Seit 1985 werden weltweit jedes Jahr 17 Millionen Hektar tropischer Wald zerstört, was einer Fläche entspricht, die größer ist als z. B. der gesamte französische Waldbestand. Noch besorgniserregender ist, daß diese Waldvernichtung in immer schnellerem Maße zunimmt. In zehn Jahre hat sich die Geschwindigkeit der Waldzerstörung um 80 % erhöht.

Auf kontinentaler Ebene legen allein Europa und Nordamerika eine leicht positive Bilanz vor, mit Zunahmen der Waldflächen um 1–2 % zwischen 1980 und 1990.

Überall sonst machen einen die Angaben über die Abnahme der mit Bäumen bewachsenen Flächen, egal ob in absoluten Zahlen oder in Prozent, regelrecht schwindelig. Rechnet man die heutigen Statistiken hoch, führt dies zu der apokalyptischen Vorhersage, daß der komplette tropische Wald zu Beginn des 21. Jahrhunderts verschwunden ist. Eine der am meisten bedrohten Waldregionen ist die im Amazonasgebiet, in der jedes Jahr nahezu sieben Millionen Hektar verschwinden.

Die Abnahme der Waldflächen ist also ein Faktum, um das man nicht herumkommt. Diese Waldvernichtung ist nicht nur das Ergebnis von Kahlschlag; Waldbrände, Unwetter, Wirbelstürme, der saure Regen und Krankheiten tragen ebenfalls dazu bei, den Waldbestand zu mindern.

Die Liste der Missetaten, der biologischen und menschlichen Angriffe, die dem Wald zusetzen, ist ausgesprochen lang. Aber nicht alle sind von gleicher Bedeutung. Sie betreffen ganz unterschiedliche Regionen: vom borealen Nadelwald am Rand des nördlichen Polarkreises bis zu den artenreichen äquatorialen Tropenwäldern. Auch sind sie in ihrem jeweils sehr gegensätzlichen sozio-ökonomischen und politischen Kontext von den hochindustrialisierten Ländern bis hin zu den Entwicklungsländern zu sehen. Um die verschiedenen Risiken richtig bewerten zu können, müssen die Fakten präzise von allen Seiten betrachtet, die Ursachen festgestellt und die vorgeschlagenen Mittel zur Abhilfe auf ihre Tauglichkeit untersucht werden.

Ins Feuer mit den Wäldern

Eine der Hauptgefahren für den Wald ist das Feuer. Jedes Jahr fallen weltweit 10–15 Millionen Hektar den Flammen zum Opfer. Diese Schätzung dürfte allerdings sehr unpräzise sein, da eine Vielzahl von Bränden in wenig besiedelten Gegenden (im borealen Wald, im äquatorialen Wald oder im Bergwald) nicht systematisch erfaßt wird. Die neuen technischen Möglichkeiten der Erdbeobachtungen via Satelit dürften in naher Zukunft präzisere Angaben über Zahl und Ausdehnung der Feuer ermöglichen.

Aber trotzdem ist die Liste riesiger Feuersbrünste in jüngerer Zeit ausgesprochen eindrucksvoll:

- 300 Hektar brennen im Juni 1991 in Quebec an der Nordseite des Sankt-Lorenz-Stromes nieder;
- ebenfalls in Kanada, und zwar 1989, verwüsten 12 105 Brände 7,3 Millionen Hektar, davon allein 3,6 Millionen im Norden von Manitoba;
- ungefähr 600 000 Hektar verbrennen während des Sommers 1988 in den Vereinigten Staaten im Yellowstone Park und Umgebung;
- In den Danxinganling-Bergen, im Nordosten Chinas, werden im Mai 1987 eine Million Hektar Opfer der Flammen;
- nicht zu vergessen die 3,5 Millionen Hektar im Jahre 1983 auf Borneo und die 2 Millionen im Jahre 1987.

Im Mittelmeergebiet lassen sich regelrechte «Aschejahre», die besonders tödlich für den Wald sind, ausmachen:

- 82 000 Hektar 1975 in Portugal;
- 434 000 Hektar 1978 in Spanien;
- 59 000 Hektar 1979 in Frankreich, 57 000 im Jahre 1985, 75 000 im Jahre 1989 und 72 000 im Jahre 1990.

Diese Aufzählung, die sich beliebig erweitern ließe, beweist, daß keine Waldregion der Welt wirklich vor Feuer geschützt ist. Am meisten betroffen sind die Mittelmeerregionen, die tropischen Trockenwälder, in denen die sogenannten «Buschfeuer» wüten, und die borealen Wälder, wo riesige «Lauffeuer» in den ausgetrockneten Flechtenteppichen am Boden und der Nadelstreu Nahrung finden. Aber die tropischen Regenwälder des Äquators oder in Küstengegenden werden ebenfalls vom

Feuer heimgesucht. Alle Wälder der Welt können also ein Opfer der Flammen werden. Durch die verschiedenen geologischen Zeitalter hindurch sind Brände ein bedeutender ökologischer Faktor seit dem Devon, d. h. seit 375 Millionen Jahren. So jedenfalls belegen es die Analysen fossiler Holzkohle, des Kohlestaubs und der Rußschicht, die sich im Eruptiv- und Sedimentgestein an der Erdoberfläche feststellen lassen.

Die historische Komponente des Feuers und die detaillierte Studie seiner Periodizität und Frequenz in den unterschiedlichen Waldgegenden lassen die strittige Frage über seinen Nutzen oder Schaden zu.

Für manche Autoren ist das Feuer ein natürlicher Faktor der Regeneration, der Aufrechterhaltung einer hohen Produktivität der Ökosysteme. Das Feuer vernichtet Parasiten und sorgt für eine große biologische Diversität, indem es neben vom Brand verschonten kleinen Inseln ein Pionierstadium schafft. Für eine Menge anderer Autoren erzeugen die Brände, vor allem, wenn sie in kurzen Intervallen auftreten, eine Reihe schwerwiegender Störungen im Gefüge der Natur: Verlust an Biomasse, Ausrottung zahlreicher Tier- und Pflanzenarten, chemische und mechanische Degradierung des Bodens als Folge der brutalen Karbonisation der Streuschicht, Verstärkung hydrologischer Anomalien im Zusammenhang mit den veränderten Niederschlägen und Evapotranspirationen, Auswirkungen auf die Atmosphäre aufgrund des CO_2-Gehalts und der Aschepartikel in den Aerosolen, die letztlich sogar zu einer Abnahme der Temperatur auf der Erdoberfläche führen können, weil ein großer Teil der Sonnenstrahlung absorbiert wird.

Muß man also die Waldbrände grundsätzlich unter die ökologischen Katastrophen rechnen, oder kann man sie als regulatives Element der Ökosysteme betrachten? Es ist nicht leicht, sich für eine dieser konträren Meinungen zu entscheiden.

Man kommt aber nicht an der Feststellung vorbei, daß seit dem Paläolithikum und vor allem dem Neolithikum der Mensch einer der Hauptverursacher von Bränden geworden ist. Der Anteil natürlicher Auslöser, speziell von Blitzschlägen oder Vulkanausbrüchen, spielt zwar im Naturwald, wo z. T. hohe Temperaturen zur Überwindung der Keimhemmung notwendig sind, noch eine beträchtliche Rolle, ist aber in den gemäßigten Breiten und in den Tropen längst gegenüber den vom Menschen zu verantwortenden Waldbränden von untergeordneter Bedeutung. Denn neben den gewollten Bränden sind Fahrlässigkeit und Mutwille für viele Feuer verantwortlich.

Im Mittelmeergebiet existieren alle drei Faktoren nebeneinander: Das bewußte Abflämmen, wenn etwa manche Hirten dazu gezwungen sind, ihre Weideplätze zu regenerieren oder Wege durch das Unterholz zu schaffen; Fahrlässigkeit, wenn Spaziergänger ihre glimmenden Zigarettenkippen wegwerfen, und schließlich Mutwille, wenn psychisch kranke Pyromanen ihr Unwesen treiben oder Immobilienhaie, die ein Interesse daran haben, bestimmte Waldstücke herunterkommen zu lassen, um dort ihre einträglichen Bauprojekte verwirklichen zu können.

In den Tropen herrschen die gewollten Brände vor. Ackerbau auf abgesengten Feldern oder durch Brand gerodeten Waldstücken ist die natürliche Folge davon, daß eine Bevölkerung, die nur begrenzte Ressourcen zur Verfügung hat, gezwungen ist, sich ständig neues Ackerland zu beschaffen. Diese Praktik, obwohl altüberlieferter Brauch, ist dabei, zum eigentlichen Sinnbild der Waldvernichtung zu werden. Der Bevölkerungsdruck hat das natürliche Gleichgewicht zerstört, und der Wald hat keine Zeit, sich wieder neu zu bilden. Dieses Phänomen ist noch verstärkt worden, seit der Mensch sich zum Abbau von Eisenerzen und zur Gewinnung von Nutzholz Straßen gebaut hat, die in das Herz der bewaldeten Gebirgsmassive vordringen. Von diesem Moment an ist der Wald nirgends mehr sicher vor dem Feuer.

Wenn ein Waldbrand einmal ausgebrochen ist, kann er drei Formen annehmen: Lauffeuer oder Flächenbrände ziehen vor allem das Unterholz in Mitleidenschaft und vernichten Sträucher, Gräser und Moose. Wipfelfeuer verbreiten sich von Baumspitze zu Baumspitze. Was dann brennend durch die Luft gewirbelt wird (Rinden, Früchte, Blätter), fliegt häufig über eine große Entfernung hinweg und trägt das Feuer in Gegenden, die weit von der eigentlichen Feuersfront entfernt sind. Bodenfeuer oder Schwelfeuer zerstören die Torf- oder Humusschicht. Obwohl sie wenig spektakulär sind und sich extrem langsam ausbreiten, können sie in Lauffeuer oder Wipfelfeuer übergehen.

Heftige Winde können Waldbrände begünstigen. Man darf jedoch nicht die Geschwindigkeit dieser Winde, die häufig an die 100 km/h beträgt, mit der verwechseln, in der sich die Flammenfront ausbreitet. Diese ist selten höher als 5 km/h. Flammen, die mit einer Schnelligkeit von 100 km/h über die Bäume hinwegfegen, würden nur wenig anrichten, denn sie legten die Distanz von zehn Metern zwischen zwei Bäumen in weniger als vier Sekunden zurück. Selbst die schnellsten Lauffeuer sind häufig wesentlich langsamer als ein Mensch, der sich gemäßigten Schrittes fortbewegt.

Das Ausbrechen und die Verbreitung von Feuer im Wald hängen von einem komplizierten Faktorenkreis ab: Klimatische Einflüsse (Trockenheit von Luft und Boden, starker Wind, hohe Temperaturen usw.), Beschaffenheit der Pflanzendecke (Struktur der Vegetation und Natur der Arten: sind sie mehr oder weniger entflammbar), Bodenprofil und übriger Kontext: Welchen Einfluß hat der Mensch? (Handelt es sich um ungenutztes Land und wird das Gelände vernachlässigt? Gibt es dort viele Touristen, und ist mit entsprechend fahrlässigem Handeln zu rechnen?).

Welche Haltung soll man einnehmen, wenn das Feuer bereits alarmierende Ausmaße angenommen hat? Soll man die Sache einfach laufen lassen, nach der Theorie des «let burn», die 1988 im Yellowstone-Park Anwendung gefunden und anschließend eine leidenschaftliche Kontroverse über die Schadensbewertung ausgelöst hat. Diese Vorgehensweise ist möglich in einem nur wenig oder überhaupt nicht besiedelten Naturpark. Aber sie läßt sich keinesfalls anwenden, wenn der Wald sich in der Nähe von Ansiedlungen befindet oder selbst von Siedlungen verschiedenster Natur durchzogen ist. Ein großer Waldbrand ist nur schwer in den Griff zu bekommen, doch erlischt er im allgemeinen von selbst, sei es, weil er keine Nahrung mehr findet, sei es weil die Naturelemente (Bodenerhebungen, Niederschläge, Windstöße usw.) ihn weit wirksamer bekämpfen als die vom Menschen eingesetzten Technologien.

schen. Die Wiederherstellung eines ökologischen Gleichgewichts und einer Artenvielfalt im Wald braucht oft mehrere Jahrhunderte. Wenn man häufig mit Feuer rechnen muß (wobei «häufig» schon alle 100 Jahre sein kann, in jedem Fall aber alle zehn Jahre), verhilft man dem Wald zu einer Pyroklimax, in der feuerresistente Pflanzen oder solche, die nach einem Brand keimfähig sind, dominieren. Wenn man eine Bilanz zieht, stellt

Das Feuer beraubt den Boden seines grünbraunen Schutzschildes aus Laub und Streuschicht. Für Regen und Wind ist es nun ein leichtes, das Erdreich zu lockern und in Flüsse und Meer mitzureißen. Und wenn dagegen nichts unternommen wird, so wird dieses einst fruchtbare Stück Land für immer unfruchtbar.

Von diesem Gesichtspunkt aus ist der Wasserbomber oder Canadair (das bekannteste, in Kanada entwickelte und fast überall eingesetzte Flugzeug dieser Art) sicher vor allem für die große Dramaturgie des Feuers von Bedeutung, aber seine tatsächliche Rolle wäre es einmal wert, einer genauen Analyse und einer ökonomischen, politischen und psychosoziologischen Synthese unterworfen zu werden – ein Prozeß, der allmählich in Gang kommt.

Die Konsequenzen von Waldbränden sind vielgestaltig: Temperaturen, die gewöhnlich 500 bis 800 Grad erreichen, haben einen beträchtlichen Zerstörungseffekt auf Fauna und Flora. Wenig bewegliche Tiere werden häufig dezimiert. In der Pflanzenwelt erhalten wir ein reduziertes Ökosystem, in dem heliophile, also sonnenliebende Arten (Birken oder Kiefern zum Beispiel) vorherrman einerseits eine unmerkliche Verarmung der Flora fast und andererseits die Entwicklung erstaunlicher Adaptationen.

Indirekt ist das Feuer häufig für spektakuläre Erosionen auf Böden, die ihrer «braunen Schutzschicht» an Streu und ihrer «grünen Schutzschicht» an Blättern verlustig gegangen sind, verantwortlich. Das von den Hängen gerissene Geröll lagert sich in den Tiefen der Täler, den Flußmündungen und den Deltas ab. Die Neuverteilung des Mutterbodens nach einem Brand ist vor allem im Mittelmeerraum mit seinen kahlen Bergen und seinen Ebenen, die laufend überschwemmt werden, wichtig, weil die Flüsse extrem viel Wasser mit sich führen und über ihre Ufer treten, wobei sie enorme Geröllmassen anschwemmen und ablagern und so ihr Flußbett ständig verändern.

Gegen die Waldbrände ankämpfen, bedeutet gleichermaßen Vorsorge (Pläne, die besonders feuersensible Gegenden verzeichnen, das Freimachen von Feuerschneisen, die Befreiung des Unterholzes von leichtbrennenden Pflanzen usw.), Verhütung (Spähtürme, Patrouillen, Informierung der Öffentlichkeit, Einsatz von Sprenkelanlagen in Zeiten besonderer Gefährdung) und Intervention (Feuerwehren am Boden und Wasserbombardements aus der Luft).

Die Kosten für diese Einsätze sind im allgemeinen sehr hoch (in Kanada betragen sie z. B. ungefähr 350 Millionen Dollar pro Jahr). Zu der Summe dieser direkten Kosten müßten auch noch die Kosten für die Wiederaufforstung addiert werden sowie der kalkulierte erlittene Verlust an Pflanzenbeständen, Fauna und Mutterboden.

«Vom Winde verweht»

Seit ungefähr zehn Jahren werden die Bergwälder in Westeuropa immer wieder von Stürmen außergewöhnlichen Ausmaßes verwüstet. Am schlimmsten war es im Jahre 1990, in dem mehr als 115 Millionen Festmeter Wald durch den Wind zu Boden gingen, 70 Millionen davon in Deutschland, 8 Millionen in Frankreich, 6 Millionen in Großbritannien, 11 Millionen in der Tschechoslowakei, 5 Millionen in Belgien, Österreich und der Schweiz und noch mehr als eine Million in Dänemark, Luxemburg und Polen. Der ganze europäische Kontinent wurde Opfer dieses Sturmes, der eine Holzmenge umgeworfen hat, die größer ist als die des ganzen Waldes des Landes (100 Millionen Festmeter). Diese heftigen Stürme, die sich von Ende Januar bis Anfang März hinzogen, haben größere Schäden angerichtet als alles, was seit Mitte des 19. Jahrhunderts an Verwüstungen gemessen wurde. Sie machen ein Viertel der in den letzten einhundertfünfzig Jahren durch Sturm entstandenen Waldvernichtung aus. In Frankreich folgen sie auf eine Reihe wetterbedingter Verwüstungen, bei denen der Wind eine wesentliche Rolle gespielt hat, manchmal kombiniert mit Schnee oder Rauhreif auf den Bäumen. Die herausragendsten Katastrophen dieser Art haben sich 1987 in der Bretagne und der Normandie ereignet, aber ebenso im Süden Englands (11,5 Millionen Festmeter) und 1982 im Massif Central (12 Millionen Festmeter).

Auch in anderen Regionen der Erde haben Stürme Verwüstungen angerichtet, und zwar speziell in den Tropen, die von Wirbelwinden heimgesucht werden, die Windgeschwindigkeiten von 100 bis 300 km/h aufzuweisen haben. Man nennt sie Zyklone. Sie entsprechen in anderen Teilen der Erde den amerikanischen «Hurricans», den japanischen «Taifunen« oder den australischen «Willy willies».

Diese Naturkatastrophen haben einerseits die Entwurzelung der Bäume zur Folge, andererseits brechen die Stämme mittendurch, und neben der abgerissenen und zu Boden geworfenen Krone bleiben enthauptete Stümpfe zurück. In Europa toben die großen Stürme im Herbst (vor allem im Monat November) und im Winter (speziell im Februar).

In Europa haben die Winterstürme 1990 115 Millionen Kubikmeter Holz in weniger als drei Monaten zerstört.

Hauptverantwortlich sind also klimatische Prozesse, jedoch können die Schäden auch durch eine falsche Waldpolitik provoziert und verstärkt werden. Anpflanzungen, die ausschließlich aus Nadelbäumen bestehen, sind ausgesprochen windempfindlich. Eine Monokultur von Bäumen ist, wie man es auch aus der Landwirtschaft weiß, eine unbestrittene Gefahrenquelle. Eine Streuung des Risikos, indem man Nadel- und Laubbäume miteinander vermischt, macht die Wälder Stürmen gegenüber resistenter. Zu dichte Bestände, die nicht rechtzeitig durchforstet wurden, sind die potentiell anfälligsten bei

starken Windstößen. Für sie stellen auch starke Schneefälle eine Bedrohung dar, da der Schnee auf ihren Spitzen liegenbleiben kann, dann manchmal gefriert und so ein zusätzliches Gewicht darstellt, das die Bäume leicht zum Umstürzen bringt. Wenn die Bäume am Boden liegen, ist der Schaden offensichtlich. Der Wind kann aber auch schwerwiegende innere Schäden am Holz auslösen. Denn die Verdrehung der Baumkronen bewirkt Jahrringablösungen und provoziert die sogenannte Ringschäle. Angesichts dieser Bedrohungen durch den Wind muß die Forstwirtschaft auf eine Vielfalt der Arten setzen, relativ lichten Baumbeständen den Vorzug geben, Schutzhecken anlegen und, soweit möglich, einen Kahlschlag auf größeren Flächen vermeiden. Die «Météorologie Nationale» hat in Frankreich auf Antrag der staatlichen Elektrizitätswerke Karten ausgearbeitet, in denen besonders sturmgefährdete Gegenden vermerkt sind. Diese lassen Prognosen über die Häufigkeit verschieden starker Stürme in den einzelnen Regionen zu, was eine bessere Abschätzung dieser in den letzten zehn Jahren in Europa steigenden Gefahr ermöglicht.

Es regnet Säure vom Himmel

Der «saure Regen», oder, wie die meisten Wissenschaftler nüchterner formulieren, die «Verschmutzung der Luft», stellt seit den 80er Jahren eine der spektakulärsten und bekanntesten Formen der Bedrohung für den Wald dar. Unter «saurem Regen» hat man speziell die Niederschläge zu verstehen, die sich aus der Transformation von Schwefeloxiden und Stickstoff zu Schwefelsäure (70% der Säure im Regen) und Salpetersäure (30% der Verunreinigung) ergeben.

In den 60er Jahren hat man einen zunehmenden Säuregehalt des Regens und eine dadurch bedingte Übersäuerung der Seen festgestellt, und zwar in England, Skandinavien, im Nordosten der Vereinigten Staaten und im Südosten von Kanada (Quebec und Ontario). In der Folgezeit wurde auch die Wirkung der Umweltverschmutzung auf Flechten und dann auf höhere Pflanzenarten untersucht. Seit einigen Jahren widmet sich eine beachtliche Anzahl von Studien den Auswirkungen, die der saure Regen auf Bäume hat. Offensichtlich sind Nadelbäume am meisten betroffen, aber auch Laubbäume kommen nicht ungeschoren davon.

Die Deutschen haben als erste Alarm geschlagen in den 80er Jahren. In Frankreich fing man erst später an, Untersuchungen durchzuführen und Maßnahmen zu ergreifen. Eine erste flächenübergreifende Erfassung der Waldschäden wurde 1983 begonnen. Sich an dem deutschen Modell orientierend, dehnte sich dieses Observationsnetz, das zunächst auf die Vogesen beschränkt war, über ganz Frankreich aus. Es umfaßt momentan 3 Millionen Hektar, mit 1650 Versuchsflächen und 45000 Bäume. Zusätzlich zu diesem Netz hat die EG seit 1986 ein großmaschigeres Netz (16 × 16 km) installiert. Der Schadensbefall wird anhand zweier Kriterien ermittelt: der anormalen Färbung und des Laubverlustes, dessen Bewertung schwierig ist, da Stürme oder Insekten ebenfalls zur Entblätterung beitragen können.

An dieser Fichte kündigt die Gelbfärbung der Nadeln an, daß der Baum vom sauren Regen geschädigt ist. Allerdings behauptet man, die Umweltverschmutzung sei nur ein zusätzlicher Faktor neben Mineralarmut des Bodens oder Dürreperioden.

Nachdem eine Zeitlang großer Pessimismus herrschte und katastrophale Voraussagen, die den Tod ganzer Wälder prophezeiten, gemacht wurden (was den Begriff Waldsterben entstehen ließ), scheint sich zur Zeit das Schadensniveau auf einem gewissen Level stabilisiert zu haben. Die zahlreichen Untersuchungen, die in verschiedenen Ländern durchgeführt wurden wurden, in Frankreich besonders im Rahmen des DE. FOR. PA-Programms (Das ist eine Organisation, die sich mit der Zerstörung des Waldes durch die Luftverschmutzung befaßt), haben ein besseres Verständnis der Ursachen für das Waldsiechtum möglich gemacht. 1990 haben im Rahmen dieses Programms 25 Länder eine Bestandsaufnahme ihrer heimischen Wälder vorgenommen. Die Untersuchungen haben ergeben, daß ungefähr 10% der europäischen Wälder vom sauren Regen stark geschädigt sind, wobei der Prozentsatz in atlantischen Regionen höher liegt als im Mittelmeerraum.

Neben der Luftverschmutzung darf man nicht die Rolle übersehen, die der Klimastreß spielt, allen voran die großen Dürreperioden, die ungünstigen Standortbedingungen, falsche forstwirtschaftliche Maßnahmen, durch die bestimmte Bäume zu dicht auf kaum fruchtbaren und nicht genügend feuchten Böden gepflanzt wurden. Manche deutschen Wissenschaftler haben sogar die Hypothese aufgestellt, ein Virus könnte für den Blattverlust und die Verfärbung der Bäume verantwortlich sein. Wie schon im Fall der Stürme und Tornados, läßt sich auch hier wieder feststellen, daß außergewöhnliche klimatische Bedingungen eine Rolle spielen, deren Auswirkungen von einer falschen Forstpolitik verstärkt und unterstrichen werden.

Auch extrem kalte Jahre können manchen Arten schweren Schaden zufüge. In den Wäldern der gemäßigten Klimazonen kommt es häufig vor, daß durch große Kälte Teile des Blätterwerks geschädigt werden, einzelne Bäume zugrunde gehen oder ganze Bestände absterben. Aber selbst in den nördlichen Wäldern ist dies nicht ungewöhnlich. In Frankreich starben 1879–1880 auf diese Weise in der Sologne 80 000 Hektar Strandkiefernwald ab. In jüngerer Zeit wurden durch Frost in den Landes 30 000 Hektar geschädigt, nicht zu vergessen die Eukalyptus-Pflanzungen in Aquitanien und den südlichen Pyrenäen, die den niedrigen Temperaturen nicht standhielten. Solche Katastrophen sind oft die Folgen falsch ausgewählter Herkünfte, denn ein Baum aus einer Tiefebene kann z. B. schlecht im Hochgebirge gedeihen.

Fazit: gute Kenntnisse von Geographie, Temperatur, Niederschlägen und Wind erweisen sich in zunehmendem Maße als wichtig für eine funktionierende Forstwirtschaft in den von Forst und Dürre bedrohten, unter dem sauren Regen leidenden Wäldern.

Diese prachtvollen Raupen stellen tatsächlich eine entsetzliche Bedrohung für den kanadischen Wald dar. Von 1967 bis 1975 haben sie an die 35 Millionen Hektar Wald vernichtet. Ihre europäischen Artgenossen Prozessionsspinner, Schwammspinner und Frostspanner sind nicht minder gefürchtet.

Große und kleine Lebewesen: Die Schädlinge des Waldes

Heimtückischer als die spektakulären Verwüstungen durch Brände mit lodernden Flammen und Ascheregen oder die «Gemetzel» der Tornados, die Bäume wie Streichhölzer in Stücke brechen und wie Strohhalme herumwirbeln, sind die biologischen Schädlinge. Sie sind häufig kaum sichtbar, können aber unglaublich gefährlich und destruktiv sein. Einer der am gründlichsten untersuchten Fälle ist die Raupe des kleinen Fichtenwicklers *(Choristoneura fumiferana)*, die zwischen 1967 und 1975 35 Millionen Hektar Wald in Kanada zerstört und Verluste in der Größenordnung von 5–6 Millionen Kubikmetern pro Jahr verursacht hat. 1989 betrug die durch Insekten verursachte Entlaubung noch an die 1,1 Millionen Hektar in den Wäldern von Quebec und 4,5 Millionen Hektar in Ontario, was das Ausmaß der biologischen Gefahr gut zum Ausdruck bringt. In Frankreich füllt die Liste der Insekten- und Pilzschädlinge und der durch sie verursachten Schäden jedes Jahr einen umfangreichen Bericht der forstwirtschaftlichen Behörden: Prozessionsspinner-Raupen, Schildläuse, *Matsucoccus feytaudi*, Seidenspinner, Goldafter, Hallimasch ... hinter diesen hübschen Bezeichnungen verbergen sich schreckliche Gefahren für Blätter und Stamm: Man bekämpft sie häufig mit mechanischen Mitteln, manchmal auch biologischen, speziell mit dem *Bacillus thuringensis*, häufig aber chemischen, indem man zu Insektiziden und Pestiziden greift. Die kleinen Lebewesen sind häufig weit gefährlicher als etwa die großen Pflanzenfresser (Wildschweine, Hirsche, Rehe in den gemäßigten Breiten, Elche und Karibus im Norden, Giraffen in den trokkenen Wäldern, und den Savannen), die durch Verfegen, Abäsen oder Schälen dem Wald große Schäden zufügen können.

Andere große Säugetiere erweisen sich als extreme Bedrohung für die lokale Flora. Die extensive Zucht von Rindern (Brasilien, Madagascar) und Ziegen (Sahel) ist durch die Überweidung ein wesentlicher Faktor für das Verschwinden des Waldes und die Desertifikation. In Zentralamerika gibt es nach Schätzungen über 10 Millionen Rinder. Im allgemeinen haben die Herdenbesitzer das Recht, die Hälfte der Fläche ihrer Ranch zu roden, was mehreren tausend Hektar entspricht. Das dadurch neu gewonnene Weideland ernährt pro Hektar nur ein Tier, und die Degradierung nimmt ständig zu, so daß am Ende von zehn Jahren fünf Hektar pro Tier nötig sind. Dieser unaufhörliche Bedarf an Land hat in Brasilien zahlreiche Konflikte mit den Indios und den Kautschukgewinnern, den «Seringueiros» heraufbeschworen (ihr Führer Chico Mendes wurde im Dezember 1988 ermordet).

Industrielle Bedrohungen

Zahlreiche Gefahren, die mit der industriellen Entwicklung einhergehen, bedrohen den Wald: der Bau von Staudämmen (der von Tucurui in Brasilien hat 175 000 Hektar unter Wasser gesetzt), von Straßen wie der berühmten Transamazonica (Peru hat vor kurzem seine

Genehmigung für deren Zugang zum Pazifik erteilt. Dies läßt eine Ost-West-Achse entstehen, die für die Zukunft des Waldes eine besondere Bedrohung darstellt), die Eisenverhüttung (die Stahlgießereien von Gran Carajas, und von Brasilien werden mit Holzkohle betrieben und dürften im Jahr 250 000 Hektar verschlingen!) und die Erdölförderung, das Fällen von Nutzholz (jährlich 40 Millionen Kubikmeter tropischer Hölzer im Werte von 10 Milliarden Dollar) – das alles sind Bedrohungen und Gefährdungen, die jeden Tag ein wenig mehr Wald von der Erdoberfläche verschwinden lassen. Die neueste Variante zu diesem Thema sind organisierte Umsiedelungen, vorgenommen von der indonesischen Regierung, um die überbevölkerten Inseln Java und Bali zu entlasten. Bislang unberührte Inseln des Archipels (Irian Jaya, Kalimantan, Maluku) wurden auf diese Weise mit mehreren tausend Familien besiedelt, die eifrig darangingen, den Wald niederzubrennen, um neues Ackerland zu gewinnen.

Letzten Endes sind alle Wald-Ökosysteme der Welt vielfältigen Bedrohungen ausgesetzt, wobei die im strengen Sinne natürlichen Ursachen wie Waldbrände, Stürme, Schnee, Kälte, Trockenheit, Insekten, Pilze, Viren, Bakterien ... immer weniger ins Gewicht fallen gegenüber denen, die indirekt oder direkt, gewollt oder ungewollt auf das Konto der Menschen gehen. Die vom Menschen verursachten Bedrohungen (wie unüberlegte Brandrodung) stellen, vor allem in tropischen Gegenden, eines der schwersten ökologischen Probleme des ausgehenden 20. Jahrhunderts dar.

Der 1985 unter der Ägide der Vereinten Nationen ins Leben gerufene «Aktionsplan für den tropischen Wald» muß bei seinem Versuch, die einzelnen Bevölkerungen für eine Politik des Baum- und Waldschutzes zu gewinnen, berücksichtigen, daß der Wald sehr häufig den kurzfristigen Interessen der Staaten oder großer Unternehmen geopfert wird. Aber es ist ein kategorisches Muß, daß man sich über die Brisanz der Gefahren im klaren wird. Gleichzeitig ist es wissenschaftlich notwendig, daß man die Verschiedenartigkeit der Verhältnisse analysiert. Und es ist eine moralische Erfordernis, realistische Lösungsvorschläge auszuarbeiten, bei denen die Bedürfnisse des Menschen mitberücksichtigt werden.

Auch Tätigkeiten wie die Goldsuche können den Wald zum Verschwinden bringen. Außer Rodung für Tagebau (Serra Pelada in Brasilien) verseucht das für die Scheidung von Edelmetall verwendete Quecksilber alle umliegenden Flüsse.

Antoine Lorgnier

Das Brennholz

Unter den wesentlichen Gründen für die Entwaldung (Brände, Nutzholzgewinnung, Brandrodung für Ackerland) findet sich einer, der in der breiten Öffentlichkeit wenig bekannt ist, aber von Tag zu Tag dramatischere Züge annimmt: Die Jagd auf Brennholz.

Seit der Ölkrise im Jahre 1973 ist das tägliche Sammeln von Feuerholz die Hauptursache für den Rückgang des tropischen Waldes: Der Anteil, den es am Prozeß des Waldschwundes hat, beträgt 47%. An diesem Sammeln sind in den Entwicklungsländern, die nicht die Mittel besitzen, Öl als täglichen Brennstoff zu kaufen (der Bedarf an Feuerholz pro Tag entspricht in den Ländern der dritten Welt einem Import von 30 Millionen Barrel Öl), Dorfbewohner, Bauern und Städter beteiligt.

Ein Drittel der Menschheit ist zu 90% von Feuerholz abhängig, um zu kochen und zu heizen. In der Sahelzone muß man sogar noch eine höhere Zahl ansetzen, was besonders beunruhigend ist angesichts der dortigen prekären Lage der Waldressourcen.

Da es sich um eine häusliche Aufgabe handelt, die mit der Nahrungszubereitung zusammenhängt, wurde das Suchen und der Transport von Holz häufig den Frauen und Kindern übertragen. Manchmal zwingt sie das Holzsammeln, zu Fuß mehr als 20 km am Tag mit Lasten über 25 kg zurückzulegen. In Moçambique leben 6000 Familien von der Belieferung der Hauptstadt Maputo mit Holz. Der Holzverkauf stellt eine Zusatzeinnahme für die Bauern dar, die bis zu 50% ihres Gesamteinkommens ausmacht. Aus diesem Grund fangen manche Dörfer damit an, nicht landwirtschaftlich genutztes Land mit schnell wachsenden und erneuerbaren Hölzern zu bepflanzen. Ein schmaler Streifen am Horizont im Prozeß der Desertifikation und des Waldschwindens.

Der starke demographische Druck erlaubt der Natur nicht mehr, sich zu regenerieren. Der Bedarf an Brennholz wächst unaufhörlich, und mit der Verdoppelung der Bevölkerung, wie sie bis zum Ende des Jahrhunderts vorhergesagt wird, ist der Druck auf die waldbedeckten Flächen nicht mehr zu verringern. Der Waldschwund rund um die städtischen Zentren ist dramatisch. Im Abstand von 30 bis 100 km von den großen afrikanischen Städten degradiert die Vegetation in einem rasanten Tempo, und in einer Entfernung von weniger als 30 km läßt sich ihr völliges Verschwinden nicht mehr verhindern. In Cotonou, in Begin und in Abidjan, an der Elfenbeinküste, sind die Mangrovenwälder rund um die Stadt vom Aussterben bedroht. In vierzig Jahren hat sich der Wald rund um Bangui um 35 km zurückgezogen. Überall gibt es Versorgungsprobleme, und es droht Verelendung. In Nepal braucht man für eine Holzmenge, die man vor einigen Jahren in ein oder zwei Stunden gesammelt hat, inzwischen einen ganzen Tag. Mali, Niger, Äthiopien, Mauretanien, Indien, Bolivien, Peru, Chile, Haiti und Jamaika haben mehr und mehr Schwierigkeiten, das benötigte Brennholz zu beschaffen.

In der Sahelzone leidet nur 6% der Bevölkerung keine Not. Das führt zu regelrechten Diebeszügen durch die Reservate und Nationalparks. In den Städten ist der Diebstahl von Holz immer häufiger. In den Anden und in Indien zwingt die Knappheit an Brennholz die Leute, Tierexkremente und alles mögliche pflanzliche Material als Brennstoff zu benutzen, was der Degradierung des Bodens noch Vorschub leistet. 400 Millionen Tonnen dieser Exkremente werden auf diese Weise jährlich verbrannt, potentieller Dünger, der verschwindet, anstatt einen sowieso schon durch das Fehlen einer Vegetationsdecke außerordentlich degradierten Boden anzureichern. Die FAO sagt, daß Indien, falls es im Jahr 2000 seine Bevölkerung noch ernähren kann, nicht weiß, wie und mit was die Menschen ihr Essen kochen sollen. Keine andere Energiequelle scheint in den nächsten 25 Jahren das Brennholz sinnvoll ersetzen zu können. Die Holzkohle, die vor allem in trockenen Ländern (Mauretanien) Verwendung findet, ist kaum eine Lösung. Denn man benötigt 7 kg Holz, um ein Kilo Holzkohle herzu-

Das Sammeln von Feuerholz trägt zu 50% zum fortschreitenden Waldschwund bei. Dies liegt hauptsächlich darin begründet, daß Dorfbewohner und Städter in den Entwicklungsländern es sich nicht leisten können, Erdöl zu kaufen. Der Holzverbrauch dieser Länder entspricht dem Import von 30 Millionen Barrel Erdöl pro Jahr.

stellen. In Brasilien werden Generatoren damit betrieben, und regelrechte Köhler-Camps dezimieren ganze Wälder.

Ein Teufelskreis: Das Holz hat Seltenheitswert, was seinen Preis erhöht, und der Holzkauf zehrt einen immer größeren Teil des Haushaltsbudgets auf (bei der Bevölkerung in der Sahelzone bereits fast ein Viertel).

über die «Agroforstwirtschaft»), kann man nur Baumarten anpflanzen, die schnell wachsen (Eukalyptus und tropische Nadelhölzer). Der Baum ist bei richtiger Pflege eine stets wieder neu nutzbare Energiequelle. Der Eukalyptus, der Nimbaum, eine indische Baumart, die in Afrika heimisch gemacht wurde, und der Puderquastenstrauch (*Calliandra Calothyrus*), ursprünglich aus Gua-

Die Köhlerei ist ein sehr einträglicher Wirtschaftszweig. In Brasilien dient Holzkohle als Brennstoff für Schmelzhütten und Wärmekraftwerke. In Afrika wird sie in der Sahelzone zu Goldpreisen gehandelt. Der Wald zahlt jedesmal einen hohen Tribut. Um ein Kilogramm Holzkohle zu erzeugen, braucht man sieben Kilogramm Holz.

In manchen Städten ist der Preis für Brennholz in zwei Jahren um 300% nach oben gegangen. Um ein wenig Geld zu sparen, das dringend für Nahrungsmittel benötigt wird, opfern die Menschen immer mehr Zeit für das Sammeln von Brennholz und vernachlässigen ihre Felder, was den Prozeß des Waldschwundes beschleunigt. Die ausgelaugten Böden sind weniger ergiebig und erfordern mehr Arbeit. Deshalb steckt man den Wald in Brand, um neues Ackerland zu gewinnen, etc. ...

Lösungsansätze sind nicht zahlreich. Außer daß effizientere Herde verteilt werden (das traditionelle offene Modell mit drei Steinen vergeudet 90% der vom Holz abgegebenen Wärmemenge) und die Solartechnologie weiterentwickelt wird (siehe auch das Kapitel

temala stammend, haben schon den Beweis erbracht. In Korea schafft es ein Baum, *Lespedeza bicolor*, vom ersten Jahr an 3 Tonnen Brennholz pro Hektar abzuwerfen. Seine Wurzeln dienen als Viehfutter, und seine Blüten sind Grundlage einer Bienenzucht. Mehr als 700 als Feuerholz nutzbare Arten existieren, die innerhalb von fünf bis zehn Jahren genutzt werden können und die auch angesichts einer Verdoppelung des Brennholzbedarfs bis zum Jahr 2000 dringend gebraucht werden. Da die FAO und zahlreiche nichtstaatliche Organisationen derartige Anpflanzprogramme bereits lokal durchgeführt haben, und zwar mit Erfolg, sollten die betroffenen Regierungen endlich damit aufhören zuzuschauen, wie ihr Energiepotential sich in Rauch auflöst, und mit einer globalen und vernünftigen Waldpolitik beginnen.

In Europa zeigte sich mit dem Seßhaftwerden und dem stetigen Wachstum der Bevölkerung, daß der Wald keine unerschöpfliche Ressource ist. Seither ist man allgemein zur Betriebs- und Ertragsregelung übergegangen, das bedeutet, daß in einem Wald planmäßig und nach bestimmten Regeln eingeschlagen wird, so daß dieser nicht ausgeplündert wird.

Die geregelte Forstwirtschaft: Aufgabe der Zukunft

Georges-André Morin

Lange Zeit hat der Mensch die Naturgüter ausgeschöpft, als handle es sich um eine nie versiegende Quelle. Der Wald wurde als unerschöpfliches Holzlager angesehen oder als potentiell landwirtschaftlich nutzbares Gebiet.

Die Seßhaftwerdung und der steigende Bevölkerungszuwachs brachten dem Menschen schließlich immer stärker zu Bewußtsein, daß der Wald keine unerschöpfliche Quelle ist.

Dieses Bewußtwerden ging auf Ebene der politischen Gewalten dadurch vonstatten, daß der Zwang bestand, zwei Bedürfnisse auf derselben Fläche zu befriedigen:

- die bewaldeten Flächen wurden für die Jagd benötigt, was den königlichen Wäldern einen besonderen Schutz gewährleistete,
- man brauchte die Wälder für den wachsenden Holzbedarf der Flotte, die im Frankreich des 17. Jahrhunderts zum Zeitpunkt der Erlasse Colberts oberste politische Priorität besaß.

Es scheint, daß die Venezianer schon vom Mittelalter an, in Anbetracht ihres für die damalige Epoche beträchtlichen Holzbedarfs für Bauten (Stützpfähle) und die Flotte, die Grundzüge einer Bewirtschaftung entwickelt haben, um in ihren Wäldern, den Holzertrag zu optimieren.

Das erfüllte den strategischen Zweck, die militärisch zu überwachenden Landflächen klein zu halten, nach der Devise des Dogen Tomaso Mocenigo (1414–1423): *«Coltivar il mar e lassar star la terra»*.

Schließlich taucht im 18. Jahrhundert die Notwendigkeit auf, den Energiebedarf der entstehenden Industrie zu decken, doch zu diesem Zeitpunkt hat die Forstverwaltung bereits weitgehende Vorstellungen.

Die traditionelle Fortwirtschaft

Als ein strikt auf das Holz bezogenes Fach wurde die Forstwirtschaft laut Wörterbuch zuerst definiert als «Regelung der Holznutzungen eines Waldes; das Resultat dieser Regelung.»

Die Planung des Holzeinschlags

Worin besteht die Regelung des Holzeinschlags? Die Erfahrung und die Auswertung wissenschaftlicher Versuche hat den Forstwirten gezeigt:

- daß mit zunehmendem Alter und steigender Dimension der Verwendungszweck steigt: erst Feuerholz, dann Bauholz, zuletzt Werkholz.
- daß die Art der Holznutzung, z.B. der sogenannte «Kahlschlag», bei dem alle Bäume gefällt werden, oder die selektive Durchforstung, bei der man bestimmte Bäume entnimmt, ebenso ihre Häufigkeit es gestatten, die Entwicklung des Waldbestandes zu steuern. Die Regelung der Einschläge gewährleistet somit nicht nur die Erhaltung, sondern auch die Ertragsverbesserung eines Waldbestandes auf lange Sicht. Die selektive Durchforstung ermöglicht, bestimmte Baumarten mehr zu fördern als andere, bzw, qualitativ guten Bäumen zu helfen, indem «Bedränger» entfernt werden.

Die Entscheidung, welche Durchforstungsmethode angewandt werden soll, ist damit ein grundlegendes Element bei der Bewirtschaftung eines Waldbestandes.

Will der Förster das Produktionspotential des Waldes, mit dessen Verwaltung er betraut ist, aufrechterhalten oder verbessern, muß er von vornherein für einen relativ langen Zeitraum die Eingriffe festlegen.

Im allgemeinen werden die Bäume nicht vor einem Alter von 20 bis 25 Jahren durchforstet, also die ungefähre Dauer einer Menschengeneration. Während dieser Periode legt die Fortwirtschaft folgendes fest:

- die genaue Gebietsbestimmung und Abgrenzung der Parzellen, in denen Hiebe stattfinden sollen,
- die Art, Häufigkeit und Eingriffsstärke der Durchforstungen.

Die Abgrenzung

Der Forstwirt mußte somit in erster Linie ein Landvermesser sein. Die Eingrenzung des Terrains ist die erste Voraussetzung für weit in die Zukunft geplante Aktionen. Das ist das wesentliche Merkmal zur Unterscheidung zwischen der Bewirtschaftung einer begrenzten Ressource und der Ausbeutung einer unbegrenzten Ressource. Der Sinn besteht darin, eine zeitliche Kontinuität der Erträge zu erreichen, ohne den Wald auszubeuten. Die Einführung der Nachhaltigkeit (so heißt dieser Bewirtschaftungsgrundsatz) als Leitprinzip des forstlichen Handelns) hat eine bestimmte Planungsform entstehen lassen, die Forsteinrichtung genannt wird. In regelmäßigen Abständen, meistens alle 10 Jahre, werden die Wälder eines Forstamts begangen und dabei Inventur gemacht. So wird festgestellt, wie hoch der Zuwachs ist. Genutzt wird nur dieser. Wo das im einzelnen ist, ist der Entscheidung des Forsteinrichters überlassen, der bestandsweise plant, wo, wieviel und zu welchem Zeitpunkt in den nächsten zehn Jahren eingegriffen wird.

Das, was man Nutzungsregelung nennt, bildet somit das Zentrum der Forstwirtschaft, doch geht diese noch entschieden darüber hinaus.

Die Nutzungen zu regeln, das haben wir bereits gesehen, bedeutet, den Umfang und Zeitpunkt der Holzentnahme festzulegen, und zwar gemessen an den Zielen des für den Wald günstigen, nicht am Holzbedarf.

«Es ist eine Kunst, die jährlich in einem Wald zu pflegenden Waldabschnitte so festzulegen, daß damit sowohl für den derzeitigen Besitzer wie für seinen Nachfolger die günstigste Nutzung erzielt wird.»

(Dralet, Ausgabe von 1812)

Der Forstwirtschaftsplan

Die Arbeit des Forstwirtschaftlers besteht nicht nur darin, eine Nutzungsregelung festzulegen, sondern auch ein lang- und mittelfristiges Konzept auszuarbeiten, das traditionsgemäß einen Zeitraum von 10 bis 25 Jahren umfaßt. Das Konzept muß noch einen längeren Zeitraum abdecken, nämlich bis zum Erntezeitpunkt eines Bestandes. Diese Zeitspanne umfaßt im Falle der Pappeln nur 20 bis 25 Jahre, bei den maritimen Kiefernhölzern liegt sie bei einer Größenordnung von 60 Jahren, 80–140

Jahre bei den übrigen Nadelhölzern, bis zu 120 Jahre bei den Bergtannen, 100 bis 140 Jahre bei den Buchenwäldern und 140 bis 240 Jahre bei den Eichenwäldern. Bei qualitativ guten Beständen werden diese Werte z. T. noch überschritten. Innerhalb dieser Zeitspanne, die man Umtriebszeit nennt, erfordert jede Baumart ein anderes Pflegekonzept, das auf die spezifischen Wuchseigenschaften eingeht. Auch muß die Konkurrenz der

Vor dem Fällen wird der vom Förster ausgesuchte Baum angerissen, damit die Holzfäller ihn erkennen. Am Boden liegend wird das Langholz numeriert und vermessen.

Baumarten untereinander geregelt werden, sonst würden z. B. die Arten mit starkem Jugendwachstum, wie Kiefer oder Erle, alle anderen überwachsen, die mehr «Spätzünder» sind.

Der Forstwirt muß also von Beginn an auf lange Sicht die Ziele definieren, die für die Bestände am sinnvollsten sind.

Das administrative Werkzeug der Fortwirtschaft konstituiert sich aus zwei Elementen, die über diese lange Frist hinweg in einer Wechselbeziehung stehen müssen:

- die langfristige Festlegung der Wirtschaftsziele, die nach einer Analyse der ökologischen, wirtschaftlichen und sozialen Komponenten erfolgt, und zwar orientiert an Regeln (und Möglichkeiten) der Forstwirtschaft,
- aus dem Forstwirtschaftsplan, der die Festlegung der Durchforstungen und sonstigen Arbeiten während des Bewirtschaftungszeitraums beinhaltet.

Die Rahmenbedingungen

Die Festlegung der Bewirtschaftungsziele hat zur Voraussetzung, daß der Forstwirt in der Lage ist, eine präzise Diagnose über die Situation der betroffenen Waldparzelle zu erstellen.

Die Zielsetzung wird von der Qualität der bewaldeten Gebiete und dem Entwicklungszustand der darauf vorherrschenden Baumarten bestimmt.

Dralet, einer der ersten Theoretiker der Forstwirtschaft, schrieb Anfang des letzten Jahrhunderts:

«Innerhalb meiner 25jährigen Tätigkeit als Förster gab es kaum zwei Bestände, die gleich behandelt werden mußten.»

Das Klima ist hierbei der erste Einflußfaktor. Die möglichst genaue Analyse des lokalen Mikroklimas kann durch die Beobachtung und Daten, die einem nahegelegene meteorologische Stationen liefern, verfeinert werden.

Die Böden sind der zweite Einflußfaktor. Sie müssen untersucht werden im Hinblick auf:

- ihre Beschaffenheit, insbesondere ihre Entwicklungstiefe, ihre Dichte, Korngrößenverteilung, Wasserhaushalt usw.
- ihre Lage, das heißt ihr Relief und die Neigung.

In vielen Waldgebieten Deutschlands wurde deshalb schon eine Standortskartierung vorgenommen, d. h. es wurden Bodeneinschläge gemacht und die vorgenannten physikalischen Eigenschaften ermittelt. Darüber hinaus erfolgt eine chemische Analyse, die überprüft, welche Nährelemente vorhanden sind. So können Nährstoffversorgung und Wasserhaushalt der Böden auf ihre Eignung für den Anbau bestimmter Baumarten überprüft werden. Die Standortkarte läßt auch Schlüsse auf eventuelle Sturmgefährdung oder Frostgefahr zu, so daß dem Förster eine umfangreiche Entscheidungshilfe zur Verfügung steht.

Diese Untersuchung gestattet es somit, die Leistungsfähigkeit der Böden einzuschätzen und ihre eventuellen Schwachstellen festzustellen.

In einer Bestandsaufnahme müssen außerdem die vorhandenen Tier- und Pflanzenarten aufgelistet, ihre Reaktion auf die Umwelt analysiert und damit auf die Wachstumsbedingungen der Bäume geschlossen werden. Diese Analyse ist auch vom naturschützerischen Standpunkt her sehr aufschlußreich. Unter Naturschutz stehende Arten werden so erfaßt und Maßnahmen zu ihrer Erhaltung können getroffen werden.

Ausgehend von einer solchen präzisen Beschreibung des Zustandes der Waldparzelle, die durch Zugehörigkeit zu einem Wuchsgebiet und Höhenlage weiter charakterisiert wird, können die geeigneten Maßnahmen festgelegt werden.

Die forstwirtschaftlichen Ziele

Wenn diese Arbeit abgeschlossen ist, kann der Forstwirt seine Zielsetzungen bestimmen. Die Holzproduktion ist wahrscheinlich das erste, was einem in den Kopf kommt, da die Holzernte sozusagen die Basis der Waldwirtschaft ist. Doch die Zielvorstellungen für einzelne Bestände sind jeweils unterschiedlicher Art, und das waren sie schon immer. Über die Holzproduktion hinaus ist noch der Erholungs- und Freizeitwert zu nennen, die Jagd, oder auch die Schutzfunktion des Waldes, im traditionellen Sinn als Schutz des Bodens und im erweiterten

Sinn als Schutz der natürlichen Umwelt. Diese weitgefaßte Sichtweise der Forstwirtschaft wurde bereits im Jahre 1827 anläßlich der Debatten um die Verabschiedung des Forstgesetzes zur Sprache gebracht. Denn oberstes, grundlegendes Ziel des Forstwirtes, aus dem sich alle weiteren ableiten, muß die vorrangige Erhaltung der natürlichen Umwelt und ihrer Entwicklungspotentiale sein.

Den Hieb vorbereiten heißt nicht nur, die Bäume markieren. Es handelt sich vielmehr um «die Kunst, die Teile zu bestimmen, die jedes Jahr eingeschlagen werden sollen, so daß sowohl der jetzige Besitzer als auch seine Nachfolger die bestmöglichen Erträge bekommen.»

Diese Ziele sind im allgemeinen nicht konträr; wenn sie es sind, dann kommt dem Forstwirt die delikate Aufgabe zu, widersprüchliche Interessen in Einklang zu bringen.

Damit bleibt dem Forstwirt die Entscheidung überlassen, welcher Rolle des Waldes er Priorität einräumen will. Ebenso kann er eine Wirtschaftsart wählen, die Investitionen erfordert, um die Ausführung einer bestimmten Maßnahme zu gestatten. Eine solche Entscheidung muß fallen, damit festgelegt werden kann, wie der Boden behandelt werden muß, ob man z. B. einen Zaun bauen muß oder düngen muß, ob man sich für Saat oder Pflanzung entscheidet, ob man die Bestände im Wachstum oder qualitativ fördern kann, ob man Misch- oder Reinbestände anlegt, ein Netz von Zufahrtsstraßen anlegt, etc. ...

Die waldbaulichen Eingriffe

Bei der Wahl der Maßnahmen ist der Forstwirt durch die natürlichen örtlichen Gegebenheiten bereits zwingend festgelegt, kann jedoch die Holzqualität durch die Veränderung des Standraums oder die Eingriffshäufigkeit beeinflussen, und noch allgemeiner durch die «Betriebsart», die er für den Wald gewählt hat. Zwei grundsätzlich verschiedene Betriebsarten sind der Niederwald und der Hochwald, wobei der Niederwald in Deutschland aber inzwischen fast ohne Bedeutung ist.

«Der Wald wächst doch von allein», wird nun mancher denken, wenn er von waldbaulichen Eingriffen hört. Doch der Wald soll ja in eine bestimmte Richtung gelenkt werden: schön soll er sein für die Besucher, gute Qualität soll er haben, um hochwertiges Holz zu erzeugen, stabil soll er sein, damit Stürme nicht mehr Hunderte von Hektaren Wald verwüsten und naturnah soll er sein, um den in ihm lebenden Tieren und Pflanzen einen artgerechten Lebensraum zu bieten: einen gestuften, naturnahen Mischbestand wollen wir also.

Am Anfang dieser Entwicklung stehen viele tausend kleine Bäume, deren Zahl beim Erreichen der Umtriebszeit auf wenige hundert geschrumpft sein wird. Der Ausscheidungskampf, der dazwischen liegt, findet auch in der Natur statt, der Förster kann jedoch lenkend eingreifen, die besten fördern und auf eine bestimmte Baumartenmischung hinarbeiten.

Auch das Wild greift in die Entwicklung des Waldes ein: wo ein zu hoher Wildstand ist, werden die Laubhölzer verbissen und verfegt, ebenso die Tanne. Zurück bleiben Fichten und Kiefern, die in Reinbeständen ökologisch unerwünscht und instabil sind und oft bodenversauernd wirken.

Grundsätzlich gibt es zwei verschiedene Kategorien von Bäumen: die Lichtbaumarten, wie Birken, Kiefern und Erlen, die extrem lichtbedürftig sind und die Schattenbaumarten, wie Buche und Tanne, die im Schatten aufwachsen, da sie dort vor Spätfrösten geschützt sind. Ihr Wuchsverhalten ist im Gegensatz zu den vorherigen außerdem durch ein langsameres Jugendwachstum gekennzeichnet (wobei die Wuchsleistung im Alter aber sehr lange anhält).

Diese Dynamik der unterschiedlichen Arten muß der Förster immer beachten, wenn er in einem Bestand Bäume entnimmt. Schon bei der Bestandsbegründung wird er Wert darauf legen, der Buche oder Tanne einen Wuchsvorsprung vor der Fichte zu verschaffen, wenn er später alle drei Baumarten in seinem Wald nebeneinander mit den gleichen Chancen zu wachsen haben will. In der Jugend wird er dann immer wieder schlechte Individuen herausnehmen, in späteren Phasen dann die Kronenausbildung der schönen Bäume fördern, um den Zuwachs auf sie zu konzentrieren. Mehrere Generationen von Förstern begleiten den Bestand durch sein Leben, jeder muß mit wachen Augen durch den Wald gehen und Maßnahmen treffen, Fehler sind nur sehr schwer wieder zu korrigieren.

Die Beiträge der Forstwirtschaft zur Entwicklung der Wälder

Allgemein gesprochen haben die Forstwirtschaftler den Niederwald in den Hintergrund gedrängt. In den französischen Wäldern war der Entschluß, den Wald als Hochwald zu bewirtschaften ein mindestens ebenso wichtige Schritt zu seiner Verbesserung wie die Ausweitung der Waldfläche – die Verdoppelung des Waldbestandes – seit Anfang des 19. Jahrhunderts.

Dieser Erfolg konnte sich nur einstellen, weil die Ursachen für die Zerstörung des Waldes nicht mehr bestanden: die Landbevölkerung war nicht mehr gezwungen, ihre unmittelbaren Bedürfnisse aus dem Wald zu befriedigen.

Man muß in die Zukunft schauen, doch selbst hierzu müssen erst einmal die Voraussetzungen bestehen. Die Industrialisierung und Errichtung von Kommunikationsnetzen und ihren Auswirkungen auf die Modernisierung der Landwirtschaft hatten eine Landflucht zur Folge, die es schließlich erlaubte, die Wälder – wenn auch nicht mit Zustimmung der Landbevölkerung, so doch zumindest nicht gegen ihren Widerstand – zu bewirtschaften. Doch ist in zahlreichen tropischen Ländern noch immer eine Situation die Regel, wie sie im ländlichen Frankreich Ende des 18. Jahrhunderts allgemein bestimmend war.

Die Forstwirtschaft – eine Lösung für die großen Waldprobleme

Das Hauptproblem der heutigen Tropenwälder und wichtigste Ursache ihres Verschwindens ist die mangelnde Abgrenzung und Bewirtschaftung in einem globalen Kontext von wirtschaftlicher Unterentwicklung und Armut.

Die Holzproduktion bleibt hier um so stärker das wesentliche Ziel, als es sich um ein biologisches Material handelt, dessen Produktion – im Rahmen einer Waldwirtschaft – unbegrenzt erneuerbar ist; die Forstwirte nennen das traditionsgemäß den «nachhaltigen Ertrag», ein Konzept, das vollkommen zu Recht allmählich für die Bewirtschaftung aller natürlichen Ressourcen des Planeten angewandt wird.

Die derzeitige Entwicklung der Waldwirtschaften geht dahin, daß man sich um einen verstärkten Einbezug von Schutzmaßnahmen für die natürliche Umwelt bemüht, um über einen möglichst großen Zeitraum, im Idealfall für alle Ewigkeit, hinweg den nachhaltigen Ertrag zu gewährleisten.

Dies liegt im Bereich des Möglichen, wenn man die heute zur Verfügung stehenden leistungsstarken technischen Hilfsmittel dazu nutzt, die Analyse der Waldökosysteme und ihrer Interaktionen zu verfeinern und wenn die Umsetzung im Bereich des politisch Machbaren liegt.

Die konkrete Umsetzung dieser Leitlinien führt zur Aufstellung neuer Waldwirtschaftskonzepte, die sich in Richtung auf eine mobilere und kurzfristiger angelegte Programmierung bewegen und schließlich langzeitlich gesehen eine «kontinuierliche» Bewirtschaftung mit der Zielrichtung gewährleisten, sich der Vielfalt der Verhältnisse anzupassen, den Schutz der natürlichen Artenvielfalt zu gewährleisten und in immer stärkerem Maße die Gesamtheit der Funktionen des Waldes in ihr Konzept zu integrieren.

Noch heute existieren kleine Gewerbe im Wald. Laubsammler, Instrumentenbauer, Böttcher oder hier Harzsammler bewahren ihr Wissen und sorgen für zusätzliche Einkünfte, die manchmal für die Erhaltung eines Waldes unverzichtbar sind.

Die Bewirtschaftung eines Waldes beschäftigt mehrere Generationen von Menschen. Das Richtmaß für die Reife eines Baumes wird bei Pappeln auf 25 Jahre, bei Fichten auf 100 Jahre, auf 120 Jahre bei Buchen und auf 200 Jahre bei Eichen angesetzt.

Francis Hallé

Die tropische Agroforstwirtschaft

Man darf auf keinen Fall zulassen, daß sich in den Industrieländern die Ansicht breitmacht, das Verschwinden der tropischen Urwälder sei unvermeidbar oder doch in jedem Fall bereits zu weit fortgeschritten, um noch reversibel zu sein. Jetzt ist sicherlich nicht der Augenblick, die Hände in den Schoß zu legen. Im Gegenteil, die Tragweite des Problems und die Bedeutung dessen, was auf dem Spiel steht, machen große Anstrengungen hinsichtlich Phantasie, Information und Sensibilisierung erforderlich, denn die öffentliche Meinung spielt in diesem Kampf eine wesentliche Rolle.

Der Abholzung der tropischen Wälder Einhalt zu gebieten heißt zuallererst, schlechte Lösungen zu vermeiden, selbst wenn sie, gemäß der Logik der Länder des Nordens, positive Aspekte zu enthalten scheinen. Zwei Beispiele:

- Wollte man den gesamten Primärwald zum Nationalpark deklarieren, von dem man die örtliche Bevölkerung gewaltsam fernhielte, so würde dies eine menschlich gesehen fragwürdige «Lösung» darstellen. Sie wäre nur in unbewohnten Zonen sinnvoll, da – abgesehen von den heiligen Wäldern – bereits die Idee einer unter Schutz gestellten Natur der tropischen Mentalität völlig fremd ist.
- Würden die Länder des Nordens einen Boykott über die Tropenhölzer verhängen, der die Erzeugerländer zum wirtschaftlichen Exodus verdammte, so wäre dies eine nicht weniger schlechte Lösung. Diese Empfehlung hätte lediglich den Effekt, die Beziehungen zwischen den Erzeugerländern und ihren Abnehmern zu verschlechtern. Will man die Erzeugerländer dazu veranlassen, den Raubbau einzuschränken, ist es wesentlich wirkungsvoller, die Preise zu erhöhen, statt die Ankäufe zu unterbinden.

Doch es gibt es drei Lösungen, die sich bereits bewährt haben und noch auf ihre allgemeine Umsetzung warten. (I) die Nutzung der Solarenergie anstelle von Holzkohle; (II) der Einsatz der Stecklingsvermehrung für die Wiederaufforstung; (III) die tropische Agroforstwirtschaft.

Die Solarenergie

Für Regionen, denen es an leicht verfügbaren «klassischen» Energiequellen fehlt, die jedoch Solarenergie ganzjährig im Überfluß besitzen, scheint die Nutzung dieser Energie eine sehr plausible Lösung, in jedem Fall jedoch besser als die Energiegewinnung durch Holzverbrennung. Nachdem die Dorfbewohner der Tropen bereits das Fernsehen, das Radio und das Auto übernommen haben, werden sie höchstwahrscheinlich ebensogut Solarzellen übernehmen. – Natürlich unter der Bedingung, daß sie an ihre Bedürfnisse angepaßt werden. Damit würde in zunehmendem Maße die Rate des zur Energiegewinnung bestimmten Holzes verringert werden, das zu 47% am Entwaldungsprozeß der Tropenwälder beteiligt ist. In technischer Hinsicht steht der allgemeinen Nutzung der Solarenergie nichts entgegen, es gilt nur noch die Vorbehalte aus dem Weg zu räumen und die Entscheidungsträger zu überzeugen.

Stecklingsvermehrung

Will man einen Baum pflanzen, so kann man sich zwischen zwei Lösungen entscheiden: Saat oder vegetative Vermehrung, zum Beispiel Stecklingsvermehrung. In den gemäßigten Klimaregionen verwenden die Förster vorzugsweise Samen, da sie leicht zu lagern sind. Im Tropenwald sind die Samen für eine einfache Lagerung zu wasserhaltig. Die dort arbeitenden Förster halten an der Lagerung fest, obwohl die lokalen bäuerlichen Methoden vegetativer Vermehrung hier entschieden besser sind. Mit Riesenstecklingen von drei Metern Höhe und 20 cm Durchmesser können exzellente und schnelle Resultate erzielt werden. Die Anwendung der Stecklingsvermehrung zur Wiederaufforstung läuft den im gemäßigtem Klima üblichen forstwirtschaftlichen Gewohnheiten zuwider. Dennoch würde die Umsetzung der lokalen Praktiken es erlauben, ein Gebiet der authentischen Tropenforstwirtschaft zu erschließen.

Die Agroforstwirtschaft

Die Agroforstwirtschaft, ein Begriff, der im allgemeinen traditionelle Nutzungssysteme beschreibt, bei denen Bäume bewußt auf den für Ackerbau oder Viehzucht verwendeten Böden angebaut werden, scheint die realistischste Lösung für das Tropenwaldproblem zu sein. Daher ist es sinnvoll, sich diese Technik im Detail zu betrachten. Beginnen wir mit einem Beispiel: Wenn man den Westen der Insel Java überfliegt, auf dem die weltweit dichteste Landbevölkerung zu finden ist (fast 1000 Einwohner pro km^2), dann stellt man ganz erstaunt fest, daß die Dörfer kaum sichtbar sind, da sie in einen Wald integriert sind, der fast die Hälfte der Landschaft bedeckt, während die andere Hälfte dem Reisanbau dient. Wer dies gesehen hat, kann nicht mehr behaupten, der Wald müsse erbarmungslos weichen, sobald eine gewisse Bevölkerungsdichte überschritten ist.

Das javanische Beispiel, das an sehr starke kulturelle Eigenheiten gebunden ist, kann nicht verallgemeinert werden. Dennoch verstehen es die Bauern in allen Tropenregionen (Latein- und Zentralamerika, Antillen, afrikanische Sahel-Zone, Schwarz- und Ostafrika, Komoren, Madagaskar, Indien, Sri-Lanka, Südost-Asien, Indonesien, Melanesien und Polynesien), Landwirtschaftssysteme zu schaffen, zu bewirtschaften und zu nutzen, die oft sehr bescheiden, aber praktikabel sind, und die, aus der Sicht der abendländischen Landwirtschaft betrachtet, von einer großen Originalität zeugen, da sie auf einer einzigen Fläche drei Aspekte vereinigen, die bei den Europäern sorgfältig getrennt werden: den Ackerbau, die Viehzucht und die Forstwirtschaft.

Die Agroforstwirtschaft betreibenden Bauern haben spezielle Methoden der Ertragssteigerung angebauter Pflanzen entwickelt. Durch sie kennt man unter anderem das Anzapfen der Rinde des Kautschukbaumes (Hevea), um dessen Harz aufzufangen, und die Methode, mit Gußformen Bambusrohre mit viereckigem Querschnitt herzustellen.

Diese tropischen Agroforste zeigen die gleichen Charakteristika wie die benachbarten Primärwälder. Auch sie sind geschlossene Wälder, die den Wasserabfluß regulieren, den Boden vor Erosion schützen und ausgleichend auf das Klima wirken. Hauptsächlich werden Nutz-, Nähr-, Schmuck- und Heilpflanzen angebaut. Die Erzeugnisse aus diesen Wäldern lassen sich vielseitig verwenden: für Textilien, als Bauholz. als Grundlage für Duft- und Farbstoffe. Insektizide lassen sich erzeugen und Honig.

Hier werden genau die gleichen Güter produziert wie in dem benachbarten Primärwald, dessen genetisches Potential sie bewahren helfen. Wenn die Agroforste außerdem rings um den Primärwald angepflanzt werden, dann dienen sie als Pufferzone und schützen den Urwald effektiv vor Übergriffen und unliebsamen Besuchern.

Auf physiognomischer und struktureller Ebene betrachtet, sind diese Agroforste durchaus mit einem gewöhnlichen Wald vergleichbar, und wenn man sie auch nicht mit dem Primärwald verwechseln kann, so besitzen sie doch eine erstaunliche Ähnlichkeit mit diesem: Die Höhe des Kronendachs, den Reichtum von Flora und Fauna, die Struktur des Unterholzes. Tatsache ist, daß die abendländische Landwirtschaft sie noch bis vor kurzem nicht als eigenständige Systeme erkannt, sie nicht vom eigentlichen Wald unterschieden hat.

Die sozio-ökonomischen Aspekte der Agroforste sind erstaunlich. Sie sind bei allen ländlichen Bevölkerungsdichten vergleichbar, von der geringsten (Amazonien) bis hin zur stärksten (Java). Da die Agroforste in die Systeme zur Grundnahrungsmittelerzeugung integriert sind, sichern sie zumindest die Selbstversorgung und tragen häufig durch das Kapital, das sie darstellen, möglicherweise anfallende Ausgaben, die die Gemeinschaft sonst schwer belasten würden. Konkret gesprochen: eine Hochzeit, ein Fest, eine Trauerfeier, ein Hausbau oder eine Reise nach Mekka werden durch die Abholzung einiger Hektar des Agroforstes und der Schlachtung des darauf weidenden Viehs finanziert, wobei der Handel über die urbanen Märkte der Umgebung abgewickelt wird.

Mit seiner dreidimensionalen Struktur und der als Nebenprodukt anfallenden Energie, stellt die Agroforstwirtschaft den biologisch intensivsten und ausgeklügeltsten Ackerbautypus dar, den man sich nur denken kann. Sie bedarf keiner chemischen Düngemittel, stattdessen werden die Recycling-Techniken hier voll ausgeschöpft (Verwendung von Asche und Abfällen, Mist, pflanzlichem und menschlichem Dünger, Kompost ...) Auch Herbizide sind hier unnötig, denn das spärliche Licht des Unterholzes reicht aus, um unerwünschte Eindringlinge kurz zu halten. Gleiches gilt für synthetische Insektizide und Pestizide. Die hohe biologische Vielfalt schützt sie vor Massenbefall durch räuberische Insekten und Parasiten. Auch in diesem Punkt funktioniert der Agroforst wie ein Urwald.

Was die Erträge anbelangt, so ist eine differenzierte Betrachtung nötig. Bei der Mehrzahl der pflanzlichen oder tierischen Arten, die im Agroforst angebaut werden (Mais, Yams, Bananen, Ananas, Papayas, Süßkartoffeln), liegt der Ertrag deutlich unter dem, der in Monokultur oder der intensiven Viehzucht erzielt werden könnte. Dennoch zählt hier nicht der besondere Ertrag dieser oder jener «Spekulation», sondern der Globalertrag des Systems. Dieser sollte übrigens nicht in Zentnern pro Hektar formuliert werden, sondern in Begriffen der Ernährungssicherung, einer Vorstellung, der die Bauern der Tropenländer besonders anhängen. Laut kürzlich in Sri Lanka erhobenen Daten bewertet der Bauer seine Arbeitszeit in einem Agrowald höher als in einer Monokultur.

Die Bauern eines Agrowaldes verfügen darüber hinaus über ein großes Spektrum wissenswerter Praktiken zur Ertragssteigerung der angebauten Pflanzen.

So wird in Amazonien auf ein Pflänzchen des brasilianischen Nußbaums ein Zweig eines ausgewachsenen Baumes der gleichen Art gepfropft, um eine vorzeitige Fruchtentwicklung hervorzurufen. In Thailand werden mehrere Pflanzen der gleichen Art eng zusammengebunden, wodurch die Bäume ein vielgliedriges Wurzelsystem erhalten, das für ein außerordentlich üppiges und schnelles Wachstum bürgt. In Zentralamerika werden Nutzbäume durch die Kreuzung mit Riesenstecklingen vermehrt, deren Anwuchsrate fast 100 % erreicht. In Indonesien pfropfen die Landwirte baumartige Maniokpflanzen auf gewöhnlichen Maniok, wodurch dieser riesige Knollen treibt, die zehnmal größer sind als üblich. Auf den Philippinen läßt man die jungen Bambusspros-

Die Dajaks auf Borneo pflanzen Pfeffer, um Einkünfte zu erwirtschaften. Aber der Wald ist ihre Haupteinnahmequelle. Ein großer Teil der das Dorf umgebenden Bäume ist für einen bestimmten Zweck gepflanzt worden.

sen durch eine Form wachsen, um ausgewachsene Halme mit viereckiger Schnittfläche zu erzielen, die bei der Konstruktion von Brücken und Häusern nützlicher sind als zylindrische Halme. In China schließlich stellen die Bauern in ihren Zitrusfrucht-Plantagen Nester der *Oecophyllus*-Ameise auf, die aus den benachbarten Wäldern geholt werden und alle parasitären Insekten auf den Bäumen zerstören.

Diese Liste könnte noch unendlich verlängert werden, so reich sind der Erfindungsreichtum und die Geschicklichkeit dieser ländlichen Bevölkerungen. Diese Praktiken sind einfach, wenig kostenaufwendig und von einer Effizienz, die bestens im Einklang steht mit der Geisteshaltung der Agroforstwirtschaft, aus der sie stammen.

Überdies liegt der wesentliche Vorteil der Agroforstwirtschaft darin, daß sie aus der Tropenregion selbst stammt, daß sie dem Erfindungsreichtum ihrer Bewohner entsprungen ist und ihren Erfolg nicht dem Einfluß der Landwirtschaft der industrialisierten Länder verdankt. Sie stellt eine Tradition dar, die sich über Jahrhunderte bewährt hat und einer vor der Kolonisation liegenden Epoche entstammt. Erneut an die Agroforstwirtschaft anzuknüpfen würde in gewisser Weise bedeuten, im landwirtschaftlichen Bereich unter das Kapitel Kolonisation den Schlußstrich zu ziehen.

Der Hauptvorteil der Agroforstwirtschaft beruht auf dem Umstand, daß sie dem Erfindergeist der ortsansässigen Bevölkerung entsprungen ist. Neben Kulturpflanzen (Mais, Bananenstauden, Papayabäume, Süßkartoffeln) zieht der Bauer Waldprodukte zur Nahrungsergänzung heran (Pilze, Wurzeln, Larven, Früchte, ...).

Antoine Lorgnier

Die Heilpflanzen

Die Völker des Waldes versorgen sich aus ihm mit Nahrung, Unterkunft und Kleidung, aber auch Mitteln zur Schönheitspflege und Medikamenten. Dieses Wissen ist für die ganze Menschheit unendlich kostbar. Doch durch die Verringerung des Waldbestandes und die Seßhaftwerdung der Völker droht es verlorenzugehen. In Frankreich waren im Mittelalter 600 Heilpflanzen allgemein geläufig, im alten Ägypten wurden in der traditionellen Medizin dreimal mehr Pflanzen als heute verwendet. In unseren Tagen sind etwa ein Drittel der in der Europäischen Gemeinschaft verschriebenen Medikamente Extrakte aus tropischen Pflanzen.

Unter den verwendeten Pflanzen gilt das rosa Immergrün aus Madagaskar als Mittel gegen Leukämie; aus dem Chinarindenbaum, der ursprünglich aus Peru stammt, wird das Chinin gewonnen, ein wirksamens Mittel gegen die Malaria, und das Chinidin, ein starkes Herztonikum. Das Aspirin wird aus der Weide gewonnen *(Salix alba)*, und war bereits bei den alten Griechen und bestimmten Indianerstämmen Amerikas bekannt. Die afrikanischen und asiatischen Arten der *Rauwolfia* liefern das Reserpin, das als blutdrucksenkendes Mittel und zur Behandlung von Geisteskrankheiten verwandt wird. Das Castonospermin, das aus dem *Castanospernum australe* gewonnen wird, scheint als Mittel gegen Aids wirksam zu sein. Mehr als 1400 bekannte Pflanzen haben krebshemmende Wirkungen. Etwa drei Milliarden Menschen sind auf diese traditionellen Arzneien angewiesen, die im wesentlichen auf der Nutzung von Pflanzen basieren. Die Chinesen verwenden etwa 5 000 Pflanzen, die Indianer des Amazonastieflandes fast eine Million. Was Afrika betrifft, so greifen etwa 75% der Bevölkerung zur Heilung von Krankheiten auf Pflanzen zurück, da moderne Medikamente entweder nicht erhältlich oder zu teuer sind.

Um die Aufmerksamkeit der Weltöffentlichkeit auf dieses unschätzbare Erbe zu ziehen, wurde 1988 in Chiangmai (Thailand) ein internationaler Kongreß abgehalten. Unter der Leitung der Weltgesundheitsorganisation, dem WWF (World Wildlife Fund) und der IUCN (International Union for Conservation of Nature) wurde eine Erklärung verfaßt. Ihr Ziel: «Rettet die lebensrettenden Pflanzen». Dieses Übereinkommen sollte sinnvollerweise durch eine weitere Übereinkunft zur Erhaltung der biologischen Artenvielfalt ergänzt werden, deren Abfassung für das Jahr 1992 vorgesehen ist. Weltweit werden etwa 350 000 Pflanzenarten gezählt. Mehr als 60 000 davon sind im Begriff zu verschwinden!

Ungefähr drei Milliarden Menschen sind angewiesen auf Arzneien auf Pflanzenbasis. Die Chinesen verwenden mehr als 5 000 Pflanzen und die Indianer Amazoniens an die tausend. Heutzutage enthalten etwa ein Drittel aller in der EG verschriebenen Arzneimittel Extrakte aus tropischen Pflanzen.

Mananara im Nordwesten von Madagaskar wurde 1990 zum Biosphärenreservat gemacht. Dieses von der UNESCO ins Leben gerufene Programm bezieht den Faktor Mensch bei der Erhaltung der Wälder mit ein. Die Grundidee : ein lebender Wald nutzt mehr als ein toter Wald, und der Wahlspruch: den Wald vernichten heißt, die Menschheit vernichten.

Hilfe für die Wälder: die internationale Zusammenarbeit

Dominique Martin-Ferrari

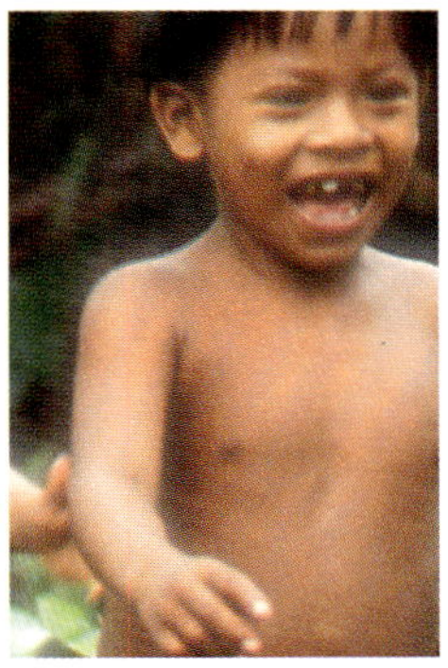

Derzeit nehmen die tropischen Wälder nur noch 18% der Erdoberfläche ein, etwa 1750 Millionen Hektar (36% der Fläche zwischen den Wendekreisen). Überließe man sie sich selbst, so würden sie den Äquator mit einem durchgehenden grünen Gürtel bedecken. Doch jährlich verschwinden durch Menschenhand Millionen Hektar Wald. Dabei leben auf diesen weiten Waldflächen mehr als zwei Drittel aller Tier- und Pflanzenarten und etwa 80% aller Insekten. Unter dem Kronendach der Bäume herrschen so unterschiedliche Standortbedingungen, daß sie die Nachbarschaft vieler Arten gestatten: beispielsweise bis zu 400 Baumarten pro Hektar, während man in den gemäßigten Klimazonen nur etwa fünfzehn Arten zählt. Die Mehrzahl dieser Arten ist noch nicht beschrieben, und das Gedächtnis der Welt beginnt bereits deutliche Lükken zu zeigen. In Französisch-Guayana werden jährlich 3 bis 4 neue Arten von Blütenpflanzen entdeckt. Das genetische Potential der Tropenwälder ist häufig die wesentliche Basis für verschiedene Produkte, die zur landwirtschaftlichen, industriellen oder pharmazeutischen Anwendung bestimmt sind.

Zahlreiche Erzeugnisse werden von der örtlichen Bevölkerung genutzt. Weltweit werden von den Ureinwohnern allein zur Geburtenkontrolle mehr als 3000 Pflanzenarten verwendet. Was die von den Wäldern gelieferten Industrieprodukte anbelangt (Öle, Gummi, Latex, Harze, Gerbstoffe, Steroide, Wachse, Flechtrohr, Bambus, Duftstoffe, Gewürze, Pestizide, Farbstoffe), so erreichen sie jährlich einen Wert in Milliardenhöhe. Hinzu kommt die Pharmaindustrie, die in den von ihr vertriebenen Medikamenten Extrakte aus Tropenpflanzen als Grundstoffe oder chemische Prototypen verwendet (Siehe den Kasten über die Heilpflanzen).

Ferner birgt der Wald zahlreiche Völker und dörfliche Gemeinschaften. Bis heute sind im Amazonastiefland etwa 170 Indianergruppen erfaßt worden. Diese Menschen leben seit Jahrtausenden in völliger Harmonie mit dem Regenwald. Niemand könnte genau sagen, seit wievielen Tausenden von Jahren im Kongobecken Pygmäen leben. Heute sind es zwischen Kamerun, dem Kongo und Zentralafrika nur noch 250000 bis 300000. Als Nomadenvolk beanspruchen sie ein weites Jagd- und Sammelterritorium. Mit dem zunehmenden Waldschwund verschwinden auch sie immer mehr, bedroht durch die von den «Weißen» übertragenen Epidemien, aufgrund ihrer schwachen Hautpigmentierung hilflos den durch die Entwaldung hervorgerufenen aggressiven Sonnenstrahlen ausgesetzt, vom Alkohol dezimiert, während die großen Holzeinschlagsunternehmen oder die unzähligen armen Landbauern, die ihr Ackerland durch Brandrodung an den Waldrandzonen zu erweitern versuchen, ihre Existenzgrundlage gefährden.

Norman Mayers, englischer Spezialist für die Tropen, hat eine Liste der zehn weltweit am stärksten bedrohten Siedlungsräume aufgestellt. Es handelt sich um den Choc im Westen Kolumbiens, die Hochflächen im zentralöstlichen Teil Amazoniens, die Atlantikküste Brasiliens, Madagaskar, den Osten des Himalaya, die Philippinen, Malaysia, den Nord-Osten Borneos, Queensland, Neu-Kaledonien und einige Zonen in Zentralafrika. Diese Gebiete gilt es unbedingt zu schützen.

Die Ursachen der Entwaldung

In jeder Minute verschwinden 30 Hektar Tropenwald von unserem Planeten: eine immense ökologische und menschliche Bedrohung, die grenzüberschreitend ist und alle Länder betrifft. Nach der letzten Bestandsaufnahme der FAO sind zwischen 1980 und 1990 jährlich 17 bis 20 Millionen Hektar trockener und feuchter Tropenwald verschwunden, das bedeutet eine Steigerung von 80% im Vergleich zum vorangegangenen Jahrzehnt. Derzeit wird eine Entwaldung vorwiegend in den Tropenregionen beobachtet, doch es muß festgehalten werden, daß auch in den gemäßigten Klimazonen weite Flächen natürlichen Waldbestandes abgeholzt wurden.

Das Umweltprogramm der UN (UNEP), die Internationale Bank für Wiederaufbau und Entwicklung (IBRD) und die Internationale Union für Naturschutz (IUCN) schätzen, daß diese Verwüstungen das Leben aller Völker, die für ihren Ackerbau und ihre Wasserversorgung von den Waldgebieten abhängen, entscheidend verändern werden.

Der Eingriff des Menschen ist mit Abstand Hauptursache all dieser Zerstörungen. Das geschieht auf verschiedene Art: durch Rodungen zur Erschließung von neuem Ackerland, Wanderfeldwirtschaft mit Brandrodung (verantwortlich für etwa die Hälfte aller Entwaldungen in den Tropenregionen), Viehfarmen, ständige Landwirtschaft, Programme kleinerer landwirtschaftlicher Einrichtungen, Feuerholzsammeln, industrielle Nutzung etc. ... Auch der Bevölkerungsanstieg hat schwerwiegende Folgen. Laut der FAO müßte sich die landwirtschaftlich genutzte Erdoberfläche jährlich um 10 Millionen Hektar erweitern, um den Zuwachs von einer Milliarde Menschen ernähren zu können, die bis Ende dieses Jahrhunderts noch geboren werden. Woher sie nehmen, wenn nicht aus dem Wald? Die Rodungen für den Handel sind mit 5 Millionen Hektar jährlich, was in etwa einem Drittel des französischen Waldbestandes entspricht (Weltbank, 1985), die zweite Ursache für das Verschwinden der Tropenwälder. In anderen Gebieten, in Südost-Asien und Zentralafrika, liegt die Holzindustrie auch nicht im Rückstand. Die Tropenländer nutzen 95% des Holzertrages für ihren eigenen Energieverbrauch und ihren Bedarf an Baumaterialien. Doch auch hier beginnt der Export von Harthölzern die Nutzungspraktiken zu beeinflussen.

Diese Aktivitäten werden in weitem Maße von den nationalen Gesetzen unterstützt und sind eine Folge wirtschaftlicher und sozialer Faktoren: Armut, ungerechte Verteilung der Ländereien, öffentliche Staatsverschuldung und Handelsbarrieren.

Die für die Entwaldung verantwortlichen Eingriffe sind übrigens nicht alle rentabel. So ist in Brasilien für die Finanzierung der massiven Umwandlung der Wälder in Weideland eine finanzielle Unterstützung in Höhe von 4,8 Milliarden Dollar nötig gewesen.

Das Phänomen des Waldsterbens in den Regionen gemäßigten Klimas hat zusammen mit der Abholzung der Tropenländer in den letzten zwanzig Jahren nach und nach Wissenschaftler, Politiker und die breite Öffentlichkeit in der Frage der Erhaltung des Waldes und die Gefahr einer Erschöpfung dieser natürlichen Ressource sensibilisiert.

Das drohende Sterben der Wälder und die daraus folgenden weltweiten Auswirkungen auf die Integrität und das Gleichgewicht der Umwelt sind bekannt (Erosion, Treibhauseffekt, Umweltverschmutzung ...). Die Befürchtungen des Wissenschaftsrates werden verstärkt durch die Konsequenzen einer Verringerung des Waldbestandes für das Klima und die biologische Artenvielfalt.

Von den übrigen wird der Wald weiterhin als ein riesiges Rohstoffreservoir angesehen. Die Tropenhölzer werden wegen ihrer Widerstandsfähigkeit, ihrer Härte und ihrer Schönheit sehr geschätzt, aber auch wegen ihres Preises. Zum Unglück für die Wälder des Südens ist ihr Wert zu niedrig angesetzt und ihr Preis zehnmal geringer als der unserer Eichen- und Buchenhölzer. Die 550 Millionen Hektar nutzbarer, aber noch nicht exploitierter Wälder verteilen sich folgendermaßen: 70% in Lateinamerika, 18% in Zentralafrika, 1% im restlichen Afrika und 11% in Asien.

Nur 5% der geschlossenen Nutzwälder werden auf nicht zerstörerischer, dauerhafter Basis bewirtschaftet, und mehr als 75% dieser Flächen befinden sich in Indien; in Afrika nehmen die im forstwirtschaftlichen Sinne bewirtschafteten Flächen weniger als 2 Millionen Hektar ein (Ghana, Nigeria, Kenia, Tansania).

Internationale Bemühungen

Mit Ausnahme einiger lokaler Aktionen sind die meisten Initiativen, die zur Rettung der Tropenwälder ergriffen wurden, gescheitert, denn es fehlte an Geldmitteln und ebenso am Willen zur Mitarbeit auf Regierungsseite der betroffenen Länder.

In den letzten Jahren sind zwei internationale Initiativen ins Leben gerufen worden: der Tropenwaldaktionsplan (TWAP) und die International Tropic Timber Organisation (ITTO). Diese beiden neuen, übergreifenden und interdisziplinären Zusammenschlüsse haben es den nichtstaatlichen Organisationen ermöglicht, ihre Lösungsangebote zu vereinigen und ihre Standpunkte gegenüber den Regierungen und den Fachleuten für Wald- und Holzwirtschaft zur Sprache zu bringen. Damit wurde eine andere Sichtweise des Entwaldungsproblems geschaffen, und wenn diese beiden internationalen Einrichtungen auch bis heute diesem Phänomen hilflos gegenüberstehen, so haben sie sich doch den Kampf gegen die Entwaldung zum obersten Ziel gesetzt. Ein Ziel, das auf der Konferenz der Vereinten Nationen für Umwelt und Entwicklung, die im Juni 1992 in Rio de Janeiro abgehalten wurde, im Zentrum der Debatte stand. Außerdem werden derzeit einige weltweite Abkommen ausgehandelt: ein Rahmenabkommen zum Klima (Vereinte Nationen) und ein Rahmenabkommen zur biologischen Artenvielfalt (UNEP/IUCN). Desgleichen wird viel von der Verabschiedung einer weltweiten Waldkonvention gesprochen. Dies stößt jedoch bei den Regierungen auf geringe Resonanz, obwohl schon jetzt die Unterstützung der Europäischen Gemeinschaft und zahlreicher großer nichtstaatlicher Organisationen sicher ist und zwei Präzedenzfälle vorliegen: die erste Ministerkonferenz zum Schutz der Wälder in Europa, die im Jahre 1990 31 Länder, nämlich die Europäische Wirtschaftsgemeinschaft und vier internationale Organisationen, versammelt hat, sowie den 10. Weltforstkongreß (September 1991 in Paris), dessen Ergebnisse und Empfehlungen für die Verhandlungen beim Weltgipfel (Rio, Juni 1992) berücksichtigt worden sind.

Die Sorge um das Verschwinden der Wälder und die Folgen für die Zukunft kommendender Generationen erfordert ein gemeinsames Vorgehen auf internationaler Ebene und die Einrichtung von aufeinander abgestimmten Programmen zwischen den Industrieländern und den Entwicklungsländern.

Das Abkommen müßte sich um die drei folgenden Grundfragen drehen:

- die Anerkennung der Rolle des Waldes für die Bedürfnisbefriedigung der menschlichen Gemeinschaft und seiner Schutzfunktion für die Natur (Erhaltung der Böden, Wasserwirtschaft, Klimabeeinflussung, Landschaftsharmonie, Produktion von Gütern und Schaffung von Dienstleistungen);
- die Erhaltung und Nutzbarmachung der Wälder bei gleichzeitiger Berücksichtigung der Gesamtentwicklung des Gebietes unter Einbezug ökologischer, sozialer und wirtschaftlicher Aspekte,
- die Anerkennung der Zweckmäßigkeit von Konzepten, die auf einer nachhaltigen Bewirtschaftung der erneuerungsfähigen natürlichen Ressourcen basieren.

Doch trotz der Mobilisierung der Weltforstgemeinschaft wird die Lage immer schlimmer. Der Tropenwaldaktionsplan (TWAP), der 1985 von vier internationalen Institutionen geschaffen wurde, (UNDP, Weltbank, World Ressources Institute, FAO), basiert auf der freiwilligen Mitarbeit der Tropenländer (bis heute 86 Beitrittserklärungen). Geplantes Ziel ist, alle Aspekte der Forstwirtschaftspolitik eines Landes miteinzubeziehen, um eine mittelfristige Strategie (25 Jahre) und einen kurzfristigen Aktionsplan (5 Jahre) auszuarbeiten. (Siehe den Kasten: Die Ziele des TWAP). In der Realität haben hingegen nur 27 dieser Länder die für ihr Territorium propagierten Maßnahmen tatsächlich in die Praxis umgesetzt. Bei den anderen zieht sich der Prozeß in die Länge und geht im administrativen Dschungel verloren.

Was den Plan selbst anbelangt, so stellt Chris Elliot, der international Verantwortliche des WWF, fest: *«Bei der derzeitigen Umsetzung des TWAP wurden nicht gerade viele der anfangs festgesetzten Ziele erreicht. In der Theorie geben die Experten durchaus zu, daß die Entwaldung weitgehend dem armen Bauernstand zuzuschreiben ist, der von den Holzeinschlagsunternehmen geschaffene Zugangswege dazu benutzt, im Herzen der Waldgebiete seine durch Brandrodung gewonnenen Ackerflächen zu erweitern. In der Praxis hingegen haben internationale Organisationen wie die FAO das alleinige Exekutionsrecht des Plans den Forstministern überantwortet, die ausschließlich im Forstsektor eingeschritten sind und alle übrigen Zielsetzungen ausgeklammert haben – und zwar insbesondere jene, die den landlosen Bauern eine bessere Perspektive eröffnen würden als die, zur Gewinnung von urbarem Land auf systematische Brandrodung zurückzugreifen.»*

In Amazonien wie in Borneo haben die Eingeborenen den Waldausbeutern den Krieg erklärt, ein Krieg, der sich oft zum Massaker auswuchs. Unter dem Druck der Weltöffentlichkeit und der Schutzgemeinschaften wurden einige Industrieprojekte aufgegeben und so das Recht dieser Völker gewahrt. Aber es gibt noch viel zu tun.

Gleichwohl konnte der TWAP auf ein beträchtliches Anwachsen der internationalen Finanzhilfe zählen (sie ist zwischen 1985 und 1990 von 400 Millionen auf 1,1 Milliarden Dollar angestiegen) und auf eine breite Unterstützung der betroffenen Länder, da insgesamt 70 Ländern die zusammen mehr als 60 % der Waldfläche der Erde besitzen, ihren Beitritt erklärten.

Das ganze für den Plan zur Verfügung gestellte Geld floß bisher nur in die Holzindustrie. Obgleich den Entwicklungsländern mehr als die Hälfte der Wälder dieser Erde gehören, verfügen sie tatsächlich über nur 20 % der weiterverarbeitenden Industrien. Folglich sind sie gezwungen, ihr Holz in Form von Rohholz (entasteten Stämmen) zu exportieren, die in anderen Ländern wertsteigernd verarbeitet werden. Das ist sicherlich ein finanzieller Verlust, der ausgeglichen werden muß, um eine Reduzierung der intensiven Ausbeutung zu ermöglichen.

Bei einer vernünftigen Vorgehensweise hätte man bei der Ausarbeitung dieses Plans multidisziplinäre Teams aus Soziologen, Botanikern und Ethnologen einbeziehen müssen, um Schulungs-, Forschungs- und Entwicklungsaktionen starten zu können. Da der TWAP alle Initiativen den Bauern überlassen und es unterlassen hat, die seit Jahrhunderten mit dem Wald in Harmonie lebenden Partner an der Mitarbeit zu beteiligen, hat er sein Ziel verfehlt.

Im Norden wie im Süden ist man sich dennoch über einen Punkt einig: Es gibt noch viel zu lernen von diesem Ökosystem, das von einer solch wundervollen Vielfalt ist und in dem der Botaniker auf einem Hektar etwa die gleiche Anzahl von Tier- und Pflanzenarten findet wie in ganz Nordamerika. *«Es ist dringend geboten, unsere Annäherung an das Problem neu zu überdenken»*, erklärten die afrikanischen Experten, die sich letzten März in Kinshasa (Zaire) versammelt hatten. *«Die bisherigen Untersuchungen waren punktuell und richteten sich auf die Erforschung der Tier- und Pflanzenarten und die Funktionsweise des Ökosystems in der geschützten Umwelt. Wir haben uns bemüht, das Geheimnis der natürlichen Regeneration zu lüften, die Rolle der samenverbreitenden Tiere zu ermitteln und die Kreisläufe zu studieren. Diese Arbeiten der Bestandsaufnahme müssen fortgesetzt werden, doch zugleich muß für die bereits geschädigte, gestörte und den Eingriffen der Bauern ausgesetzte Umwelt eine globalere Entwicklungsperspektive gefunden werden!»*

Das Holz ist nur eine der Ressourcen, die der Wald zur Verfügung stellt, und zwar meist zum Nutzen des Staates und der großen Holzunternehmen. Darüber hinaus liefert er dem Bauern zum täglichen Leben eine enorme Vielfalt an Produkten (siehe den Artikel über die Agroforstwirtschaft).

Die UNESCO und das MAB-Programm (Man and Biosphere) des Internationalen Forschungsrats der Agroforstwirte (ICRAF) versuchen ganz gezielt, hinter die Struktur komplexer Feld-, Wald- und Weidesysteme, die dem Ökosystem angepaßt sind, zu kommen und neu zu schaffen. Es geht darum, die natürlichen Ressourcen in maximaler Weise zu nutzen. Die meisten dieser Systeme beruhen auf dem uralten tradierten Wissen der örtlichen Bevölkerung, insbesondere in einigen Ländern des Fernen Ostens. In Afrika ist die Aufgabe besonders schwierig: Um Wald- und Landwirtschaft zu versöhnen, müßte man zur gleichen Zeit den Bauern die Bedeutung des Baumes deutlich machen und sie in neue Nutzungstechniken einweisen.

Das World Ressource Institute (WRI), die wichtigste Forschungsanstalt für Umweltgutachten, hatte den Vorschlag gemacht, 30 % der 8 Milliarden betragenden Investitionen, die zur Unterstützung des TWAP vorgesehen sind, für Projekte zu verwenden, die den landlosen Bauern bessere Optionen als die Abholzung liefern. Leider wurde diesem Vorschlag kein Gehör geschenkt.

1990 hat Frankreich bei der Versammlung in Libreville die Initiative für ein Hilfsprogramm übernommen, das Pilotprojekte zur langfristig integrierten Bewirtschaftung in den tropischen Regenwäldern Zentralafrikas einrichten soll. Frankreich hat durch Vermittlung von Experten an mehreren nationalen Planungsarbeiten teilgenommen (Senegal, Kamerun, Togo, Zaire, Mauretanien) und sich bereit erklärt, für in Guinea, Mali, dem Kongo und Gabun laufende Projekte die Verantwortung zu übernehmen. Das Engagement bei der Erstellung von Nationalplänen zum Kampf gegen die Desertifikation (PNLCD) in den CILSS-Ländern (Ländern, die beim ständigen zwischenstaatlichen Ausschuß zum Kampf gegen die Trokkenheit in der Sahel-Zone teilnehmen: Tschad, Gambia, Mali, Mauretanien, Niger, Senegal, Obervolta, Kapverdische Inseln) hat dahin geführt, die Kompetenz nationaler Waldaktionspläne (NWAP) in Frage zu stellen, die laut jener Experten in die Pläne zum Kampf gegen die Desertifikation integriert werden müßten. Unter diesem Blickwinkel hat Frankreich die Versammlung von nationalen Koordinateuren der CILSS-Länder begrüßt, die im Februar 1992 in Cap Verde stattfand, und den Vorschlag gemacht, März–April 1992 eine Versammlung mit den CILSS-Ländern und den Hilfsorganisationen zu veranstalten.

Eine weitere Schutzorganisation dient heute als richtungsweisende Einrichtung: Die International Tropical Timber Organisation (ITTO). Sie hat den Auftrag, die vereinbarten Maßnahmen des Internationalen Tropenholzdabkommens (ITHA), das 1983 unter der Schirmherrschaft der UNCTAD (United Nations Conference on Trade and Development) unterzeichnet wurde, durchzusetzen. Die 47 Mitgliedsländer bestimmen etwa 95% des internationalen Tropenholzhandels.

Im Gegensatz zu den anderen Produktabkommen (Kaffee, Kakao, Jute, Kautschuk, etc.), hat das Tropenholzabkommen nicht zur Aufgabe, die Preise zu regeln, sondern vielmehr die Beratung und Zusammenarbeit zwischen den Verbraucherländern und den Erzeugerländern in Gang zu bringen. Seit ihrer Gründung ist die ITTO von nicht-staatlichen Naturschutzorganisationen wie dem WWF (World Wildlife Fund) stark unter Druck gesetzt worden und ist deshalb dazu übergegangen, ihre Aufgabe neu zu definieren und sich der Erhaltung und dauerhaften Bewirtschaftung der Tropenwälder zu widmen. Ihre Tätigkeit hat sich über drei Technikausschüsse und ein Sekretariat mit Sitz in Yokohama entwickelt; sie ist im Bereich der Reglementierung aktiv, sowie der Initiierung von Pilotprojekten vor Ort:

Im normativen Bereich hat sie folgendermaßen eingegriffen:

- Klärung der Leitlinien für eine nachhaltige Bewirtschaftung der natürlichen Wälder, die Pflanzungen von Nutzholz und die Erhaltung der Artenvielfalt in den Tropenwäldern, die als Nutzholzlieferanten erschlossen wurden.
- Reflexionen über Methoden des Waldbaus und der Nutzung natürlich und künstlich begründeter Wälder;
- Reflexionen darüber, welche Technologien den Ertrag steigern und die Qualität der industriell weiterverarbeiteten Produkte verbessern;
- Reflexionen über die Finanzierungsmöglichkeiten der Forstwirtschaft;
- Reflexionen über die Schaffung von Anreizen für eine nachhaltige Bewirtschaftung der Wälder (steuerliche Vergünstigungen, Gütezeichen, Verhaltensmaßregeln etc.)

Nach einer Untersuchung der ausschließlich auf die Produktion von Holz ausgerichteten Bewirtschaftung der Tropenwälder und in Anbetracht der enttäuschenden Ergebnisse dieser Untersuchung, hat sie Pilotprojekte finanziert, die ihr Augenmerk auf andere Produkte als das Holz richten:

- 211 Projekte wurden von Mai 1987 (Datum der 2. Beratungsversammlung der Organisation) von den Ausschüssen einer Analyse unterworfen,
- 96 Projekten wurde ein finanzieller Betrag von 61,6 Millionen US-Dollar bewilligt,
- 72 Projekte haben eine effektive Finanzierungshilfe von einer Gesamtsumme von 46,6 Millionen US-Dollar erhalten. Einige sind bereits abgeschlossen, andere laufen derzeit noch. Diese Summen bleiben trotz allem angesichts der Tragweite des Problems minimal.

Wie der WWF in seinem Bericht über die Tropenwälder erklärt:

«Wenn die ITTO nicht schnellstens Maßnahmen ergreift und der beträchtliche Umfang des kommerzialisierten Holzes nicht Erträge aus nachhaltiger Nutzung sind, wird das Schwinden der Wälder zum Tropenholzboykott führen, und damit die Organisation hinfällig werden lassen».

Bereits 1990 hatte das Europaparlament einem Antrag auf Importregelung der Tropenhölzer in der Europäischen Gemeinschaft zugestimmt und die Schaffung eines «Fonds zur Bewirtschaftung der Tropenwälder» gefordert. Diese Initiative, die von den nicht-staatlichen Organisationen lebhaft unterstützt wurde, wäre nur unter der Bedingung sinnvoll, daß die anderen Tropenholzimporteure, insbesondere die USA und Japan, ihr folgten, was zur Zeit aber noch nicht der Fall zu sein scheint, da nationale Interessen überwiegen.

Die bis zum heutigen Tag unternommenen Lösungsversuche sind der Bedeutung des Problems nicht angemessen, und die überaus wichtige finanzielle Nord-Süd-Solidarität ist mehr denn je notwendig. Auch haben die internationalen Institutionen die Wälder zum Spielball ihrer Kompetenzstreitigkeiten gemacht: Das Umweltprogramm der UN (PNUE) will sich beim Schutz der Umwelt und der Artenvielfalt seine Vorrechte nicht streitig machen lassen; die FAO kämpft darum, beim TWAP die Führung zu übernehmen, und die Staaten würden lieber, unter Wahrung ihrer Souveränität, ein großes Waldabkommen unterzeichnen, als der UNO in diesen Fragen die Verantwortung zu überantworten: der Leidtragende ist wie immer der Wald, dem jede Verzögerung schadet.

Im Amazonasgebiet sind nahezu hundert Stämme im Laufe dieses Jahrhunderts untergegangen. Überall sind die Waldvölker von der Rodung bedroht, von den Pygmäen Afrikas über die Punans von Borneo bis hin zu den Asmats von Irian Jaya.

Zielrichtung: Weltabkommen

Die wachsende Sensibilisierung der öffentlichen Meinung hinsichtlich der Entwaldung macht ein solches Abkommen nicht nur möglich, sondern auch notwenig. Nun tragen aber die beiden derzeit gültigen Abkommen zur Klimaveränderung und Artenvielfalt diesem Problem nicht genügend Rechnung. Bei der Gipfelversammlung der Sieben 1990 in Houston wurde der Vorschlag gemacht, auf der Konferenz in Rio den Wäldern ein besonderes Dokument zu widmen.

In diesem Rahmen dreht es sich nicht mehr allein um das Schicksal der Tropenwälder, sondern das aller Wälder des Erdballs. Verschiedene Übereinkommen behandeln, wie wir bereits gesehen haben, das Nutzungs- und Waldproblem in einem sehr vagen Rahmen der Erhaltung der Natur (Das Ramsar-Abkommen zum Schutz der Feuchtzonen (1972), das Washingtoner Abkommen über den internationalen Handel mit von Ausrottung bedrohten Tier- und Pflanzenarten (1973) das Amazonas-Kooperationsabkommen (1978), das Abkommen zum Schutz der europäischen Fauna und Flora (1979) etc. ...). Es ist offensichtlich, wie notwendig die Verabschiedung eines umfassenden Weltabkommenes ist, das alle Aspekte der Bewirtschaftung (des Waldes, aber auch der anderen Ressourcen), der Erhaltung und der Nutzung behandelt, wie das in etwa bereits bei den über die Ozeane und die Antarktis geschlossenen Abkommen geschehen ist.

Es gibt zahlreiche Initiativen, die darauf ausgerichtet sind, ein umfassendes und genaues Instrumentarium zu erstellen und damit eine Reihe klarer Zielsetzungen zu formulieren, die es gestatten, für die nordischen Wälder, die Wälder der gemäßigten Klimazonen und die Tropenwälder gleichermaßen eine angemessene Politik auszuarbeiten. Wenn diese übergreifenden Prinzipien erst einmal definiert wären, dann könnten Verfahren in Gang gesetzt werden, die die internationale Verschuldung, die Grundbesitzregelung, die internationalen Handelsabkommen (GATT) und die Interessen der einheimischen Völker miteinbeziehen.

Die Internationale Gemeinschaft wird sich in zunehmendem Maße bewußt, daß – über das Entwaldungsproblem hinaus – der Bewirtschaftungsmodus dieser Flächen eine Rolle spielt und daß es illusorisch ist, die Waldprobleme lösen zu wollen, ohne die übrigen Belange des Territoriums zu berücksichtigen. Wie die Forstwirte gerne betonen, ist die Geschichte dieser Gebiete oftmals eine lange Folge von Konflikten zwischen Forstwirten und ländlichen Gemeinden. Doch wenn es auch auf der Hand liegt, daß der Umfang der bewaldeten Gebiete fluktuieren kann, so darf man auf keinen Fall vergessen, daß die Waldökosysteme äußerst komplexe Gefüge sind, daß sie häufig ein sehr zerbrechliches Gleichgewicht besitzen und eine strenge Nutzungspolitik erfordern, die das biologische Produktionspotential der Böden und die Artenvielfalt berücksichtigt, sowie die Reversibilität des Prozesses garantiert. Das von den Forstwirten gern zitierte Beispiel der zuerst entwaldeten und schließlich vom Wald wieder eroberten Gebiete gilt nur für die gemäßigten Klimazonen und läßt sich nicht auf die Tropen übertragen: Hier geht der nackte und ausgelaugte Boden sowohl für den Ackerbau als auch für die Waldwirtschaft unwiederbringlich verloren.

Eine der Vorbedingungen für die Effizienz der Waldwirtschaftspolitik ist die Klärung der Grundbesitzsituation in den betroffenen Ländern. Und es ist die Frage, ob die internationalen Abkommen hierzu die Macht haben. Ein anderes Problem: Für die Umsetzung dieser Politik braucht es Investitionen. Nun erlaubt das aktuelle Wirtschaftssystem es im allgemeinen jedoch nicht, langfristige finanzielle Kosten und Risiken zu decken. Wer wäre heute schon bereit, in ein Projekt zu investieren, das erst in hundert Jahren Erträge garantiert? Der Finanzierungsmechanismus muß also der Dauer forstbiologischer Kreisläufe angepaßt werden. Einiges ist in dieser Richtung schon geschehen, wie die Schuldenbegleichung durch Lieferung von Naturgütern («dept for nature swapt»), der Schuldenerlaß, der Weltumweltfonds, doch ist dies nur ein Anfang. Es bleibt zu hoffen, daß all diese Entwürfe, die derzeit noch ohne Zusammenhang sind, sich aufeinander abstimmen lassen und sich für die Tropenwälder nicht als fatal erweisen, denn man kann davon ausgehen, daß diese Wälder bis zum Jahre 2000 etwa zur Hälfte von unserem Erdball verschwunden sein werden.

Die Zielsetzungen des TWAP

Der TWAP hat es sich zur Aufgabe gemacht:
- die Tropenwälder nachhaltig zu verwalten. Eine bessere Nutzung sekundärer Arten würde Einkommenserhöhungen sowie die Schaffung von Arbeitsplätzen nach sich ziehen und dazu führen, die Ausbeutung der kostbaren bedrohten Arten zu verringern;
- weiterverarbeitende Industrien zu entwickeln, um die Veredelung im Erzeugerland zu belassen;
- schnellwachsende Baumarten anzupflanzen, um eine zuverlässigere Versorgung mit Feuerholz zu gewährleisten;
- landwirtschaftliche Alternativen zu entwickeln und in größerem Maße die örtliche Bevölkerung an der Waldwirtschaft zu beteiligen.

Die Gefahren der Entwaldung

Die Entwaldung hat dramatische Folgen, wie z. B.
- den Verlust genetischer (pflanzlicher und tierischer) Ressourcen für Medizin, Landwirtschaft und Industrie;
- Bodenerosion und saisonale Überschwemmungen;
- Erodierung und Eintiefung der Flußläufe;
- fortschreitende Desertifikation;
- Schwächung des Wasserrückhaltevermögens;
- Veränderung des Lokalklimas, insbesondere Verringerung der Niederschläge;
- das Sterben der Waldvölker. Die tropischen Wälder beherbergen 50 Millionen Angehörige ethnischer Gruppen, deren Überleben vollständig vom Wald abhängig ist.

Anhang

abiotisch. Verursacht durch die unbelebte Natur (Klima, Boden, Relief).
Abschlußplan. Liste, in der die Zahl der Tiere festgelegt wird, die nach Schätzung des vorhandenen Gesamtbestandes in einem Revier geschossen werden soll.
Adaptation (Anpassung). Vorhandensein erblicher Merkmale, aufgrund derer sich ein Organismus in einem anderen als gewohnten Habitat entwickeln kann.
adventiv nennt man ein unter ungewöhnlichen Umständen oder an ungewöhnlichen Stellen (z.B. an Wunden) auftretendes Organ (Knospe, Sproß), „schlafendes Auge" ist ein gebräuchlicher anderer Name.
A-Horizont. Obere Schicht in einem Bodenprofil, die organische Stoffe enthält und oft durch Auswaschung an Spurenelementen bzw. Eisen verarmt ist.
Aktivität, biotische. Gesamttätigkeit der lebenden, tierischen oder pflanzlichen, Organismen jeder Größe im Boden.
akzidentell. Arten sehr geringer Häufigkeit, die rein zufällig in einer Pflanzengesellschaft vorkommen und nicht lange vorhanden sind.
Allogamie (Fremdbestäubung). Übertragung des Blütenstaubs aus einer Blüte auf die Narbe einer anderen Blüte derselben Art.
Alluvium. Oberste, nach der letzten Eiszeit gebildete Ablagerung.
anabiotisch. Organismen, die fähig sind, nach längerer Trockenheit normal weiterzuwachsen.
anaerob. Mikroorganismus oder biologischer Prozeß, der ohne Sauerstoff lebt/abläuft.
Angiosperme (Bedecktsamer). Unterabteilung der Samenpflanzen, die durch im Fruchtknoten eingeschlossene Samenanlagen gekennzeichnet sind.
anthropogen. Durch den Menschen verursacht.
Assoziation. Pflanzengesellschaft mit ähnlichen floristischen Bestandteilen auf relativ gleichem Standort.
Autochorie. Pflanzen und Früchte werden vom Mutterbaum ohne Hilfe von Tieren, usw. verbreitet.
autogam (selbstbefruchtend). Pflanzen, deren Befruchtung durch den von der gleichen Pflanze erzeugten Pollen erfolgt.
Baum. Holzgewächs mit durchgehendem Stamm und einer Krone.
Baumkrone. Vom Astwerk gebildeter Teil des Baumes, der eine mehr oder weniger ausladende Form hat.
Beschirmungsgrad. Ausmaß der Bodendeckung durch die Projektion der Kronen.
Bestand. Kollektiv von Bäumen, rel. einheitlich in Art, Alter, Struktur und Aufbau. Mindestfläche ca. 0,5 ha. Kleinste Einheit für forstliche Planungen.
Bioklima. Gesamtheit der Klimamerkmale, die direkten Einfluß auf lebende Organismen haben: thermische Schwankungen, Länge der Tage je nach Jahreszeit, Gesamtstrahlung, Menge und Form der Niederschläge, Luftfeuchtigkeit, Windhäufigkeit und -stärke.
Biom. Lebensgemeinschaften, die sich physiognomisch ähnlich sind, innerhalb eines Großklimabereichs.
Biomasse. Menge der in einem bestimmten Milieu vorhandenen Lebewesen (Tiere und Pflanzen). Sie wird in Kilogramm (oder Tonnen) frischer oder trockener (d.h. wasserfreier) Materie pro Flächeneinheit (z.B. Hektar oder Quadratkilometer) ausgedrückt.
Biosphäre. Gesamtheit des Teils der Erde, der von Lebewesen besiedelt ist: also eine dünne Oberflächenschicht, die Meere und Binnengewässer.
Biotop. Lebensstätte von pflanzlichen und/oder tierischen Organismen mit einheitlichen Lebensbedingungen. Aus dem Zusammenwirken von Biotop und Biozönose ergibt sich dann als komplexes Gebilde das Ökosystem.
Biozönose (biotische Lebensgemeinschaft). Gesamtheit der an einem Standort vorhandenen Lebewesen (Tiere, Pflanzen und Mikroorganismen) und deren Verhältnis zueinander.
Bodenhorizont. In einem Bodenprofil eine im allgemeinen parallel zur Oberfläche verlaufende Schicht mit homogenen, sich von der darüber- und darunterliegenden Schicht unterscheidenden Bodeneigenschaften (Textur, Struktur, Farbe usw.).
Borke. Abgestorbener äußerer Teil der Rinde von Stamm bzw. Hauptästen eines Baumes.
Chlorophyll, Blattgrün. In Blättern und Stengeln enthaltener grüner Farbstoff, der mehrere grundlegende, miteinander verbundene Aufgaben erfüllt, von denen das Leben aller Lebewesen auf der Erde, insbesondere das des Menschen abhängt:
– Umwandlung von Lichtenergie in chemische Energie;
– Bildung organischer Substanzen aus dem Kohlendioxid, das Pflanzen aus der Luft und den Mineralstoffen, die sie aus dem Boden aufnehmen (Photosynthese);
– Abgabe von Sauerstoff an die Atmosphäre (der gesamte Sauerstoff der Erdatmosphäre stammt aus der Photosynthese).
Cuticula. Äußere Schicht über der Epidermis. Sie soll Wasserverluste verringern. Zum Teil ist noch Wachs zum gleichen Zweck aufgelagert.
Degradation. Veränderung des Bodens oder der Vegetation zu einem schlechteren Zustand.
Desertifikation. Verödung einer Landschaft durch den Verlust der Vegetationsdecke (Bsp. Sahel-Zone).
Destruent (Reduzent). Organismus, der sich von organischen Überresten ernährt (z.B. Saprophyten, Bakterien) und dazu beiträgt, diese in einfachere Verbindungen zu verwandeln.
Diaspore (Verbreitungseinheit). Verbreitungsorgan einer Pflanze (Samen, Frucht, Knospe).
Dipterocarpaceen. Familie von Blütenpflanzen. Viele Bäume stammen aus Südostasien. Sie haben dicke, harte Blätter und lebhaft gefärbte Blüten. Die Dipterocarpaceen blühen nicht häufig, etwa einmal alle fünf Jahre.

Glossar

disjunkt ist das Areal einer Pflanze, wenn es nicht zusammenhängend ist und die Distanz mit natürlichen Verbreitungsmitteln nicht überbrückt werden kann.
Duftbruch. Kronenbruch durch Eisanhang.
Durchforstung dient der Pflege eines Bestandes. Entnommen werden qualitativ schlechte oder zu dicht stehende Bäume. Die Durchforstung soll die Stabilität des Bestandes verbessern, seine Wuchsleistung erhöhen oder die Qualität der verbleibenden Bäume steigern.
Durchmesser. Der forstlich verwendete Durchmesser wird in 1,30 m Höhe gemessen und heißt Brusthöhendurchmesser (BHD)
Einschlag. Das Fällen von Bäumen und das Aufarbeiten zu forstlich üblichen Vorschriften.
Einzugsgebiet. Gesamtheit der Hänge, deren abfließendes Wasser sich in ein und demselben Wasserlauf sammelt.
endemisch nennt man Arten, die nur an einem eng begrenzten Standort bzw. Gebiet vorkommen.
Entomogamie. Insektenbestäubung
Epiphyten. Pflanzen, die sich ohne Bodenkontakt nicht parasitisch auf anderen Pflanzen (v.a. Bäumen) entwickeln.
Epizoochorie. Verbreitung von Pflanzen mit Haftfrüchten durch Tiere, die diese in Fell, Wolle, Hufen transportieren.
Eutrophierung. Exzessive Zunahme eines Bodens oder Gewässers an Nährstoffen durch beträchtliche Zufuhr von Substanzen (v.a. Stickstoff, Phospor, Kalium usw.), was zu einer tiefgreifenden Veränderung der Natur und der Ökosysteme führt.
Evapotranspiration (Gesamtverdunstung). Bei einer Vegetationsdecke Gesamtheit des Wasserverlusts, der aufgrund der Transpiration von Pflanzen und der Bodenverdunstung entsteht.
Exploitation. Erschließung und Holzentnahme in bisher unerschlossenen Wäldern ohne Rücksicht auf die Nachhaltigkeit
Fegen, Verfegen. Ablösen und Zerreißen der Rinde von jungen Bäumen durch Reibung, hauptsächlich durch Hirsch- und Rehgeweihe.
Flora. Gesamtheit der in einem gegebenen Gebiet beliebiger Größe vorhandenen Pflanzenarten.
Föhn. Luftmasse, die durch ein Gebirgshindernis zum Auf- und Absteigen gezwungen wird. Die Abkühlung während des Aufstiegs führt zu einer sehr effektiven Ausregung. Beim Abstieg findet eine Erwärmung statt, wobei die relative Luftfeuchte extrem absinkt. Der Föhn ist im Eintreffgebiet um einige Grade wärmer als die vorhandene Luft und außerordentlich trocken (typ. Erscheinung im Voralpenland).
Forstwirtschaft. Bewirtschaftung von Wald und Planung der Maßnahmen im Hinblick auf alle Waldfunktionen (Holzerzeugung, Erholung, Bodenschutz, usw.).
Garigue (immergrüne Strauchheide z.B. in Frankreich). Mehr oder weniger offene Pflanzenformation, die sich aus immergrünen Halbsträuchern zusammensetzt und aufgrund des meist durch Waldbrände oder Überweidung bedingten Rückgangs mediterranen Waldes entsteht. Von der Macchie unterschieden durch beringen Bestockungsgrad und geringe Höhe.
Geomantie. Eine Art Weissagung durch Interpretation von Linien im Sand.
Geophyten. Krautartige Gewächse mit unterirdischen Speicherorganen, die im Frühjahr ein sofortiges Wachstum ermöglichen.
Gymnospermen (Nacktsamer). Angehörige einer entwicklungsgeschichtlich alten Pflanzengruppe, deren Samenanlagen und Samen nicht in einem Fruchtknoten eingeschlossen sind. Sie umfassen die Koniferen und die fiederblättrigen Nacktsamer.
Habitat. Lebensraum oder Umwelt, die einen bestimmten Platz in einem größeren Lebensraum meint, an welchen eine Art ökologisch gebunden ist.
Habitus. Charakteristische Silhouette eines Baums, anhand derer man ihn meist erkennen kann. Der Habitus ist abhängig von der Art und der Konkurrenzsituation (ob er beispielsweise als Solitär oder im Bestand aufwächst).
Heide. Mehr oder weniger geschlossene Pflanzenformation, gekennzeichnet durch die Vorherrschaft von sozial niedrigen Holzgewächsen (Heide, Stechginster, Ginster usw.). Heidelandschaften resultieren meist aus einem vom Menschen verursachten Rückgang des Waldes auf saurem Boden.
heliophil (sonnenliebend) nennt man Pflanzen, die sich nur bei vollem Licht ganz entwickeln können (z.B. roter Fingerhut, graue Heide, Besenginster usw.).
Hochwald. Bewirtschaftungsart von Wald, dessen Bäume aus Saat oder Pflanzung hervorgegangen sind. Typisch ist, daß die Bäume relativ alt und dick werden, ehe sie gefällt werden. Vgl. auch Niederwald.
Höhenzonierung. Durch das Klima verursachte unterschiedliche Pflanzenformation mit steigender Höhe.
Holz. Gewebe (unterteilt nach Festigungs-, Leitungsgewebe und Speichergewebe), das Stamm, Äste und Wurzeln von Holzgewächsen aufbaut.
Humus. Organische oberste Schicht des Bodens, die aus Tier- und Pflanzenresten entstanden ist. Ungünstigste Form des Humus ist der Rohhumus, der sehr sauer ist und von den Pflanzen wenig genutzt werden kann.
Hydrophyten (Wasserpflanzen). Pflanzen, deren Erneuerungsorgane sich am Wassergrund, an der Wasseroberfläche oder mitten im Wasser befinden.
immergrün nennt man Pflanzen oder Wälder, die ihre Blätter bzw. Nadeln im Winter nicht verlieren.
Jahrring. Ring, der im Querschnitt des Baumstamms (bzw. Asts) die jährliche Dickenzuwachsrate darstellt. Bei der Anordnung im Jahrring ist zu unterscheiden zwischen dem am Beginn der Vegetationsperiode gebildeten Frühholz und dem danach angelegten Spätholz.

Kallus. Wundgewebe bei Pflanzen, das bei Verletzungen die Wunde durch Zellwucherungen verschließt.

Kernwuchs. Bäume, die aus einem Kern (Samen) hervorgegangen sind, im Gegensatz zum Stockausschlag oder Wurzelbrut.

Klimax. Zustand eines Ökosystems, bei dem (zumindest nach menschlichem Maßstab) die optimale Anpassung und Ausnutzung der gegebenen Umweltbedingungen stattgefunden hat.

Klon. Gesamtheit der durch ungeschlechtliche Vermehrung aus einem einzigen Individuum entstandene erbgleiche Nachkommenschaft.

Koleopteren. Käfer

Koniferen (Nadelbäume). Bäume aus der Ordnung der Gymnospermen, deren Samenanlagen frei an der Blütenachse oder an flachen Fruchtblättern (Fruchtschuppen) sitzen: Kiefern, Lärchen, Tannen, Fichten. Die Koniferen sind vorwiegend immergrün.

Konkurrenz. Wettbewerb um Nahrung, Raum oder andere ökologische Lebenserfordernisse zwischen solchen Organismen, die in ihren Lebensansprüchen ganz oder teilweise übereinstimmen, wobei das Angebot so begrenzt ist, daß Überleben und Fortpflanzung beeinträchtigt werden können. Unterschieden werden interspezifische Konkurrenz (zwischen Individuen verschiedener Arten) und intraspezifische Konkurrenz (innerhalb einer Population zwischen Individuen der gleichen Art).

Kronenschicht. Oberster Bereich eines Waldbestandes, in dem die Bäume grüne Kronen haben.

Kryptogame (Sporenpflanzen). Große systematische Abteilung der blütenlosen Pflanzen (z.B. Farne, Moose, Pilze, Flechten, Algen).

Landes. französische Landschaft am Golf von Biscaya in der Gascogne, die früher eine reine Heide war, heute aufgeforstet ist und eine der wichtigsten und produktivsten Waldflächen Frankreichs darstellt.

Langholz. Stamm eines gefällten, entlasteten und entrindeten oder nicht entrindeten Baumes.

Laßreitel. Element im Mittelwaldbetrieb, der eine Mischung aus Hoch- und Niederwald ist. Das Unterholz besteht aus Stockausschlägen, die periodisch zurückgeschnitten werden, die Oberschicht besteht aus Bäumen, die hochgewachsen und einen dikken Stamm ausbilden dürfen („Laßreitel"). So wird auf gleicher Fläche Bau- und Brennholz erzeugt. Heute selten gewordene Waldform.

Lessivierung. Vertikaler Transport von Lehm und Mineralsalzen durch das Wasser in tiefere Bodenschichten.

Liane. Biologische Pflanzenform, die einen langen, verholzten und biegsamen Stengel entwickelt, der auf unterschiedliche Art an anderen Pflanzen emporklettert.

Macchie. Vegetationsform in küstennahen Mittelmeergebiet mit Büschen oder krüppeligen Bäumen.

Maghrebinische Länder, Maghreb. Bestimmte Mittelmeeranrainer: Nordalgerien, Tunesien, Marokko.

Mittelwald ist eine Kombination von Nieder- und Hochwald: Die Unterschicht aus Wurzelbrut wird regelmäßig abgeschnitten und als Brennholz verwendet. In der Oberschicht stehen in größerem Abstand Bäume aus Kernwüchsen als Nutz- oder Bauholz verwendet werden sollen. Heute nur noch lokal z.B. in Unterfranken verbreitet.

Mollusken. Weichtiere (Schnecken, usw.).

monözisch nennt man Pflanzenarten, bei der jede Pflanze sowohl männliche als auch weibliche, klar voneinander getrennte Blüten aufweist.

monokarp nennt man mehrjährige Pflanzen, die nur ein einziges Mal blühen.

Monokotyle. Einkeimblättrige; Klasse der Angiospermen mit nur einem Keimblatt (Bsp. Palme).

Mutualismus. Lebensgemeinschaft von zwei Organismen (egal ob Pflanze oder Tier), die von beiderseitigem Nutzen ist.

Mykorrhiza. Symbiose zwischen dem Myzel von Pflanzen und den Wurzeln höherer Pflanzen eine verbesserte Versorgung mit Mineralstoffen (vor allem Stickstoff und Phosphor).

Nachhaltigkeit. Bewirtschaftungsgrundsatz, demzufolge aus einem Wald nur so viel Holz entnommen wird, daß er in seiner Entwicklung, seiner Stabilität und seiner Qualität nicht negativ verändert wird.

Nährstoffe. Im Boden enthaltene, dem Wachstum der Pflanzen dienende Mineralstoffe: Stickstoff, Phosphor, Kalium, Kalzium und Magnesium. Die Böden ombrophiler Wälder weisen einen beträchtlichen Mangel an Nährstoffen auf.

nekrophag. Ernährungsform von pflanzlichen Organismen aus abgetöteter Substanz.

Niederwald. Waldbestände, die aus Stockausschlägen oder Wurzelbrut hervorgegangen sind, werden nach relativ kurzer Zeit zurückgeschnitten („auf den Stock gesetzt"). Diese Zeitspanne („Umlaufzeit") liegt bei etwa 5–20 Jahren. Erzeugt wird vor allem Brennholz. Vgl. auch Hochwald.

Ökosystem. Ergibt sich aus dem Zusammenwirken von Biotop und Biozönose. Seine bestimmenden Eigenschaften sind Energieflüssen, Stoffkreisläufe und Regelmechanismen.

ombrophil (regenliebend) nennt man Waldarten, die in regenreichen Gebieten vorkommen (z.B. im tropischen Regenwald).

Organelle. Abgegrenzte Teile einer Zelle, die besonderen Aufgaben dienen (vgl. Chloroplast).

Paläarktische Region. Umfaßt Eurasien und Nordafrika etwa bis zur Sahara, also überwiegend die kalten und gemäßigten Zonen

Palynologie (Pollenkunden). Erforschung zeitgenössischer oder fossiler Pollen, z.B. zur Deutung der Pflanzenentwicklungsgeschichte oder Klärung der Klimaverhältnisse in geologischen Formationen

Pflanzengesellschaft. Gesamtheit der auf einer gegebenen Fläche wachsenden Pflanzen, die miteinander im Wettbewerb sind.

Phänologie (Erscheinungslehre). Erforschung der Beziehungen zwischen klimatischen Phänomenen und morphologischen Merkmalen der Pflanzenentwicklung.

Photosynthese. Biochemisch-physiologischer Prozeß, bei dem aus anorganischen Stoffen unter katalytischer Mitwirkung des Blattgrüns und unter Ausnutzung der Sonnenenergie organische Stoffe (Kohlehydrate) aufgebaut werden.

Pyrophyten. Pflanzen, deren Verbreitung und/oder Keimung durch Feuer begünstigt wird.

Relikt. Fast ausgestorbene, entwicklungsgeschichtlich sehr alte Pflanzenarten, die nur noch an sehr wenigen Orten vorkommen.

Rodung. Beseitigung einer Waldfläche durch Abholzen und/oder Verbrennen zugunsten einer anderen Nutzungsart.

Saprophyten. Pflanzliche Fäulnisbewohner, die ihre Nährstoffe ganz oder teilweise aus toter organischer Substanz decken.

Savanne. Vegetationsformation in den regengrünen Tropen. Sie besteht aus geschlossenem Graswuchs und in mehr oder weniger große Abstand voneinander wachsenden Holzgewächsen.

Schneebruch. Kronenbruch oder Umdrücken von Bäumen oder Beständen durch Schneelast.

Schneitelbäume. Baum, dessen Zweige regelmäßig am Stamm abgeschnitten werden, um als Futter oder Reisig zu dienen.

Splintholz. Periphäre Holzschichten eines lebenden Baumes, in denen Leitung und Transport von Wasser und Nährstoffen stattfindet.

Sproßknollen. Speicherorgane, die sich aus umgebildeten Pflanzenteilen entwickelt haben (Bsp. Orchidee).

Stamm. Teil eines stehenden Baumes zwischen Wurzelstock und Krone.

Steckling. Abgetrenntes Pflanzenteil, das durch vegetative (ungeschlechtliche) Vermehrung zu einer selbständigen Pflanze mit Sproß und Wurzel heranwächst.

Stockausschlag. Sprosse, die sich rund um einen gerade gefällten Baumstumpf bilden.

Spaltöffnung. Öffnung in der Epidermis der Pflanze, die mehr oder weniger aktiv geöffnet oder geschlossen werden können, abhängig vom Sonnenlicht oder der Temperatur.

Streuschicht. Oberste Bodenschicht aus pflanzlichen Überresten jeder Art (Blätter, Zweige, Äste usw.), die erst wenig zersetzt ist.

Substrat. Allgemeine Bezeichnung für eine geologische Formation, die den Untergrund eines Waldes, eines Gebietes oder einer Oberflächenformation bildet.

Symbiose. Zusammenleben von Organismen verschiedener Art mit gewissen Wechselbeziehung untereinander, durch die sie gedeihen, ohne sich zu schaden.

Temperatur-Amplitude. Temperaturunterschiede zwischen der niedrigsten und höchsten Temperatur an einem gegebenen Ort.

thermophil (wärmeliebend) nennt man Pflanzen, die viel Wärme brauchen.

Treibhauseffekt. Rolle, die Gase anthropogenen Ursprungs im Strahlungshaushalt spielen, indem sie die kurzwellige Sonnenstrahlung durchlassen, die langwellige terrestrische Ausstrahlung aber absorbieren bzw. davon wiederum einen Teil zum Erdboden zurückstrahlen.

Überhälter. Bäume, die nicht geerntet werden, zur Beschirmung und als Samenbäume dienen und in den Folgebestand einwachsen sollen.

Unterwuchs, Unterholz. Vegetationsschicht unter der Baumschicht.

Vegetationsaufnahme. Inventar der auf einer gegebenen Fläche vorhandenen Pflanzenarten.

Vergeilung. Ausbildung von sehr langen Trieben unter Lichtmangel.

Verjüngung. Ersatz einer Baumgeneration durch eine andere.

Verwitterung. Veränderung der chemischen und physikalischen Eigenschaften eines Gesteins oder von Mineralien durch den Kontakt mit Wasser, Luft oder Biosphäre.

Waldbau. Lehre von der planmäßigen Waldbewirtschaftung.

Wiederaufforstung. Gesamtheit der forstwirtschaftlichen Maßnahmen, die einen bewaldeten Zustand wiederherstellen, der nach Sturm oder Insektenbefall verlorengegangen ist.

Wildverbiß. Schaden, den Hirsche, Rehe und Damwild verursachen, wenn sie die Seiten- und Endknospen von Holzgewächsen verbeißen.

Windbruch, Windwurf. Durch heftigen Wind umgestürzte, entwurzelte oder zerbrochene Bäume oder Bestände.

Wurzelschößling, Wurzelbrut. Trieb, der aus einer auf Wurzeln oder unterirdischen Ästen wachsenden Knospe entsteht.

Wurzeltypen. Im weiteren Sinne die Verankerung der Bäume im Boden. Die Wurzeln können verschiedene Formen haben:
– Flachwurzeln: waagrechte Wurzeln im ersten Dezimeter des Bodens;
– Pfahlwurzel: dicke, senkrecht in den Boden wachsende Mittelwurzeln, die von vielen kleinen Wurzeln umgeben ist;
– Herzwurzel: zahlreiche Wurzeln mittlerer Größe, die in allen Richtungen in den Boden wachsen;
– Mischwurzel: alle Zwischenformen der vorgenannten Formen.

Xerophyten, Trockenpflanzen. Pflanzen, die in trockener Umgebung wachsen.

Zaunbau. Maßnahmen zum Schutz der natürlichen oder künstlichen Verjüngung gegen das Wild.

Zoochorie. Verbreitung der Samen oder Früchte durch Tiere.

NÜTZLICHE ADRESSEN

Bundesministerium Ernähnung, Landwirtschaft und Forsten
Abt. Forst- und Holzwirtschaft, Umwelt- und Naturschutz
Rochusstr. 1, Postfach 140270, 5300 Bonn

Bundesministerium für Umwelt, Naturschutz und Reaktorsicherheit
Adenauerallee 141, 5300 Bonn 1

Bundesforschungsstelle für Naturschutz und Landschaftsökologie
Konstantinstr. 110, 5300 Bonn 2

Umweltbundesamt
Bismarckplatz 1, 1000 Berlin 33

FAO – Organisation der Vereinte Nationen für Ernährung und Landeswirtschaft
Via delle Terme di Caracalla 00100, Roma

PNUE – Programm der Vereinten Nationen für Umwelt
P.O Box 30552, Nairobi (Kenia)

World Wildlife Fund Deutschland – WWF
Sophienstr. 44, 6000 Frankfurt 90

WWF France –
151 bd de la Reine 78000, Versailles

WWF-Schweiz – World Wildlife Fund
Avenue du Mont Blanc, CH-1196 Gland (Schweiz)

BUND – Bund für Umwelt und Naturschutz Deutschland
In der Raste 2, 5300 Bonn 1

Bund Naturschutz in Bayern
Schönfeldstr. 8, 8000 München 22

Greenpeace Deutschland
Hohe Brücke 1, 2000 Hamburg 11

Robin Wood – Gewaltfreie Aktionen für Natur und Umwelt
Schildstr. 27, 2800 Bremen

Friends of the Earth

Robin Wood
Pöseldorfer Weg 17, 2000 Hamburg

Schutzgemeinschaft Deutscher Wald
Meckenheimer Allee 73, 5300 Bonn 1

ARA– Arbeitsgemeinschaft Regenwald und Artenschutz
Klasingstr. 17, 4800 Bielefeld

Rettet den Regenwald e.V.
Pöseldorfer Weg 17, 2000 Hamburg 13

Institut für Weltforstwirtschaft)
Leuschnerstr. 91, 2050 Hamburg 80

Deutscher Naturschutzring – DNR

Bundesverband für Umweltschutz
Kalkuhlstr. 24, 5300 Bonn 3

Deutsche Umwelthilfe e.V.
Güttinger Str. 19, 7760 Radolfzell

Norddeutsche Naturschutzakademie
Hof Möhr, 3045 Schneverdingen

Naturschutz-Zentrum Hessen
Friedenstr. 38, 6330 Wetzlar

Naturschutzzentrum Nordrhein-Westfalen
Leibnitzstr. 10, 4350 Recklinghausen

Akademie für Naturschutz und Landespflege
Beim Ministerium für Umwelt Baden-Würtenberg
Kernerplatz 9, 7000 Stuttgart 1

Akademie für Naturschutz und Landschaftspflege Bayern
Seethaler Str. 6, 8229 Laufen

Deutsche Alpenverein
Praterinsel 5, 8000 München 22

Gesellschaft für Ökologie
Untere Karspüle 2, 3400 Göttingen

EDF – Environmental Defense Fund
1875 Connecticut Ave., N.W., Washington, D.C. 20009, USA

International Tropical Tiber Organization – ITTO
International Information Center
Pacifico Yokohama, 1-1, Minato Mirai, Nischi-ku, Yokohama 220 (Japan)

World Rain Forest Movement
8, Chapel Row, Chadlington, OX7 3NA, Großbritannien

Rainforest Action Network
301 Broadway, Suite A, San Francisco, CA 94133, USA

UICN – Union Internationale pour la Conservation de la Nature
Avenue du Mont Blanc, CH-1196 Gland (Schweiz)

CTFT –Centre Technique Forestier Tropical
45 bis, avenue de la Belle Gabriele 94736 Nogent sur Marne

CIRAD – Centre de coopération internationale en recherche agronomique pour le développment
Sitz: 42 rue Schaeffer, 75016 Paris
und avenue du Val de Montferrand, domaine de la Valette 34032 Montpellier

Les Amis de la Forêt
38, rue Meslay, 75003 Paris

Earth First!
Lea Valley EF!, P.O. Box 2573, London N16 6HN

Ecoropa
24, rue de l'Ermitage, 75020 Paris

Association Forêt Méditerranéenne
14, rue Louis Astouin, 13285 Marseille

France Nature Environnement
57, rue Cuvier, 75007 Paris

Association Silva
21, rue Paul-Bert, 94130 Nogent sur Marne

Bibliographie

Wie funktioniert ein Baum?

POKORNY, JAROMIR:
Les arbres de chez nous. Col Nature, Marabout

LESSON, ANDRÉ (Hrsg.):
Je reconnais les arbres. Col agir et reconnaître, 1977

Le grand livre du bois. Nathan, 1977

LIEUTAGHI, PIERRE:
Le livre des arbres, arbustres et arbrisseaux. Robert Morel (Hrsg.), 1969

Mystère des plantes. Editions Mondo, 1990

Das Ökosystem Wald

FISCHESSER, B.:
La vie de la forêt. Ed Horizons de France, 1970

10ème Congrès forestier mondial, Acte 2 (Kapitel 6), Revue forestière française, 1991

Gestion de la faune sylvestre, ebd. Acte 4 (Kapitel 14)

ABGRALL, J.F. u. A. SOUTRENON:
La forêt et ses ennemis. CEMAGREF, 1991

Der Wald und seine Umwelt

DEMANGEOT, JEAN:
Les milieux naturels du globe. Masson, 3.Aufl. 1990

HUETZ DE LEMPS, A.:
La végétation de la Terre. Masson, 1970

PÉDELABORDE, PIERRE:
Introduction à l'étude scientifique du climat. Sedes, 1983

Les forêts, Col La Planète Terre. Time-Life, 1987

10ème Congrès forestier mondial, Acte 2 (Kapitel 1 u. 2), Acte 3 (Kapitel 8 u. 9), Acte 5 (Kapitel 13), Revue forestière française, 1991

DELPECH, R. u. G. DUMÉ:
Typologie des stations forestières, Vocabulaire, IDF, 1985

Das Erbe der Vergangenheit: Die Wälder der Urzeit

BOUREAU, ED.:
Traité de Paléobotanique. Masson, 1964-1975

COPPENS, YVES:
Le Singe, l'Afrique et l'Homme. Fayard, 1983

EMBERGER, L.:
Les plantes fossiles. Masson, 1968

La Forêt, Colloque du Comité des Travaux Historiques et Scientifiques (Strasbourg 1988), 1991

LABEYRIE, J.:
L'Homme et le Climat. Denoël, 1985

Paléoclimats. Bulletin de l'Institut de Géologie du Bassin Aquitain, 1983

Die Anpassung an das Leben im Wald/Co-Evolution

BERG, C.C.:
Classification and distribution of *Ficus*. Experientia 45 (7), 1989, 605-611

DARWIN, C.:
On the Origin of Species. John Murray, London 1859

GILBERT, L.E.:
Coevolution and Mimicry, in:
D.J. Futuyma u. M. Slatkin (Hrsg.), Coevolution, Associates Inc., Sunderland/Massachusetts 1983

JANZEN, D.H.:
Coevolution of mutualism between ants and acacias in Central America. Evolution 20, 1966, 249-275

JANZEN, D.H.:
When is it coevolution? Evolution 34, 1980, 611-612

MICHALOUD, G. u. S. MICHALOUD-PELLETIER:
Ficus hémi-epiphytes (Moraceae) et arbres supports. Biotropica 19, 1987, 125-136

MICHALOUD, G.:
Aspects de la reproduction des figuiers monoiques en forêt équatoriale africaine. Thèse de'Université, USTL, Montpellier 1988

MICHALOUD, G., S. MICHALOUD-PELLETIER, J.T. WIEBES u. C.C.BERG:
The co-occurence of two pollinating species of fig wasp and one species of fig. Proceedings of the K. Ned. Akad. Wet. serie C, 88 (1), 1985, 93-119

MOUSAIN, D.:
Aspects ecologiques de la symbiose mycorhizienne, I:
Systématique et organisation des complexes mycorhiziens. Annales de la Société d'Horticulture et d'Histoire Naturelle de l'Hérault 123, fasc.3, 1983, 41-48

VERNIER, D.:
Quelques aspects de l'histoire des théories symbiotiques en biologie. D.E.A. de Philosophie, Université de Montpellier III 1984

Tous les singes du monde. Editions du Mondo, 1992

Mensch und Wald

Se nourrir en forêt équatoriale. UNESCO, 1989

La forêt nourricière. Revue Silva, 1988

AUBAILE-SALLENAVE, F.:
Bois et bateaux du Vietnam. SELAF, 1987

BAHUCHET, S.:
Les Pygmées Aka et la forêt centrafricaine. SELAF, 1985

BARRAU, J.:
Les Hommes et leurs alimets. Temps Actuels, 1983

BLOCH, M.:
Les caractères originaux de l'histoire rurale française. Armand Colin, 1976

CONDOMINAS, G.:
Nous avons mangé la forêt.... Mercure de France, 1974

DEFFONTAINES, P.:
L'homme et la forêt, Gallimard. 1969

GRENAND, P.:
Introduction à l'étude de l'univers wayampi (Guyane), SELAF, 1980

LAFLEUR, N.:
La vie traditionnelle du coureur de bois. Leméac, Montréal 1973

LOMBARD, M.:
Espaces et réseaux du haut Moyen Age. Mouton, 1972

LEROY, EUGÈNE:
Jacquou le croquant (was der Wald für die Bauern der Dordogne im 19. Jahrhundert bedeutete)

Tropischer Regenwald/Waldwirtschaft

Forêts tropicales. Hors série Terre Sauvage Nr. 11, Januar 1992

Les forêts tropicales. Solar, 1992

GRADWOHL, J.:
Saving the tropical forest. Island Press, Washington D.C. 1988

BANKS, M.:
Les forêts tropicales. Rageot, Paris 1990 (48 S.)

COLLINS, M.:
Les forêts tropicales. Leurs peuples, leur végétation, leur faune. Solar, 1991 (199 S.)

GENTRY, A.H. (Hrsg.):
Four Neotropical Rainforests. Yale University Press, 1991

GEORGES, E.:
Les géantes aux pieds fragiles. Geo 91, September 1986, 16-30

GOLLEY, F.B. (Hrsg.):
Tropical rain forest ecosystems. Structure and Function. Ecosystems of the World 14 A, Elsevier, Amsterdam 1983 (382 S.)

GOMEZ-POMPA, A., T.C. WHITMORE u. M. HADLEY:
Rain Forest Regeneration and Management. MAB series Nr.6, UNESCO Paris u. Parthenon, Park Ridge (GB) 1991 (457 S.)

HOLM-NIELSEN, L.B., I. NIELSEN u. H. BALSLEV:
Tropical Forests: Botanical Dynamics, Speciation and Diversity. Academic Press, Harcourt Brace Jovanovich, London 1989 (380 S.)

JACOBS, M.:
The tropical rain forest. A first encounter. Springer Verlag, Berlin 1988 (295 S.)

LETOUZEY, R.:
Manuel de Botanique forestière - Afrique tropicale. 3 Bde. (1, 2a u. 2b), CTFT, Nogent sur Marne 1969

LIETH, H. u. M.J.A. WERGER (Hrsg.):
Tropical Rain Forest Ecosystems - Biogeographical and Ecological Studies. Ecosystems of the World 14 B, Elsevier, Amsterdam 1989 (714 S.)

MITCHELL, A.:
The enchanted canopy. Secrets from the rainforest roof. Collins, London 1986 (255 S.)

MITCHELL, A., G. BERNARD u. S. DALTON:
La planète verte. Forêts tropicales. Atlas ed., 1990 (175 S.)

NEWMAN, A.:
Les Forêts Tropicales. Larousse, Paris 1990 (248 S.)

OLDEMAN, R.A.A.:
Forests: elements of silvology. Springer, Berlin u. Heidelberg 1990 (624 S.)

POORE, D. u. J. SAYER:
The Management of Tropical Moist Forest Lands - Ecological Guidelines. IUCN, Gland (Schweiz) u. Cambridge (GB) 1987 (63 S.)

RICHARDS, P.W.:
The tropical rain forest. Cambridge University Press, Cambridge 1952 (450 S.)

RUBELI, K.:
Tropical rain forest in South East Asia. A pictorial journey. Tropical Press, Kuala Lumpur (Malaysia) 1986 (234 S.)

SCHNELL, R.:
La Flore et la végétation de l'Amérique tropicale. 2 Bde., Masson, Paris 1987 (480 u. 438 S.)

SCHULTES, R.E., A. GENTRY u.a.:
Selva humeda de Colombia. Villegas editores, Bogota (Kolumbien) 1990 (198 S.)

SUTTON, S.L., T.C. WHITMORE u. A.C. CHADWICK (Hrsg.):
Tropical Rain Forest Ecology and Management. Special Publication series of the British Ecological Society 2, Blackwell Scientific Publications, Oxford 1983

The Living Earth Foundation, Forêts tropicales. Splendeurs et magie Bordas, Paris 1990 (223 S.)

WHITMORE, T.C.:
Tropical rain forest of the Far East. Clarendon Press, Oxford 1975 (21985) (282 S.)

WHITMORE, T.C.:
An Introduction to Tropical Rain Forests. Clarendon Press, Oxford 1990 (238 S.)

WILSON, E.O.:
Rain forest canopy. The high frontier. National Georaphic 180, Dezember 1991, 78-107

Tropische Trockenwälder, Savannen

MONNIER, YVES:
La poussière et la cendre. ACCT, 1981

COLE, MONICA M.:
The Savanas. Academic Press, London 1986

POLUNIN, NICHOLAS:
Eléments de géographie botanique. Gauthier-Villars, Paris 1967

LACOSTE, A. u. E. SALANON:
Eléments de biogéographie. Fernand Nathan, 1969

BRAQUE, R.:
Biogéographie des continents. Masson, 1988

La fête sauvage, Editions du Jaguar, 1992

Der mediterrane Wald

BARBERO, M. u. R. LOISEL:
Le Chêne vert en région méditerranéenne. Rev. Forest. Française 32 (6), 1980, 531-543

BARBERO, M., G. BONIN, R. LOISEL u. P. QUEZEL:
Changes and disturbances of forest ecosystems caused by human activities in the western part of the mediterranean bassin. Vegetation 87, 1990, 151-173

BARBOUR, M.-G. u. J. MAJOR:
Terrestrial vegetation of California. J. Willey and Sons, New York 1977 (450 S.; Sammelwerk)

BRAUN-BLANQUET, J.:
La chênaie d'Yeuse méditerranéenne. Mem. Soc. Bot. Nîmes 5, 1936 (147 S.)

Conseil de l'Europe, Commission des Communautés Européennes: Carte de la végétation naturelle des états membres. hrsg. v. A. Noirfalise, Bruxelles 1987 (78 S. + Karten)

DI CASTRI, F., D. GOODALL u. R. SPECHT (Hrsg.):
Mediterranean-type shrublands. Ecosystems of the World, Elsevier, Amsterdam 1981 (653 S.)

GOMEZ-CAMPO, C. (Hrsg.):
Plant conservation in the mediterranean area. W. Junk, Dordrecht usw. 1985 (269 S.)

Guide pratique du reboiseur au Maroc. Minist. Agric. et Ref. Agraire, Direct. Eaux et Forêts, Rabat 1978 (373 S.)

KUNHOLTZ-LORDAT, G.:
La terre incendiée. Essai d'agronomie comparée, Maison carrée, Nîmes 1938 (361 S.)

LE HOUEROU, H.N.:
Impact of man and his animals on mediterranean vegetation, in: Di Castri, Goodall, Specht (s.o.), 479-522

QUEZEL, P.:
Les forêts du pourtour méditerranéen. Notes techn. MAB 2, UNESCO, Paris 1974

QUEZEL, P.:
Biogéographie et écologie des conifères sur le pourtour méditerranéen, in: Pesson (Hrsg.), Actualités d'Ecologie Forestière, Bordas, Paris 1980, 205-256

QUEZEL, P. u. M. BARBERO:
Carte de la végétation potentielle de la région méditerranéen, in: Méditerranée Orientale, Ed. CNRS, Paris 1985 (69 S. + Karte)

QUEZEL, P. u. M. BARBERO:
Les forêts méditerranéennes problèmes posés par leur signification historique, écologique et leur conservation. Acta Botanica Malacitana 15, 1990, 145-178

RAMADE, F.:
Conservation des écosystèmes méditerranéens. Planbleu, P.N.U.E., Economica, Paris 1990 (144 S.)

SEIGUE, A.:
La forêt circum-méditerranéenne et ses problèmes. Maisonneuve et Larose, Paris 1985 (502 S.)

TOMASELLI, R.:
La dégradation du maquis méditerranéen, Forêts et maquis méditerranéens. Notes techn. MAB 2, UNESCO, Paris 1976, 35-76

Waldbrände

10ème Congrès forestier mondial, Acte 2 (Kapitel 5), Revue forestière française, 1991

STRAZZULLA, JÉROME:
Les incendies de forêt. Denoël

ABBAS, H.:
Contribution à l'étude de l'aménagement des forêts de Pin d'Alep (Pinus halepensis, Mill) dans le Sud-Est méditerranéen français. Thèse Doct. Etat, 1986 (254 S. + 52 S. Anhänge)

ABBAS, H., M. BARBERO u. R. LOISEL:
Réflexions sur le dynamisme actuel de la régénération du Pin d'Alep en région méditerranéenne dans les Pinèdes incendiées de Provence calcaire (de 1973 à 1979). Ecologia Mediterranea 10, 3-4, 1984, 85-104

ABBAS, H., M. BARBERO, R. LOISEL u. P. QUEZEL:
Les forêts de Pin d'Alep dans le Sud-Est méditerranéen français. Forêts méditerranéennes 7, 1, 1985, 35-42

ABBAS, H., M. BARBERO, R. LOISEL u. P. QUEZEL:
Les forêts de Pin d'Alep dans le Sud-Est méditerranéen français. Forêts méditerranéennes 8, 2, 1986, 35-42

ACHERAR, M.:
La colonisation des friches par le Pin d'Alep (Pinus halepensis, Mill) dans les basses garrigues du Montpelliérais. Thèse Doct. Sp. Montpellier, USTL, 1981 (210 S.)

AMOURIC, H.:
Les incendies de forêts autrefois. DATAR (M.I.P.E.A.N.;.), 1985 (251 S.)

ATHIAS-BINCHE, F.:
Modalités de cicatrisation des écosystèmes méditerranéens après incendie: cas des certains Arthropodes, 3:
Les Acariens, Uropides, Vie et Milieu, 1986

ATHIAS-BINCHE, F. u. L. SAULNIER:
Modalités de cicatrisation des écosystèmes méditerranéens après incendie: cas des certains Arthropodes, 1:
Introduction, stations d'étude, Vie et Milieu, 1986

BARBERO, M. u. R. LOISEL:
Les chênaies vertes du Sud-Est de la France méditerranéenne. Valeur phytosociologiques, dynamiques et potentielles, oenologia 11,2, 1983, 225-244

BARBERO, M. u. F. MIGLIORETTI:
Etude comparative de la densité et de l'architecture des peuplements de taillis de chêne vert et de chêne pubescent en situation pure et mixte. Bull. Ecol. 18, 1987, 11-34

BARBERO, M. u. P. QUEZEL:
Structures, architectures forestières et prévention des incendies. Journées Environnement Paris 26/27. Okt. 87, 1987

BARBERO, M., G. BONIN, R. LOISEL, F. MIGLIORETTI u. P. QUEZEL:
Incidences des incendies sur les structures et architectures des écosystèmes méditerranéens. Coll. FERN, Giens 27./28. März 87, 1987

BARBERO, M., R. LOISEL u. P. QUEZEL:
Perturbations et incendies en région méditerranéenne française, in: Homenaje a P. Montserrat, Jaca y Huesta 1988, 409-419

DELABRAZE, P.:
Bases biologiques et physiques de la prévention des incendies de forêts. CNRS, Edit. Piren, 1985, 1-16

HOUSSARD, C., J. ESCARRE u. F. ROMANE:
Development of species diversity in some mediterranean plant communities. Vegetatio 43, 1980, 59-72

LEPART, J. u. J. ESCARRE:
La sucession végétale, mécanismes et modèles. Analyse bibliographique. Bull. Ecol. 14,3, 1983, 133-178

MIGLIORETTI, F.:
Ecologie et dendrométrie des peuplements purs et mélangés de chêne vert (*Quercus ilex* L.) et chêne pubescent (*Quercus pubenscens* Willd) en Provence. Bases méthologiques, modèles de croissance et de production, Thèse Doct. Etat Univ. d'Aix-Marseille III 1987 (292 S.)

MIGLIORETTI, F. u. M. BARBERO:
Etude comparée de la densité des peuplements de chêne vert en relation avec les composition floristique: application à la forêt domaniale de la Gardiole de Rians (Var.). Ecologia Mediterranea 10, 1-2, 1984, 205-230

PRODON, R., R. FONS u. A.M. PETTER:
L'impact du feu sur la végétation, les oiseaux et les micromammifères dans diverses formations des Pyrénées orientales. Terre et Vie 39, 1984, 129-158

QUEZEL, P. u. M. BARBERO:
A propos des forêts de *Quercus ilex* dans les Cévennes. Bull. Soc. Linn. Provence 38, 1986, 101-117

TRAUBAUD L.:
Notice des cartes à grande échelle des formations végétales combustibles du département de l'Hérault. Doc. Nr. 38, CEPE/CNRS, Montpellier 2, 1973

TRABAUD, L.:
Impact biologique et écologique des feux de végétation sur l'organisation, la structure et l'évolution de la végétation des zones de garrigues du Bas-Languedoc. Thèse d'Etat Univ. Sc. et Techn. Languedoc Montpellier 1980 (174 S.)

Die Wälder der gemäßigten Zone

BAULIG, H.:
Amérique septentrionale. Geographie universelle 13/1, A. Colin, 1935

BIROT, P.:
Les formations végétales du globe. SEDES, 1965

BOURNERIAS, M.:
Guide des groupements végétaux de la région parisienne. SEDES - CDU, 1984

ELHAI, H.:
Biogéographie. Collection U, A. Colin, 1978

ELLENBERG, H.:
Vegetation Mitteleuropas mit den Alpen in ökologischer Sicht. Ulmer, Stuttgart 1978

LEMEE, G.:
Précis de biogéographie. Masson, 1967

OZENDA, P.:
Les végétaux dans la biosphère. Doin, 1982

ROUGERIE, G.:
Géographie de la biosphère. A. Colin, 1988

SHELFORD, V.E.:
The ecology of North America. University of Illinois Press, 1963

VIERS, G.:
Géographie des zones froides et tempérées. Nathan, 1970

VIERS, G.:
Géographie des forêts. PUF, 1970

WALTER, H.:
Vegetation of the Earth. Springer, 1973

Der Wald in den Städten

Forêts en Ile de France, ONF

10ème Congrès forestier mondial, Acte 3 (Kapitel 7), Revue forestière française, 1991

Die borealen Wälder

Oxford Regional Economic Atlas: The United States and Canada

Grand Atlas de l'Union Soviétique et du Monde

L'état des forêts au Canada. Rapport au Parlement, 1990. Forêts Canada, 1991

L'industrie forestière finlandaise. Faits et chiffres, Confédération finlandaise des industries forestières, 1991

BAULIG, H.:
Amérique septentrionale. Géographie universelle 13, 1, A. Colin, Paris 1935 (315 S.)

BERG, L.:
Les régions naturelles de l'U.R.S.S.. Payot, Paris 1941 (382 S.)

ELLIOT-FISK, D.:
The stability of The Northern Canadian tree limit. Ann. Assoc. Am. Georgraph. 73, 4, 1983, 560-576

KRAUKLIS, A.:
Landschaftsökologische Auswirkungen der anthropogenen Vegetationsdynamik auf die südliche Taïga in Mittelsibirien. Petermanns Geographische Mitteilungen 3, 1987, 157-162

La forêt au Québec. Revue Forestière Française Sonderheft 31, 1979

PAYETTE, S. u. L. DILION:
Ecologie de la limite septentrionale des forêts maritimes, baie d'Hudson, Nouveau Québec. Naturaliste Canadien 102, 1975, 783-802

RICHARD, P.J.H.:
Le couvert végétal au Québec. Labrador et son histoire postglaciaire. Notes et documents Nr. 87-01, Département de Géographie, Université de Montréal, 1987 (74 S.)

ROUGERIE, G.:
Géographie de la Biosphère. A. Colin, Paris 1988

ROWE, J.S.:
Les régions forestières du Canada. Ministère de l'Environnement, Service Canadien Forestier, Publication Nr. 1, 1972 (172 S.)

SHELFORD, V.E.:
The ecology of North America. University of Illinois Press, Urbana 1963 (610 S.)

TSEPLIAEV, V.P.:
The forest of U.S.S.R.. Jerusalem 1965 (521 S.)

VASARI, Y.:
The vegetation of Northern Finland. Past and present, Inter-Nord 13/14, 1974, 99-120

WALTER, H.:
Vegetation of the Earth. Springer, Heidelberg 1973 (127 S.)

Mangroven

BLASCO, F.:
Les mangroves. La Recherche, 1991

ELLISON, J.:
Coastal ecosystem:will mangrove survive. IUCN Bulletin, 1989

CHAPMAN, V.J.:
Wet coastal ecosystem, in:
Ecosystem in the World Bd. 1, Elsevier, Amsterdam 1977

LUGO, A.E. u. S.C. SNEDAKER:
The ecology of mangroves. Annual review of ecology and systematics, 1974

ODUM, W.E.:
Pathways of energy flow in a South Florida estuary. Univ. Miami, Sea Grant Tech. Bull. Nr.7, 1971

ROLLET, B.:
Bibliographie sur les mangroves. UNESCO, 1981

SNEDAKER, S.C.:
Les mangroves: leur intérêt et leur conservation. Nature et ressources, Paris 1978

VIEILLEFON, J.:
Les sols de la mangrove et des tannes de Basse-Casamance (Sénégal), Importance du comportement géochimique du soufre dans leur pédogénèse. Mém ORSTOM Nr. 83, 1977

Bambuswälder

FARELLY, DAVID:
The book of bamboo. Sierra Club Books, San Francisco 1984

Der Wald in der Dichtung

BROSSE, JAQUES:
Mythologie des arbres. Plon

Brocéliande. Edition Artus, 1988

POORHLIET, RIEN u. WIL HUGGEN:
Les gnomes. Albin Michel, 1990

dies.:
Les secrets des gnomes. Albin Michel, 1990

FROUD, BRIAN u. ALAN LEE:
Les fées. Albin Michel, 1990

Geschichte des französischen Waldes

GADANT, JEAN:
La forêt et les bois en France. Documentation française, 1982

MONZA, J.-P. DE (Hrsg.):
L'Atlas des forêts de France, 1991

IGN:
cartes Top 25 Forêts 1:250 (Chantilly, Compiègne, Fontainebleau, Montmorency, Rambouillet, Versailles, Villers-Cotterêts)

BOURGENOT, LOUIS:
Les Eaux et Forêts du 12è au 20è siècle. Editions du CNRS, 1987

Aspects de la recherche sur l'histoire des forêts françaises. Table ronde du 2 février 1980, 1980 (51 S.)

Histoire des forêts françaises. Guide de recherche, 1982 (194 S.)

Forêts, Actes du colloque de Bénouville en juin 1983. Revue géographique des Pyrénées et du Sud-Oust 55, 1985, 113 ff.

Jalons pour une histoire des gardes forestiers, Actes du séminaire de recherche de Nancy des 20-21 septembre 1984, IHMC (CNRS) - Laboratoire d'économie forestière et agricole INRA, Nancy 1985 (154 S.)

Du pollen au cadastre. Evolution des paysages forestiers dans le Nord-Ouest de la France. Actes du colloque de Lille des 10-12 octobre 1985, Revue Hommes et Terres du Nord 1986, fasc. 2-3

L'histoire des forêts du Massif Central. Actes du colloque de Chaumont-Le-Bourg des 19-21 septembre 1986, Publication de l'Institut d'Etudes du Massif Central 30, 1987 (199 S.)

Quarante ans de législation forestière (1945-1985). Actes du séminaire de recherche tenu à l'E.N.S. de St-Cloud le 18 avril 1986, CNRS u. E.N.S. de St Cloud (Groupe PARC), Paris 1986

Annuaire du groupe d'histoire des forêts françaises. Neuausgabe, GHFF, Paris 1990

Revolution et espaces forestiers. Hrsg. v. D. Woronoff, L'Harmattan, Paris 1989 (264 S.)

Introduction à la metrologie historique. La metrologie forestière, Economica, Paris 1989, 289-330

Forges et forêts. Recherches sur la consommation proto-industrielle, hrsg. v. D. Woronoff, Ed. E.H.E.S.S., Paris 1990 (261 S.)

La forêt et l'eau. Actes du colloque de Bordeaux décembre 1989, Ed. G.H.F.F., Paris 1990

Le bois et la ville. Actes du colloque de Saint-Cloud, octobre 1987, Ed. E.N.S. de Saint-Cloud u. G.H.F.F., Paris 1991

La forêt. Actes du congrès des Sociétés Savantes, Strasbourg, mars 1989, hrsg. v. A. Corvol, Ed. C.T.H.S., Paris 1991

Enseigner et informer sur la forêt. XIXe-XXe siècle, Actes du colloque de Nancy octobre 1990, hrsg. v. A. Corvol u. Chr. Dugas de la Boissonny, 1991

Die Erforschung der tropischen Wälder

CREVAUX, JULES:
Le mendiant de l'Eldorado. Phébus

ders.:
En radeau sur l'Orénoque. Phébus

BURTON, R. u. J. SPEKE:
Aux sources du Nil. Phébus

VILOTEAU, NICOLE:
Des jungles plein la tête. Flammarion

HANSEN, ERIC:
Un étranger dans la forêt. Albin Michel, 1990

AYENSU, E.S. (Hrsg.):
Jungles. Jonathan Cape, London 1980 (200 S.)

BATES, H.W.:
The Naturalist On The River Amazons. Univ. of California Press, 1962 (465 S.)

BECCARI, O.:
Wanderings in the Great Forests of Borneo. Archibald Constable ç Co, 1904 (424 S.)

DUVAL, M.:
La Planète des Fleurs. Robert Laffont, 1977 (287 S.)

HUGON, A.:
L'Afrique des explorateurs. Vers les sources du Nil. Découvertes Gallimard 117, 1991 (176 S.)

JACOBS, M.:
The Tropical Rain Forest. A first encounter. Springer Verlag, Berlin 1981 (295 S.)

LA CONDAMINE, CH.-M. DE:
in Voyage sur l'Amazone. Minguet, H. FM./la Découverte, Paris 1745 (166 S.)

MASSIAN, M.:
Les Explorateurs. Robert Delpire, Paris 1965

MITCHELL, A.:
The Enchanted Canopy. Secrets from the Rain Forest Roof. Collins, London 1986 (255 S.)

MORI, S.A.:
Use of »Swiss Tree Grippers« for Making Botanical Collections of Tropical Trees. Biotropica 16, 1, 1984, 79 f.

SOUTER, G.:
New Guinea: The Last Unknown. Angus ç Robertson, 1963 (296 S.)

The International Book of Forest. Mitchell Beazley, London 1981 (224 S.)

Voyages et Découvertes. Des voyageurs naturalistes aux chercheurs scientifiques. Jardin des Plantes, M.N.H.N., 1981

WALLACE, A.R.:
The Malay Archipelago. Graham Brash (Pte) Ltd, 1983 (zuerst 1869) (515 S.)

Radeau des Cimes et réflexions amazoniennes. Déclics Magazine, Oct. 198

Bedrohungen des Waldes/Kooperation

Firewood crops, National Academy of Sciences, Washington 1980

CASSAGNE, BERNARD:
Le problème du bois de feu dans les villes d'Afrique Tropicale. Académie de Montpellier, laboratoire de botanique tropicale, 1987

HECHT, SUSANNA:
La sève de la colère. Editions CETIM

Les incendies de forêts. Revue Forestière Française Sondernummer, 2 Bde, 1974/5 (552 S.)

Espaces forestiers et incendies. Revue Forestière Française Sondernummer 1990 (378 S.)

Les Incendies de forêts. La Recherche 134, Suppl.: Environnement, Juli/Aug. 1991, 887-935

PIRO, P.:
Les trois fléaux de la forêt. Sciences et Avenir, Okt. 1991, 22-29

A feu et à vif. Géo-Environnement 149, Juli 1991, 150-164

Regards sur la santé de nos forêts. Revue Forestière Française Sondernummer 1985

Dossier spécial Tempêtes. Forêt-Entreprise 77, Okt. 1991, 7-19

La Forêt. Patrimoine de l'Avenir. Actes du Congrès Forestier Mondiale, Paris 17-26 sept. 1991, 8 Bde. (bes. Bd. 2)

RAMADE, F.:
Les catastrophes écologiques. McGraw-Hill, 1987

Heilpflanzen

Livres des simples médecines. Bibliothèque Nationale, Vilo 1986

Bildnachweis

Anceller, F. / Rapho: S. 315.
Alexander, B & C / Cosmos: S. 204.
Azel, J. / Contact Press Image / Cosmos: S. 16.
Babuchet S.: S. 109 - 121.
Barde, J.-L. / Scope: S. 283.
Becker / Pitch: S. 164.
Beignet A.: S. 85 - 188 - 193 - 239.
Berry, J. / Magnum: S. 150.
Blanc P.: S. 143 - 144 - 145.
Blaustein, J. / Woodfin Camp / Cosmos: S. 22.
Bock / Hoa-Qui: S. 100.
Bourgenot, L.: S. 254 - 256 (u.) - 259.
Bruwier, M. / Hoa-Qui: S. 106 r.
Burri, R. / Magnum: S. 42 u. - 199.
Cassard, P. / Hoa-Qui: S. 118.
Chasseau, J. P. / ONF: S. 53 u. - 238 o.
Compost, A. / Bios: S. 108 - 120 - 305.
Dedien, M. / ONF: S. 35 u. l.
Denis-Huot / Jacana: S. 219.
Denis-Huot / Hoa-Qui: S. 154 / 155.
© *Drages E. / Jacana:* S. 152.
© *Durou I.-M.:* S. 172 - 261 - 262 - 264 - 265.
Florin, C. / Bios: S. 18.
Gaillarde, R. / Gamma: S. 268 / 269 - 270 - 271.
Gash / Campagne Campagne: S. 54 - 184.
© *Guillard M. / Scope:* S. 25.
Guy / Campagne Campagne: S. 26.
Hallé, F. / CEP Montpellier: S. 37 - 40 u. - 245 - 296.
Hartmann / Magnum: S. 286 / 287.
Henry, P. / Bios: S. 42 - 242.
© *Hlandick / MNHN:* S. 267.
Huet, M. / Hoa-Qui: S. 114.
Hyde, S.-L. / Campagne Campagne: S. 43 u.
Jler / Campagne Campagne: S. 819.
Klein, J. L. / ONF: S. 290.
Lacz, G. / Sunset: S. 1580.
Layer, N. / Zefa France: S. 480.
Lejeune / Campagne Campagne: S. 282.
© *Lenars C.:* S. 75 - 80 - 91 r. - 93 - 97 - 104 - 106 l. - 107 r. - 117 - 122/123 - 131 - 138 r. - 140 - 246 - 247 - 251 - 252 - 253 - 278 - 285.
© *Lessing E. / Magnum:* S. 256 o. - 257.
Ligtstein / Campagne Campagne: S. 110.
© *Lorgnier A.:* S. 35 o. r. - 40 o. - 56 o. - 59 - 62 - 63 - 73 - 133 - 141 - 148 - 149 - 158 u. - 160/161 - 195 - 196 - 197 - 222 - 223 - 225 - 237 - 301 - 306 - 307 - 310 - 318 - 320.
Lorrain, S. / Magnum: S. 19.
© *Louvet W.:* S. 194 - 235.
Maier / Campagne Campagne: S. 51 - 55.
Maitre, P. / Odyssey: S. 129.
Maliarevsky M. / Visa: S. 42 o. - 64 - 190 - 191.
Mayer, F. / Magnum: S. 212.
Meyer, C. / Black Star - Rapho: S. 107 l.
Mioulane, N. & P. / MAP: S. 41 - 233.
Moirenc / Campagne Campagne: S. 170 - 171.
Moisnard, M. / Explorer: S. 39.
Montoya, P. / Pitch: S. 176.
Morley, Dr. / Science photo lib. / Cosmos: S. 44 - 45.
© *Muench D.:* S. 78 79 - 187 - 202 - 214.
NHPA / Sunset: S. 56 u. - 99.
Nichols M. / Magnum: S. 294/295 - 313.
Noirot / Hoa-Qui: S. 230/231.
Pasquier J.-E. / Rapho: S. 205.
Pavard C. / Hoa-Qui: S. 221.
Phillipart de Foy P. / Explorer: S. 115 u.
Popi / Campagne Campagne: S. 32.
Pott E. / Sunset: S. 207.
Pu Tao / Bios: S. 234.
Puttkamer / Zefa France: S. 95 - 119.
Reader J. / Science photo lib. / Cosmos: S. 70.
Renaudeau M. / Hoa-Qui: S. 105.
Riboud M. / Magnum: S. 60.
Ricatto / Zefa France: S. 132.
Saunier N.: S. 103 - 159 - 262 - 266.
Saustier-Badal / Campagne Campagne: S. 6/7 - 303.
Siegel R. / Fotogram Stone: S. 163 u.
Silvester H. / Rapho: S. 18 - 31 r. - 35 o. l. - 43 o. - 67 - 69 - 112/113 - 163 o. - 166 - 168 u. - 173 - 174 - 175 - 181 - 183 - 206 - 208 - 238 u. - 248/249 - 289 - 292 - 293 - 298 - 302.
Silvestris / Hoa-Qui: S. 179.
Sudres J.-D. / Scope: S. 111 - 300.
Trénard Y. / MNHN: S. 33 - 34.
Vaisse C. / Hoa-Qui: S. 227 - 281.
Vantighem J.-P. / Bios: S. 28 - 168 o.
Venzago A. / Magnum: S. 115 o.
Viloteau N.: S. 31 l. - 35 u. r. - 46 - 48 u. - 52 - 53 o. - 82 - 83 - 84 - 86 - 87 - 88 - 89 - 90 - 91 l. - 92 - 96 - 126 - 130 - 135 - 136/137 - 139 - 146 - 151 - 157 - 220 - 224 - 228 - 229 - 245 - 273 - 275 - 276 - 297 - 308 - 309.
Visage A. / Compost A. / Bios: S. !62.
Warden J. / Sunset: S. 211.
Zuber C. / Rapho: S. 138 l. - 192.

(Wird vor dem Copyright-Vermerk ein Name genannt, so bezeichnet dieser die zuständige Bildagentur.)

IMPRESSUM

Bildkonzeption: Nadine Saunier
Koordination der deutschen Ausgabe: Joëlle Ribas
Redaktion: Christa Klus
Glossar: Charlotte Ronsiek, Christa Klus
Graphische Gestaltung: Jacques Baret
Herstellung: AGEP, Marseille

Technische Produktion:
Satz: Fink GmbH, München
Repro: AGEP, Marseille
Druck: AGEP, Marseille
Buchbinder: S.R.I.D, Dreux

Der Text auf der Umschlagrückseite stammt aus Prof. Dr. Peter Burschel, S. 30, aus: Horst Stern et al., © 1979 Kindler Verlag, München,

ISBN: 3-7658-0791-5